高职高专系列教材

化工分离过程与案例

魏刚　编著

中国石化出版社

内 容 提 要

全书共分9章，从分离过程的设计共性出发，按照从基础到理论再到实践的认知规律，详细地介绍了相平衡与单级平衡过程、多组分精馏、特殊精馏、多组分气体吸收和解吸过程，吸附与结晶分离过程，膜分离技术等内容。各章均附有案例、例题和习题，以利于对本书内容的理解和运用。本书具有针对性和应用性，内容丰富，重点强调了分离过程的计算、装置的操作和应用案例。

本书可作为高职高专院校化学工程与工艺专业及相近专业的教材，也可供高等院校相应专业及化工领域中从事科研、设计和生产的科技人员参考。

图书在版编目（CIP）数据

化工分离过程与案例/魏刚编著.—北京：中国石化出版社，2009（2017.1重印）
（高职高专系列教材）
ISBN 978-7-80229-960-3

Ⅰ.化… Ⅱ.魏… Ⅲ.化工过程-分离法（化学）-高等学校：技术学校-教材 Ⅳ.TQ028

中国版本图书馆CIP数据核字（2009）第088801号

中国石化出版社出版发行
地址:北京市朝阳区吉市口路9号
邮编:100020　电话:(010)59964500
发行部电话:(010)59964526
http://www.sinopec-press.com
E-mail:press@sinopec.com
北京柏力行彩印有限公司印刷
全国各地新华书店经销
*
787×1092毫米16开本15.25印张378千字
2017年1月第1版第5次印刷
定价:32.00元

前　言

化工分离工程是高等工科院校化学工程与工艺专业的一门重要专业课程。这是因为几乎任何化工生产过程都离不开分离过程，绝大多数反应过程的原料和反应产物都是混合物，需要利用混合物中各组分中分子性质、热力学和传递性质的差异，通过能量分离剂和质量分离剂的加入实现分离。同时，分离工程在充分利用资源和控制环境污染方面也具有不可或缺的作用。

根据化工专业的培养目标和培养方向，特此编写了《化工分离过程与案例》，以适应培养新世纪高水平专业技术人才的需要。化工分离工程课是物理化学、化工热力学及化工原理等理论课程的后续课程，主要讨论化学工业和化学工程领域中常见的分离过程，是化学工程与工艺专业和相关化工专业的重要专业课。其主要任务是使学生掌握当前的分离单元过程(多组分闪蒸分离、多组分精馏、复杂精馏、萃取精馏、恒沸精馏等)、吸收过程、吸附过程、结晶过程、膜分离过程的基本原理、基础知识和设计计算方法，了解分离过程的前沿技术。通过该课程的学习，培养学生分析和解决化工生产中有关分离工程问题的能力。

本书积作者多年的教学工作实践经验，阅读和参考了大量的同类文献，概括了简单相平衡过程、多组分精馏、特殊精馏、吸收过程、吸附过程、结晶过程、膜分离过程的要点和石油化工生产过程的典型案例。以分离工程设计为主线，注重理论联系实际，密切结合工程实际问题，内容由浅入深、循序渐进，力求概念清晰、层次分明，便于自学。本书可作为化工类及相关专业的教材，也可供有关科研、设计及生产单位的科技人员参考。

限于作者水平，书中不足及欠妥之处在所难免，恳请使用本书的师生和读者批评指正。

目　录

1 绪 论

学习目的：

通过本章的学习，深入思考清洁工艺对化工生产的重要性，掌握化工生产过程中常用分离方法的正确应用和集成应用，深入领会本课程的任务、内容和学习方法。

知识要求：

了解分离操作在化工生产中的重要性；

掌握传质分离过程的分类和特征；

熟悉清洁工艺在化工生产中的应用和意义。

能力要求：

熟练运用平衡分离的各种方法并将清洁生产的概念应用到分离工程中。

1.1 分离过程在化学工业中的重要性

不论是石油化工还是基本有机化工生产，抑或是精细化工生产过程，其产品品种繁多，生产方法各异，但都由原料预处理、化学反应过程、产品的分离与精制三部分组成，原料的预处理和产品的分离与精制过程在整个化工装置中的地位是不可或缺的。

1.1.1 分离过程与化学反应过程的关系

化学反应过程是整个化工生产过程的核心，原料借助于化学反应而获得产品。分离过程是将混合物分成组成互不相同的两种或几种产品的操作。分离过程一方面为化学反应提供符合质量要求的原料，清除对反应或催化剂有害的杂质，减少副反应和提高产品收率；另一方面对反应产物进行分离提纯以得到合格的产品，并使未反应的反应物得以循环利用。因此，分离过程在化工生产中占有十分重要的地位，在提高生产过程的经济效益和产品质量中起举足轻重的作用。对大型的石油工业和以化学反应为中心的石油化工生产过程，分离装置所占设备费用和操作费用占总投资的50% ~90%之多。此外，分离过程在环境保护和充分利用资源方面起着特别重要的作用。

在多数化工生产中，分离过程就是整个过程的主体部分。例如，石油裂解气的深冷分离，碳四馏分分离生产丁二烯、芳烃分离等过程。图 1 -1 所示为对二甲苯生产流程简图。对二甲苯是一种重要的石油化工产品，主要用于制造对苯二甲酸。将沸程在 120 ~230K 之间的石脑油送入重整反应器，使烷烃转化为苯、甲苯、二甲苯和高级芳烃的混合物。该混合烃首先经脱丁烷塔以除去丁烷和轻组分。塔底出料进入液 - 液萃取塔，烃类与不互溶的溶剂(如乙二醇)相接触，芳烃选择性地溶解于溶剂中，而烷烃和环烷烃则不溶。含芳烃的溶剂被送入再生塔中，将芳烃从溶剂中分离，溶剂则循环回萃取塔。在流程中，继萃取之后还有两个精馏塔。第一塔是将从二甲苯和重芳烃中脱除苯和甲苯，第二塔是将混合二甲苯中的重芳烃除去。

从二甲苯回收塔塔顶馏出的混合二甲苯，经冷却后在结晶器中生成对二甲苯的晶体。通过离心分离或过滤分出晶体，所得的对二甲苯晶体经融化后便是产品。滤液则被送至异构化反应器，在此得到三种二甲苯异构体的平衡混合物，可再循环送去结晶。用这种方法几乎可将二甲苯馏分全部转化为对二甲苯。

上例说明了分离过程在石油和化学工业中的重要性。事实上，在医药、材料、冶金、食品、生化、原子能和环保等领域也都广泛地应用到分离过程。例如，药物的精制和提纯；从矿产中提取和精选金属；食品的脱水、除去有毒或有害组分；抗菌素的净制和病毒的分离；同位素的分离和重水的制备等都离不开分离过程。并且这些领域对产品的纯度要求越来越高，对分离、净化、精制等分离技术提出了更多、更高的要求。

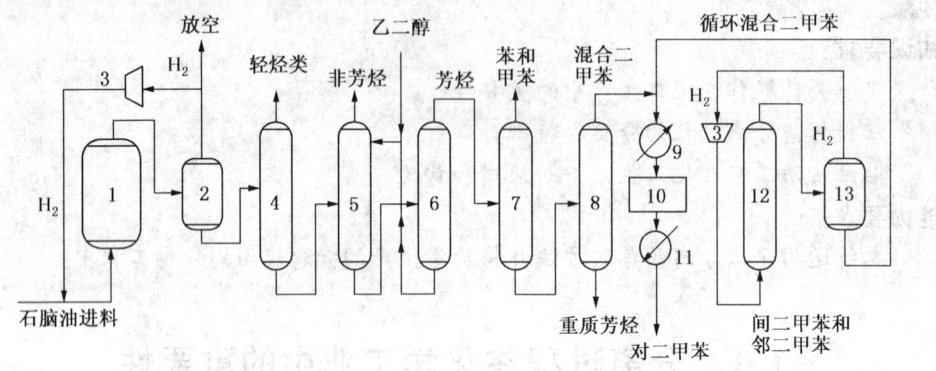

图 1－1　对二甲苯生产流程

1—重整反应器；2、13—气液分离器；3—压缩机；4—脱丁烷塔；5—萃取塔；6—再生塔；7—甲苯塔；8—二甲苯回收塔；9—冷却器；10—结晶器；11—熔融器；12—异构化反应器

随着现代工业趋向大型化生产，所产生的大量废气、废水、废渣更需集中处理和排放。对各种形式的流出废物进行末端治理，使其达到有关的排放标准，不但涉及物料的综合利用，而且还关系到环境污染和生态平衡。如原子能废水中微量同位素物质，很多工业废气中的硫化氢、二氧化硫、氧化氮等都需妥善处理。

1.1.2　分离过程在清洁生产中的重要性

清洁生产在不同的发展阶段或者不同的国家有不同的叫法，例如，“废物减量化”、“无废工艺”、“污染预防”等，但其基本内涵是一致的，即对产品和产品的生产过程采用预防污染的策略来减少污染物的产生。清洁生产通常是指在产品生产过程和预期消费中，既合理利用自然资源，把对人类和环境的危害减至最小，又能充分满足人类需要，使社会经济效益最大化的一种生产模式。

清洁生产是人们思想和观念的一种转变，是环境保护战略由被动反应向主动行动的一种转变。联合国环境规划署在总结了各国开展的污染预防活动并加以分析提高后，提出了清洁生产的定义，并得到国际社会的普遍认可和接受，其定义为：清洁生产是一种新的创造性的思想，该思想将整体预防的环境战略持续应用于生产过程、产品和服务中，以增加生态效率和减少人类及环境的风险。

对生产过程，要求节约原材料和能源，淘汰有毒原材料，减降所有废弃物的数量和毒性；

对产品，要求减少从原材料提炼到产品最终处置的全生命周期的不利影响；

对服务，要求将环境因素纳入设计和所提供的服务中。

清洁生产要求转变态度、进行切实负责的环境管理以及科学而全面地评估技术方案。

清洁生产的内容包括清洁的产品、清洁的生产过程和清洁的服务三个方面。从上述清洁生产的含义，我们可以看到，它包含了生产者、消费者、全社会对于生产、服务和消费的希望，这些是：

① 清洁生产是从资源节约和环境保护两个方面对工业产品生产从设计开始，到产品使用后直至最终处置，给予了全过程的考虑和要求；

② 清洁生产不仅对生产，而且对服务也要求考虑对环境的影响；

③ 清洁生产对工业废弃物实行费用有效的源削减，一改传统的不顾费用有效或单一的末端控制办法；

④ 清洁生产可提高企业的生产效率和经济效益，与末端处理相比，成为受到企业欢迎的新工艺；

⑤ 清洁生产着眼于全球环境的彻底保护，为全人类共建一个洁净的地球带来了希望。

清洁生产的内容有三个方面：

自然资源和能源利用的最合理化、经济效益最大化、对人类和环境的危害最小化。

清洁生产的方法通常有两种：①源头治理。即在废物产生之前最大限度地减少或降低废物的产生量和毒性；②现场循环回收利用清洁生产的出现是人类工业生产迅速发展的历史必然，是一项迅速发展中的新生事物，是人类对工业化生产所制造出有损于自然生态、人类自身污染这种负面作用逐渐认识所作出的反应和行动。1992 年联合国在巴西召开的“环境与发展大会”，提出了全球环境与经济协调发展的新战略，中国政府积极响应，于 1994 年提出了“中国 21 世纪议程”，将清洁生产列为重点项目之一。

清洁工艺也称少废无废技术，它是面向 21 世纪社会和经济可持续发展的重大课题，也是当今世界科学技术进步的主要内容之一。所谓清洁工艺，即生产工艺和防治污染有机地结合起来，将污染物减少或消灭在工艺过程中，从根本上解决工业污染问题。开发和采用清洁工艺，既符合“预防优于治理的方针”，同时又降低了原材料和能源的消耗，提高企业的经济效益，是保护生态环境和经济建设协调发展的最佳途径。故清洁工艺是一种节能、低耗、高效、安全、无污染的工艺技术。就化学工业而言，清洁工艺的本质是合理利用资源，减少甚至消除废料的产生。化学工业是工业污染的大户。化工生产所造成的污染来源于：①未回收的原料；②未回收的产品；③有用和无用的副产品；④原料中的杂质；⑤工艺的物料损耗。

化工清洁工艺应综合考虑合理的原料选择，反应路径的洁净化，物料分离技术的选择以及确定合理的流程和工艺参数等。因为化学反应是化工生产过程的核心，所以，废物最小化问题必须首先考虑催化剂、反应工艺及设备，并与分离、再循环系统，换热器网络和公用工程等有机结合起来，作为整个系统予以解决。

化工清洁工艺包括的内容很多，其中，与化工分离过程密切相关的有：①降低原材料和能源的消耗，提高有效利用率、回收利用率和循环利用率；②开发和采用新技术、新工艺，改善生产操作条件，以控制和消除污染；③采用生产工艺装置系统的闭路循环技术；④处理生产中的副产物和废物，使之减少或消除对环境的危害；⑤研究、开发和采用低物耗、低能耗、高效率的“三废”治理技术。因此，清洁工艺的开发和采用离不开传统分离技术的改进，新分离技术的研究、开发和工业应用，以及分离过程之间、反应和分离过程之间的集成化。

闭路循环系统是清洁工艺的重要方面，其核心是将过程所产生的废物最大限度地回收和循环使用，减少生产过程中排出废物的数量。生产工艺过程的闭路循环见图1－2。

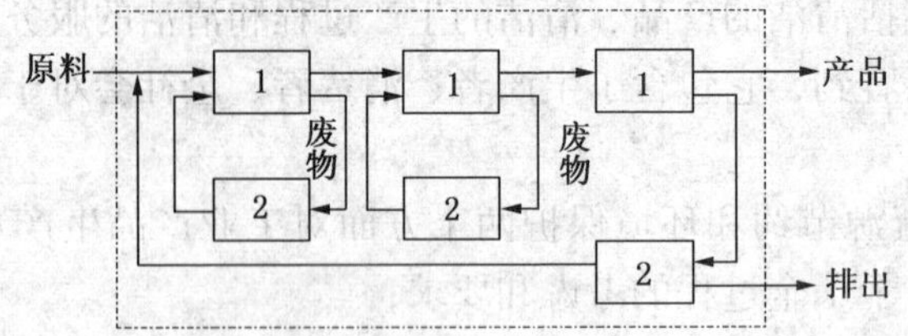

图1－2　生产工艺过程的闭路循环示意图

1—单元过程；2—处理

如果工艺中的分离系统能够有效地进行分离和再循环，那么该工艺产生的废物就最少。实现分离与再循环系统使废物最小化的方法有以下几种。

① 废物直接再循环。在大多数情况下，能直接再循环的废物流常常是废水，虽然它已被污染，但仍然能代替部分新鲜水作为进料使用。

② 进料提纯。如果进料中的杂质参加反应，那么就会使部分原料或产品转变为废物。避免这类废物产生的最直接方法是将进料净化或提纯。如果原料中有用成分浓度不高，则需提浓。例如，许多氧化反应首选空气为氧气来源，而用富氧代替空气可提高反应转化率，减少再循环量，在这种情况下可选用气体膜分离制造富氧空气。

③ 除去分离过程中加入的附加物质。例如，在共沸精馏和萃取精馏中需加入共沸剂和溶剂，如果这些附加物质能够有效地循环利用，则不会产生太多的废物，否则，应采取措施降低废物的产生。

④ 附加分离与再循环系统。含废物的物料一旦被丢弃，它含有的任何有用物质也将变为废物，在这种情况下，需要认真确定废物流股中有用物质回收率的大小和对环境构成的污染程度，或许增加分离有用物质的设备，将有用物质再循环是比较经济的办法。

上述分析表明，清洁工艺除应避免在工艺过程中生成污染物，除从源头减少三废之外，生成废物的分离、再循环利用和废物的后处理也是极其重要的，而这后一部分任务大多是由化工分离过程承担和完成的。

上述种种原因都促使传统分离过程，如蒸发、精馏、吸收、吸附、萃取、结晶等不断改进和发展；同时新的分离方法，如固膜与液膜分离、热扩散、色层分离等也不断出现和实现工业化应用。

1.2　分离过程的分类和特征

分离过程可分为机械分离和传质分离两大类。机械分离过程的分离对象是由两相以上所组成的混合物。其目的只是简单地将各相加以分离。例如，过滤、沉降、离心分离、旋风分离和静电除尘等。这类过程在工业上是重要的(见表1－1)，但不是本课程要讨论的内容。

表1－1　几种典型的机械分离过程

名　　称	原料相态	分离媒介	产生相态	分离原理	工业应用实例
过滤	液－固	压力	液＋固	颗粒尺寸大于过滤介质孔	浆液中催化剂的回收
沉降	液－固	重力	液＋固	密度差	污水澄清
离心分离	液－固	离心力	液＋固	离子尺寸	蔗糖生产
旋风分离	气－固(液)	流体惯性	气＋固(液)	密度差	催化剂细粒收集
静电除尘	气－固(细粒)	电场力	气＋固	离子带电性	合成氨气体除尘

传质分离过程用于各种均相混合物的分离，其特点是有质量传递现象发生，按所依据的物理化学原理不同，工业上常用的传质分离过程又可分为两大类，即平衡分离过程和速率分离过程。

1.2.1 平衡分离过程

该过程是借助分离媒介(如热能、溶剂或吸附剂)使均相混合物系统变成两相系统，再以混合物中各组分在处于相平衡的两相中不等同的分配为依据而实现分离。分离媒介可以是能量媒介(ESA，Energy－Separating Agent)或物质媒介(MSA，Mass－Separating Agent)，有时也可两种同时应用。ESA是指传入或传出系统的热，还有输入或输出的功。MSA可以只与混合物中的一个或几个组分部分互溶或吸附它们。此时，MSA常是某一相中浓度最高的组分。例如，吸收过程中的吸收剂，萃取过程中的萃取剂等。MSA也可以和混合物完全互溶，当MSA与ESA共同使用时，还可有选择性地改变组分的相对挥发度，使某些组分彼此达到完全分离。例如，萃取精馏。当被分离混合物中各组分的相对挥发度相差较大时，闪蒸或部分冷凝即可充分满足所要求的分离程度。

如果组分之间的相对挥发度差别不够大，则通过闪蒸及部分冷凝不能达到所要求的分离程度，而应采用精馏才可能达到所要求的分离程度。

当被分离组分间相对挥发度很小，必须采用具有大量塔板数的精馏塔才能分离时，就要考虑采用萃取精馏。在萃取精馏中采用MSA有选择地增加原料中一些组分的相对挥发度，从而将所需要的塔板数降低到比较合理的程度。一般说来，MSA应比原料中任一组分的挥发度都要低。MSA在接近塔顶的塔板引入，塔顶需要有回流，以限制MSA在塔顶产品中的含量。

如果由精馏塔顶引出的气体不能完全冷凝，可从塔顶加入吸收剂作为回流，这种单元操作叫做吸收蒸出(或精馏吸收)。如果原料是气体，又不需要设蒸出段，便是吸收。通常，吸收是在室温和加压下进行的，无需往塔内加入ESA。气体原料中的各组分按其不同溶解度溶于吸收剂中。

解吸是吸收的逆过程，它通常是在高于室温及常压下，通过气提气体(MSA)与液体原料接触，来达到分离的目的。由于塔釜不必加热至沸腾，因此，当原料液的热稳定性较差时，这一特点显得很重要。如果在加料板以上仍需要有气、液接触才能满足所要求的分离程度，则可采用带有回流的解吸过程。如果解吸塔的塔釜液体是热稳定的，可不用MSA，而仅靠加热沸腾，则称为再沸解吸。

能形成最低共沸物系统的分离，采用一般精馏是不合适的，常常采用共沸精馏。例如，为使醋酸和水分离，选择共沸剂醋酸丁酯(MSA)，它与水所形成的最低共沸物由塔顶蒸出，经分层后，酯再返回塔内，塔釜则得到纯醋酸。

液－液萃取是工业上广泛采用的分离技术，有单溶剂和双溶剂之分，在工业实际应用中有多种不同形式。

干燥是利用热量除去固体物料中湿分(水分或其他液体)的单元操作。被除去的湿分从固相转移到气相中，固相为被干燥的物料，气相为干燥介质。

蒸发一般是指通过热量传递，引起汽化使液体转变为气体的过程。增湿和蒸发在概念上是相近的，但采用增湿或减湿的目的往往是向气体中加入或除去蒸汽。

结晶是多种有机产品以及很多无机产品的生产装置中常用的一种单元操作，用于生产小颗粒状固体产品。结晶实质上也是提纯过程。因此，结晶的条件是要使杂质留在溶液里，而所希望的产品则由溶液中分离出来。

升华就是物质由固体不经液体状态直接转变成气体的过程，一般是在高真空下进行。主要应用于由难挥发的物质中除去易挥发的组分。例如，硫的提纯、苯甲酸的提纯、食品的熔融干燥。其逆过程就是凝聚，在实际中也被广泛采用，例如，由反应的产品中回收邻苯二甲酸酐。

浸取广泛用于冶金及食品工业。操作方式分间歇、半间歇和连续。浸取的关键在于促进溶质由固相扩散到液相，对此最为有效的方法是把固体减小到可能的最小颗粒。固－液和液－液系统的主要区别在于前者存在级与级间输送固体或固体泥浆的困难。

吸附的应用一般仍限于分离低浓度的组分。近年来由于吸附剂及工程技术的发展，使吸附的应用扩大了，已经工业化的过程有多种气体和有机液体的脱水和净化分离。

离子交换也是一种重要的单元操作。它采用离子交换树脂有选择性地除去某组分，而树脂本身能够再生。一种典型的应用是水的软化，采用的树脂是钠盐形式的有机或无机聚合物，通过钙离子和钠离子的交换，可除去水中的钙离子。当聚合物的钙离子达饱和时，可与浓盐水接触而再生。

泡沫分离是基于物质有不同的表面性质，当惰性气体在溶液中鼓泡时，某组分可被选择性地吸附在从溶液上升的气泡表面上，直至带到溶液上方泡沫层内浓缩并加以分离。为了使溶液产生稳定的泡沫，往往加入表面活性剂。表面化学和鼓泡特征是泡沫分离的基础，该单元操作可用于吸附分离溶液中的痕量物质。

区域熔炼是根据液体混合物在冷凝结晶过程中组分重新分布的原理，通过多次熔融和凝固，制备高纯度的金属、半导体材料和有机化合物的一种提纯方法。目前已经用于制备铝、镓、锑、铜、铁、银等高纯金属材料。

上述基本的平衡分离过程经历了长时期的应用实践，随着科学技术的进步和高新产业的兴起，日趋完善不断发展，演变出多种各具特色的新型分离技术。

在传统分离过程中，精馏仍列为石油和化工分离过程的首位，因此，强化方法在不断地研究和开发。例如，从设备上广泛采用新型塔板和高效填料；从过程上开发与反应或其他分离方法的集成。

随着生物化工学科的发展，适用于分离提纯含量微小的生物活性物质的新型萃取过程应运而生。双水相萃取即属此列，它是由于亲水高聚物溶液之间或高聚物与无机盐溶液之间的不相容性，形成了双水相体系，依据待分离物质在两个水相中分配的差异，而实现分离提纯。反胶团萃取为另一新型萃取过程，反胶团是油相中表面活性剂的浓度超过临界胶团浓度后形成的聚集体，它可使水相中的极性分子“溶解”在油相中，用于从水相中提取蛋白质和其他生物制品。

新型多级分步结晶技术是重复地运用部分凝固和部分熔融，利用原料中不同组分间凝点的差异而实现分离。与精馏相比，能耗可大幅度下降，设备费用也低于精馏。该技术已用于混合二氯苯、硝基氯苯的分离、精萘的生产、均四甲苯提取和蜡油分离等工业生产中。

变压吸附技术是近几十年来在工业上新崛起的气体分离技术。其基本原理是利用气体组分在固体吸附材料上吸附特性的差异，通过周期性的压力变化过程实现气体的分离。该技术在我国的工业应用有十多年的历史，已进入世界先进行列，由于其具有能耗低、流程简单、产品气体纯度高等优点，在工业上迅速得到推广。例如，从合成氨尾气、甲醇尾气等各种含氢混合气中制纯氢；从含 CO_2或 CO 混合气中制纯 CO_2、CO；从空气中制富氧、纯氮等。

超临界流体萃取技术是利用超临界区溶剂的高溶解性和高选择性将溶质萃取出来，再利用在临界温度和临界压力以下溶解度的急剧降低，使溶质和溶剂迅速分离。超临界萃取可用于天然产物中有效成分和生化产品的分离提取，食品原料的处理和化学产品的分离精制等。

膜萃取是以膜为基础的萃取过程，多孔膜的作用是为两液相之间的传递提供稳定的相接触面，膜本身对分离过程一般不具有选择性。该过程的特点是没有萃取过程的分散相，因此不存在液泛、返混等问题。类似的过程还有膜气体吸收或解吸、膜蒸馏。

1.2.2 速率分离过程

速率分离过程是在某种推动力(浓度差、压力差、温度差、电位差等)的作用下，有时在选择性透过膜的配合下，利用各组分扩散速率的差异实现组分的分离。这类过程所处理的原料和产品通常属于同一相态，仅有组成上的差别。

膜分离是利用流体中各组分对膜的渗透速率的差别而实现组分分离的单元操作。膜可以是固态或液态，所处理的流体可以是液体或气体，过程的推动力可以是压力差、浓度差或电位差。

微滤、超滤、反渗透、渗析和电渗析为较成熟的膜分离技术，已有大规模的工业应用和市场。其中，前四种的共同点是用来分离含溶解的溶质或悬浮微粒的液体，溶剂或小分子溶质透过膜，溶质或大分子溶质被膜截留，不同膜过程所截留溶质粒子的大小不同。电渗析则采用荷电膜，在电场力的推动下，从水溶液中脱出或富集电解质。

气体分离和渗透蒸发是两种正在开发应用中的膜技术。气体分离更成熟些，工业规模的应用有空气中氧、氮的分离，从合成氨厂混合气中分离氢，以及天然气中二氧化碳与甲烷的分离等。渗透蒸发是有相变的膜分离过程，利用混合液体中不同组分在膜中溶解与扩散性能的差别而实现分离。由于它能用于脱除有机物中的微量水、水中的微量有机物，以及实现有机物之间的分离，应用前景广阔。20 世纪 80 年代初，有机物中脱水的渗透蒸发技术已有工业规模应用，如无水乙醇的制取。

乳化液膜是液膜分离技术的一个分支，是以液膜为分离介质，以浓度差为推动力的膜分离过程。液膜分离涉及三相液体：含有被分离组分的原料相、接受被分离组分的产品相、处于上述两相之间的膜相。液膜分离应用于烃类分离、废水处理和金属离子的提取和回收等。

正在开发中的液膜分离过程有如下几种。

① 支撑液膜将膜相溶液牢固地吸附在多孔支撑体的微孔中，在膜的两侧则是原料相和透过相，以浓度差为推动力，通过促进传递，分离气体或液体混合物。

② 蒸汽渗透与渗透蒸发过程相近，但原料和透过物均为气相，过程的推动力是组分在原料侧和渗透侧之间的分压差，依据膜对原料中不同组分的化学亲和力的差别而实现分离。该过程能有效地分离共沸物或沸点相近的混合物。

③ 渗透蒸馏也称等温膜蒸馏，以膜两侧的渗透压差为推动力，实现易挥发组分或溶剂的透过，达到混合物分离和浓缩的目的。该过程特别适用于药品、食品和饮料的浓缩或微量组分的脱除。

④ 气态膜是由充于疏水多孔膜空隙中的气体构成的，膜只起载体作用。由于气体的扩散速度远远大于液体或固体，因而气态膜有很高的透过速率。该技术可从废水中除去 NH_3、H_2S 等，从水溶液中分离 HCN、CO_2、Cl_2 等气体，其工艺简单，节省能量。

热扩散属场分离的一种，以温度梯度为推动力，在均匀的气体或液体混合物中出现相对分子质量较小的分子(或离子)向热端漂移的现象，建立起浓度梯度，以达到组分分离的目

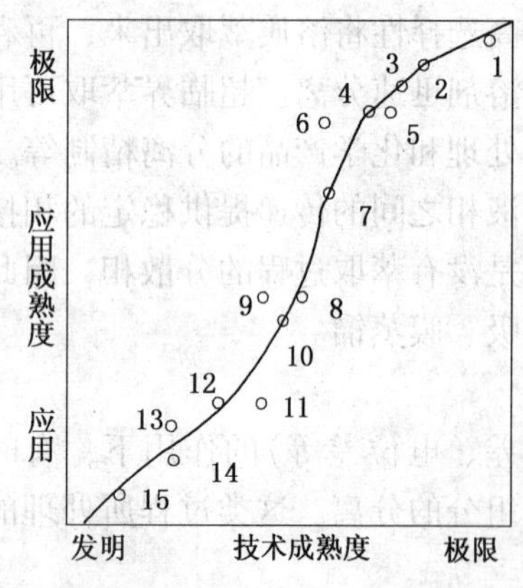

图 1-3　分离过程发展现状

1—精馏；2—吸收；3—结晶；4—萃取；5—共沸（或萃取）精馏；6—离子交换；7—气体吸附；8—液体吸附；9—液膜分离；10—气膜分离；11—色层分离；12—超临界萃取；13—液膜；14—场感应分离；15—亲和分离

的。该技术用于分离同位素、高黏度润滑油，并预计在精细化工和药物生产中可得到应用。

综上所述，传质分离过程中的精馏、吸收、萃取等一些具有较长历史的单元操作已经应用很广，膜分离和场分离等新型分离技术在产品分离、节约能耗和环保等方面已显示出它们的优越性。不同分离过程的技术成熟程度和应用成熟程度是有差异的。对此，F. J. Zuiderweg 用图 1-3 概括了各分离过程的现状，精馏已有 150 年历史，它的位置在图的右上角附近，正在起步的过程在左下方。这 S 形曲线说明了为什么目前研究对象集中于曲线的中下段，因为曲线在该段的斜率是最大的。

1.3　分离过程的集成化

过程集成是 20 世纪 80 年代发展起来的过程综合领域中一个最活跃的分支。化工领域中，过程集成的基本目标是实施清洁工艺，使物料及能源消耗最小，达到最大的经济效益和社会效益。

1.3.1　分离过程与反应过程的集成

为改善不利的热力学和动力学因素，减少设备和操作费用，节约资源和能源，分离过程与反应过程多种形式的集成已经开发和应用。

化学吸收是反应和分离过程集成的单元操作，当被溶解的组分与吸收剂中的活性组分发生反应时，增加了传质推动力和液相传质系数，因而提高了过程的吸收率，降低了设备的投资和能耗。

化学萃取是伴有化学反应的萃取过程。溶质与萃取剂之间的反应类型很多，例如，络合反应、水解、聚合、离解及离子积聚等。萃取机理也多种多样，例如，中性溶剂络合、螯合、溶剂化、离子交换、离子缔合、协同效应及带同萃取作用等。

反应和精馏结合成一个过程，形成了蒸馏技术中的一个特殊领域——反应（催化）精馏。它一方面成为提高分离效率而将反应和精馏相结合的一种分离过程；另一方面则成为提高反应收率而借助于精馏分离手段的一种反应过程。目前，已从单纯工艺开发向过程普遍性规律研究的方向发展。反应精馏在工业上应用是很广泛的，例如，酯化、酯交换、皂化、胺化、水解、异构化、烃化、卤化、脱水、乙酰化和硝化等过程。反应精馏的典型应用是甲基叔丁基醚的生产。

膜反应器是将合成膜的优良分离性能与催化反应相结合，在反应的同时，选择性地脱除产物，以移动化学反应平衡，或控制反应物的加入速度，提高反应的收率、转化率和选择性。如多孔陶瓷膜催化反应器进行丁烯脱氢制丁二烯，丙烷脱氢制丙烯；对氧化反应，用膜控制氧的加入量，减少深度氧化。膜反应器还用于控制生化反应中产物对反应的抑制作用，用膜循环发酵器进行乙醇等发酵制品的连续生产和用膜反应器进行辅酶反应等，都具有很好的开发前景。

控制释放是将药物或其他生物活性物质以一定形式与膜结构相结合，使这些活性物质只能以一定的速度通过扩散等方式释放到环境中。其优点是可将药物浓度控制在需要的浓度范围，延长药效作用时间，减少服用量和服用次数。这在医药、农药、化肥的使用上都极有价值。

膜生物传感器是模仿生物膜对化学物质的识别能力制成的，它由生物催化剂酶或微生物与合成膜及电极转换装置组成为酶膜传感器或微生物传感器。这些传感器具有很高的识别专一性，已用于发酵过程中葡萄糖、乙醇等成分的在线检测。目前膜生物传感器已作为商品进入市场。

1.3.2 分离过程和分离过程的集成

不同的分离过程集成在一起构成复合分离过程，能够集中原分离过程之所长，避其所短，适用于特殊物系的分离。

萃取结晶亦称加合结晶，是分离沸点、挥发度等物性相近组分的有效方法及无机盐生产的节能方法。对于无机盐结晶，某些有机溶剂的加入使待结晶的无机盐水溶液中的一部分水被萃取出来，促进了无机盐的结晶过程。例如，以正丁醇为溶剂萃取结晶生产碳酸钠。对于有机物结晶，溶剂的加入使原物系中某有机组分形成加合物，而使另一组分结晶出来。例如，以2－甲基丙烷为加合剂能从邻甲酚和酚的混合物中分离出酚。

吸附蒸馏是吸附和蒸馏在同一设备中进行的气－液－固三相分离过程。吸附分离具有分离因子高、产品纯度高和能耗低等优点，但吸附剂用量大，收率低。而传统的蒸馏过程处理能力大，设备比较简单，工艺成熟。由这两个分离过程集成的复合蒸馏过程能充分发挥各自的优势，弥补了各自的不足。它特别适用于共沸物和沸点相近物系的分离及需要高纯度产品的情况。

不同蛋白质在一定 pH 值的缓冲溶液中，其溶解度不同，在电场作用下，这些带电的溶胶粒子在介质中的泳动速度不同，利用这种性质可以实现不同蛋白质的分离，该法称之为电泳分离。而电泳萃取是电泳与萃取集成形成的新分离技术。电泳萃取体系由两个(或多个)不相混溶的连续相组成，其中一相含有待分离组分，另一相是用于接受被分离组分的溶剂，两相中分别装有电极，由于电场的作用，消除了对流的不利影响，提高了收率和生产能力。该分离技术在生物化工和环境工程中有较大的应用潜力。

1.3.3 分离过程的集成

1. 传统分离过程的集成

精馏、吸收和萃取是最成熟和应用最广的传统分离过程，大多数化工产品的生产都离不开这些分离过程。在流程中合理组合这些过程，扬长避短，才能达到高效、低耗和减少污染。

共沸精馏往往与萃取集成。例如，从环已烷－苯二元共沸物生产纯环已烷和苯，选择丙酮为共沸剂，由于丙酮与环已烷形成二元最低共沸物，所以从共沸精馏塔底得到纯苯，丙酮－环已烷共沸物的分离则采用以水为萃取剂的萃取过程，环已烷产品为萃取塔的一股出料，另一股出料是丙酮水溶液，经精馏塔提纯后，丙酮返回共沸精馏塔进料，水返回萃取塔循环使用。由于此流程分别采用了丙酮和水两个循环系统，整个过程基本上没有废物产生，并且能耗较低，符合清洁工艺的基本要求。流程示意见图1－4所示。

共沸精馏与萃取精馏的集成也是常见的，例如，使用极性和非极性溶剂从含丙酮、甲醇、四亚甲基氧和其他氧化物的混合物中分离丙酮和甲醇。

2. 传统分离过程与膜分离的集成

传统分离过程工艺成熟，生产能力大，适应性强；膜分离过程不受平衡的限制，能耗

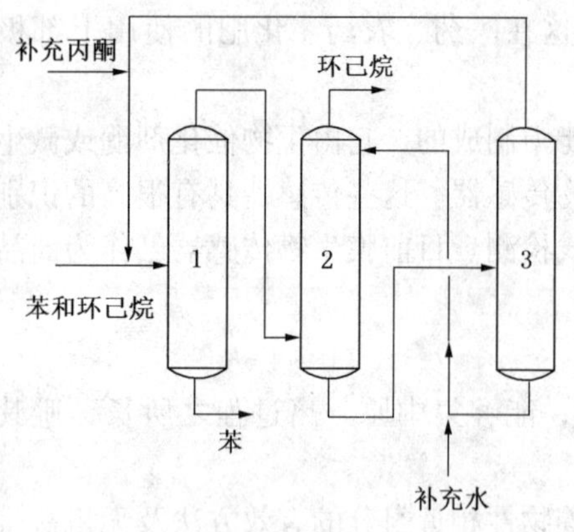

图1－4　分离环己烷－苯混合物的共沸精馏流程

1—共沸精馏塔；2—萃取塔；3—丙酮回收塔

低，适于特殊物系或特殊范围的分离。将膜技术应用到传统分离过程中，如吸收、精馏、萃取、结晶和吸附等过程，可以集各过程的优点于一体，具有广阔的应用前景。

渗透蒸发和蒸汽渗透可应用于有机溶剂脱水，水中少量有机物的脱除以及有机物之间的分离，特别适于恒沸、近沸点物系的分离。将它作为补充技术与精馏组合在一起，在化工生产中发挥了特殊的作用。例如，发酵液脱水制无水乙醇。在乙醇高浓区，精馏的分离效率极低，在共沸组成处无法分离。而恰恰是在这一区域，渗透蒸发能达到很高的分离程度，所以，渗透蒸发和精馏集成是降低设备费和操作费的最有效的方案。集成系统如图1－5所示。

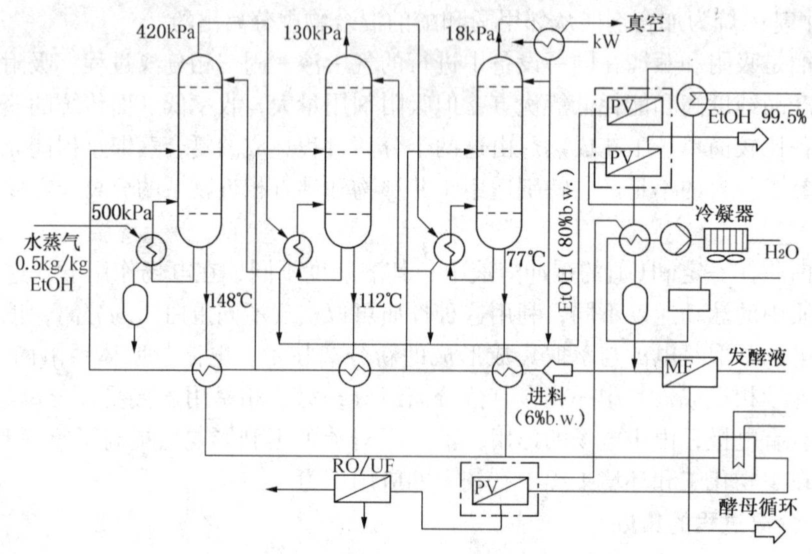

图1－5　乙醇生产的精馏－渗透蒸发流程

类似的过程还有：蒸汽渗透－精馏的集成流程进行异丙醇脱水，渗透蒸发－吸附集成用于吸附剂再生过程，渗透蒸发－吸收集成用于回收溶剂，渗透蒸发－催化精馏组合方案生产甲基叔丁基醚等。

3. 膜过程的集成

膜分离过程的类型很多，各有不同的特点和应用，它们的集成无疑能取长补短，提高总体效益。例如，悬浮液原料的浓缩可采用一个膜过程的集成方案，将超滤、反渗透和渗透蒸馏组合在一起，能得到高固体含量的浓缩物产品，操作费用大大降低，如图1－6所示。

仅从上述几例即可看出，集成流程的开发和应用其意义是非同寻常的，既提高了科学技术水平，又促进了工业生产的发展，是应该大力发展和研究的综合分离技术。

习　题

1. 列出5种使用ESA和5种使用MSA的分离操作。

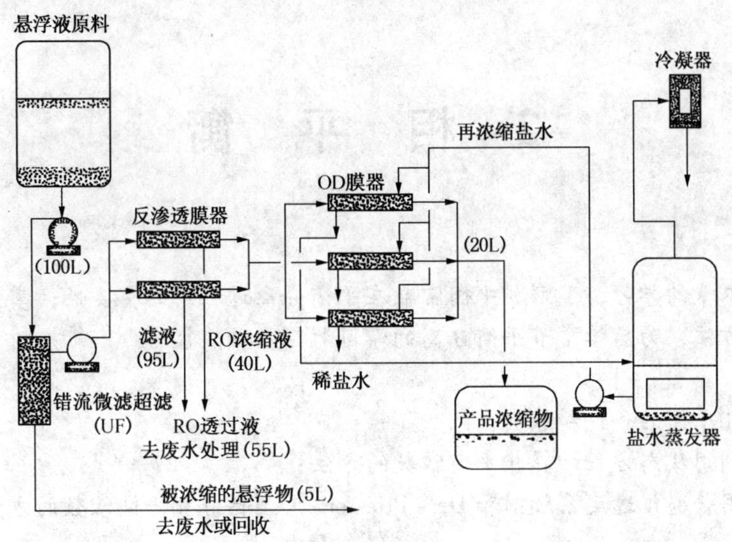

图1-6　超滤、反渗透和渗透蒸馏的组合膜分离流程

2. 比较使用 ESA 和 MSA 分离方法的优缺点。

3. 试举一例说明分离过程集成化的优点。

4. 清洁工艺的特点是什么？如何实现化工生产和清洁工艺的结合？

5. 对乙苯和三种二甲苯混合物的分离方法进行选择。

(1) 通过查相关文献资料，列出间二甲苯和对二甲苯的有关性质：沸点、熔点、临界温度、临界压力、偏向因子、相对挥发度…，利用哪些性质的差别进行该二元物系的分离是最好的？

(2) 为什么使用精馏方法分离间二甲苯和对二甲苯是不适宜的？

(3) 为什么工业上选用熔融结晶和吸附分离间二甲苯和对二甲苯？

2 相 平 衡

学习目的：

通过本章的学习，了解相平衡常数在平衡分离过程中的重要性；掌握相平衡常数的获取方法，为后续章节平衡分离的学习打下基础。

知识要求：

熟悉相平衡的条件和原则；

掌握利用状态方程计算相平衡常数的方法；

掌握用普遍化逸度系数图和 De – Priester – k 图估算相平衡常数的方法。

能力要求：

熟练掌握理想物系相平衡常数和非理想物系相平衡常数的计算方法；

区分掌握纯组分物系和混合物系相平衡常数的计算方法。

精馏、吸收和萃取等传质单元操作在化工生产中占有重要的地位。研究和设计这些过程的基础是相平衡、物料平衡和传递速率。其中相平衡用于阐述混合物分离原理、传质推动力和进行设计计算，是设计上述分离过程和开发新平衡分离过程的关键。

本章在化工热力学课程中有关相平衡理论的基础上，较全面地讲述化工过程中经常遇到的多组分物系的相平衡的计算问题。

2.1 相平衡常数

所谓相平衡指的是混合物或溶液形成若干相，这些想保持着物理平衡而共存的状态。从热力学上看，整个物系的自由焓处于最小的状态。从动力学上看，相间表观传递速率为零。

2.1.1 相平衡常数和分离因子

1. 相平衡常数

工程计算中常用相平衡常数来表示相平衡关系，相平衡常数 k 定义为一定条件下达到平衡时，组分 i 在不同相中摩尔分数的比值：

$$k_i = y_i / x_i \tag{2-1}$$

对精馏和吸收过程，k_i 称为气、液平衡常数。对萃取过程，$x_i'(=y_i)$ 和 $x_i''(=x_i)$ 分别表示萃取相和萃余相的浓度，k_i 为分配系数或液 – 液平衡常数。

2. 分离因子

对于平衡分离过程，还采用分离因子来表示平衡关系，定义为：

$$\alpha_{ij} = \frac{y_i / y_j}{x_i / x_j} = \frac{k_i}{k_j} \tag{2-2}$$

分离因子在精馏过程又称为相对挥发度，它相对于气、液平衡常数而言，随温度和压力的变化不敏感，若近似当作常数，能使计算简化。对于液 – 液平衡情况，常用 β_{ij} 代替 α_{ij}，称之为相对选择性。分离因子与 1 的偏离程度表示组分 i 和 j 之间分离的难易程度。

2.1.2 相平衡判据

相平衡的基本问题之一是各相平衡时所必须满足的热力学必要条件或各相平衡的判据。

相平衡热力学是建立在化学位概念基础上的。一个多组分系统达到相平衡的条件是所有相中的温度 T、压力 p 和每一组分 i 的化学位 μ_i 相等。即：

$$T^{\alpha} = T^{\beta} = \Lambda = T^{\pi} \tag{2-3}$$

$$p^{\alpha} = p^{\beta} = \Lambda = p^{\pi} \tag{2-4}$$

$$\mu_i^{\alpha} = \mu_i^{\beta} = \Lambda = \mu_i^{\pi} \tag{2-5}$$

2.2 相平衡常数的热力学基础

根据相平衡的判据，研究气液两相的相平衡必须从研究气液两相的化学位开始。

2.2.1 化学位(势)

物系中某组分 i 的偏摩尔自由焓 $\overline{G_i}$ 又称为组分 i 的化学位。

1. 化学位定义

$$\mu_i = \overline{G_i} = \left(\frac{\partial G}{\partial n_i}\right)_{T,P,n_j} \tag{2-6}$$

2. 理想气体的化学位与压力的关系

若有 1mol 纯理想气体 i 以始状态温度 T、压力 $p^0 = 101325\text{Pa}$ 为标准态，对应的自由焓即标准摩尔自由焓 G_m^0，纯物质的摩尔自由焓即其化学位，以 μ^0 表示，变化到末状态 T、p 时化学位 μ 与压力的关系推导如下：

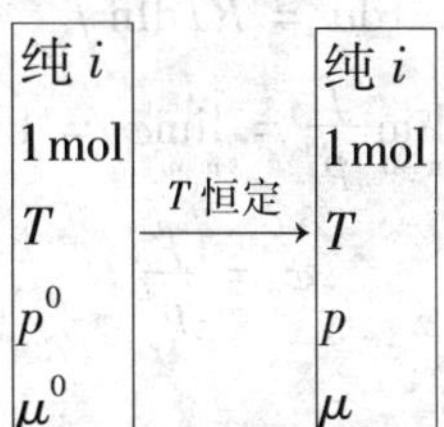

对于 1mol 纯理想气体，$G_m = \mu, V = V_m$

由热力学基本方程 $\quad dG = Vdp - SdT \qquad (2-7)$

1mol 纯理想气体恒温时， $\quad d\mu = dG_m = V_m dp \qquad (2-8)$

又 $\quad V_m = \dfrac{RT}{p}$

所以 $\quad d\mu = RT d\ln p \qquad (2-9)$

或者 $\quad \mu = \mu^0 + RT\ln\dfrac{p}{p^0} \qquad (2-10)$

同理，当以温度 T、压力 p^0 下纯组分 i 为标准态时，对于理想气体混合物中的组分 i 有：

$$d\mu_i = RT d\ln p_i \tag{2-11}$$

或者 $\quad \mu_i = \mu_i^0 + RT\ln\dfrac{p_i}{p^0} \qquad (2-12)$

从工程角度上，化学位没有直接的物理真实性，难以使用。Lewis 提出了等价于化学位的物理量——逸度。它由化学位简单变化而来，具有压力的单位。由于在理想气体混合物中，每一组分的逸度等于它的分压，故从物理意义上讲，把逸度视为热力学压力是方便的。在真实混合物中，逸度可视为修正非理想性的分压。引入逸度概念后，相平衡条件演变为“各相的温度、压力相同，各相组分的逸度也相等”。

即：

$$\hat{f}_i^{\alpha} = \hat{f}_i^{\beta} = \Lambda = \hat{f}_i^{\pi} \tag{2-13}$$

2.2.2 流体的逸度和逸度系数

为了表达真实气体的化学位，G. N. Lewis 提出非理想气体中用逸度 f 代替理想气体的压力 p，如果以温度 T、压力 p^0 下纯组分 i 为标准态，则对于理想气体和真实气体其化学位的联系和区别如下：

理想气体纯组分	真实气体纯组分
$d\mu = RT\mathrm{dln}\, p$	$d\mu = RT\mathrm{dln}\, f$
$\mu = \mu^0 + RT\ln \frac{p}{p^0}$	$\mu = \mu^0 + RT\ln \frac{f}{p^0}$
理想气体混合物种 i 组分	真实气体混合物种 i 组分
$d\mu_i = RT\mathrm{dln}\, p_i$	$d\mu_i = RT\mathrm{dln}\, \hat{f}_i$
$\mu_i = \mu_i^0 + RT\ln \frac{p_i}{p^0}$	$\mu_i = \mu_i^0 + RT\ln \frac{\hat{f}_i}{p^0}$

1. 逸度和逸度系数的定义

对于纯组分定义

$$d\mu = RT\mathrm{dln}\, f \tag{2-14}$$

$$\lim_{p\to 0} \frac{f}{p} = \lim_{p\to 0}\varphi = 1 \tag{2-15}$$

$$\varphi = \frac{f}{p} \tag{2-16}$$

对于气体混合物中 i 组分，定义：

$$d\mu_i = RT\mathrm{dln}\, \hat{f}_i \tag{2-17}$$

$$\lim_{p\to 0} \frac{\hat{f}_i}{y_i p} = \lim_{p\to 0}\hat{\varphi}_i = 1 \tag{2-18}$$

式中 φ——组分逸度系数；

$\hat{\varphi}_i$——混合物中组分 i 逸度系数。

$$\hat{\varphi}_i = \frac{\hat{f}_i}{y_i p} \tag{2-19}$$

2. 逸度和逸度系数的计算

（1）纯组分逸度系数

对于纯组分：$\left.\begin{aligned} d\mu &= V_m dp \\ d\mu &= RT\mathrm{dln}\, f \end{aligned}\right\} \Rightarrow \mathrm{dln}f = \frac{V_m}{RT}dp$

根据逸度系数的定义：$\varphi = \frac{f}{p} \Rightarrow \mathrm{dln}\, f = \mathrm{dln}\varphi + \frac{dp}{p}$

所以 $\mathrm{dln}\varphi = \frac{pV_m}{RT} \cdot \frac{dp}{p} - \frac{dp}{p}$

即
$$d\ln\varphi = (Z-1)\frac{dp}{p} \tag{2-20}$$

积分式为：
$$\ln\varphi = \int_{p_0}^{p}(Z-1)\frac{dp}{p} \tag{2-21}$$

其中 Z 是压缩因子，$Z = \dfrac{pV_m}{RT}$

还有一种常用到的积分式是：
$$\ln\varphi = \frac{1}{RT}\int_{p_0}^{p}\left(V_m - \frac{RT}{p}\right)dp \tag{2-22}$$

(2) 纯组分逸度系数的计算

① 普遍化逸度系数图法。根据对比状态理论，式(2-21)也可写成：
$$\ln\varphi = \int_{p_r^0}^{p_r}(Z-1)\frac{dp_r}{p_r} \tag{2-23}$$

在一定的 p_r、T_r 下，有一定的压缩因子 Z，按式(2-23)计算并绘制出普遍化逸度系数图，如图 2-1 所示，以方便求出 φ。

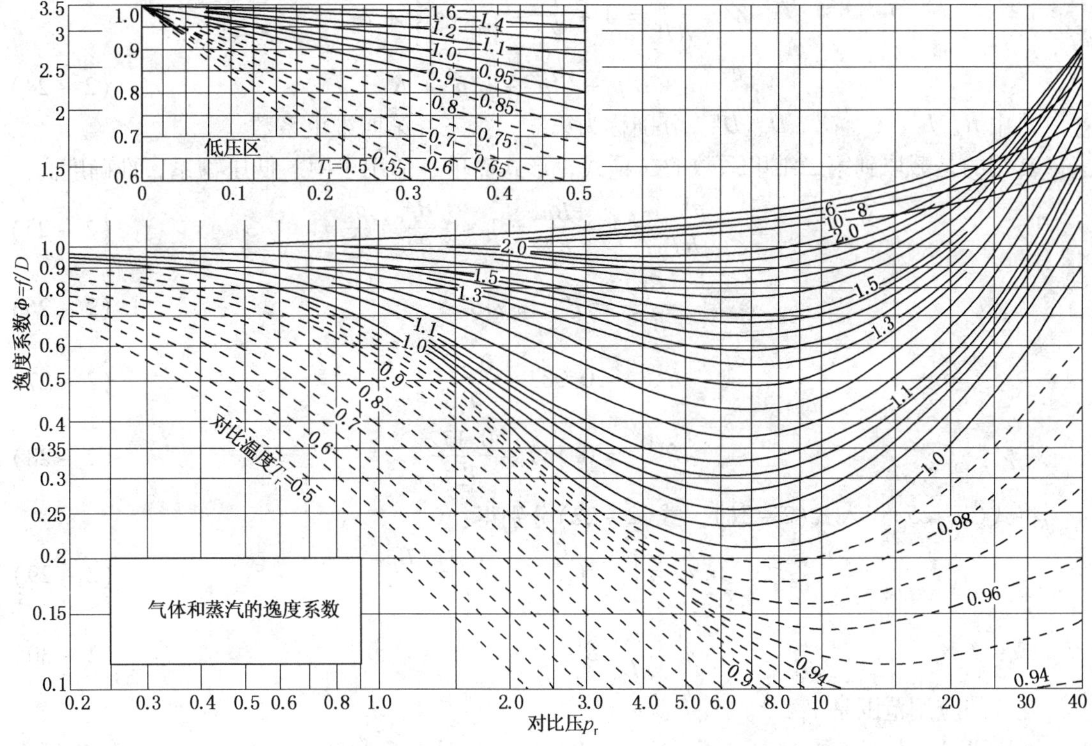

图 2-1　普遍化逸度系数图

【例 2-1】　计算乙烯在 6.888MPa、311K 下，达到相平衡时气相和液相的逸度系数。乙烯的饱和蒸气压由安托尼方程 $\lg p^s(\text{mmHg}) = A - \dfrac{B}{t(℃)+C}$ 给出，其中 $A=7.2058$、$B=768.26$、$C=282.43$。乙烯的临界温度 $T_c=285.5\text{K}$，临界压力 $P_c=5.065\text{MPa}$。

解：(1) 相平衡时气相乙烯逸度系数 φ^V 的计算

乙烯的对比温度、对比压力分别为：

$$T_r = \frac{T}{T_c} = \frac{311}{285.5} = 1.1, P_r = \frac{p}{p_c} = \frac{6.888}{5.065} = 1.36$$

查图 2-1 得，$\varphi^V = 0.66$。

（2）相平衡时液相乙烯逸度系数 φ^L 的计算

乙烯的饱和蒸气压为：

$$\lg p^s = A - \frac{B}{t + C} = 7.2058 - \frac{768.26}{(311 - 273) + 282.43} = 4.8032$$

$$p^s = 64299\text{mmHg} = 8.571\text{MPa}。$$

液相乙烯的对比温度，对比压力分别为：

$$T_r = \frac{T}{T_c} = \frac{311}{285.5} = 1.1, p_r = \frac{p^s}{p_c} = \frac{8.571}{5.065} = 1.69$$

查图 2-1 得，$\varphi^L = 0.6$。

② 普遍化状态方程法。若已知气体的 PVT 数据，或状态方程，可由式(2-21)、式(2-22)计算逸度系数 φ，常用的状态方程有维里方程、RK 方程和 B-W-R 方程等。

a. 维里(Virial)方程。维里方程可以表示成以下各种形式：

$$Z = \frac{pV_m}{RT} = 1 + \frac{B}{V_m} + \frac{C}{V_m^2} + \frac{D}{V_m^3} + \Lambda$$

$$= 1 + B'p + C'p^2 + C'p^3 + \Lambda \tag{2-24}$$

式中 B、B'、C、C'、D、D'…分别称为第二、第三、第四维里系数。

常用的是截取到第二维里系数的二项式，形式简单，适用于中、低压物系，准确度高。

$$Z = \frac{pV_m}{RT} = 1 + \frac{Bp}{RT} = 1 + (\frac{Bp_c}{RT_c})\frac{p_r}{T_r} \tag{2-25}$$

$$\frac{Bp_c}{RT_c} = B^{(0)} + \omega B^{(1)} \tag{2-26}$$

$$B^{(0)} = 0.083 - \frac{0.422}{T_r^{1.6}} \tag{2-27}$$

$$B^{(1)} = 0.139 - \frac{0.172}{T_r^{4.2}} \tag{2-28}$$

将式(2-25)代入式(2-21)、式(2-22)分别得：

$$\ln\varphi = \int_{p^0\to 0}^{p}(Z-1)\frac{dp}{p} = \frac{Bp}{RT} \tag{2-29}$$

或：

$$\ln\varphi = \frac{p_r}{T_r}[B^{(0)} + \omega B^{(1)}] \tag{2-30}$$

此式的应用范围是 $V_r \geqslant 2$。

b. Redlich-Kwong 方程(R-K 方程)。R-K 方程是两参数状态方程，可以在较高压力下应用，有足够的精度。它不仅适用于气态，而且可用于液态，因此，在气、液相平衡计算中，具有重要的作用。R-K 方程可表示为：

$$p = \frac{RT}{V_m - b} - \frac{a}{T^{0.5}V_m(V_m + b)} \tag{2-31}$$

式中 a、b 是 R-K 常数，与流体的特性有关，可由物质的临界性质求得。

$$a = \frac{\Omega_a R^2 T_c^{2.5}}{p_c} = \frac{0.42748R^2T_c^{2.5}}{p_c} \tag{2-31a}$$

$$b = \frac{\Omega_b RT_c}{p_c} = \frac{0.08664RT_c}{p_c} \tag{2-31b}$$

为便于利用计算机求解，R－K 方程也可以写成以下形式：

$$Z^3 - Z^2 + (Ap - Bp - B^2p^2)Z - ABp^2 = 0 \tag{2-32}$$

式中

$$A = \frac{a}{R^2T^{2.5}} \tag{2-32a}$$

或者

$$A = \frac{0.42784}{p_c T_r^{2.5}} \tag{2-32b}$$

$$B = \frac{b}{RT} \tag{2-32c}$$

或者

$$B = \frac{0.08664}{p_c T_r} \tag{2-32d}$$

$$\frac{A}{B} = \frac{a}{bRT^{1.5}} \tag{2-32e}$$

压缩因子 Z 可以用牛顿－拉甫森(Newton－Raphson)法计算得到。

因为：

$$V_m dp = d(pV_m) - pdV_m$$

结合式(2－22)、式(2－31)得：

$$\ln\varphi = Z - 1 - \ln\left(Z - \frac{bp}{RT}\right) - \frac{a}{bRT^{1.5}}\ln\left(1 + \frac{b}{V_m}\right) \tag{2-33a}$$

或者：

$$\ln\varphi = Z - 1 - \ln(Z - Bp) - \frac{A}{B}\ln\left(1 + \frac{Bp}{Z}\right) \tag{2-33b}$$

【例 2－2】 分别用维里方程和 R－K 方程计算 10138kPa 和 180℃时的乙烷气体的逸度系数。

解：(1) 用维里方程计算逸度系数

查得乙烷的临界参数为：

$T_c=305.33\text{K}$，$P_c=4.872\text{MPa}$，$V_c=146.7\times10^{-6}\text{m}^3/\text{mol}$。

偏心因子 $\omega=0.0990$

对比参数：

$$T_r = \frac{T}{T_c} = \frac{180+273.2}{305.33} = 1.484 \qquad P_r = \frac{p}{P_c} = \frac{10.138}{4.872} = 2.0763$$

由式(2－27)和式(2－28)得：

$$B^{(0)} = 0.083 - \frac{0.422}{T_r^{1.6}} = 0.083 - \frac{0.422}{1.484^{1.6}} = -0.1414$$

$$B^{(1)} = 0.139 - \frac{0.172}{T_r^{4.2}} = 0.139 - \frac{0.172}{1.484^{4.2}} = 0.1062$$

$$B = [B^{(0)} + \omega B^{(1)}]\frac{RT_c}{p_c} = -6.822\times10^{-5}$$

根据公式(2－30)计算逸度系数得：

$$\ln\varphi = \frac{p_r}{T_r}[B^{(0)} + \omega B^{(1)}] = \frac{2.0763}{1.484}\times(-0.1414 + 0.0990\times0.1062) = -0.1835$$

所以 $\varphi=0.8165$

计算结果校核：

根据公式(2－25)计算压缩因子：

$$Z = 1 + \frac{Bp}{RT} = 1 + \frac{-6.882 \times 10^{-5} \times 10.138 \times 10^{6}}{8.314 \times 453.2} = 0.8165$$

乙烷的摩尔体积，$V_m = \frac{ZRT}{p} = \frac{0.8165 \times 8.314 \times 453.2}{10.138 \times 10^{6}} = 3.035 \times 10^{-4}\ (m^3/mol)$

对比体积 $V_r = \frac{V_m}{V_c} = \frac{3.035 \times 10^{-4}}{1.467 \times 10^{-4}} = 2.0685 \geqslant 2$，符合维里方程的适用范围。

(2) 用R－K方程计算逸度系数

根据公式(2－32b)：

$$A = \frac{0.42784}{p_c T_r^{2.5}} = \frac{0.42784}{4.784 \times 10^{6} \times 1.484^{2.5}} = 3.271 \times 10^{-8}$$

根据公式(2－32d)：

$$B = \frac{0.08664}{p_c T_r} = \frac{0.08664}{4.784 \times 10^{6} \times 1.484} = 1.198 \times 10^{-8}$$

所以 $\frac{A}{B} = \frac{3.271 \times 10^{-8}}{1.198 \times 10^{-8}} = 2.731$

利用公式(2－32)用Newton－Raphson法迭代求得：

$$Z = 0.8218$$

由公式(2－33b)计算逸度系数：

$$\begin{aligned}\ln \varphi &= Z - 1 - \ln (Z - Bp) - \frac{A}{B}\ln\left(1 + \frac{Bp}{Z}\right) \\ &= 0.8218 - 1 - \ln(0.8218 - 1.198 \times 10^{-8} \times 10.138 \times 10^{6}) \\ &\quad - 2.731 \times \ln\left(1 + \frac{1.198 \times 10^{-8} \times 10.138 \times 10^{6}}{0.8218}\right) \\ &= -0.1984\end{aligned}$$

所以 $\varphi = 0.8201$

(3) 混合物中 i 组分的逸度系数计算

对于实际气体混合物中组分 i：

$$\left.\begin{aligned} d\mu_i &= \bar{V}_i dp \\ d\mu_i &= RT d\ln \hat{f}_i \end{aligned}\right\} \Rightarrow d\ln \hat{f}_i = \frac{\bar{V}_i}{RT} dp$$

根据逸度系数的定义 $\hat{\varphi}_i = \frac{\hat{f}_i}{y_i p} \Rightarrow d\ln \hat{f}_i = d\ln \hat{\varphi}_i + \frac{dp}{p}$

所以

$$d\ln \hat{\varphi}_i = \frac{p\bar{V}_i}{RT} \cdot \frac{dp}{p} - \frac{dp}{p} = (\bar{Z}_i - 1)\frac{dp}{p} \qquad (2-34)$$

式中 $\bar{V}_i$ 是气体混合中 i 组分的偏摩尔体积，$\bar{V}_i = \left(\frac{\partial V_M}{\partial n_i}\right)_{T,p,n_{j\neq i}}$ (2－34a)

$\bar{Z}_i$ 是气体混合中 i 组分的偏摩尔压缩因子，$\bar{Z}_i = \left(\frac{\partial Z_M}{\partial n_i}\right)_{T,p,n_{j\neq i}}$ (2－34b)

式中 V_M——气体混合物的摩尔体积；

Z_M——气体混合物的压缩因子。

对公式(2－34)积分得关于混合物中 i 组分的逸度系数的计算公式：

$$\ln \hat{\varphi}_i = \int_{P_0}^{P} (\bar{Z}_i - 1)\frac{dp}{p} \qquad (2-35)$$

由于较多的状态方程以 T、V 为自变量，所以常以下式计算：

$$\ln \hat{\varphi}_i = \frac{1}{RT}\int_{\infty}^{V}\left[\frac{RT}{V_M} - \left(\frac{\partial p}{\partial n_i}\right)_{T,V,n_{j\neq i}}\right]dV_M - \ln Z_M \tag{2-36}$$

① 利用维里方程计算混合物中 i 组分的逸度系数。

如果气体混合物服从截止到第二维里系数的维里方程：

$$Z_M = \frac{pV_M}{RT} = 1 + \frac{B_M p}{RT} \tag{2-37}$$

式中 B_M 是气体混合物的第二维里系数，按照下列混合规则计算：

$$B_M = \sum_{i=1}^{n}\sum_{j=1}^{n} y_i y_j B_{ij} \tag{2-37a}$$

$$B_{ij} = \frac{RT_{c,ij}}{p_{c,ij}}\left[B_{ij}^{(0)} + \omega_{ij} B_{ij}^{(1)}\right] \tag{2-37b}$$

$$B_{ij}^{(0)} = 0.083 - \frac{0.422}{T_{r,ij}^{1.6}} \tag{2-37c}$$

$$B_{ij}^{(1)} = 0.139 - \frac{0.172}{T_{r,ij}^{4.2}} \tag{2-37d}$$

$$T_{r,ij} = \frac{T}{T_{c,ij}} \tag{2-37f}$$

$$T_{c,ij} = (1 - k_{ij})(T_{c,i} \cdot T_{c,j})^{0.5} \tag{2-37g}$$

$$p_{c,ij} = \frac{Z_{c,ij} RT_{c,ij}}{V_{c,ij}} \tag{2-37h}$$

$$V_{c,ij} = \left[0.5\left(V_{c,i}^{1/3} + V_{c,j}^{1/3}\right)\right]^3 \tag{2-37i}$$

$$Z_{c,ij} = 0.5(Z_{c,i} + Z_{c,j}) \tag{2-37j}$$

$$\omega_{ij} = 0.5(\omega_i + \omega_j) \tag{2-37k}$$

$$k_{ij} = 1 - \frac{(V_{c,i} \cdot V_{c,j})^{0.5}}{V_{c,ij}} \tag{2-37l}$$

k_{ij} 称为二元交互作用参数，其数值与组成混合物的物质有关，一般在 0～0.2 之间。

将

$$\bar{Z}_i = \left(\frac{\partial Z_M}{\partial n_i}\right)_{T,p,n_{j\neq i}} = \frac{p}{RT}\left(\frac{\partial B_M}{\partial n_i}\right)_{T,p,n_{j\neq i}} + 1 \tag{2-38}$$

代入式(2－35)得：

$$\ln \hat{\varphi}_i = \frac{p}{RT}\left(2\sum_{j=1}^{n} y_j B_{ij} - B_M\right) \tag{2-39}$$

② 利用 R－K 方程计算混合物中 i 组分的逸度系数。对于多组分系统的 R－K 方程，Prausnitz 等人提出如下混合规则：

$$b_i = \frac{0.086640 RT_{c,i}}{p_{c,i}} \tag{2-40a}$$

$$a_{ij} = \frac{0.427480 R^2 T_{c,ij}^{2.5}}{p_{c,ij}} \tag{2-40b}$$

$$a_M = \sum_{i=1}^{n}\sum_{j=1}^{n} y_i y_j a_{ij} \tag{2-40c}$$

$$b_M = \sum_{i=1}^{n} y_i b_i \tag{2-40d}$$

$$A_M = \frac{a_M}{R^2 T^{2.5}} \tag{2-40e}$$

$$B_M = \frac{b_M}{RT} \tag{2-40f}$$

$$\frac{A_M}{B_M} = \frac{a_M}{b_M R T^{1.5}} \tag{2-40g}$$

则有：
$$Z_M^3 - Z_M^2 + (A_M p - B_M p - B_M^2 p^2) Z_M - A_M B_M p^2 = 0 \tag{2-41}$$

组分 i 的逸度系数为：

$$\ln \hat{\varphi}_i = \frac{b_i}{b_M}(Z_M - 1) - \ln(Z_M - B_M p) + \frac{A_M}{B_M}\left(\frac{b_i}{b_M} - \frac{2\sum_{j=1}^{m} y_j a_{ij}}{a_M}\right)\ln\left(1 + \frac{B_M p}{Z_M}\right) \tag{2-42}$$

【例 2-3】 试计算在 313K、1.5MPa 下，$CO_2(1) - C_3H_8(2)$ 的等摩尔的混合物中 CO_2 和 C_3H_8 的逸度系数。设气体混合物服从截止到第二维里系数的维里方程。已知各物质的临界参数和偏心因子的数值见下表。

ij	$T_{c,ij}$/K	$P_{c,ij}$/MPa	$V_{c,ij}$/$cm^3 \cdot mol^{-1}$	$Z_{c,ij}$	ω_{ij}
11	304.2	7.28	94.0	0.274	0.225
22	369.8	4.19	203.0	0.281	0.145
12	335.4	5.40	141.6	0.278	0.185

设公式(2-37l)中的二元交互参数 $k_{ij} = 0$。

解：用混合物的维里方程计算

从上表所列纯物质参数的数值，用式(2-37f)~式(2-37k)计算混合物的参数，将这些参数代入式(2-37b)~式(2-37d)计算得到 $B^{(0)}$、$B^{(1)}$、B_{ij}，计算结果列于下表。

ij	T_r	$B^{(0)}$	$B^{(1)}$	B_{ij}
11	1.029	-0.320	-0.014	-110.8
22	0.85	-0.464	-0.201	-357.1
12	0.937	-0.385	-0.087	-204.4

使用公式(2-37a)：

$$B_M = \sum_{i=1}^{n}\sum_{j=1}^{n} y_i y_j B_{ij} = y_1^2 B_{11} + 2y_1 y_2 B_{12} + y_2^2 B_{22}$$

$$= 0.5^2 \times (-110.8) + 2 \times 0.5 \times 0.5(-204.4) + 0.5^2 \times (-357.1)$$

$$= -219.175 (cm^3 \cdot mol^{-1})$$

根据公式(2-39)得：

$$\ln \hat{\varphi}_1 = \frac{p}{RT}\left(2\sum_{j=1}^{2} y_j B_{ij} - B_M\right) = \frac{p}{RT}(2y_1 B_{11} + 2y_2 B_{12} - B_M)$$

$$= \frac{1.5}{8.314 \times 313}[2 \times 0.5 \times (-110.8) + 2 \times 0.5 \times (-204.4) - (-219.175)]$$

$$= -0.0554$$

$$\hat{\varphi}_1 = 0.946$$

同理：

$$\ln\hat{\varphi}_2=\frac{p}{RT}(2\sum_{j=1}^{2}y_jB_{ij}-B_M)=\frac{p}{RT}(2y_1B_{12}+2y_2B_{22}-B_M)$$

$$=\frac{1.5}{8.314\times313}[2\times0.5\times(-204.4)+2\times0.5\times(-357.1)-(-219.175)]$$

$$=-0.1973$$

$$\hat{\varphi}_2=0.8209$$

(4) 纯液体的逸度

根据相平衡原理，当纯液体处于饱和状态时，其逸度等于其饱和蒸气的逸度。当液体的压力 p 大于饱和蒸气压 p^s 时，可利用式(2－22)计算。该式不仅适用于纯气体，也适用于纯液体逸度的计算。计算纯液体的逸度系数时，通常将式(2－22)分为两部分计算。第一项积分计算温度 T 时液体的饱和蒸气的逸度系数；第二项积分计算液体的压力由 p_i^s 增至 p 时逸度系数的改变值。

$$\ln\varphi^L=\frac{1}{RT}\int_{p_0}^{p^s}(V_m^V-\frac{RT}{p})dp+\frac{1}{RT}\int_{p^s}^{p}(V_m^L-\frac{RT}{p})dp \quad (2-43)$$

式中　φ^L、V_m^V、V_m^L——液体的逸度系数、饱和蒸气的摩尔体积、饱和液体的摩尔体积。

结合公式(2－16)、式(2－22)的纯液体的逸度为：

$$f^L=p^s\varphi^s\exp\left[\frac{V_m^L(p-p^s)}{RT}\right] \quad (2-44)$$

【例 2－4】　试计算[例 2－1]中液相乙烯的逸度。

解：根据公式(2－44)

饱和蒸气压由安托尼方程计算得到：$p^s=8.571\text{MPa}$。

纯液体的饱和蒸气的逸度系数，有多种计算方法，用逸度系数图法计算得：$\varphi^s=0.6$

查得液体乙烯的摩尔体积为：$V_m^L=0.131\times10^{-3}\text{m}^3\cdot\text{mol}^{-1}$

所以液相纯乙烯的逸度为：

$$f^L=p^s\varphi^s\exp\left[\frac{V_m^L(p-p^s)}{RT}\right]=8.571\times0.6\times\exp\left[\frac{0.131\times10^{-3}(6.888-8.571)\times10^6}{8.314\times311}\right]$$

$$=4.722\text{MPa}$$

2.2.3　流体的活度和活度系数

1. 活度和活度系数的定义

对于理想溶液，在低压条件下，服从拉乌尔定律，即：

$$p_i=p_i^sx_i \quad (2-45)$$

式中　p_i^s——一定温度下纯溶剂 i 的饱和蒸气压，Pa。

在中高压下服从路易斯－兰德尔规则，即：

$$\hat{f}_i=f_i^{oL}x_i \quad (2-46)$$

f_i^{oL} 为纯组分 i 在标准态时的逸度。

将式(2－45)、式(2－46)代入式(2－11)、式(2－17)积分得：

$$\mu_i^L=\mu_i^{oL}+RT\ln x_i \quad (2-47a)$$

其中，低压时：$$\mu_i^{oL}=\mu_i^{oV}+RT\ln p_i^s \quad (2-47b)$$

中高压时：$$\mu_i^{oL}=\mu_i^{oV}+RT\ln f_i^{oL} \quad (2-47c)$$

μ_i^{oV} 是标准态(或基准态)下，组分 i 蒸气的化学位，J/mol。

为了处理非理想溶液，G. N. Lewis 提出活度的概念，提出用活度 α_i 代替 x_i。

定义低压时，
$$\alpha_i = \frac{p_i}{p_i^S} \tag{2-48a}$$

中高压下，
$$\alpha_i = \frac{\hat{f}_i}{f_i^{oL}} \tag{2-48b}$$

同时定义活度系数
$$\gamma_i = \frac{\alpha_i}{x_i} \tag{2-49}$$

所以液相中组分 i 的活度系数为：

$$\gamma_i = \frac{\hat{f}_i}{x_i f_i^{oL}} \tag{2-50}$$

对于理想溶液，活度系数 $\gamma_i = 1$，对于非理想溶液，活度系数 $\gamma_i \neq 1$。

所以对于非理想溶液有：

$$\mu_i^L = \mu_i^{0L} + RT\ln \alpha_i \tag{2-51}$$

2. 标准态和标准态逸度

由活度的定义可知，若组分 i 的标准态不同，则其活度值亦不同。所以，在考虑溶液的非理想性时，标准态的选择极为重要。溶液中组分的标准态可以选择不同的状态，但是其温度均选与溶液相同的温度。所谓标准态通常是指活度系数等于 1 的状态。

（1）可凝组分标准态的选择

溶液中的各组分是可凝的组分时，标准态条件满足下式：

$$\lim_{x_i \to 1} \gamma_i = 1 \tag{2-52}$$

将该条件代入式(2-50)得：

$$f_i^{oL} = \hat{f}_i^L \tag{2-53}$$

可见 f_i^{oL} 为在系统 T、P 下的液体纯组分 i 的逸度。所以，标准态逸度即为相同 T、P 下纯液体逸度。而纯液体逸度可由公式(2-44)计算求取。这种标准态使用方便，故被普遍采用。

（2）不可凝组分标准态的选择

对不可凝组分，在溶液的温度下纯液体不能存在，其标准态有两种处理方法。

① 溶液中的各组分是不可凝的组分时，标准态条件满足下式：

$$\lim_{x_i \to 0} \gamma_i = 1 \tag{2-54}$$

将该条件代入式(2-50)得：

$$f_i^{oL} = H \equiv \lim_{x_i \to 0} \frac{\hat{f}_i^L}{x_i} \tag{2-55}$$

可见 f_i^{oL} 为在系统 T、P 下估算出来的亨利系数。虽然亨利系数可以实验测定，但是同一组分的亨利系数随溶剂的不同而不同，而且当溶剂为混合溶剂时，处理方法比较复杂。

② 另一种方法是采用在溶液温度 T 和压力 p(或某一固定压力)下的假想纯液体作标准态，其逸度 f_i^o 值用外推的方法确定。Prausnitz 等给出了 1.0138×10^5 Pa 下常见气体假想纯液体的温度和逸度的关系曲线。这种处理方法具有和上述可凝组分的标准态的各种优点。此时，两种组分使用一致的标准态，称为对称形标准态。

3. 活度和活度系数的计算

化工热力学中推导出过剩自由焓与活度系数的关系：

$$G^E = \sum_{i=1}^{n} n_i RT \ln \gamma_i \tag{2-56a}$$

$$\left(\frac{\partial G^E}{\partial n_i}\right)_{T,p,n_{j\neq i}} = RT \ln \gamma_i \tag{2-56b}$$

如有适当的过剩自由焓 G^E 的数学模型，就可通过对组分 i 的物质的量 n_i 求偏导数得到 γ_i 的表达式。通常计算组分 i 的活度系数 γ_i 的方程有：对称型 Margules – Van Laar 方程、Margules 方程、Van Laar 方程、Wilson 方程、NRTL 方程、UNIQUAC 方程、Scatchard – Hildebrand 方程。前三个方程具有悠久的历史，且仍有实用价值，特别用于定性分析方面。Wilson 方程、NRTL 方程、UNIQUAC 方程都是根据局部组成概念建立起来的模型，不同模型中局部组成的含义不同。Wilson 方程中用局部体积分数的概念，而 NRTL 和 UNIQUAC 方程则用局部摩尔分数的概念。Scatchard – Hildebrand 属于从纯物质估算活度系数的方程。部分非极性液体在 25℃时的溶解度参数和摩尔体积数值见表 2 – 1。

表 2 – 1　部分非极性液体在 25℃时的溶解度参数和摩尔体积数值

名　称	$\delta\times10^{-3}$/ (J/m^3)0.5	$Vm^L\times10^6$/ (m^3/mol)	名　称	$\delta\times10^{-3}$/ (J/m^3)0.5	$Vm^L\times10^6$/ (m^3/mol)
甲烷	11.58	64.0	乙烯	12.32	73.0
乙烷	12.34	75.0	丙烯	13.16	84.0
丙烷	13.09	88.0	1 – 丁烯	13.83	95.0
正丁烷	13.89	101.4	异丁烯	13.83	95.4
正戊烷	14.36	116.1	1，3 – 丁二烯	14.20	88.0
正己烷	14.87	131.6	苯	18.74	89.4
正庚烷	15.20	147.5	甲苯	18.25	106.8
正辛烷	15.45	163.5	乙苯	17.98	123.1
正壬烷	15.65	179.6	氢	6.65	31.0
正癸烷	15.80	196.0	氮	6.75	33.0
环戊烷	16.59	94.7	二氧化碳	12.24	62.3
环己烷	16.78	108.7	硫化氢	12.34	57.1

根据正规溶液理论得出的一个半经验半理论关联式。它适用于非极性溶液，例如，烃类溶液，对于多组分体系其表达式如式(2 – 57)所示：

$$\ln \gamma_i = \frac{V^L_{m,i}}{RT}(\delta_i - \bar{\delta})^2 \tag{2-57}$$

式中 $\bar{\delta}$ 是溶液中各组分之溶解度参数按其体积分率加和所得之平均值。

$$\bar{\delta} = \sum_{j=1}^{n} \phi_j \delta_j \tag{2-57a}$$

$$\phi_j \equiv \frac{x_j V^L_{m,j}}{\sum_{k=1}^{n} x_k V^L_{m,k}} \tag{2-57b}$$

对于双组分体系，其表达式可以化简为：

$$\ln \gamma_1 = \frac{V^L_{m,1}}{RT}(\delta_1 - \delta_2)^2 \phi_2^2 \tag{2-58a}$$

$$\ln \gamma_2 = \frac{V^L_{m,2}}{RT}(\delta_1 - \delta_2)^2 \phi_1^2 \tag{2-58b}$$

表 1－1 是一些常用的非极性液体在 25℃时的溶解度参数和摩尔体积数值。

S－H 方程适用于分子大小和形状相近的正偏差类型混合物。

威尔逊(wilson)方程多组分体系中组分 i 的活度系数可表示为：

$$\ln \gamma_i = 1 - \ln\left[\sum_{j=1}^{n} x_j \Lambda_{ij}\right] - \sum_{k=1}^{n}\left[\frac{x_k \Lambda_{ki}}{\sum_{k=1}^{n} x_k \Lambda_{ki}}\right] \tag{2-59}$$

式中 $$\Lambda_{ij} \equiv \frac{V_{m,i}^L}{V_{m,j}^L}\exp\left[-\frac{(\lambda_{ij}-\lambda_{ii})}{RT}\right] \qquad \lambda_{ij} = \lambda_{ji} \tag{2-60a}$$

$$\Lambda_{ii} = \Lambda_{jj} = \Lambda_{kk} = 1 \tag{2-60b}$$

威尔逊方程中的有关参数可由实验数据测定，可广泛应用于各种体系，但对液体分层的系统不适用。对于双组分体系，其他方程的表达式见表 2－2。

表 2－2　组分活度系数的表达式

方　程	二元参数	组分活度系数表达式
Van Laar 方程	A_{12}, A_{21}	$\ln\gamma_1 = \dfrac{A_{12}}{\left(1+\dfrac{A_{12}x_1}{A_{21}x_2}\right)^2}$ $\ln\gamma_2 = \dfrac{A_{21}}{\left(1+\dfrac{A_{21}x_2}{A_{12}x_1}\right)^2}$
Margules 方程	A'_{12}, A'_{21}	$\ln\gamma_1 = x_2^2[A'_{12} + 2x_1(A'_{21} - A'_{12})]$ $\ln\gamma_2 = x_1^2[A'_{21} + 2x_2(A'_{12} - A'_{21})]$
Wilson 方程	$\Lambda_{12}, \Lambda_{21}$	$\ln\gamma_1 = -\ln(x_1 + \Lambda_{12}x_2) + x_2\left(\dfrac{\Lambda_{12}}{x_1+\Lambda_{12}x_2} - \dfrac{\Lambda_{21}}{x_2+\Lambda_{21}x_1}\right)$ $\ln\gamma_2 = -\ln(x_2 + \Lambda_{21}x_1) + x_1\left(\dfrac{\Lambda_{21}}{x_2+\Lambda_{21}x_1} - \dfrac{\Lambda_{12}}{x_1+\Lambda_{12}x_2}\right)$
NRTL 方程 $\tau_{12} = \dfrac{\Delta g_{12}}{RT}$ $\tau_{21} = \dfrac{\Delta g_{21}}{RT}$ $G_{12} = \exp(-\alpha_{12}\tau_{12})$ $G_{21} = \exp(-\alpha_{21}\tau_{21})$	$\tau_{12}, \tau_{21}, \alpha_{12}, \alpha_{21}$	$\ln\gamma_1 = x_2^2\left[\tau_{21}\left(\dfrac{G_{21}}{x_1+G_{21}x_2}\right)^2 + \dfrac{\tau_{12}G_{12}}{(x_2+G_{21}x_1)^2}\right]$ $\ln\gamma_2 = x_1^2\left[\tau_{12}\left(\dfrac{G_{12}}{x_2+G_{12}x_1}\right)^2 + \dfrac{\tau_{21}G_{21}}{(x_1+G_{12}x_2)^2}\right]$

【例 2－5】 在压力为 101.32kPa 和温度为 382.7K 时，糠醛(1)和水(2)达到气、液平衡，气相中水的浓度为 $y_2 = 0.810$，液相中水的浓度为 $x_2 = 0.100$。现将体系在压力不变时降温到 373.8K。已知 382.7K 时糠醛的饱和蒸气压为 16.90kPa，水的饱和蒸气压为 140.87kPa；而在 373.8K 下糠醛的饱和蒸气压为 11.92kPa，水的饱和蒸气压为 103.52kPa。假定气相为理想气体，液相活度系数与温度无关，但与组成有关，试计算在 373.8K 时体系中各组分的活度系数。

解： 假定液相活度系数可以用 Van Laar 方程表示，即：

$$\ln \gamma_1 = \frac{A_{12}}{\left(1+\dfrac{A_{12}x_1}{A_{21}x_2}\right)^2}, \ln \gamma_2 = \frac{A_{21}}{\left(1+\dfrac{A_{21}x_2}{A_{12}x_1}\right)^2}$$

由题设条件知 A_{12} 和 A_{21} 不随温度变化，将上面两个公式相除，得：

$$\frac{\ln \gamma_1}{\ln \gamma_2} = \frac{A_{21}x_2^2}{A_{12}x_1^2} \tag{1}$$

将(1)式两边同乘以 x_1/x_2 得：

$$\frac{x_1 \ln \gamma_1}{x_2 \ln \gamma_2} = \frac{A_{21} x_2}{A_{12} x_1} \tag{2}$$

将式(2)代入 Van Laar 活度系数表达式，得：

$$A_{12} = \left(1 + \frac{x_2 \ln \gamma_2}{x_1 \ln \gamma_1}\right)^2 \ln \gamma_1 \tag{3}$$

$$A_{21} = \left(1 + \frac{x_1 \ln \gamma_1}{x_2 \ln \gamma_2}\right)^2 \ln \gamma_2 \tag{4}$$

在 382.7K 时，活度系数可以由气液平衡方程求得。

$$\gamma_1 = \frac{y_1 p}{p_1^s x_1} = \frac{0.19 \times 101.32}{16.9 \times 0.9} = 1.2657$$

$$\gamma_2 = \frac{y_2 p}{p_2^s x_2} = \frac{0.81 \times 101.32}{140.87 \times 0.1} = 5.8259$$

所以：$\ln \gamma_1 = 0.2356$，$\ln \gamma_2 = 1.7623$

将活度系数代入式(3)和式(4)，便可得到 Van Laar 方程的常数。

$$A_{12} = \left(1 + \frac{0.100 \times 1.7623}{0.900 \times 0.2356}\right)^2 \times 0.2356 = 0.7900$$

$$A_{21} = \left(1 + \frac{0.900 \times 0.2356}{0.100 \times 1.7623}\right)^2 \times 1.7623 = 8.5544$$

在 373.8K 时，由气、液平衡方程得：

$$p = \gamma_1 p_1^s x_1 + \gamma_2 p_2^s x_2 \tag{5}$$

将 373.8K 时的组分饱和蒸气压及 Van Laar 方程代入式(5)得：

$$p = 11.90 x_1 \exp\left[\frac{0.7900}{\left(1 + \frac{0.7900 x_1}{8.5544 x_2}\right)^2}\right] + 103.52 x_2 \exp\left[\frac{8.5544}{\left(1 + \frac{8.5544 x_2}{0.7900 x_1}\right)^2}\right] \tag{6}$$

可以用试差法由方程(6)解出液相平衡组成 $x_1 = 0.0285$，则 $x_2 = 1 - x_1 = 0.9715$

此时组分 1 的活度系数为：

$$\ln \gamma_1 = \frac{A_{12}}{\left(1 + \frac{A_{12} x_1}{A_{21} x_2}\right)^2} = \frac{0.7900}{\left(1 + \frac{0.7900 \times 0.0285}{8.5544 \times 0.9715}\right)^2} = 0.7857$$

$$\gamma_1 = 2.1940$$

同理得： $\gamma_2 = 1.0000$

2.3 相平衡常数的计算

相平衡常数可以根据等逸度原则，利用公式(2－13)推导出相平衡常数的计算式。或者用其他实验或经验的关联式来计算。

2.3.1 相平衡常数对称型计算式

气、液两相中组分 i 的逸度用相同的方法表示所导出相平衡常数的计算式为对称型计算式。

在低压条件下，按照流体逸度系数的定义，根据公式(2－19)将气、液相中 i 组分的逸度可以用下式表示。

$$\hat{f}_i^V = \hat{\varphi}_i^V y_i p \tag{2-61}$$

$$\hat{f}_i^L = \hat{\varphi}_i^L x_i p \tag{2-62}$$

将式(2－61)和式(2－62)代入式(2－1)和式(2－13)得相平衡常数的计算式为：

$$k_i = \frac{\hat{\varphi}_i^L}{\hat{\varphi}_i^V} \tag{2-63}$$

$\hat{\varphi}_i^L$、$\hat{\varphi}_i^V$ 可以根据所用状态方程的不同代入公式(2－35)、式(2－39)、式(2－42)计算。

应用适合于气、液两相的状态方程通过式(2－63)计算相平衡常数，如 R－K 方程可以用于式(2－63)计算，但其准确性差。Soave 对 R－K 方程进行修正，提出了 SRK 方程。用 SRK 方程计算气、液平衡，对于烃类这样的非极性体系能得到满意的结果。West 和 Erbar 在温度为－151～260℃、压力达 25.55MPa 的条件下，对烃类混合物 3510 个实验点用 SRK 方程进行气、液平衡计算，平均误差为 13.6%。BWR 方程用于烃类混合物的气、液平衡计算，一般可得到很满意的结果，但对非烃类气体含量较多的混合物、较重的烃类以及在较低的温度下($T_r < 0.6$)不宜应用。

在中、高压下，按照流体活度系数的定义，平衡体系中气、液两相中 i 组分的逸度可以表示为：

$$\hat{f}_i^V = \gamma_i^V y_i f_i^{oV} \tag{2-64}$$

$$\hat{f}_i^L = \gamma_i^L x_i f_i^{oL} \tag{2-65}$$

将式(2－64)和式(2－65)代入式(2－1)和式(2－13)得相平衡常数的计算式为：

$$k_i = \frac{\gamma_i^L f_i^{oL}}{\gamma_i^V f_i^{oV}} \tag{2-66}$$

实际计算过程中按体系状态的不同可以做适当的简化。

2.3.2 相平衡常数非对称型计算式

相平衡常数非对称型计算方法是将气相看作是非理想气体，气相中 i 组分的逸度可以用式(2－61)表示；而液相被看作是非理想液体，液相中 i 组分的逸度可以用式(2－65)表示。根据等逸度原则得相平衡常数的表达式为：

$$k_i = \frac{\gamma_i^L f_i^{oL}}{\hat{\varphi}_i^V p} \tag{2-67}$$

液相的标准态逸度取体系温度 T、压力 p 下的纯液体作为组分 i 液相的标准态。设该纯液体为不可压缩液体，则液相标准态逸度可以联立公式(2－53)和式(2－44)计算。

所以，相平衡常数的表达式可以表示为：

$$k_i = \frac{\gamma_i^L p_i^s \varphi_i^s}{\hat{\varphi}_i^V p} \exp\left[\frac{V_{m,i}^L (p - p_i^s)}{RT}\right] \tag{2-68}$$

该式为计算气、液平衡常数的通式。它适用于气、液两相均为非理想溶液的情况。然而对于一个具体的分离过程，由于系统 p 和 T 的应用范围以及系统的性质不同，可采用各种简化形式。

1. 气相为理想气体，液相为理想溶液

在该情况下，$\hat{\varphi}_i^V = 1$、$\varphi_i^s = 1$、$\gamma_i^L = 1$。因蒸气压与系统的压力之间的差别很小，$RT \gg V_{m,i}^L (p - p_i^s)$，故 $\exp\left[\frac{V_{m,i}^L (p - p_i^s)}{RT}\right] \approx 1$。式(2－68)简化为：

$$k_i = \frac{p_i^s}{p} \tag{2-69}$$

式(2－69)表明，气、液平衡常数仅与系统的温度 T 和压力 p 有关，与溶液组成无关。这类物系的特点是气相服从道尔顿定律，液相服从拉乌尔定律。对于压力低于 200kPa 和分子结构十分相似的组分所构成的溶液可按该类物系处理。例如，苯、甲苯二元混合物。

2. 气相为理想气体，液相为非理想溶液

在该情况下，$\hat{\varphi}_i^V = 1$、$\varphi_i^s = 1$，$\exp\left[\frac{V_{m,i}^L(p - p_i^s)}{RT}\right] \approx 1$。故式(2－68)简化为：

$$k_i = \frac{\gamma_i^L p_i^s}{p} \tag{2-70}$$

低压下的大部分物系，如醇、醛、酮与水形成的溶液属于这类物系。k_i 值不仅与 T、p 有关，还与 x 有关(影响 γ_i^L)。

3. 气相为理想溶液，液相为理想溶液

该物系的特点是，气相中组分 i 的逸度系数等于纯组分 i 在相同 T、p 下的逸度系数，即 $\hat{\varphi}_i^V = \varphi_i^V$；液相中 $\gamma_i^L = 1$。式(2－68)简化为：

$$k_i = \frac{p_i^s \varphi_i^s}{\varphi_i^V p} \exp\left[\frac{V_{m,i}^L(p - p_i^s)}{RT}\right] \tag{2-71}$$

即

$$k_i = \frac{f_i^L}{f_i^V} \tag{2-71a}$$

k_i 等于纯组分 i 在 T、p 下液相逸度和气相逸度之比。可见 k_i 仅与 T、p 有关，而与组成无关。在中压下的烃类混合物属于该类物系。

4. 气相为理想溶液，液相为非理想溶液

此时，$\hat{\varphi}_i^V = \varphi_i^V$，故：

$$k_i = \frac{\gamma_i^L p_i^s \varphi_i^s}{\varphi_i^V p} \exp\left[\frac{V_{m,i}^L(p - p_i^s)}{RT}\right] \tag{2-72}$$

k_i 不仅与 T、p 有关，也是液相组成的函数，但与气相组成无关。

5. Chao(赵广绪)－Seader 法计算相平衡常数

当令 $\varphi_i^{oL} = \frac{f_i^{oL}}{p}$ 时，公式(2－67)简化为：

$$k_i = \frac{\gamma_i^L \varphi_i^{oL}}{\hat{\varphi}_i^V} \tag{2-73}$$

式(2－72)中逸度系数可用状态方程计算，活度系数用各种溶液模型计算。

烃类溶液非理想性较少，一般可按正规溶液处理。Chao(赵广绪)和 Seader 1961 年提出的计算式广泛地用于烃类气、液平衡计算。该计算式采用 R－K 方程计算气相逸度系数 $\hat{\varphi}_i^V$，采用关于正规溶液的 S－H 方程计算液相活度系数 γ_i^L。Chao－Seader 取在体系条件下的纯液体 i 作为液相组分 i 的标准态，用 Pitzer 的三参数对应态原则将 φ_i^{oL} 表示为：

$$\lg \varphi_i^{oL} = \lg \varphi_i^{(o)} + \omega_i \lg \varphi_i^{(1)} \tag{2-74}$$

其中：

$$\begin{aligned}\lg \varphi_i^{(o)} = {} & A_0 + \frac{A_1}{T_{r,i}} + A_2 T_{r,i} + A_3 T_{r,i}^2 + A_4 T_{r,i}^4 + \\ & (A_5 + A_6 T_{r,i} + A_7 T_{r,i}^2) p_{r,i} + (A_8 + A_9 T_{r,i}) p_{r,i}^2 - \lg p_{r,i}\end{aligned} \tag{2-74a}$$

$$\lg \varphi_i^{(1)} = -4.23893 + 8.65808T - \frac{1.22060}{T_{r,i}} - 3.15224T_{r,i}^3 - 0.025(p_{r,i} - 0.6) \tag{2-74b}$$

ω_i 是组分 i 的偏心因子。式中各常数值列于表 2－3 中。

表 2－3　Chao－Seader 法常数

	简单流体，$\omega=0$	甲　烷	氢
A_0	2.05135	1.36822	1.50709
A_1	－2.10899	－1.54831	2.74283
A_2	0	0	－0.02110
A_3	－0.19396	0.02889	0.00011
A_4	0.02232	－0.01076	0
A_5	0.08852	0.10486	0.008585
A_6	0	－0.02529	0
A7	－0.00872	0	0
A_8	－0.00353	0	0
A_9	0.00203	0	0

Chao－Seader 法可适用于各种烃类，并可用于含氢的烃类混合物。Chao－Seader 法对 2696 个实验点平均偏差为 8.7%。在下列限制条件下能得好的结果：① $-18℃ < T < 260℃$；② $p < 6.89\text{MPa}$；③ 除甲烷以外的烃类，$0.5 < T_{r,i} < 1.3$，混合物对比临界压力 <0.8；④ 含甲烷和/或氢体系，摩尔平均 $T_r < 0.93$，甲烷摩尔分数 <0.3，其他溶解气体摩尔数 <0.2；⑤ 当估算烷烃和烯烃相平衡常数时，液相芳烃摩尔分数应 <0.5；当估算芳烃相平衡常数时，液相芳烃摩尔分数应 >0.5。

用 Chao－Seader 法计算相平衡常数需要用试差法。例如已知在一定温度、压力下液相的组成，计算平衡常数。在计算气相逸度系数时，需要有气相组成的数据。因此，需要假定一个 k，由已知液相组成计算气相组成。若计算 k 和假定的 k 偏差超过精度要求，则利用计算 k 作的新的假定值重新计算，直到满足精度要求。

【例 2－6】　已知在 101.3kPa 下甲醇(1)和水(2)二元系的气、液平衡数据，其中一组数据为：平衡温度 $t=71.3℃$，液相组成 $x_1=0.6$，气相组成 $y_1=0.8287$(摩尔分数)，试计算下列情况下的相平衡常数，并与实测值比较。该条件下甲醇(1)和水(2)的相平衡常数为 $k_1=1.381$，$k_2=0.328$。

① 气相为理想气体，液相为理想溶液；

② 气相为理想气体，液相为非理想溶液；

③ 气相、液相为理想溶液；

④ 气相为理想溶液，液相为非理想溶液。

又已知在该平衡条件下第二维里系数[cm^3/mol]如下表所示。

纯 甲 醇	纯　水	交 互 系 数	混 合 物
B_{11}	B_{22}	B_{12}	B_M
－1098	－595	－861	－1014

$t=71.3℃$ 时，纯甲醇和水的饱和蒸气压分别为：

$$p_1^s = 131.4\text{kPa}, p_2^s = 32.92\text{kPa}$$

液体摩尔体积 $V_{m,i}^L$ [cm^3/mol]的计算公式为：

$$V_{m,1}^{L} = 64.509 - 19.716 \times 10^{-2} T + 3.875 \times 10^{-4} T^2$$

$$V_{m,2}^{L} = 22.888 - 3.6425 \times 10^{-2} T + 0.68571 \times 10^{-4} T^2$$

计算液相活度系数的 NRTL 方程参数为：

$$g_{12} - g_{22} = -1228.7534\text{J/mol}; g_{21} - g_{11} = 4039.5393.7534\text{J/mol}$$

$$\alpha_{12} = 0.2989$$

解：(1) 气相为理想气体，液相为理想溶液

根据公式(2-69)得：

$$k_1 = \frac{p_1^s}{p} = \frac{131.4}{101.3} = 1.297$$

$$k_2 = \frac{p_2^s}{p} = \frac{32.92}{101.3} = 0.325$$

(2) 气相为理想气体，液相为非理想溶液

应用 NRTL 方程计算液相的活度系数。

$$\tau_{12} = \frac{g_{12} - g_{22}}{RT} = \frac{-1228.7534}{8.314 \times 344.5} = -0.4290$$

$$G_{12} = \exp(-\alpha_{12}\tau_{12}) = \exp[-0.2989 \times (-0.4290)] = 1.1368$$

同理：

$$\tau_{21} = 1.4104, G_{21} = 0.6560$$

已知液相组成 $x_1 = 0.6$，$x_2 = 0.4$

$$\ln \gamma_1 = x_2^2 \left[\tau_{21}\left(\frac{G_{21}}{x_1 + G_{21}x_2}\right)^2 + \frac{\tau_{12}G_{12}}{(x_2 + G_{21}x_1)^2}\right]$$

$$= 0.4^2 \left[1.4104\left(\frac{0.6560}{0.6 + 0.6560 \times 0.4}\right)^2 + \frac{-0.4290 \times 1.1368}{(0.4 + 1.1368 \times 0.6)^2}\right]$$

$$= 0.0639$$

$$\gamma_1 = 1.066$$

同理：

$$\gamma_2 = 1.320$$

根据公式(2-70)得：

$$k_1 = \frac{\gamma_1^L p_1^s}{p} = \frac{1.066 \times 131.4}{101.3} = 1.383$$

$$k_2 = \frac{\gamma_2^L p_2^s}{p} = \frac{1.320 \times 32.92}{101.3} = 0.429$$

(3) 气、液相为理想溶液

① 计算气相的逸度系数：

将公式(2-39)变形得：

$$\ln \hat{\varphi}_i = \frac{2}{V}\sum_{j=1}^{n} y_j B_{ij} - \ln Z$$

将上式用于二元物系，

$$\ln \hat{\varphi}_1^V = \frac{2}{V_m}(y_1 B_{11} + y_2 B_{12}) - \ln Z \tag{1}$$

$$\ln \hat{\varphi}_2^V = \frac{2}{V_m}(y_2 B_{22} + y_1 B_{12}) - \ln Z \tag{2}$$

因为：
$$Z_m = \frac{pV_m}{RT} = 1 + \frac{B_M}{V_m} \tag{3}$$

将式(3)变形得：
$$V_m^2 - \frac{RT}{p}V_m - \frac{RT}{p}B_M = 0 \tag{4}$$

用该式计算平衡温度下混合蒸气的摩尔体积。
$$V_m^2 - 28287.769V_m + 28670004.166 = 0$$

解得
$$V_m = 27212(cm^3/mol)$$

压缩因子
$$Z_m = \frac{pV_m}{RT} = 0.963$$

将 V_m、Z_m、B_{11}、B_{12} 代入式(1)、式(2)：
$$\ln \hat{\varphi}_1^V = \frac{2}{27212}[0.8287 \times (-1098) + 0.1713 \times (-861)] - \ln 0.963$$
$$= -0.040$$
$$\hat{\varphi}_1^V = 0.961$$

同理得
$$\hat{\varphi}_2^V = 0.978$$

② 计算饱和蒸气的逸度系数 φ_1^s、φ_1^s：

利用维里方程计算纯气体 i 的逸度系数，便是饱和蒸气的逸度系数，公式如下：
$$\ln \varphi_i^V = \frac{2B_{ii}}{V_i} - \ln Z_i \tag{5}$$
$$Z_i = \frac{pV_i}{RT} = 1 + \frac{B_{ii}}{V_i} \tag{6}$$

对于甲醇，将 T、p_1^s、B_{11}、等数据代入式(4)得：
$$V_{m,1}^2 - \frac{RT}{p_1^s}V_m - \frac{RT}{p}B_{11} = 0$$
$$V_{m,1}^2 - 21164.635V_m - 23238768.904 = 0$$

解得
$$V_{m.1} = 20624(cm^3/mol)$$

代入式(6)得：$Z_1 = 0.947$

将相关数据代入式(5)得：$\varphi_1^s = 0.949$

同理 $\varphi_2^s = 0.993$

由已知条件求甲醇液体在71.3℃时的摩尔体积：
$$V_{m,1}^L = 64.509 - 19.716 \times 10^{-2} \times 334.5 + 3.875 \times 10^{-4} \times 334.5^2$$
$$= 42.554(cm^3/mol)$$

将以上相关数据代入式(2-71)得：
$$k_1 = \frac{p_1^s\varphi_1^s}{\varphi_1^V p}\exp[\frac{V_{m,1}^L(p - p_1^s)}{RT}] = \frac{0.1314 \times 0.949}{0.961 \times 0.1013}\exp\left[\frac{42.554 \times (0.1013 - 0.1314)}{8.314 \times 344.5}\right]$$
$$= 1.280$$

同理得：$k_2 = 0.3297$

(4) 气相为理想溶液，液相为非理想溶液

将以上计算所得相关数据代入式(2-72)：

$$k_1 = \frac{\gamma_1^L p_1^s \varphi_1^s}{\varphi_1^V p} \exp\left[\frac{V_{m,1}^L (p - p_1^s)}{RT}\right] = 1.066 \times 1.280 = 1.365$$

同理得 $k_2 = 0.436$

将各种情况下计算的相平衡常数之列表如下：

组　分	实验值	(1)	(2)	(3)	(4)
甲醇	1.381	1.297	1.383	1.280	1.365
水	0.428	0.325	0.429	0.323	0.436

2.3.3　查图法确定烃类相平衡常数

由于烃类系统的混合物接近理想混合物，所以 $\gamma_i = 1$，同时根据 Lewis – Randall 规则，对于理想混合物有 $\hat{\varphi}_i^V = \varphi_i$，当烃类混合物系统的压力不高时，相平衡常数仅与 T、p 有关，而与组成无关。

De – Priester 根据 BWR 方程对 12 种烃类化合物制作了简化 k 图，使得相关烃类的相平衡常数的求解大大简化，如图 2 – 2(a)和图 2 – 2(b)所示。

De – Priester k 图在手工计算烃类混合物气、液平衡时广泛地应用。从图 2 – 2 中查出的相平衡常数平均误差在 8% ~15% 范围内。

2.3.4　相平衡常数的经验计算式

在实际应用中，经常采用相平衡常数的经验计算式。如果体系的组成对相平衡常数的影响不很明显的体系，则可以将相平衡常数表示为温度和压力的函数。如：

$$\ln k_i = a_i + \frac{b_i}{T} + c_i \ln p \tag{2-75}$$

由于压力相平衡常数的影响远比温度的影响小，所以在分离过程的计算中，当压力变化不大时，可以将相平衡常数只表示为温度的函数。例如，在精馏塔计算中，可以采用在全塔平均压力下的相平衡常数表示式而不会造成显著的误差。相平衡常数和温度的关系一般采用下列几种形式：

$$k_i = A_{0,i} + A_{1,i}T + A_{2,i}T^2 + A_{3,i}T^3 \tag{2-76}$$

$$\ln k_i = B_{1,i} - \frac{B_{2,i}}{(T + B_{3,i})} \tag{2-77}$$

$$\sqrt[3]{\frac{k_i}{T}} = C_{0,i} + C_{1,i}T + C_{2,i}T^2 + C_{3,i}T^3 \tag{2-78}$$

各经验式的系数有两种来源。一种是由实验数据直接回归而得，另一种是由各种计算相平衡常数的方法计算值回归而得。郭天民等用 SHBWR 法计算脱丙烷塔 15 种组分的相平衡常数值，回归成式(2 – 76)形式。用这种在机回归的方法既达到了加速计算的目的，又基本上不失应用原有相平衡常数计算方法的准确性。

习　题

1. 试用下列三种不同的方法计算乙烯在 5.065MPa、303.15K 时的相平衡常数。

(1) 气相为理想气体，液相为理想溶液；

(2) 气相为理想气体，液相为非理想溶液；

(3) 气相为理想溶液，液相为非理想溶液；

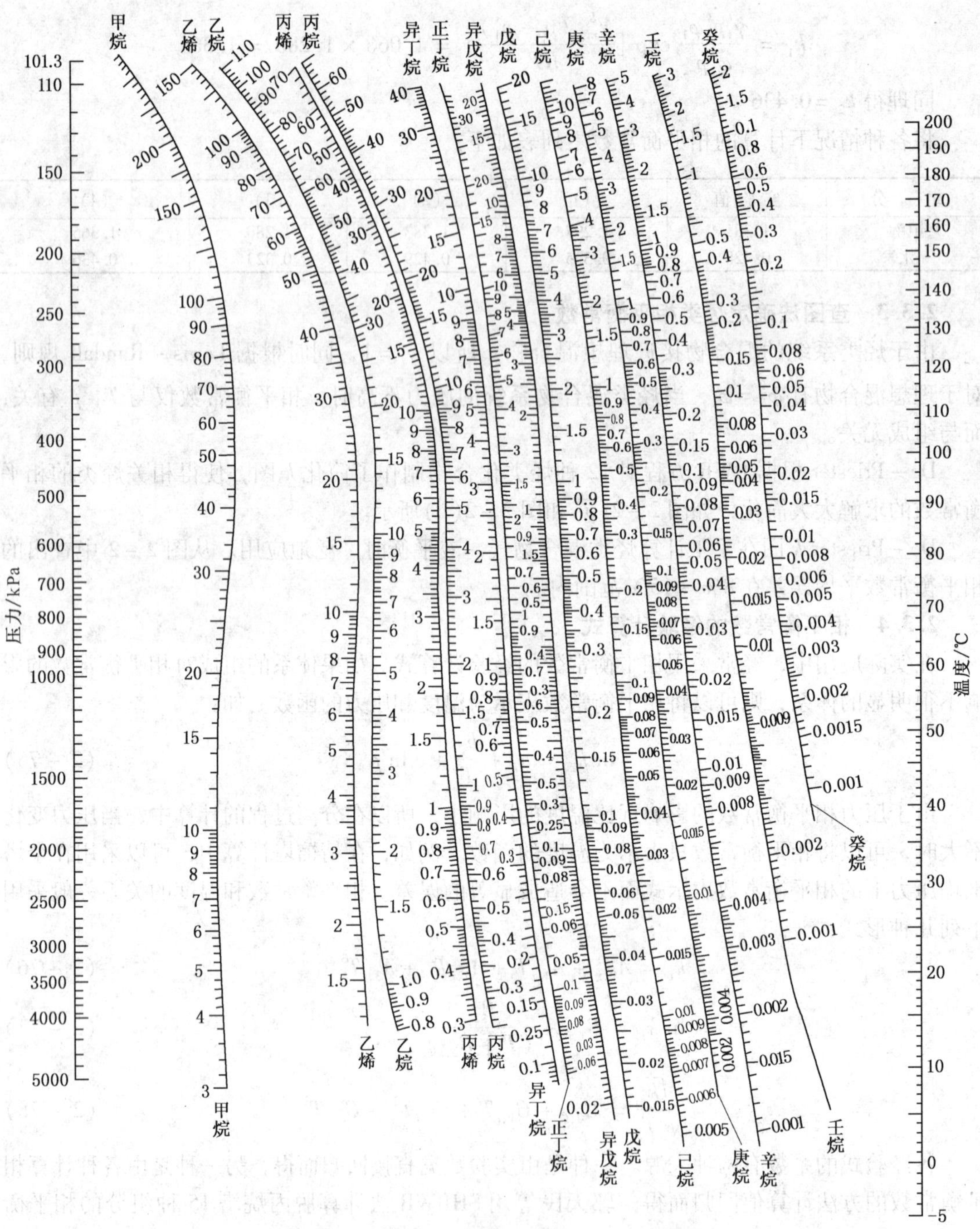

(a) 高温段

图2-2 烃类的 $P-T-K$ 图(a)

已知乙烯的临界性质为：

$T_c=285.35\text{K}$，临界压力 $P_c=5.040\text{MPa}$，$V_c=131.0\text{cm}^3/\text{mol}$。饱和蒸气压的计算方法参见例题2-1。

2. 用维里方程计算甲烷在10138kPa、130℃时的逸度系数。

已知甲烷的临界性质为：

$T_c=190.55\text{K}$，临界压力 $P_c=4.599\text{MPa}$，$V_c=98.630\text{cm}^3/\text{mol}$，$\omega=0.0108$。

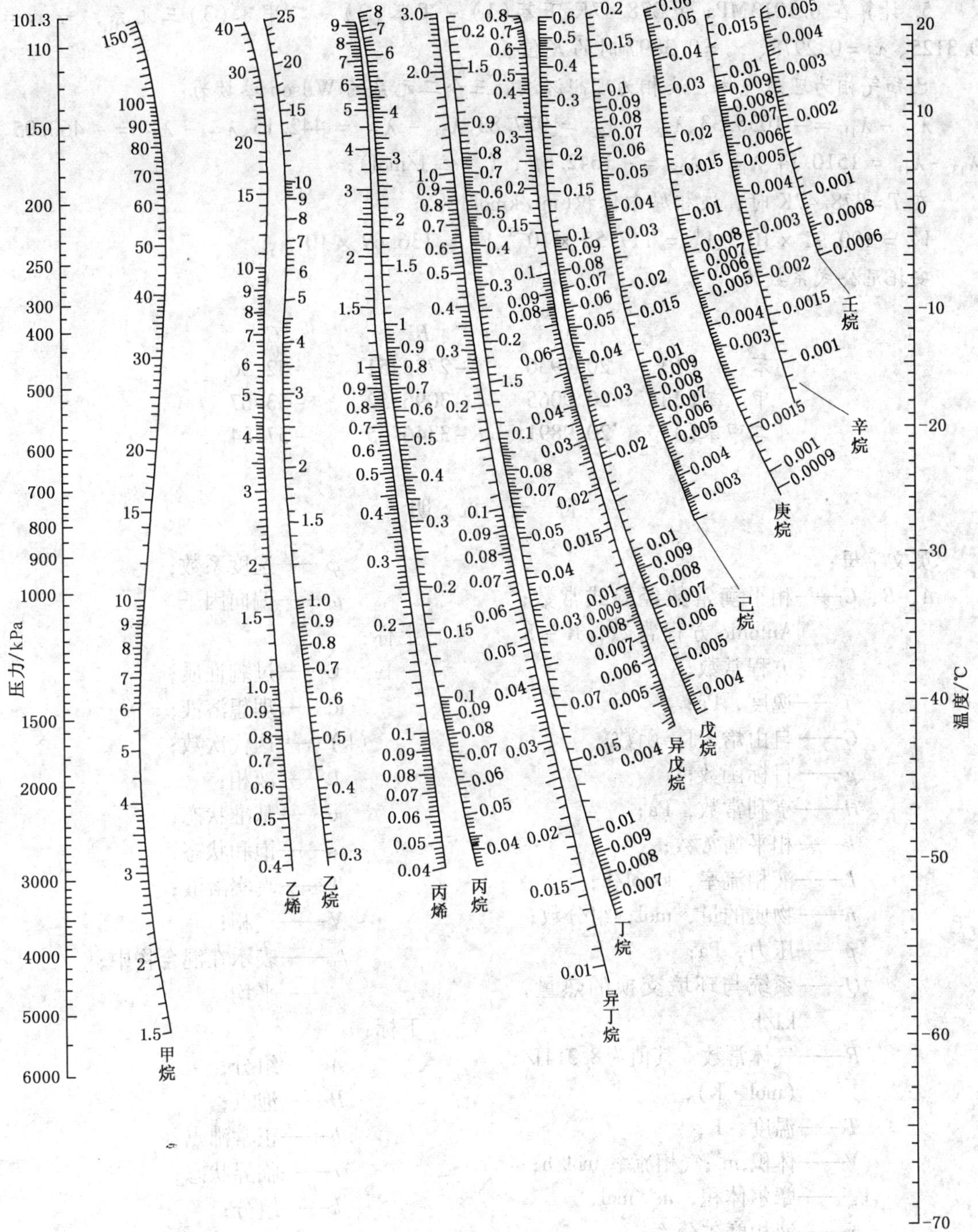

(b) 低温段

图2-2　烃类的 $P-T-K$ 图(b)

3. 在361K和4136.8kPa下，甲烷和正丁烷呈气、液平衡，气相含甲烷0.6037%(mol)，与其平衡的液相含甲烷0.1304%，用R-K方程计算 φ_i^V、φ_i^L 和相平衡常数。

4. 计算甲烷(1)、乙烷(2)和丙烷(3)在158.15K、0.689MPa下各组分的相平衡常数。液相浓度为 $x_1=0.4190$、$x_2=0.3783$、$x_3=0.2027$，可近似用Chao-Seader法计算。

5. 计算在 0.1013MPa 和 378.47K 下苯(1) - 甲苯(2) - 二甲苯(3)三元系，当 $x_1 = 0.3125$、$x_2 = 0.2978$、$x_3 = 0.3897$ 时的 K 值。

已知气相为理想气体，液相为理想溶液。三个二元系的 Wilson 参数为：

$\lambda_{12} - \lambda_{11} = -1035.33$、$\lambda_{12} - \lambda_{22} = 977.83$、$\lambda_{23} - \lambda_{22} = 442.15$、$\lambda_{23} - \lambda_{33} = -460.05$、$\lambda_{13} - \lambda_{11} = 1510.14$、$\lambda_{13} - \lambda_{33} = -1642.81$，(单位 J/mol)；

在 $T = 378.47$K 时，液相摩尔体积(m^3/kmol)为：

$V_1^L = 100.91 \times 10^{-3}$、$V_2^L = 117.55 \times 10^{-3}$、$V_3^L = 136.69 \times 10^{-3}$，

安托尼公式系数为：

	Ai	Bi	Ci
苯 (1)	20.7936	-2788.51	-52.36
甲 苯(2)	20.9065	-3096.52	-53.67
二甲苯(3)	20.9891	-3346.65	-57.84

符 号 说 明

英文字母：

A、B、C——相平衡常数经验式常数；Antonie 方程常数；R - K 方程常数；

f——逸度，Pa；

G——自由焓，J；函数；

g——目标函数；

H——亨利常数，Pa；

k——相平衡常数；

L——液相流率，kmol/h；

n——物质的量，mol；组分数；

p——压力，Pa；

Q——系统与环境交换的热量，kJ/h；

R——气体常数，其值为 8.314J/(mol · K)；

T——温度，K；

V——体积，m^3；气相流率，mol/h；

V_m——摩尔体积，m^3/mol；

x——液相摩尔分率；

y——气相摩尔分率；。

Z——压缩因子；

z——进料摩尔分率。

希腊字母：

γ——液相活度系数；

ε——收敛标准；

μ——化学位；

φ——逸度系数；

ω——偏向因子。

上标：

E——过剩性质；

id——理想溶液；

(k)——迭代次数；

L——液相；

o——基准状态；

s——饱和状态；

T——真实溶液；

V——气相；

∧——表示在混合物中；

¯——平均。

下标：

A——组分；

B——泡点；

b——正常沸点；

c——临界状态；

i、j、k——组分；

L——液相；

M——混合物；

p——压力；

r——对比状态；

T——温度；

V——体积；气相；

1，2——组分。

3 单级平衡过程

学习目的：

通过本章的学习，熟悉单级平衡分离的计算以及在化工生产中的广泛应用；熟练掌握相平衡常数应用，掌握闪蒸操作要点并为后续章节的学习打下基础。

知识要求：

掌握多组分物系泡点、露点温度和压力的计算；

掌握闪蒸过程的原理和计算方法。

能力要求：

熟练掌握相平衡常数在平衡分离过程中的应用；

掌握多组分物系泡点、露点温度和压力的计算对精馏塔操作温度和操作压力选择的指导意义；

掌握闪蒸过程的类型和操作特点。

本章在化工热力学课程中有关相平衡理论的基础上，较全面地讲述化工过程中经常遇到的多组分物系的单级平衡过程的计算问题。在化工传质分离中最简单的分离过程是使两相相互接触达到物理平衡，然后再将两相分开。

如果两个组分在两相中的分离因子很大，则单级平衡就足以满足预期的分离要求；否则需要采取多级分离。例如，对于气、液平衡，分离因子具体为相对挥发度，若被分离物系中轻、重关键组分的相对挥发度 $\alpha_{LK,HK} \approx 1\ 000$，则单级平衡几乎达到其完全分离。若 α 仅为 1.1，则需上百个分离级。本章仅讨论单级平衡，包括气－液、液－液和气－液－液等分离过程。计算的基础是物料平衡和相平衡关系。当有相变化时或混合热效应很大时，需考虑能量平衡。

单级平衡过程是气、液平衡过程的基础，并在石油化工生产中广泛应用。如石油炼制，化工产品分离都要借助于大量的蒸馏塔、精馏塔、吸收塔和萃取精馏塔等传质设备，这些设备的正常操作首先要解决的是塔顶、塔釜温度和塔的操作压力的确定问题，塔顶用冷凝冷却剂、塔釜用加热剂的选取问题，以及相对挥发度较大物系的预分离问题等。每个问题的解决都离不开单级平衡过程的计算，这些计算在化工生产中占有重要的地位。

【案例1】 单级平衡分离在裂解气深冷分离中的应用

裂解气的深冷分离流程是比较复杂的，设备较多，水、电、汽的消耗量也比较大。典型的深冷分离流程有顺序分离流程、前脱乙烷流程和前脱丙烷流程等三种，不论是那一种流程，其中乙烯的回收、富氢提取与提纯就采用了多次闪蒸操作，深冷分离流程中常采用前脱氢和后脱氢两者工艺。

在深冷分离过程中，为了减少乙烯损失，降低乙烯成本，保证乙烯产量，对损失掉的乙烯要尽量回收。当压力为 3.3MPa、温度为 －100℃时，尾气中乙烯含量接近 1.5%（mol），这个损失量是很可观的，一定要尽量给予回收。回收的办法是将低温高压尾气在冷箱中降温，节流再降温，将其中乙烯冷凝下来。如再进一步降温，不但可回收更多地乙烯，而且还可将一部分甲烷也冷凝下来，这样尾气中氢的浓度提高了，即可得到富氢。这一过程就是通过一个多级闪蒸流程实现的。

过程中所涉及的换热器，节流阀的设备集成在一起称为冷箱。富氢的提取是在冷箱中进行的，冷箱在深冷分离流程中的位置不是固定不变的。当冷箱放在脱甲烷塔之后时，称为后脱氢（又称后冷）；冷箱放在脱甲烷塔之前时，称为前脱氢（又称前冷）。与之相应组成的工艺流程，称之为后脱氢工艺流程与前脱氢工艺流程。

（1）后脱氢（后冷）工艺

后脱氢生产工艺主要包括尾气中乙烯回收和富氢提取两部分，工艺流程如图3－1所示。后脱氢工艺流程是由脱甲烷塔（主要是脱除甲烷－氢）、一级冷箱（主要是回收乙烯）与二级冷箱（主要是提取富氢）三个设备组成。其中回收乙烯和提取富氢就是通过闪蒸过程来完成的。

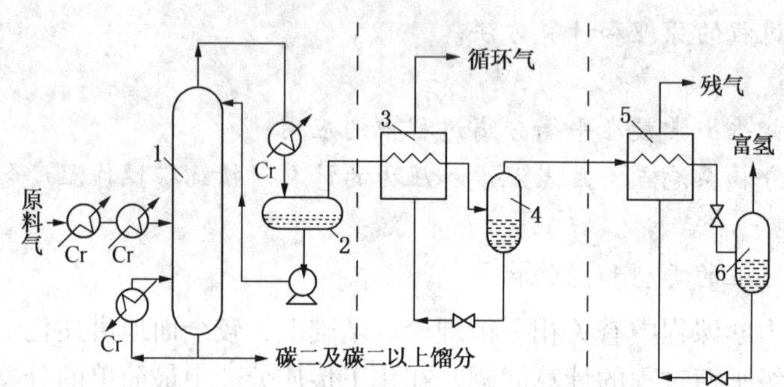

图3－1　后脱氢工艺流程示意图

1—脱甲烷塔；2—回流分离罐；

3、5—冷箱一、二级换热器；4，6—冷箱一、二级分离罐

来自脱甲烷塔的塔顶 CH_4-H_2 尾气经分凝器流入回流分离罐（2）（其中含有约3%～4%的乙烯），再进入冷箱一级换热器（3），降温后进入冷箱一级闪蒸罐（4）分离成气、液两相，凝液主要是乙烯和甲烷，经换热后即为富含乙烯循环气回压缩机压缩回收乙烯；气相中主要是 CH_4-H_2，去冷箱二级换热器（5）经冷凝冷却进入闪蒸罐（6）仍然分裂成气、液两相；气相为富氢（含氢70%左右）去提纯；液体节流降温到－140℃左右，在冷箱二级换热器中换热后，得到富含甲烷的残气，去作燃料。这是多级闪蒸在工业生产中的一个具体应用。

（2）前脱氢（前冷）工艺

前脱氢工艺流程也是由乙烯回收与富氢提取两部分组成，工艺流程如图3－2所示。

进料在冷箱中经逐级分凝，经过四级串联闪蒸分离罐，每次把冷凝下来的重组分作为脱甲烷塔的四股进料，其中较先冷凝的必然是重组分，作为脱甲烷塔相对底部进料，较后冷凝的是相对较轻的组分，从脱甲烷塔的上部进料口进料。在第四级闪蒸罐大部分氢留在气相中，作为富氢回收。由于脱甲烷塔进料中脱除了大部分氢，使进料中氢含量下降，即提高了 CH_4/H_2 摩尔比，尾气中乙烯含量下降。这样前脱氢工艺实际上起到了回收乙烯与提取富氢两个作用。

由于前脱氢进料中的重组分逐级被冷凝，比将气体全部送入脱甲烷塔节省了冷量。多股进料对脱甲烷塔的操作比单股进料好，重组分进塔的下部，轻组分进塔的上部，这等于进料前已作了预分离，减轻了脱甲烷塔的分离负担。此外，由于温度可降至－170℃左右，所以富氢的浓度可高达90%～95%，这些优点都优于后脱氢工艺流程，不过它的操作控制比较

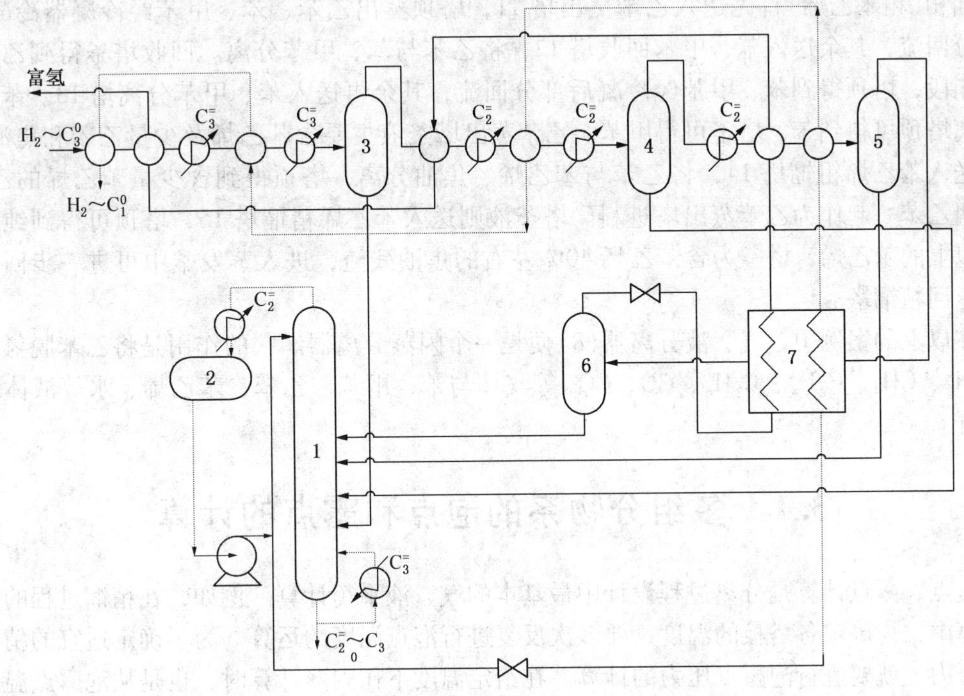

图 3-2　前脱氢工艺流程示意图

1—脱甲烷塔；2—回流罐；3、4、5、6—闪蒸分离罐；7—冷箱

复杂和困难。

【案例 2】　单级平衡分离在乙苯脱氢生产苯乙烯工艺过程中的应用

乙苯脱氢工段如图 3-3 所示。原料乙苯和回收乙苯混合后用泵连续送入乙苯蒸发器 1，经乙苯加热器 2，在混合器 3 中与过热蒸汽混合达到反应温度，然后进入脱氢反应器 4 中进行脱氢反应。脱氢后的反应气体含有大量的热能。在废热锅炉 5 中回收热量后被冷却的反应气体再进入水冷凝器 6 冷凝，未冷凝的气体再经盐水冷凝器 7 进一步冷凝，两个冷凝器冷凝下来的液体进入油水分离器 9 沉降分离出油相和水相，油相送入贮槽 10 中并加入一定量的阻聚剂，然后送精馏工段提纯，水相送入汽提塔回收有机物。冷凝器未冷凝的气体经汽液分离器 8 不凝气体引出作燃料用。

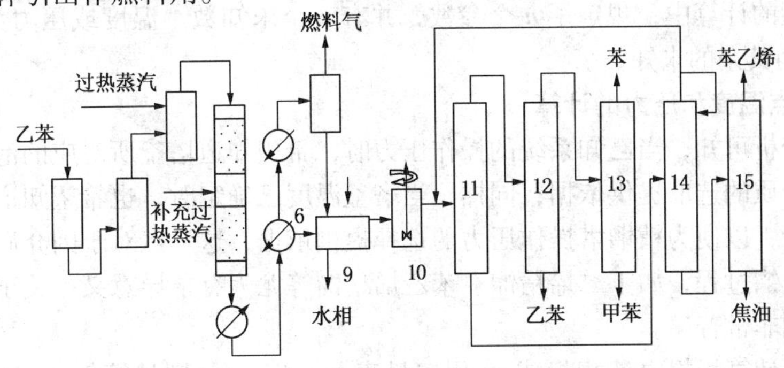

图 3-3　乙苯脱氢生产苯乙烯流程

1—乙苯蒸发器；2—乙苯加热器；3—混合器；4—脱氢反应器；5—废热锅炉；6—水冷器；7—盐水冷凝器；8—气、液分离器；9—油水分离器；10—阻聚剂添加槽；11—乙苯蒸出塔；12—苯-甲苯回收塔；13—苯-甲苯分离塔；14—苯乙烯粗馏塔；15—苯乙烯精馏塔

油相(粗苯乙烯)首先送入乙苯蒸出塔11，塔顶蒸出乙苯、苯、甲苯经冷凝器冷凝后，一部分回流，其余送入苯、甲苯回收塔12，将乙苯与苯、甲苯分离。回收塔釜得到乙苯送脱氢工段，塔顶得到苯、甲苯经冷凝后部分回流，其余再送入苯、甲苯分离塔13。苯、甲苯分离塔顶可得到苯，塔釜可得甲苯。乙苯蒸出塔釜液主要含苯乙烯及少量乙苯和焦油等，将其送入苯乙烯粗馏塔14，将乙苯与苯乙烯、焦油分离，塔顶得到含少量苯乙烯的乙苯，可与粗乙苯一起作为乙苯蒸出塔进料。塔釜液则送入苯乙烯精馏塔15，塔顶可得到纯度达99%以上的苯乙烯，塔釜为含苯乙烯40%左右的焦油残渣，进入蒸发釜中可进一步回收苯乙烯返回精馏塔。

在以上的案例中，气、液分离器(8)便是一个闪蒸分离器。它的作用是将乙苯脱氢产物中的 H_2、CH_4、C_2H_4、C_2H_6、CO、CO_2 等气体与苯、甲苯、乙苯、苯乙烯、水等液体组分分离开。

3.1 多组分物系的泡点和露点的计算

泡点、露点计算是分离过程设计中最基本的气、液平衡计算。例如，在精馏过程的严格法计算中，为确定各塔板的温度，要多次反复进行泡点温度的运算。为了确定适宜的精馏塔操作压力，就要进行泡露点压力的计算。在给定温度下作闪蒸计算时，也是从泡露点温度计算开始，以估计闪蒸过程是否可行。

一个单级气、液平衡系统，气、液相具有相同的 T 和 p，n 个组分的液相组成 x_i 与气相组成 y_i 处于平衡状态。根据相律，描述该系统的自由度数 $f = n - \pi + 2 = n - 2 + 2 = n$，式中 n 为组分数，π 为相数。

泡露点计算，按规定的变量和要求解的变量而分成四种类型：

类型	规定	求解
泡点温度	$p, x_1, x_2, \cdots, x_n$	$T, y_1, y_2, \cdots, y_n$
泡点压力	$T, x_1, x_2, \cdots, x_n$	$p, y_1, y_2, \cdots, y_n$
露点温度	$p, y_1, y_2, \cdots, y_n$	$T, x_1, x_2, \cdots, x_n$
露点压力	$T, y_1, y_2, \cdots, y_n$	$p, x_1, x_2, \cdots, x_n$

在每一类型的计算中，规定了 n 个参数，并有 n 个未知数。温度或压力为一个未知数，$(n-1)$ 个组成为其余的未知数。

3.1.1 泡点温度和压力的计算

正如上述分析可知，当已知系统的操作压力时，希望知道塔釜所对应的泡点温度，以便为精馏塔加热介质的选取提供依据；同样，当塔釜温度已确定时，也希望知道塔釜所对应的操作压力是多少，以便为精馏塔操作压力的选择提供依据，这一点对于因介质受热聚合而需要减压操作的精馏过程，如丁二烯精馏、苯乙烯精馏等尤为有指导意义。关于泡点温度和压力的计算的案例非常普遍。

泡点温度的计算指规定液相组成 x(用向量表示)和 p，分别计算气相组成 y(用向量表示)和 T。计算方程有：

(1) 相平衡关系：

$$y_i = k_i x_i (i = 1,2,\cdots,n) \tag{3-1}$$

（2）浓度总和式

$$\sum_{i=1}^{n} y_i = 1 \tag{3-2}$$

$$\sum_{i=1}^{n} x_i = 1 \tag{3-3}$$

（3）气液相平衡关系

$$k_i = f(p,T,x,y) \tag{3-4}$$

一、泡点温度的计算

1. 平衡常数与组成无关的泡点温度计算

若气、液平衡常数关联式简化为 $k_i = f(p,T)$，即与组成无关时，解法就变得简单。计算结果除直接应用外，还可作为进一步精确计算的初值。$P-T-k$ 图常用于查找烃类的 k_i 值。对特定情况，可采用两个或三个系数的方程表示 k_i。

$$\ln k_i = A_i - \frac{B_i}{T + C_i} \tag{3-5}$$

$$\ln k_i = A_i - \frac{B_i}{T + 18 - 0.19T_b} \tag{3-6}$$

式中 T_b 为正常沸点(K)，系数 A_i、B_i、C_i 可由已知数据回归得到。当气相为理想气体，液相为理想溶液时，k_i 由式(2-37)计算。

将式(3-1)代入式(3-2)得泡点方程：

$$\sum_{i=1}^{n} k_i x_i = 1 \tag{3-7}$$

或

$$f(T) = \sum_{i=1}^{n} k_i x_i - 1 = 0 \tag{3-8}$$

如果确定了 k_i 与 p、T 及组成的关系，则求解该式需用试差法。

$p-T-k$ 图法计算泡点温度的步骤：

① 设泡点温度的初值 $T^{(0)}$；

② 由 k 图，根据已知 p 和 $T^{(0)}$ 查出 k_i；

③ 根据已知液相组成 x 和 k_i，按式(3-8)计算 $f(T)$；

④ 判断 $|f(T)|$ 是否满足计算精度要求，使 $|f(T)| \leqslant \varepsilon$，$\varepsilon$ 为允许的偏差，根据计算精度要求规定。

【例 3-1】 对于深冷分离流程中的脱甲烷塔，若忽略 CH_4、$C_2^=$ 等微小量，$C_4^{==}$、$C_4^=$ 的相平衡常数以异丁烷计，则脱甲烷塔塔釜液组成下表所示：

组　分	$C_2^=$	C_2^0	$C_3^=$	C_3^0	C_4^0	Σ
组成/(mol%)	0.576	0.101	0.186	0.012	0.125	1.000

如果脱甲烷塔的操作压力 3.03MPa，则塔釜温度为多少？

解： 在缺少更准确 k 值时，可以用 De-priester k 图法试算，计算过程如下：

因 $P=3.03$MPa，假设 $T=5$℃，查图求 k_i 并计算，

组　分	$C_2^=$	C_2^0	$C_3^=$	C_3^0	C_4^0	Σ
x_i/%(mol)	0.577	0.101	0.186	0.012	0.124	1.000

k_i	1.3	0.88	0.29	0.25	0.115	
$y_i = k_i x_i$	0.7501	0.0889	0.0539	0.0030	0.0143	0.9102

$\sum_{i=1}^{n} k_i x_i = 0.9102 < 1$，说明假设温度偏低，应调高泡点温度，继续计算。

设 $T = 10$℃时，

组　分	$C_2^=$	C_2^0	$C_3^=$	C_3^0	C_4^0	Σ
x_i/%(mol)	0.577	0.101	0.186	0.012	0.124	1.000
k_i	1.42	0.98	0.335	0.285	0.13	
$y_i = k_i x_i$	0.8193	0.0990	0.0623	0.0034	0.0161	1.0001

至此，可以认为已达到手工计算的精度，所以泡点温度约为10℃，由于通过 $p-T-k$ 图确定相平衡常数往往产生误差，且这个计算值并不准确，工业生产中脱甲烷塔的釜温是6℃左右。

【例3-2】 氯丙烯精馏二塔的釜液组成为：

组　分	3-氯丙烯	1，2-二氯丙烷	1，3-二氯丙烯	Σ
x_i/%(mol)	0.0145	0.3090	0.6765	1.000

塔釜压力为常压，试求塔釜温度。各组分的饱和蒸气压关系为：(p^s：kPa；t：℃)

3-氯丙烯　　$\ln p_1^s = 13.9431 - \dfrac{2568.5}{T+231}$

1,2-二氯丙烷　　$\ln p_2^s = 14.0236 - \dfrac{2985.1}{T+221}$

1,3-二氯丙烯　　$\ln p_2^s = 16.0842 - \dfrac{4328.4}{T+273.2}$

解：釜液中三个组分结构非常近似，可看成理想溶液。系统压力为常压，可将气相看成是理想气体。因此，$k_i = p_i^s/p$，即：

$$k_i = \frac{p_i^s}{p} = \frac{1}{p}\exp\left(A_i - \frac{B_i}{T+C_i}\right)$$

故泡点方程为：

$$f(T) = \sum \frac{x_i}{p}\exp\left(A_i - \frac{B_i}{T+C_i}\right) - 1$$

$$f'(T) = \sum \frac{B_i x_i}{p\,(T+C_i)^2}\exp\left(A_i - \frac{B_i}{T+C_i}\right)$$

以此温度迭代公式为：

$$T^{(k+1)} = T^{(k)} - \frac{f(T^{(k)})}{f'(T^{(k)})}$$

$$= T^{(k)} - \frac{\sum_{i=1}^{n} k_i(T^{(k)})x_i - 1}{\sum_{i=1}^{n} k'_i(T^{(k)})x_i} \tag{3-9}$$

上述各式中，A_i、B_i、C_i 为组分 i 的安托尼常数；$T^{(k+1)}$、$T^{(k)}$ 分别为第 k 次和第 $k+1$ 次迭代温度。若 $|T^{(k+1)} - T^{(k)}| \leqslant \varepsilon$，$\varepsilon$ 为允许的偏差，根据计算精度要求规定。

3-氯丙烯的沸点：44.96℃，1，2-二氯丙烷的沸点96.37℃，1，3-二氯丙烯的沸点

112℃，则设混合物的沸点为95℃作为初值计算。

$t=95℃$

组　分	$x_i/\%(\text{mol})$	k_ix_i	$k_ix_i\dfrac{B_i}{(T+C_i)^2}$
3－氯丙烯	0.0145	0.0616	0.00149
1，2－二氯丙烷	0.3090	0.2966	0.00887
1，3－二氯丙烯	0.6765	0.5085	0.01617
$\sum$	1.000	0.8647	0.02653

故
$$T^{(1)}=T^{(0)}-\frac{f(T^{(0)})}{f'(T^{(0)})}=95-\frac{0.8647-1}{0.02653}=100.103\ (℃)$$

如此进行下去，结果为：

$T^{(0)}=95℃,\ f(T^{(0)})=-0.1353,\ f'(T^{(0)})=0.02653$

$T^{(1)}=100.103(℃)$，

$f(T^{(1)})=0.00893,\ f'(T^{(1)})=0.03008$

$T^{(2)}=99.806(℃)$，

$f(T^{(2)})=0.000025,\ f'(T^{(2)})=0.02986$

$T^{(3)}=99.805(℃)$

可以认为达到迭代精度要求，故泡点温度为99.805℃。

2. 平衡常数与组成有关的泡点温度计算

当系统的非理想性较强时，k_i 必须按式(2－63)或式(2－66) 或式(2－68)计算，然后联立求解式(3－1)和式(3－2)。因已知值仅有 p 和 x，计算 k_i 值的其他各项：$\hat{\varphi}_i^V$、γ_i^L、p_i^s、φ_i^s 及 $V_{m,i}^L$ 均是温度的函数，而温度恰恰是未知数。此外，$\hat{\varphi}_i^V$ 还是气相组成的函数。因此，手算难以完成，需要计算机计算。应用活度系数法作泡点温度计算的一般步骤如图3－4所示。

当系统压力不大时(2MPa以下)，从式(2－68)可看出，k_i 主要受温度影响，其中关键项是饱和蒸气压随温度变化显著，从安托尼方程可分析出，在这种情况下，$\ln k_i$ 与 $\dfrac{1}{T}$ 近似线性关系，故判别收敛的准则变换为：

$$G\left(\frac{1}{T}\right)=\ln\sum_{i=1}^{n}k_ix_i=0 \qquad (3-10)$$

用 Newton－Raphson 法或适合的其他方法较快地求得泡点温度。

二、泡点压力的计算

计算泡点压力所用的方程与计算泡点温度的方程相同，即：式(3－1)、式(3－2)和式(3－4)。当 k_i 仅与 p 和 T 有关时，计算很简单，有时尚不需试差。泡点压力计算公式为：

$$f(p)=\sum_{i=1}^{n}k_ix_i-1=0 \qquad (3-11)$$

对于可用式(2－69)表示 k_i 的理想情况，由上式得到直接计算泡点压力的公式：

$$p=\sum_{i=1}^{n}p_i^sx_i \qquad (3-12)$$

对于气相为理想气体，液相为非理想溶液的情况，用类似的方法得到：

$$p=\sum_{i=1}^{n}\gamma_i^Lp_i^sx_i \qquad (3-13)$$

若用 De - priester$k$ 图法求 k_i 值，则需假设泡点压力，通过试差求解。

在案例 2 中，乙苯蒸出塔，塔釜液为乙苯、苯乙烯和焦油的混合物，其中苯乙烯易聚合结焦，故塔釜温度不宜超过 120℃，那么当塔釜温度为 120℃时，塔的操作压力为多少？这就是一个求泡点压力的问题。

一般说来，式(3 - 8)对于温度是高度非线性的，但式(3 - 11)对于压力仅有一定程度的非线性，所以，泡点压力的试差要容易些。

当平衡常数是压力、温度和组成的函数时，由式(2 - 68)可分析出，p_i^s、φ_i^s 及 $V_{m,i}^L$ 因只是温度的函数，均为定值。γ_i^L 一般认为与压力无关，当 T 和 x 已规定时也为定值。但式中 p 及作为 p 和 y 函数的 $\hat{\varphi}_i^V$ 是未知的(T 除外)，因此，必须用试差法求解。对于压力不太高的情况，由于压力对 $\hat{\varphi}_i^V$ 的影响不太大，故收敛较快。

用活度系数法计算泡点压力的框图见图 3 - 5。

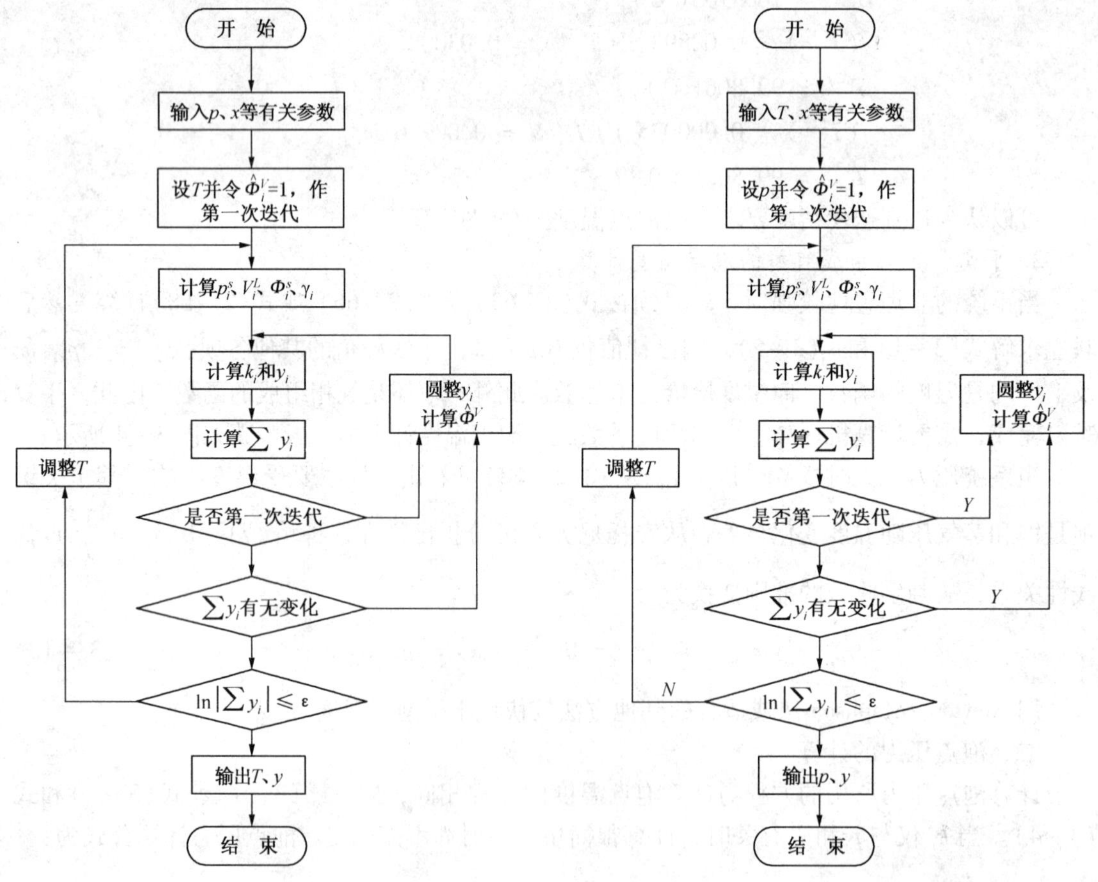

图 3 - 4　泡点温度计算框图　　　　图 3 - 5　泡点压力计算框图

【例 3 - 3】 已知氯仿(1) - 乙醇(2)溶液的含量为 $x_1 = 0.3445$(mol)，温度为 55℃。试求泡点压力及气相组成。该物系的 Margules 方程常数为：$A'_{12} = 0.59$，$A'_{21} = 1.42$。55℃时，纯组分的饱和蒸气压 $p_1^s = 82.37\text{kPa}$、$p_2^s = 37.31\text{kPa}$，第二维里系数：$B_{11} = -963\text{cm}^3/\text{mol}$，$B_{22} = -1523\text{cm}^3/\text{mol}$，$B_{12} = -1217\text{cm}^3/\text{mol}$。Poy 因子可以忽略。

解： 由相平衡方程及总压关系得：

$$P = \sum \frac{\gamma_i \varphi_i^s p_i^s x_i}{\hat{\varphi}_i^V} \tag{1}$$

令

$$\varphi_i = \frac{\varphi_i^s}{\hat{\varphi}_i^V}$$

对于二元系统,则有:

$$P = \frac{\gamma_1 \varphi_1^s p_1^s x_1}{\hat{\varphi}_1^V} + \frac{\gamma_2 \varphi_2^s p_2^s x_2}{\hat{\varphi}_2^V} \tag{2}$$

根据维里方程 $\ln \varphi_i^s = \frac{B_{ii} p_i^s}{RT}$ 和 $\ln \hat{\varphi}_i = \frac{p}{RT}(2\sum_{j=1}^{n} y_j B_{ij} - B_M)$ 得:

$$\varphi_1 = \exp\left(\frac{B_{11}(p - p_1^s) - p[(2B_{12} - B_{11} - B_{22})y_2^2]}{RT}\right) \tag{3}$$

$$\varphi_2 = \exp\left(\frac{B_{22}(p - p_2^s) - p[(2B_{12} - B_{11} - B_{22})y_1^2]}{RT}\right) \tag{4}$$

根据 Margules 方程:

$$\ln \gamma_1 = x_2^2[A'_{12} + 2x_1(A'_{21} - A'_{12})]$$

$$= 0.6555^2 \times [0.59 + 2 \times 0.3445 \times (1.42 - 0.59)] = 0.4992$$

$$\gamma_1 = 1.6475$$

同理得:$\gamma_2 = 1.1059$

因为 φ_1、φ_2 是压力 p 和组成 y 的函数,p 和 y 为未知,可用试差法求解,这里介绍试差法。泡点压力计算框图见图 3-6 所示。

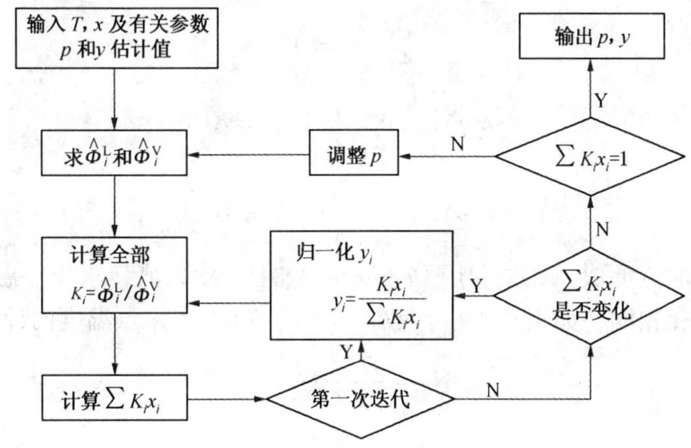

图 3-6 泡点压力计算框图

假设 $\varphi_1 = \varphi_2 = 1$,

则 $p = \gamma_1 \varphi_1 p_1^s x_1 + \gamma_2 \varphi_2 p_2^s x_2$

$$= 1.6475 \times 82.37 \times 0.3445 + 1.1059 \times 37.31 \times 0.6555 = 73.80(\text{kPa})$$

则

$$y_1 = \frac{\gamma_1 p_1^s x_1}{p} = \frac{1.6475 \times 82.37 \times 0.3445}{72.80} = 0.6335$$

$$y_2 = 0.3665$$

将 y_1、y_2 代入式(3)、式(4)得:

$$\varphi_1 = 1.0028, \varphi_2 = 0.9793$$

代入式(1)得：$p=73.37(\mathrm{kPa})$

二次试算得：

$$y_1 = 0.6390, y_2 = 0.3610$$
$$\varphi_1 = 1.0030,$$
$$\varphi_2 = 0.9795$$
$$p = 73.38(\mathrm{kPa})$$

两次计算的结果近似，可以认为达到了计算精度。

3.1.2 露点温度和压力的计算

露点温度和压力的计算在蒸馏计算中也是常见的，在精馏操作中，我们希望知道压力与塔顶温度的关系，或者我们希望知道在一定的顶压力下，所对应的塔顶温度是多少，以便选择合适的塔顶冷却剂。或者在塔顶冷却剂已规定的情况下，确定一个合适的塔顶压力。其实露点温度和压力的应用远不止这些，在精馏塔传质计算中，每一块塔板上都存在气相的露点温度。在裂解炉和乙苯脱氢炉中，就有露点结焦的问题，即将裂解气温度降至露点以下时，就有芳烃和二烯烃因凝结成露滴而结焦，时间长了，堵塞急冷器设备管道。露点应用的另一个实例是，在工业炉中烟道气一般具有较高余热，回收利用可以提高炉子的热效率，但如果烟气温度降到烟气的露点温度时，可能会使酸性的烟气凝结成露滴而腐蚀换热器管材。

露点温度和压力的计算规定气相组成 y 和 p 或 T，分别计算液相组成 x 和 T 或 p。

一、平衡常数与组成无关的露点温度和压力的计算

将式(3－1)代入式(3－3)得露点方程为：

$$\sum_{i=1}^{n} \frac{y_i}{k_i} = 1 \tag{3-14}$$

或

$$f(T) = \sum_{i=1}^{n} \frac{y_i}{k_i} - 1 = 0 \tag{3-15}$$

$$f(p) = \sum_{i=1}^{n} \frac{y_i}{k_i} - 1 = 0 \tag{3-16}$$

露点的求解与泡点类似。如果利用 Depriester k 图法求 k_i 值，求露点温度，计算步骤和计算泡点温度的步骤相同，如果相平衡常数 $k_i=f(p, T)$，则露点温度的计算式为：

$$\begin{aligned} T^{(k+1)} &= T^{(k)} - \frac{f(T^{(k)})}{f'(T^{(k)})} \\ &= T^{(k)} + \frac{\sum_{i=1}^{n} \frac{y_i}{k_i(T^{(k)})} - 1}{\sum_{i=1}^{n} \left(\frac{y_i}{k_i^2(T^{(k)})} \cdot \frac{\partial k_i}{\partial T} \right)} \end{aligned} \tag{3-17}$$

【例3－4】 已知正P戊烷(1)－正己烷(2)－正庚烷(3)的混合溶液可看成是理想溶液，试求在101.325kPa下组成为 $y_1=0.25$、$y_2=0.45$、$y_3=0.30$ 的气体混合物的露点。纯组分的饱和蒸气压可用安托尼方程。

$\ln p^s = A - \dfrac{B}{T+C}$，($p^s$：kPa；$T$：K)，其中：

正戊烷 $A_1=13.8131$，$B_1=2477.07$，$C_1=-39.94$

正己烷 $A_2=13.8216$，$B_2=2697.55$，$C_2=-48.78$

正庚烷 $A_3=13.8587$，$B_3=2911.32$，$C_3=-56.51$

解：正戊烷、正已烷、正庚烷为同系物，可认为是完全理想系，于是露点方程为：

$$f(T)=\sum_{i=1}^{n}\frac{y_ip}{p_i^s}-1=\sum_{i=1}^{n}y_ip\exp\left(\frac{B_i}{T+C_i}-A_i\right)-1$$

$f(T)$ 的导函数为：

$$f'(T)=-\sum_{i=1}^{n}\frac{y_ipB_i}{(T+C_i)^2}\exp\left(\frac{B_i}{T+C_i}-A_i\right)$$

根据 Newton - Raphson 迭代法：

$$T^{(k+1)}=T^{(k)}-\frac{f[T^{(k)}]}{f'[T^{(k)}]}$$

设 $T^{(0)}=350\text{K}$，利用 Excel 迭代计算得：$T^{(2)}=T^{(3)}=350.5583(\text{K})$

二、平衡常数与组成有关的露点温度和压力的计算

对于露点温度计算，T 为未知数，因此，k_i 作为 T 函数的诸项：$\hat{\varphi}_i^V$、p_i^s、φ_i^s 及 $V_{m,i}^L$ 以及作为 T 和 x 函数的 γ_i^L 均需迭代计算。露点温度与泡点温度的计算步骤相近，只要将图 3 - 4 的框图略加改动即可。

对于露点压力计算，已知 T 和 y，因此，k_i 中作为 T 函数的 p_i^s、φ_i^s、$V_{m,i}^L$ 为定值，与压力有关的 $\hat{\varphi}_i^V$ 和与 x 有关的 γ_i^L 则需反复迭代。露点压力的计算步骤与泡点压力的计算相近。

3.2 闪蒸过程计算

闪蒸是连续单级蒸馏过程。该过程使进料混合物部分汽化或冷凝得到含易挥发组分较多的蒸汽和含难挥发组分较多的液体。在图 3 - 7(a)中，液体进料在一定压力下被加热，通过阀门绝热闪蒸到较低压力，在闪蒸罐内分离出气体。如果省略阀门，低压液体在加热器中被加热部分汽化后，在闪蒸罐内分成两相。与之相反，如图 3 - 7(b)所示，气体进料在分凝器中部分冷凝，进闪蒸罐进行相分离，得到难挥发组分较多的液体。在两种情况下，如果设备设计合理，则离开闪蒸罐的气、液两相处于平衡状态。

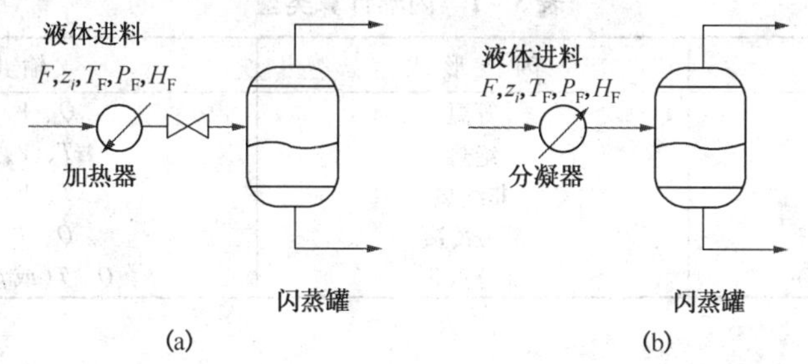

图 3 - 7　连续单级平衡分离

除非组分的相对挥发度相差很大，单级平衡分离所能达到的分离程度是很低的，所以，闪蒸和部分冷凝通常是作为第一步分离的辅助操作。但是，用于闪蒸过程的计算方法极为重要，普通精馏塔中的平衡级就是一简单绝热闪蒸级。可以把从单级闪蒸和部分冷凝导出的计算方法推广用于塔的设计。

3.2.1　闪蒸计算的基本方程式

在单级平衡分离中，由 n 个组分构成的原料，在给定流率 F、组成 z_i、压力 p_F 和温度

T_F 的条件下，通过闪蒸过程分离成相互平衡的气、相和液相物流。闪蒸计算的基本方程式有：

(1) 物料衡算式

对每一组分列出物料衡算式：

$$Fz_i = Lx_i + Vy_i \qquad i = 1,2,\Lambda n \tag{3-18}$$

式中，F、V、L 分别表示进料、气相出料和液相出料的流率，z_i、y_i 和 x_i 为相应的组成。

总物料衡算式为：

$$F = L + V \tag{3-19}$$

(2) 相平衡关系式

$$y_i = k_i x_i (i = 1,2,\Lambda,n) \tag{3-20}$$

其中

$$k_i = f(p,T,x,y) \tag{3-21}$$

(3) 浓度总和式

$$\sum_{i=1}^{n} y_i = 1 \tag{3-22}$$

$$\sum_{i=1}^{n} x_i = 1 \tag{3-23}$$

(4) 焓平衡关系

$$FH_F + Q = LH_L + VH_V \tag{3-24}$$

$$H_F = H_F(T,p,z)$$

$$H_V = H_V(T,p,y)$$

$$H_L = H_L(T,p,x)$$

式中 H_F、H_V 和 H_L 分别为进料、气相出料和液相出料的平均摩尔焓，它是温度、压力和组成的函数。Q 为加入平衡级的热量。对于绝热闪蒸，$Q=0$。而对于等温闪蒸，Q 应取达到规定分离或闪蒸温度所需要的热量。按照已知的变量和需要计算变量的不同，闪蒸过程分为下来几种形式，见表 3－1。

表 3－1 闪蒸计算类型

规定变量	闪蒸形式	输出变量
p、T	等温	Q、V、y_i、L、x_i
p、$Q=0$	绝热	T、V、y_i、L、x_i
p、$Q\neq 0$	非绝热	T、V、y_i、L、x_i
p，L(或 ϕ)	部分冷凝	Q、T、V、y_i、x_i
p(或 T)，V(或 ϕ)	部分汽化	Q、T(或 p)、y_i、L、x_i

3.2.2 等温闪蒸和部分冷凝过程

一、气、液平衡常数与组成无关

对于理想溶液，$k_i = k_i(T, p)$，由于已知闪蒸温度和压力，k_i 值容易确定，如果定义一个闪蒸过程汽化率为：

$$\phi = \frac{V}{F},(0 < \phi < 1) \tag{3-25}$$

再联立方程式(3－18)、式(3－19)、式(3－20)、式(3－22)、式(3－23)得：

$$x_i = \frac{z_i}{1+\phi(k_i-1)} \quad i = 1,2,\Lambda,n \tag{3-26}$$

$$y_i = \frac{k_i z_i}{1+\phi(k_i-1)} \quad i = 1,2,\Lambda,n \tag{3-27}$$

显然浓度总和方程式为：

$$\sum_{i=1}^{n} \frac{z_i}{1+\phi(k_i-1)} = 1 \tag{3-28}$$

$$\sum_{i=1}^{n} \frac{k_i z_i}{1+\phi(k_i-1)} = 1 \tag{3-29}$$

该两方程均能用于求解汽化分率，它们是 n 级多项式，当 $n>3$ 时可用试差法和数值法求根，但收敛性不佳。因此，用式(3－28)减去式(3－27)得更通用的闪蒸方程式：

$$f(\phi) = \sum_{i=1}^{n} \frac{(k_i-1)z_i}{1+\phi(k_i-1)} = 0 \tag{3-30}$$

该式被称为 Richford－Rice 方程，有很好的收敛特性，可选择多种算法，如弦位法和牛顿法求解，后者收敛较快，迭代方程为：

$$\phi^{(k+1)} = \phi^{(k)} - \frac{f(\phi^{(k)})}{\frac{\mathrm{d}f(\phi^{(k)})}{\mathrm{d}\phi}} \tag{3-31}$$

导数方程为：

$$\frac{\mathrm{d}f(\phi^{(k)})}{\mathrm{d}\phi} = -\sum_{i=1}^{n} \frac{(k_i-1)^2 z_i}{[1+\phi^{(k)}(k_i-1)]^2} \tag{3-32}$$

当 ϕ 值确定后，由式(3－26)和式(3－27)分别计算 x_i 和 y_i，并用式(3－19)和式(3－25)求 L 和 V，然后计算焓值 H_L 和 H_V。

对于理想溶液，H_L 和 H_V 由纯物质的焓加和求得。

$$H_V = \sum_{i=1}^{n} y_i H_{Vi} \tag{3-33}$$

$$H_L = \sum_{i=1}^{c} x_i H_{Li} \tag{3-34}$$

式中 H_{Vi} 和 H_{Li} 是纯物质的摩尔焓。

如果溶液为非理想溶液，还需要混合热数据，当确定各股物料的焓值后，用式(3－19)求过程所需热量。

此外，在给定温度下进行闪蒸计算时，还需核实闪蒸问题是否成立。可采用下面两种方法。

① 分别用泡点方程和露点方程计算在闪蒸压力下进料混合物的泡点温度和露点温度，然后核实闪蒸温度是否处于泡点、露点温度之间。若该条件成立，则闪蒸问题成立。

$$f(T_B) = \sum_{i=1}^{n} k_i x_i - 1 = 0$$

$$f(T_D) = \sum_{i=1}^{n} \frac{y_i}{k_i} - 1 = 0$$

式中 T_B 和 T_D 分别为泡点、露点温度。还可用计算结果来确定气相分数的初值。

$$\phi = \frac{T - T_B}{T_D - T_B} \tag{3-35}$$

② 假设闪蒸温度为进料组成的泡点温度，则 $\sum k_i z_i$ 尚应等于1。若 $\sum k_i z_i > 1$，说明 $T_B < T$；再假设闪蒸温度为进料组成的露点温度，则 $\sum (z_i/k_i)$ 应等于1。若 $\sum (z_i/k_i) > 1$，说明 $T_D > T$。

综合两种试算结果，只有 $T_B < T < T_D$ 成立，才构成闪蒸问题。反之，若 $\sum k_i z_i < 1$ 或 $\sum (z_i/k_i) < 1$，说明进料在闪蒸条件下分别为过冷液体或过热蒸汽。

【例 3-5】 进料流率为1000kmol/h的轻烃混合物，其组成为：丙烷(1)30%、正丁烷(2)10%、正戊烷(3)15%；正己烷(4)45%(mol)。求在50℃和200kPa条件下闪蒸的气、液相组成及流率。

解： 该物系属低温、低压下的轻烃混合物，其相平衡常数有De-Priester图确定。如下表所示：

物质	(1)	(2)	(3)	(4)
k_i	7.0	2.4	0.8	0.3

(1) 核实闪蒸问题是否成立

假设进料为泡点温度，则：

$$\sum_{i=1}^{4} k_i x_i - 1 = 7.0 \times 0.3 + 2.4 \times 0.1 + 0.8 \times 0.15 + 0.3 \times 0.45 - 1 = 1.595 > 0$$

假设进料为露点温度，则：

$$\sum_{i=1}^{n} \frac{y_i}{k_i} - 1 = \frac{0.3}{7.0} + \frac{0.1}{2.4} + \frac{0.15}{0.8} + \frac{0.45}{0.3} - 1 = 0.772 > 0$$

说明进料温度满足 $T_b < T < T_d$，闪蒸问题成立。

(2) 求气化率 ϕ

根据Richford-Rice方程：

$$f(\phi) = \sum_{i=1}^{n} \frac{(k_i - 1) z_i}{1 + \phi(k_i - 1)}$$

$$f'(\phi) = -\sum_{i=1}^{n} \frac{(k_i - 1)^2 z_i}{[1 + \phi(k_i - 1)]^2}$$

根据Newton-Raphson法迭代计算：

$$\phi^{(k+1)} = \phi^{(k)} - \frac{f[\phi^{(k)}]}{f'[\phi^{(k)}]}$$

在Excel表格中计算过程如下表：

F	1000.0						
	丙烷 C_3	正丁烷 C_4	正戊烷 C_5	正己烷 C_6	$\sum$	ϕ	$\phi(1)$
Z_i	0.300	0.100	0.150	0.450	1.000	0.511	0.511
K_i	7.000	2.400	0.800	0.300			
$f(\phi)$	0.443	0.082	-0.033	-0.490	0.000		
$f'(\phi)$	-0.653	-0.067	-0.007	-0.534	-1.262		
液相组成(x_i)	0.074	0.058	0.167	0.701	1.000		
气相组成(y_i)	0.516	0.140	0.134	0.210	1.000		
液相流率(L)	489.000						
气相流率(V)	511.000						

当设 $\phi^{(0)}=0.5$ 时，迭代求得 $\phi^{(1)}=0.511$，第二次迭代 $\phi^{(2)}=0.511$

所以闪蒸汽化率 $\phi=0.511$

将 $\phi=0.511$ 代入公式(3－26)和式(3－27)得各组分气相和液相组成如 Excel 表格所示。

根据式(3－25)计算得闪蒸的气相量 $V=511.0$kmol/h，液相量 $L=489.0$ kmol/h。

二、气、液平衡常数与组成有关的闪蒸计算

当 k_i 不仅是温度和压力的函数而且还是组成的函数时，解式(3－30)所包括的步骤就更多。图 3－8 提出两种普遍化算法。在图 3－8(a)的框图中，对每组 x 和 y 的估算值，迭代式(3－30)求 ϕ 至收敛。用收敛的 ϕ 值估算新的一组 x 和 y，并计算 k，重新迭代 ϕ，直至两次迭代的 x 和 y 没有明显变化为止。这种迭代方法需要机时较长，但一般是稳定的。在图 3－8(b)的框图中，ϕ 和 x、y 同时迭代，在计算新的 k 值前，x 和 y 要归一化($x_i=x_i/\sum x_i, y=y_i/\sum y_i$)。该法运算速度快，但有时会不收敛。

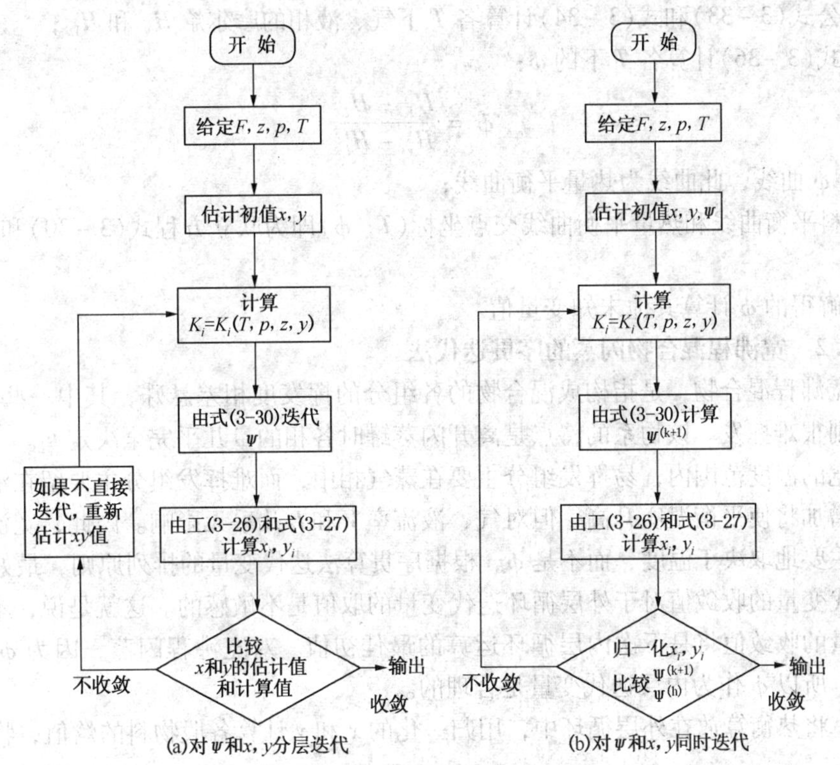

图 3－8　k 为组成函数时等温闪蒸计算框图

在两种算法中，x 和 y 采用直接迭代方式一般是满意的。有时也使用 Newton－Raphson 法加速收敛。

3.2.3　绝热闪蒸过程

如图 3－8 所示，一般已知流率、组成、压力和温度(或焓)的液体进料，节流膨胀到较低压力便产生部分汽化。绝热闪蒸计算的目的是确定闪蒸温度和气、液相组成和流率。原则上仍通过物料衡算、相平衡关系、热量衡算和总和方程联立求解。目前工程计算中广泛采用的算法均选择 T 和 ϕ 为迭代变量，根据物系性质不同又分三种具体算法。

3.2.3.1 气、液平衡常数与组成无关时的简单估算

对于理想溶液，$k_i = k_i(T, p)$，已知闪蒸压力，由于绝热闪蒸的平衡温度是未知的，需要由 Richford - Rice 方程(3 - 30)和热量衡算式(3 - 36)来联立确定。

对于绝热闪蒸，$Q = 0$，热量衡算式由式(3 - 24)化简为：

$$H_F = \phi H_L + (1 - \phi) H_V \tag{3 - 36}$$

绝热闪蒸后气、液两相共存，因而平衡温度必定在平衡压力下的泡点与露点温度之间。这给确定平衡温度的初值提供了一个范围。具体可以按照以下步骤用图解法计算。

① 计算原料在平衡压力下的泡点和露点温度；

② 在泡点和露点温度之间设若干个温度 T，计算出若干组 k_i；

③ 用式(3 - 30)计算出若干个 ϕ。作 $T - \phi$ 曲线，此曲线称为物料平衡曲线或闪蒸曲线；

④ 由各 T 下的用公式(3 - 26)、式(3 - 27)计算各平衡气、液相的组成 y 和 x；

⑤ 查出或计算各 T 下各组分气、液相的摩尔焓 H_{Vi} 和 H_{Li}；

⑥ 由公式(3 - 33)和式(3 - 34)计算各 T 下气、液相的摩尔焓 H_V 和 H_L；

⑦ 用式(3 - 36)计算各 T 下的 ϕ：

$$\phi = \frac{H_F - H_L}{H_V - H_L} \tag{3 - 37}$$

作 $T \sim \phi$ 曲线，此曲线为热量平衡曲线；

⑧ 物料平衡曲线和热量平衡曲线交点坐标(T, ϕ)即为联立方程式(3 - 30)和式(3 - 36)的解；

⑨ 由解得的 ϕ 计算其他未知变量值。

3.2.3.2 宽沸程混合物闪蒸的序贯迭代法

所谓宽沸程混合物，是指构成混合物的各组分的挥发度相差悬殊，其中一些很易挥发，而另一些则很难挥发。该物系的特点是离开闪蒸罐时各相的量几乎完全决定 k_i。

在很宽的温度范围内，易挥发组分主要在蒸气相中，而难挥发组分主要留在液相中。进料焓值的增加将使平衡温度升高，但对气、液流率 V 和 L 几乎无影响。因此，宽沸程闪蒸的热衡算更主要地取决于温度、而不是 ϕ。根据序贯算法迭代变量的排列原则，最好是使内层循环中迭代变量的收敛值对于外层循环迭代变量的取值是不敏感的。这就是说，本次内层循环迭代变量的收敛值将是下次内层循环运算的最佳初值。对宽沸程闪蒸，因为 ϕ 对 T 的取值不敏感，所以 ϕ 作为内层迭代变量是合理的。

其次，将热衡算放在外层循环中，用归一化的 x 和 y 计算各股物料的焓值，物理意义是严谨的。

采用 Rachford - Rice 方程，用弦位法和牛顿法均可估计新的闪蒸温度，但后者既简单，收敛又快。

由式(3 - 36)重排，并令 $Q = 0$，得温度迭代公式。

$$G(T) = \phi H_V + (1 - \phi) H_L - H_F \tag{3 - 38}$$

$$T^{(k+1)} = T^{(k)} - \frac{G(T^{(k)})}{\dfrac{dG(T^{(k)})}{dT^{(k)}}} \tag{3 - 39}$$

$$\frac{dG(T^{(k)})}{dT^{(k)}} = \phi \frac{dH_V}{dT} + (1 - \phi) \frac{dH_L}{dT} \tag{3 - 40a}$$

或者 $$\frac{dG(T^{(k)})}{dT^{(k)}} = \phi C_{pV} + (1-\phi)C_{pL} \tag{3-40b}$$

由 $|T^{(k+1)} - T^{(k)}| \leqslant \varepsilon$ 判断 $G(T)$ 函数收敛。一般选择 $\varepsilon = 0.01$℃，函数难于收敛或计算要求不严格时取 $\varepsilon = 0.2$℃。

如果 ΔT 值即 $|T^{(k+1)} - T^{(k)}|$ 太大，迭代的温度可能出现振荡而不收敛。在该情况下引入阻尼因子 d，使 $\Delta T = d\Delta T$ 计算。一般 d 取为 0.5。

宽沸程绝热闪蒸的收敛方案见图 3-9。

3.2.3.3 窄沸程混合物闪蒸的序贯迭代法

对于窄沸程闪蒸问题，由于各组分的沸点相近，因而热量衡算主要受汽化潜热的影响，反映在受气相分率的影响。改变进料焓值会使气、液相流率发生变化，而平衡温度没有太明显的变化。显然，应该通过热量衡算式计算 ϕ；用闪蒸方程式确定闪蒸温度 T。并且，由于收敛的 T 值对 ϕ 的取值不敏感，故应在内层循环迭代 T，外层循环迭代 ϕ。

当采用 Rachford－Rice 方程计算时，迭代 T 的方程为：

$$f(T) = \sum_{i=1}^{n} \frac{(k_i - 1)z_i}{1 + \phi(k_i - 1)} = 0 \tag{3-41}$$

热量衡算式由式(3-38)变换为：

$$G(\phi) = \phi H_V + (1-\phi)H_L - H_F \tag{3-42}$$

在 ϕ 的直接迭代法中，解式(3-42)得：

$$\phi^{(k+1)} = \left(\frac{H_F - H_L}{H_V - H_L}\right)^{(k)} \tag{3-43}$$

若 $\phi^{(k+1)}$ 与 $\phi^{(k)}$ 有差别，则以 $\phi^{(k+1)}$ 代替 $\phi^{(k)}$ 作下一次迭代。若偏差小于允许值，则说明收敛。

直接迭代法可能产生振荡，这时需引进阻尼因子加以控制。

$$\phi^{(k+1)} = \phi^{(k)} + d(\phi^{(k)} - \phi^{(k-1)}) \tag{3-44}$$

通常 d 取值约为 0.5。

窄沸程绝热闪蒸的收敛方案见图 3-10。

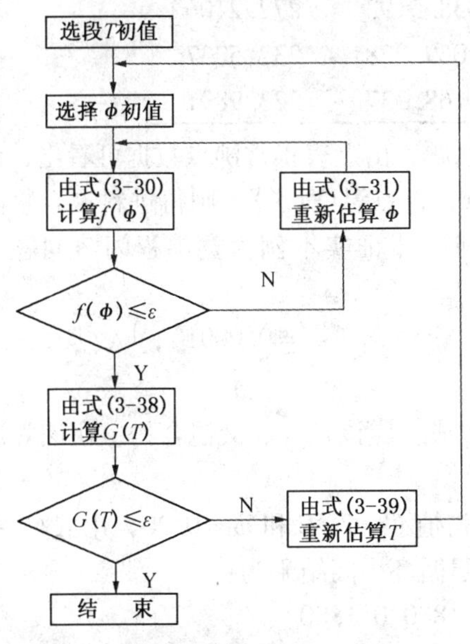

图 3-9　宽沸程绝热闪蒸的收敛方案

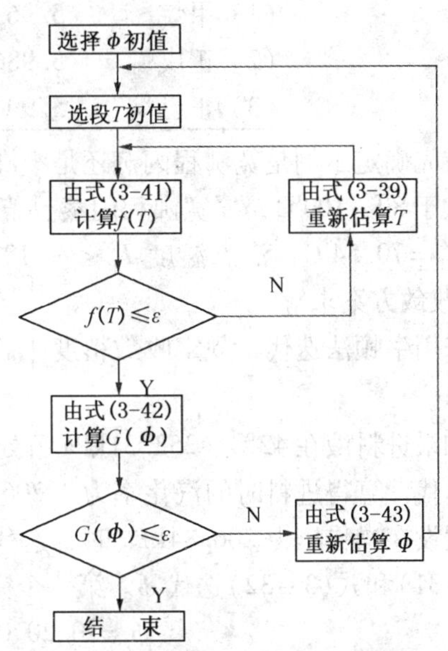

图 3-10　窄沸程绝热闪蒸的收敛方案

在上述两种迭代方案中，液相组成和气相组成的迭代是采用在内层循环中与 ϕ(对宽沸程闪蒸)或与 T(对窄沸程闪蒸)同时收敛的方案。

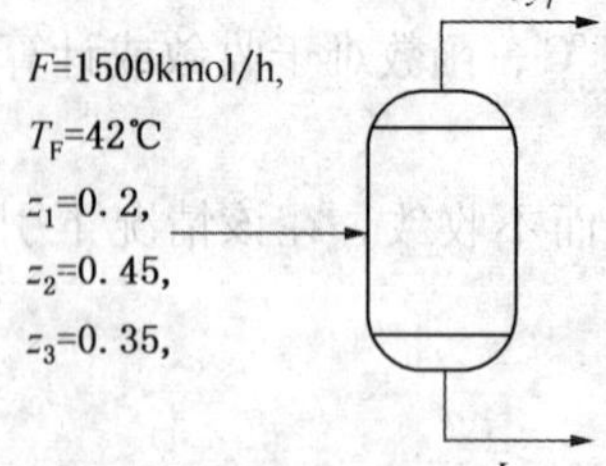

例 3-6 附图

【例 3-6】 闪蒸进料组成为：甲烷(1)20%、正戊烷(2)45%、正己烷(3)35%(mol)；进料流率 1500kmol/h，进料温度 42℃，压力是 253. 31kPa。已知闪蒸罐操作压力是 206. 84kPa，求闪蒸温度、气相分率、气、液相组成和流率。

解：已知条件表示成示意图，该物系为理想溶液，k_i 值由查 $p-T-k$ 图或用公式计算得到。作热量衡算需要的摩尔定压热容数据和汽化潜热数据如下：

组　分	汽化潜热 $\Delta H/(\mathrm{J/mol})$	正常沸点/℃	液体摩尔定压热容 $C_p/(\mathrm{J/mol\cdot ℃})$
(1) 甲烷	8185. 2	-161. 48	46. 05
(2) 正戊烷	25790	36. 08	166. 05
(3) 正己烷	28872	68. 75	190. 83

气体摩尔定压热容公式：

$$C_{pV1}=34.33+0.05472T+3.66345\times10^{-6}T^2-1.10113\times10^{-8}T^3$$

$$C_{pV2}=114.93+0.34114T-1.8997\times10^{-4}T^2+4.22867\times10^{-8}T^3$$

$$C_{pV3}=137.54+0.40875T-2.39317\times10^{-4}T^2+5.76941\times10^{-8}T^3$$

式中 C_{pV} 的单位为 J/mol·℃；T 的单位为℃。

在常温、低压下，如果近似认为气相是理想气体，液相是理想溶液，相平衡常数 $k_i=\dfrac{p_i^s}{p}$，饱和蒸气压由安托尼方程 $\lg p_1^s=A-\dfrac{B}{T+C}$($p_1^s$：kPa，$T$:℃)

安托尼方程的系数如下表所示。

组　分	A	B	C
(1) 甲烷	5. 9636	438. 5193	272. 2106
(2) 正戊烷	5. 9866	1069. 228	232. 5237
(3) 正己烷	5. 9969	1168. 337	223. 9891

首先确定本例是宽沸程闪蒸还是窄沸程闪蒸问题，由上表正常沸点数据可看出，沸点差远远大于 80～100℃，属宽沸程闪蒸。若进行泡点、露点温度计算，则得进料混合物的露点温度 $T_D=70.54$℃，泡点温度 $T_B<-123.5$℃，进一步证实本例为宽沸程闪蒸问题。按图 3-10收敛方案求解。

采用牛顿法迭代，规定收敛精度 $|\phi^{(k+1)}-\phi^{(k)}|\leqslant\varepsilon_1$ ($\varepsilon_1=0.0001$)；$|\Delta T|\leqslant\varepsilon_2$ ($\varepsilon_2=0.001$)。

如果进料液在 42℃、253. 31kPa 下处于平衡组成，应该是气、液混合物，在该等温条件下，迭代计算得进料时的汽化率为 0. 206。

假设在操作压力 206. 84kPa 时，迭代变量的初值 $T=20$℃ 和 $\phi=0.20$，用式(3-30)、式(3-31)和式(3-32)迭代 ϕ。第一个完整的内层循环中间结果为：

$$\phi=0.20、0.1875、0.1880、0.1880$$

可见，ϕ 的收敛是单调的。由收敛的 ϕ 值和式(2-26)、式(2-27)分别计算 x_i 和 y_i。

计算结果为：

项　目	甲　烷	正戊烷	正己烷	$\sum$
液相组成(x_i)	0.033	0.539	0.428	1.000
气相组成(y_i)	0.922	0.066	0.012	1.000

进行热量衡算，以0℃时的饱和液体为基准态，即焓值为0计算。

当确定各股物料的焓值后，通过式(3－38)和式(3－39)计算闪蒸温度 $T=24.421$℃。结果列于例3－6附表1中。

例3－6　附表1

迭代第次	估计温度/℃	ϕ的迭代次数	ϕ	计算温度/℃
1	20	3	0.1880	21.705
2	21.705	2	0.1899	21.409
3	21.409	1	0.1896	21.461
4	21.461	0	0.1896	21.452
5	21.452	0	0.1896	21.453

最终组成和流率：

项　目	甲　烷	正戊烷	正己烷	$\sum$
液相组成(x_i)	0.0321	0.5389	0.4290	1.0000
气相组成(y_i)	0.9175	0.0701	0.0125	1.0001

$V=284.454$(kmol/h)；$L=1215.546$(kmol/h)

3.2.4　非绝热闪蒸过程

非绝热闪蒸时，$Q\neq 0$，所以热量衡算式为式(3－24)。由式(3－24)可得：

$$\phi=\frac{Q+H_{\mathrm{F}}-H_{\mathrm{L}}}{H_{\mathrm{V}}-H_{\mathrm{L}}} \tag{3-45}$$

根据所确定的已知条件，非绝热闪蒸可有两种情况。第一种是已知原料情况以及平衡温度和压力，计算所需热量和气、液相组成；第二种是已知原料情况以及平衡压力和提供的热量，计算平衡温度和气、液相组成。第一种情况，计算方法同等温闪蒸；第二种情况，需要联解式(3－30)和式(3－45)，其方法同绝热闪蒸。

习　题

1. 一烃类混合物含有甲烷(1)5.0%、乙烷(2)10.0%、丙烷(3)30%、异丁烷(4)55.0%(均为mol%)。试计算在25℃时的泡点压力和露点压力。

2. 含有80%(mol)醋酸乙酯(1)和20%(mol)乙醇(2)的二元物系。液相活度系数用Van－Laar方程计算，$A_{12}=0.144$、$A_{21}=0.170$。试计算在101.3kPa下的泡点温度和露点温度。

安托尼方程为：

醋酸乙酯：
$$\ln p_1^s=21.0444-\frac{2790.50}{T-57.15}$$

乙醇：
$$\ln p_2^s=23.8047-\frac{3803.98}{T-41.68}$$

3. 在101.3kPa下，对组成为含正己烷45%、正庚烷25%及正辛烷30%(均为mol%)的混合物。

(1) 求以上混合物的泡点和露点温度；

(2) 将此混合物在 101.3kPa 下进行闪蒸，使进料的 50% 汽化，求闪蒸温度和两相的组成。

4. 闪蒸进料组成为：乙烯(1)25%、乙烷(2)35%、丙烯(3)40%(均为 mol%)；以 10℃、1519.5kPa 进入绝热闪蒸罐。已知闪蒸罐的操作压力为 1013kPa，求等温闪蒸温度、汽化分率、气、液相组成。

组分的热容按以下公式计算：

$C_p = A + BT + CT^2 + DT^3$，(J/mol. ℃)公式中常数列于习题 5 附表 1

习题 5 附表 1　气体热容系数表

项　目	A	$B \times 10$	$C \times 10^5$	$D \times 10^8$
乙烯	40.11605	−1.24208	61.28632	−55.3874
乙烷	34.40750	−0.1828658	33.81380	−24.62178
丙烯	30.82947	0.6182860	20.55774	−12.44992

液体热容系数表

项　目	A	$B \times 10$	$C \times 10^3$	$D \times 10^5$
乙烯	−39.9314	7.29846	−5.88290	1.48246
乙烷	17.4625	10.6700	−7.11332	1.58647
丙烯	82.8559	2.96316	−2.96140	0.775916

各组分的气化潜热列于习题 5 附表 2

习题 5 附表 2　正常沸点时的汽化潜热

项　目	乙烯	乙烷	丙烯
汽化潜热/(J/mol)	17.255	16.325	10.430

符 号 说 明

英文字母：

A、B、C——相平衡常数经验式常数；Antonie 方程常数；

d——阻尼因子；

F——进料流率，kmol/h；

f——逸度，Pa；

G——自由焓，J；函数；

g——目标函数；

H——亨利常数，Pa；

k——相平衡常数；

L——液相流率 kmol/h；

n——物质的量，mol；组分数；

p——压力，Pa；

Q——系统与环境交换的热量，kJ/h；

R——气体常数，其值为 8.314J/(mol · K)；

T——温度，K；

V——体积，m^3；气相流率，mol/h；

V_m——摩尔体积，m^3/mol；

x——液相摩尔分率；

y——气相摩尔分率；。

Z——压缩因子；

z——进料摩尔分率。

希腊字母：

γ——液相活度系数；

ε——收敛标准；

μ——化学位；

ϕ——气化分率；

ω——偏向因子。

上标：

E——过剩性质；

id——理想溶液；

(k)——迭代次数；

L——液相；

0——基准状态；

s——饱和状态；

T——真实溶液；

V——气相；

$\bar{}$——平均。

下标：

A——组分；

B——泡点；

b——正常沸点；

c——临界状态；

F——进料；

i、j、k——组分；

L——液相；

p——压力；

r——对比状态；

T——温度；

M——混合物；

V——体积、气相；

1，2——组分。

4 多组分精馏

学习目的：

通过本章的学习，了解精馏塔的结构；熟练掌握多组分精馏过程的简捷法计算；为精馏塔的正确操作、优化操作打下理论基础。

知识要求：

理解多组分精馏方案的优化选择；

掌握多组分简捷法计算；

了解多组分复杂精馏操作的简捷法计算。

能力要求：

熟练掌握多组分精馏简捷法计算；

通过相关计算理解优化操作的意义，为实际操作建立理论基础。

4.1 概述

基本有机化学工业的产品种类繁多，生产方式多种多样，但是任何一种产品的生产都必须程度不同地经过原料预处理、化学反应和精制等加工过程。

原料预处理是化工生产的重要步骤之一。自然界存在的各种原料大多数不是纯物质，其中既含有需要的物质，也含有不需要的甚至对生产有害的物质。如果直接应用这样的原料进行化学反应，使那些杂质与原料一起通过反应器，轻则降低反应器的处理能力，降低产品的纯度，给分离过程带来困难；重则使催化剂中毒或腐蚀设备，甚至使反应器发生堵塞或爆炸事故，使反应过程无法顺利进行。因此，反应前原料的预处理过程是必不可少的。

在化工生产过程中，尽管反应器是关键性设备，但是各生产装置中分离设备的数量却远远超过反应设备，需要较高的投资。分离过程的能量消耗和操作费用也往往是产品成本的重要方面，如以天然气制乙炔为例，分离部分约占总投资额的70%。所以，为提高生产的经济效益，必须对分离过程给予应有的重视。

在化工生产过程中，塔是用以进行传质过程分离混合物的典型单元操作设备。塔设备的种类很多，按气、液或液、液相间接触的形式主要分为两大类，即板式塔和填料塔。此外，还有某些特种接触塔式设备，如喷雾塔、喷射塔、旋流塔和卧式塔等。

所谓多组分溶液精馏是指被分离的混合溶液中含有两个以上组分的精馏过程。基本有机化工生产中，要获得纯的或比较纯的组分作为原料、中间产品或产品，精馏操作是广泛采用的分离方法之一。例如，乙苯脱氢生产苯乙烯，需要从产物炉油中分离出纯度达99%左右的苯乙烯，以作为生产聚苯乙烯的原料。对于能液化的气体混合物，如烃类热裂解所得的烷烃与烯烃的气体混合物，也可采用精馏的方法将其分离。

多组分溶液精馏的基本原理是根据溶液中各组分的挥发度不同，采用液体多次部分汽化，蒸气多次部分冷凝的气、液相间传质过程，使气、液相间浓度发生变化，较轻组分在塔顶富集，较重组分在塔釜富集，从而使溶液中的组分得到分离。

在化工生产中，普通精馏操作又分为双组分精馏和多组分精馏，多组分溶液的分离比双组分溶液更为普遍。因此，研究和解决多组分精馏的设备计算和生产问题，就更有实际意义。多组分溶液精馏所依据的原理和使用的设备，虽与双组分精馏有相同之处，但是，由于处理系统组分的数目增多，使精馏设备计算等问题比双组分精馏复杂得多。

4.1.1 多组分精馏的特点和精馏方案的选择

4.1.1.1 多组分溶液精馏的特点及精馏方案的选择

1. 多组分溶液精馏的特点

首先，在气、液相平衡关系上，多组分溶液比双组分溶液更为复杂。根据相律，平衡物系的自由度为

$$F = n - \psi + 2$$

式中 ψ——相数；

F——自由度；

n——组分数。

在气、液两相的平衡中，相数 ψ 为2，因此，自由度 F 与组分数 n 在数值上是相等的。对于双组分气、液平衡物系，自由度 F 为2。任意选定两个变量后，物系的状态，表示物系状态的各参数也就确定了。例如，系统总压和任意组分的液相组成确定后，则与该液相组成相平衡的气相组成和温度也就确定，不再是变量。对于 n 个组分物系的气、液平衡，则有 n 个自由度，当压力确定后，尚需将物系的 $n-1$ 个独立变量同时确定，物系的平衡状态才是确定的。例如，三组分 A、B、C 物系的气、液平衡，有三个自由度，若总压一定，只知道液相中 A 组分的组成 x_A 并不足以确定 B 和 C 两组分的液相组成 x_B、x_C，因此，与其平衡的气相组成也是无法确定的。只有再确定一个独立变量，才能通过热力学关系来确定三组分物系的平衡状态，即恒压下气、液两相各组分的浓度及温度关系。从相律中可以看出，物系中组分数目增加，自由度也相应增加，所以多组分溶液相平衡计算，要比双组分溶液复杂。

其次，多组分精馏操作所用的设备要比双组分精馏多。对于不形成恒沸混合物的二组分溶液，用一个精馏塔可以进行分离；但对多组分溶液精馏则不然。因受气、液平衡的限制，所以要在一个精馏塔内同时得到几个相当纯的组分是不可能的。例如，由 A、B、C 三组分组成的溶液，A 易挥发，B 次之，C 难挥发，即使不存在恒沸物，如在一个塔内进行精馏，也不可能同时从塔顶、塔釜及塔中某一位置得到三种纯组分，往往只能得到三种组分的混合物，而且各个位置的组成均不同。在一个塔内分离含 A、B、C 三个组分的混合液，只能先从塔顶得组分 A，从塔釜得到组分 B 和 C；或者从塔釜得到组分 C，从塔顶得到 A 和 B 的混合物。未分离的两个组分($B+C$ 或 $A+B$)，需要通过第二个精馏塔再次进行分离。即不形成恒沸物的三组分混合液，如需要分离成三个纯净的组分，则需要二个塔。同理可知，对于四个组分混合物，需要三个塔，对于 n 个组分混合物，则需要 $n-1$ 个塔。应当指出，塔数愈多，导致流程方案也多，选择合理的方案就成为一个重要问题。

2. 多组分溶液精馏方案的选择

物系的分离要求是决定流程方案的重要因素。在一般情况下，不仅应满足工艺要求，保证产品质量和产量，还要考虑提高效率和降低消耗等问题。

(1) 多组分精馏的流程方案类型

在化工生产中，多组分精馏流程方案的分类，主要是按照精馏塔中组分分离的顺序按排

而区分的。第一种是按挥发度递减的顺序采出馏分的流程；第二种是按挥发度递增的顺序采出馏分的流程；第三种是按不同挥发度交错采出的流程。

(2) 多组分精馏方案数

首先以 A、B、C 三组分物系为例，有两种分离方案，如图 4－1 所示。图 4－1(a)系按挥发度递减的顺序采出，图 4－1(b)系按挥发度递增的顺序采出。在基本有机化工生产中，按挥发度递减次序依次采出各馏分的流程最为常见，因各组分在精馏分离过程中，只需要一次塔釜汽化和一次塔顶冷凝即得产品。按挥发度递增的次序依次采出各馏分时，除最难挥发的组分外，其他组分在采出之前都必须经过多次塔釜汽化和塔顶冷凝，热量和冷量消耗大。不仅如此，由于物料的内循环增多，塔径会相应增大，再沸器的传热面积也相应增加，从而增加设备的总投资和公用工程的消耗。

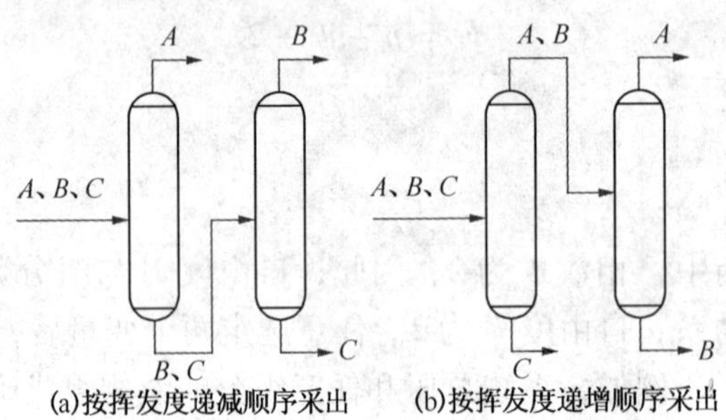

图 4－1　三组分精馏的两种方案

对于四组分 A、B、C、D 组成的溶液，若要通过精馏分离采出四种纯组分，需要三个塔，分离的流程方案有五种，如图 4－2 所示。

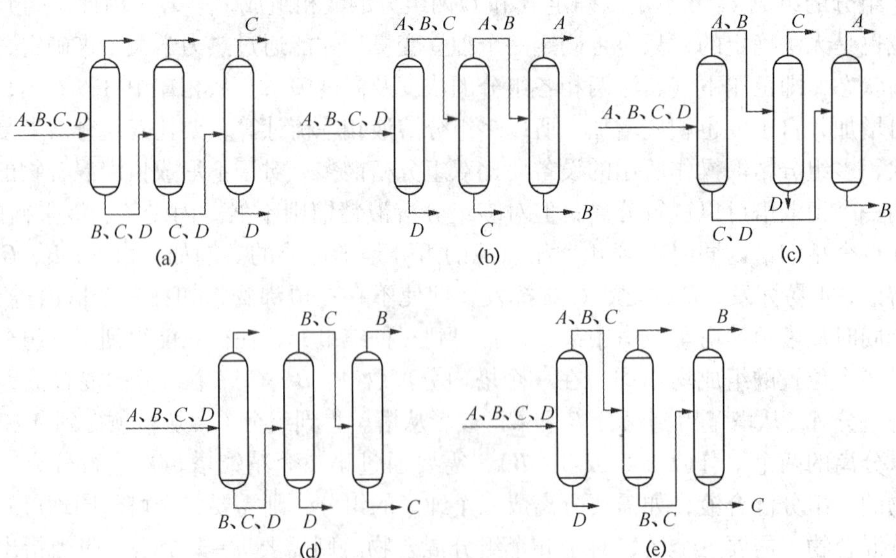

图 4－2　四组分精馏的五种精馏方案

对五组分物系的分离，需要四个塔，流程方案就有十四种。

对于 n 个组分，分离流程的方案数，可用计算公式表示为：

$$Z = \frac{[2(n-1)]!}{n!(n-1)!}$$

式中　Z——分离流程的方案数；

n——被分离的组分数。

由此看出，供选择的分离流程的方案数，随组分增加而急剧递增。

(3) 多组分精馏方案的选择

一个比较满意的设计，如何确定最佳分离方案，这是很关键的问题。因此，分离方案的选择应尽量做到以下几点。

① 满足工艺要求。多组分精馏分离的目的主要是为了得到质量高和成本低的产品。但许多有机物加热时会发生分解或聚合，这不仅降低了产品的收率，而且还因聚合物堵塞管道和设备，给正常生产带来许多困难，有时甚至会影响产品质量。对此，除了从操作条件和设备结构上加以改进外，还可以从分离顺序上设法改进。例如，在石油气分离的前脱乙烷流程中的脱乙烷塔，操作压力为3.546MPa，相应的塔釜温度为365K，原料中所含的丁二烯在此温度下，往往会发生聚合而堵塞设备。为了保证正常生产，则必须采用两个塔釜再沸器，其中一个备用；若在分离顺序上改用前脱丙烷流程[相当于图4-2的方案(e)]，在脱丙烷塔中塔压可降低到861kPa，相应的釜温下降到349K。这样便可使丁二烯的聚合物大量减少，不仅保证了正常连续生产，还提高了丁二烯的收率。

为了避免成品塔之间的相互干扰，使操作稳定，保证产品质量，最好采用如图4-2方案(c)所示的并联流程。例如，在A、B、C、D四组分溶液的精馏中，A和C是所需产品，为避免因分离组分C的塔在操作上不稳定而影响产品A的质量，可以使分离C组分的塔和分离A组分的塔处于并联位置。在石油裂解气分离中，乙烯塔和丙烯塔居于并联位置，原因之一也在于此。

另外，为了保证安全生产。倘若进料中含有易燃、易爆等影响安全操作的组分，通常应尽早将它除去。

② 减少能量消耗。一般精馏过程所消耗的能量，主要是以再沸器来加热釜液所需的热量和塔顶冷凝器所需的冷量。对图4-2中方案(a)和(b)加以分析比较便可看出，若为液体进料，在方案(a)中组分A、B或C，都只需经塔釜加热汽化和塔顶冷凝各一次，即可得到液体产品。但在方案(b)中组分A则要在塔釜汽化和塔顶冷凝各三次，组分B则要在塔釜汽化和塔顶冷凝各两次，方可得到液体产品。显然方案(b)要比方案(a)消耗更多的热量和冷量。所以一般说来，按A、B、C挥发度递减的顺序从塔顶采出的流程，往往要比按D、C、B挥发度递增的顺序从塔底采出的流程，可节省更多的能量。而方案(c)、(d)和(e)流程的能量消耗，则处于方案(a)和(b)之间。

若进料中有一组分的相对挥发度近似于1时，通常将这一对组分的分离放在分离顺序的最后，这在能量消耗上也是合理的。因为在这种情况下为了减少所需塔板数，要采用较大的回流比进行操作，要消耗较多的蒸汽和冷剂，假如其中有比这一对组分更重或更轻的组分存在，重组分会使塔釜温度升高，轻组分会使塔顶温度降低，进一步提高了所需蒸汽或冷剂的能量级别，从而消耗更多的能量。

③ 节省设备投资。因为塔径的大小与塔内的气、液相流量大小有关，又由于图4-2方案(a)中A和B的汽化和冷凝次数比方案(b)少，所以方案(a)塔径及再沸器、冷凝器的传热面积也相应减少，从而节省了金属消耗，减少了设备投资。

若进料中有一个组分(例如D组分)的含量占主要时，采用方案(e)，先将组分D分离掉，这样可以减少后续塔及再沸器的负荷，通常可比方案(a)节省设备投资费用。

若进料中有一个组分具有强腐蚀性时，则应尽早将它除去，以便后继塔无需采用耐腐蚀材料制造，相应减少设备投资费用。

显然，确定多组分精馏的最佳方案时，若要使前述三项要求均得到满足往往是不容易的。所以，通常先以满足工艺要求、保证产品质量和产量为主，然后再考虑降低生产成本等问题。

4.1.2 精馏塔的结构

用于溶液精馏过程的分离设备主要是板式塔和填料塔。在长期的生产实践中，人们不断地研究和开发出新塔型，以改善塔板上的气、液接触状况，提高板式塔的效率。目前工业生产中使用较为广泛的塔板类型有筛孔塔、浮阀塔、泡罩塔、舌形塔等几种。板式塔广泛应用于溶液精馏和气体吸收等生产过程，但以溶液精馏过程为最多。板式塔和填料塔的结构如图4－3和图4－4所示。

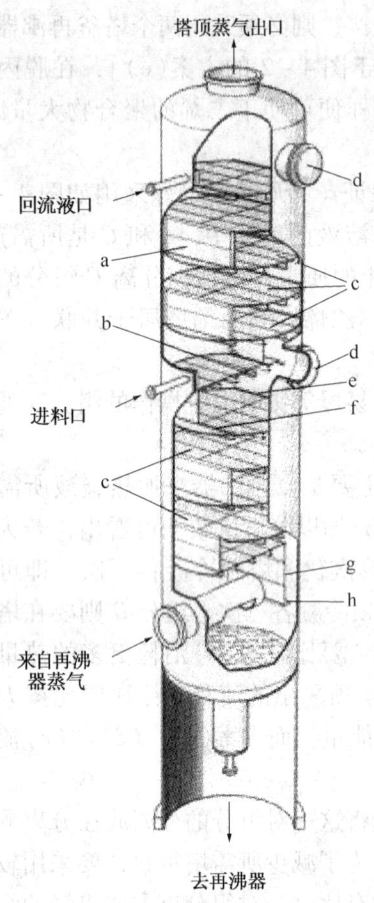

图4－3　板式精馏塔结构图

a—降液管；b—塔板支撑；c—筛板；d—人孔；e—入口堰；f—出口堰；g—降液管挡壁；h—液封

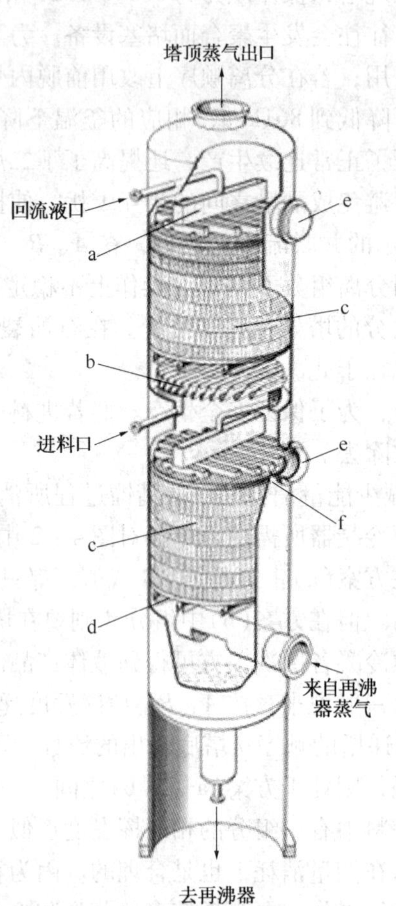

图4－4　填料精馏塔结构图

a—液体分布器；b—液体收集器；c—整装填料；d—填料支撑板；e—人孔；f—液体再分布器

4.1.2.1 板式塔的总体结构

(1) 板式塔的结构

板式塔通常是由一个呈圆柱形的壳体及沿塔高按一定的间距、水平设置若干层塔板所组成。在操作时，液体靠重力作用由顶部逐板向塔底流动，并在各层塔板的板面上形成流动的液层；气体则在压力差推动下，由塔底向上经过均布在塔板上的开孔依次穿过各层塔板由塔顶排出。塔内以塔板作为气、液两相接触传质的基本构件。工业生产中的板式塔，常根据塔板间是否设有降液管而分为有降液管及无降液管两大类，用得最多的是有降液管式的板式塔（图 4－3 所示）。它主要由塔体、裙座、塔板、人孔、各种物料进出口和塔板构件等组成。

① 塔体。通常为圆柱形，常用钢板焊接而成，有时也将其分成若干塔节，塔节间用法兰盘连接。

② 裙座。主要起支撑塔体的作用，其型式根据支撑载荷情况的不同，可分为圆筒形和圆锥形两种，裙子配置在固定的混凝土基础上，并用地脚螺栓与基础固定。

③ 塔板。塔板是板式塔内气、液接触的场所，操作时气、液在塔板上接触的好坏，对传热、传质效率影响很大。塔板有两种类型。

a. 错流式。液体沿水平方向横穿塔板，气体则沿着与塔板垂直方向由下而上穿过板上的孔通过塔板，气、液两相呈错流。这种类型塔的结构特点是具有降液管，降液管为液体从一块塔板流到下一块塔板提供了通道。筛板塔、泡罩塔、浮阀塔等的气、液间的相对流动属此种类型。

对于错流式塔板，塔板上的溢流装置包括出口堰、降液管、受液盘、进口堰等部件。

（a）出口堰。为保证气、液两相在塔板上有充分接触的时间，塔板上必须储有一定量的液体。为此，在塔板的出口端设有溢流堰，称出口堰。塔板上的液层厚度或持液量很大程度上由堰高决定。生产中最常用的是弓形堰，小塔中也有用圆形降液管升出板面一定高度作为出口堰的。

（b）降液管。降液管是塔板间液流通道，也是分离溢流液中所夹带气体的场所。正常工作时，液体从上层塔板的降液管流出，横向流过塔板，翻越溢流堰，进入该层塔板的降液管，流向下层塔板。降液管有圆形和弓形两种，弓形降液管具有较大的降液面积，气、液分离效果好，降液能力大，因此生产上广泛采用。

为了保证液流能顺畅地流入下层塔板，并防止沉淀物堆积和堵塞液流通道，降液管与下层塔板间应有一定的间距。为保持降液管的液封，防止气体由下层塔进入降液管，此间距应小于出口堰高度。

（c）受液盘。降液管下方部分的塔板通常又称为受液盘，有凹型及平型两种，一般较大的塔采用凹型受液盘，平型则就是塔板面本身。

（d）进口堰。在塔径较大的塔中，为了减少液体自降液管下方流出的水平冲击，常设置进口堰。可用扁钢或 $\phi 8 \sim 10$mm 的圆钢直接点焊在降液管附近的塔板上而成。为保证液流畅通，进口堰与降液管间的水平距离不应小于降液管与塔板的间距。

b. 逆流式。气、液均沿与塔板相垂直的方向穿过板上的孔通过塔板。气体自下而上，液体自上而下，气、液两相呈逆流。这种类型塔的结构特点是没有降液管，淋降筛板塔气、液间的相对流动即属此种类型。

这两种类型的塔，就全塔而言，气、液流动均呈逆流，操作时塔板上都有积液，气体穿过板上小孔后在液层内生成气泡，泡沫层为气、液接触传质的区域。

④ 人孔。人孔是为了进入塔内进行安装、清理、维修而开设的，人孔直径一般为 400 ~ 450mm。

⑤ 其他各种工艺管口，有塔顶气体出口管，回流液入口管，进料管，塔釜蒸汽入口管，塔釜液体出口管等。

(2) 几种主要板式塔型简介

① 泡罩塔。工业蒸馏操作中最早采用的气、液传质设备之一，并在50年代前长期应用于炼油和化工生产。此种塔板的优点是不易发生漏夜现象，有较好的操作弹性，塔板不易堵塞，对于各种物规适应性强。缺点是塔板结构复杂，造价高，塔板上气体流径曲折，压降大。安装维修较复杂。因此已逐渐淘汰，新建的塔设备中很少采用。

② 筛板塔。筛板塔的出现略迟于泡罩塔，其结构如图4－5所示。与泡罩塔的相同点是都有降液管，不同点是取消了泡罩与升气管，直接在板上钻有若干小圆孔，筛板一般用不锈钢板制成，孔的直径为3～8mm。操作时，液体横穿塔板，气体从板上小孔(筛孔)鼓泡进入板上液层。筛板塔在工业应用的初期被认为操作困难，操作弹性小(气速过小筛孔会漏液，气速过高时，气体会通过筛孔后排开板上液体向上方冲出，造成严重的轴向混合)，但随着人们对筛板塔性能研究的逐步深入，其设计更趋合理。生产实践表明，筛板塔结构简单、造价低、生产能力大、板效率高、压降低，已成为应用最广泛的一种。

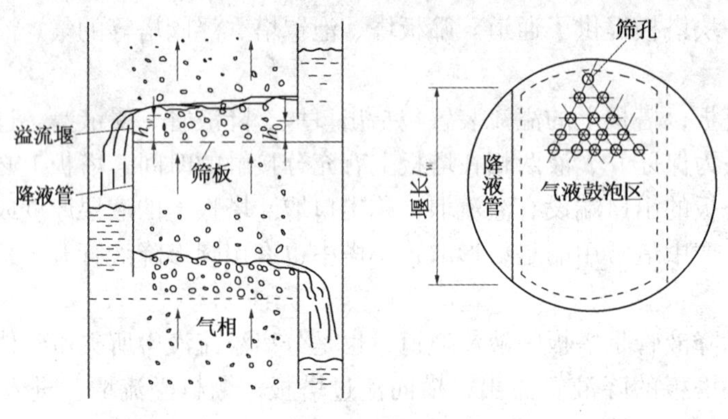

图4－5　筛板塔

③ 浮阀塔。浮阀塔于50年代开始在工业上广泛采用，目前已成为国内外工厂蒸馏操作采用的主要塔板。浮阀塔的特点是生产能力大、操作弹性大，板效率高。国内最常采用的阀片型式为F－1型(相当于国外的V－1型)，V－4型及T型也有应用。几种型式的浮阀如图4－6所示。

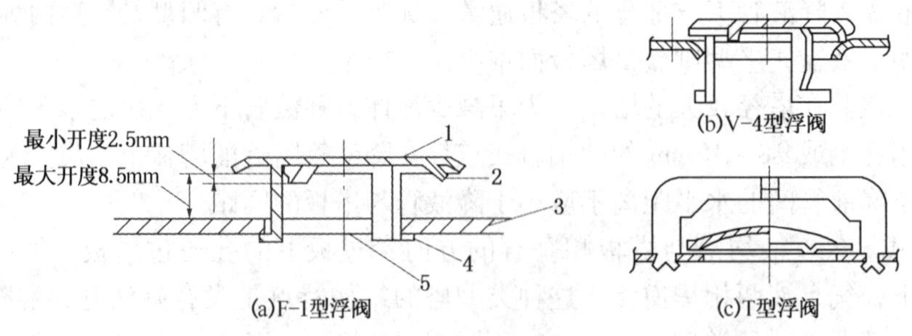

图4－6　几种常见的浮阀形式

1—阀片；2—定距片；3—塔板；4—底脚；5—阀孔

F－1型浮阀的结构简单，制造方便，节省材料，广泛用于化工及炼油生产中，现已列入部颁标准(JB118—68)如图4－6(a)。F－1型浮阀分轻阀和重阀两种，轻阀为25g，由1.5mm薄板冲压而成；重阀为33g，由2mm薄板冲压而成，阀孔直径39mm，阀片有三条带钩的腿，插入阀孔后将其腿上的钩扳转90°，可防止气速过大时将浮阀吹脱。此外，浮阀边沿冲压出三块向下微弯的"脚"，当气速低浮阀降至塔板时，靠这三只"脚"使阀片与塔板间保持 2.5mm 左右的间隙；在浮阀再次升起时，浮阀不会被粘住，可平稳上升。

V－4 型浮阀如图 4－6(b)所示。其特点是阀孔冲压成向下弯曲的文丘里形。可以减少气体通过塔板时的压力降。V－4 型浮阀适用于减压系统。

T 型浮阀的结构比较复杂，如图 4－6(c)所示。其性能与 F－1 型浮阀无显著差别，只是借助固定于塔板上的支架来限制拱形阀片的运动范围，多用于处理易腐蚀、易聚合的介质。

④ 喷射塔。喷射型塔的共同特点是气体喷出的方向与液体流动方向一致，充分利用气体的动能来促进两相间的接触。提高了传质效果。这种设计气体压降减小，且雾沫夹带量较小，故可采用较大的气速。

喷射型塔的塔板结构又有如下几种。

a. 舌形塔板。舌形塔板是筛板的变形，是 60 年代初期提出的一种定向喷射型塔板，构造见图 4－7。塔板是由冲压制成的若干带有小角度($\varphi=20°$)的倾斜舌片及溢流孔构成。舌孔呈三角形排列，中心距一般为 65mm。

操作时，气体从下通过舌孔成斜方向以较高速度(20～30m/s)喷出。液体以和气体喷射方向相同的流向通过塔板，两相在激烈地搅拌状态下进行传质。舌形塔板的优点是气、液相流动方向相同，塔板压力降较低，可允许较大的气速，处理能力比泡罩、筛板约提高 40%。结构简单，价格低廉，安装检修方便，其缺点是，若气速较低、气体流量较小时，易产生漏液；不能适应气相负荷变化大的情况，操作弹性小。

b. 浮动喷射塔板。浮动喷射塔板综合了浮阀和舌形塔板的优点而提出的一种喷射塔板，结构见图 4－8。

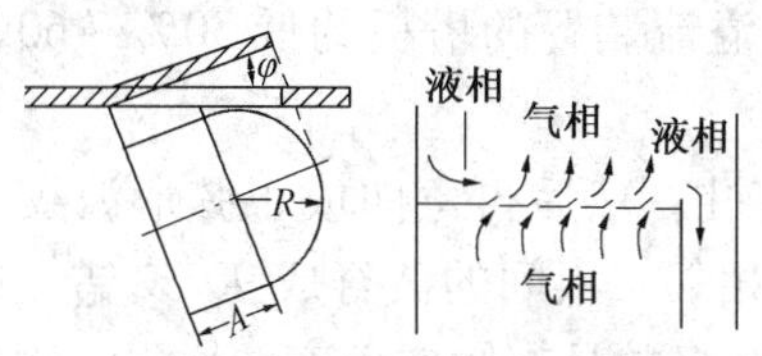

图 4－7　舌形塔板示意图

$\varphi=25°$，$R=25$mm，$A=25$mm

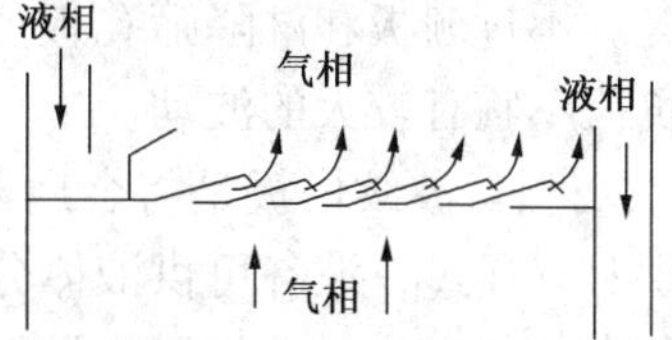

图 4－8　浮动喷射塔板示意图

塔板做成百页窗形式，条形叶片是活的，气体通过塔板把叶片顶开，从斜上方喷出，气速越大，叶片顶开的角度越大，最大时为 25°。浮动喷射塔板的优点是气流和液流方向一致，并且叶片可以上下活动，故气体压降小，处理能力大，操作弹性大，板上滞液量小。塔板结构虽不复杂，但叶片易磨损或脱落；板上液体流量变化时，气、液接触不能保证良好的效果，影响长期稳定运转。

c. 斜孔塔板。斜孔塔板是一种有发展前途的新型塔板，其构造见图 4－9。

一排排的斜孔与液流方向垂直；而同一排孔的孔口朝一个方向，相邻两排孔的孔口方向相反。斜孔与塔板平面成 α 角(一般 $\alpha=26°\sim28°$)。斜孔塔板的特点是相邻两排孔的气体喷出方向相反，互相起牵制作用，使塔板具有使气流水平方

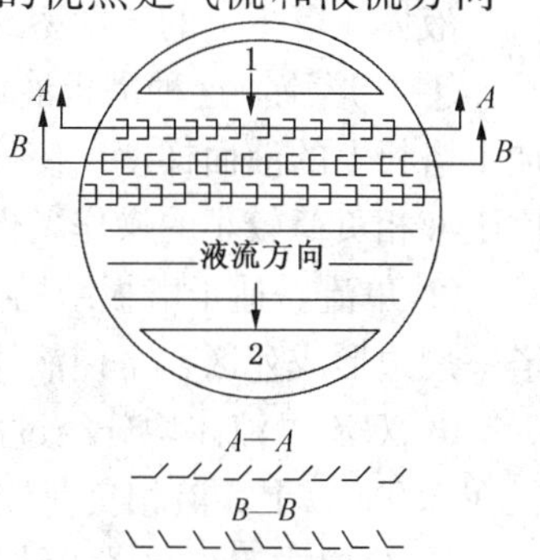

图 4－9　斜孔塔板

1—受液盘；2—降液管

向喷出的优点；同时减少甚至消除了由于单向喷射造成的液体被加速的现象，不致因气流对冲造成物料往上冲的现象，因而塔板上液层低而均匀，气、液接触好，允许气体负荷高。

斜孔塔板是性能较好的塔板，和其他塔板比较有如下优点：

(a) 生产能力比其他塔板都大。通过试验表明，斜孔塔板的气体处理量比浮阀塔板高40%左右；

(b) 板效率比其他塔板都高。斜孔塔板的板效率可达70%~90%，比浮阀塔板约高5%~10%；

(c) 结构简单，制造容易，金属用量少；

(d) 压降比筛板、浮阀塔板要小，但比浮动喷射塔板、舌型塔板要大；

(e) 操作弹性在2.5~3.0以上，比浮阀塔板小，但比一般筛板稍大。

⑤ 无溢流装置的板式塔。前面介绍的几种塔板，从板上气、液流动方式看都属于错流塔板，即板上采用溢流装置。因此，这几种塔板都有因液面落差而产生气流分配不均匀的缺点，并且降液管要占去塔板面积的20%左右，影响了塔的生产能力。

无溢流装置的板式塔，就是前面曾述及的逆流塔板，又称穿流塔板，是针对上述缺点而加以改进的。其结构类型很多，常用的有下面两种。

a. 栅板及淋降筛孔板。塔板上有均匀分布的长条形或圆形孔，若开有长条形孔的称为栅板，若开有圆形孔的称淋降筛孔板。蒸气在通过长条形或圆形孔时有一定的压强差，使塔板上能积累有一定深度的液层。蒸气穿过液层时形成搅动较好的鼓泡层，进行热量和质量的交换。

这种塔板结构是板式塔中最简单的一种，加工容易，安装检修方便；生产能力大，比泡罩塔提高30%~50%；压降小，比泡罩塔板小40%~80%；耐污垢、耐腐蚀性较好，不易堵塞及沉淀。不过栅板和淋降筛孔板的板效率比有溢流装置的塔板约低30%~60%，操作范围窄，负荷不宜有较大的波动。

b. 波纹塔板。波纹塔板是将金属薄板冲成许多孔，然后再弯曲成正弦形波纹。塔板上的波峰可供蒸气通过，波谷可供液体分布及下流。相邻二板间的波脊成90°交错，这样可起到液体再分布并使之均匀的作用。另外，板上的筛孔多数具有倾斜角度，增强了物料在板上的湍动，而波纹状结构又使气、液两相在板上作湍流流动时起自动清洗作用。所以，在处理有污垢的物料时，不易堵塞设备。波纹塔板的其他性能与栅板相似。

(3) 液体在塔板上的流动型式

液体在塔板上的流动型式一般有U形流、单流、双流及阶梯式流等，如图4-10所示。

① U形流。这种塔板液体的流程较长，有利于气、液两相接触，但由于流程较长却增加了塔板上的液面梯度，使气体分布不均，而导致塔板效率降低。此类塔板多用于小塔，适用于液相负荷较小的操作条件。

② 单流。适于塔板结构简单，但塔径不易太大，否则液体易从塔板中间走短路，而在塔壁周边形成死区，至使液体分布不均匀。同时液体流程较长，液面梯度较大，影响效率。

③ 双流。液体均分经过两个流程，液流距离较单流减少一半，液面梯度减小。一般塔径在2.0m以上，液相负荷较大时适用这种塔板。

④ 阶梯式双流。塔板结构最复杂，在实际生产中较少采用，只是在塔径和液相负荷很大时，为了减少液面梯度而不缩短液体流程，才采用这种塔板。每一阶梯均有溢流堰，以维持塔板上的液面梯度。

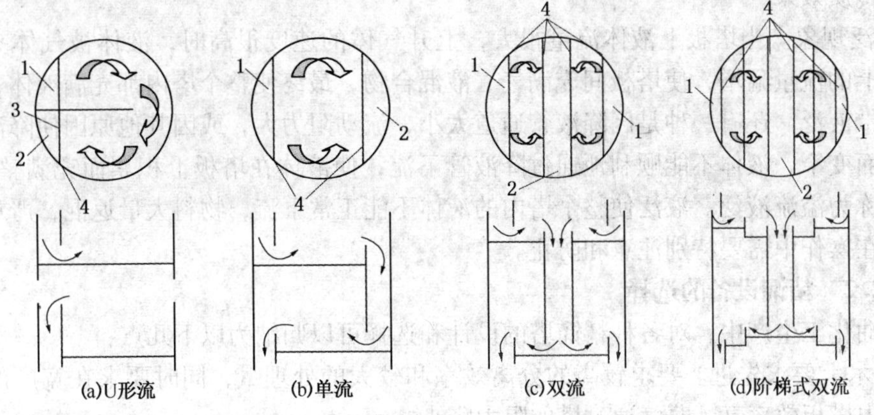

图 4－10　液体在塔板上的流动型式

1—进口降液管；2—出口降液管；3—挡板；4—堰

(4) 塔板上的流体力学现象

① 塔板上气液接触状况。对精馏操作来讲，塔板上气、液两相接触情况会影响传热、传质效果，因而，有必要研究塔板上气、液接触状况。实验观察发现，气体通过筛孔的速度不同，两相在塔板上的接触状态也不同。

a. 鼓泡接触状态。当上升蒸气流量较低时，气体在液层中吹鼓泡的形式是自由浮升，塔板上存在大量的清液，气、液湍动程度比较低，气、液相接触面积不大。

b. 蜂窝状接触状况。气速增加，气泡的形成速度大于气泡浮升速度，上升的气泡在液层中积累，气泡之间接触，形成气泡泡沫混合物，因为气速不大，气泡的动能还不足以使气泡表面破裂。因此，这些气泡是一种类似蜂窝状泡结构。因气泡直径较大，很少搅动，在这种接触状态下，板上清液会基本消失，从而形成以气体为主的气、液混合物，由于气泡不易破裂，表面得不到更新，所以这种状态对于传质、传热不利。

c. 泡沫状接触状态。气速连续增加，气泡数量急剧增加，气泡不断发生碰撞和破裂。此时，板上液体大部分均以膜的形式存在于气泡之间，形成一些直径较小、搅动十分剧烈的动态泡沫，是一种较好的操作状态。

d. 喷射接触状态。当气速连续增加，由于气体动能很大，把板上的液体向上喷成大小不等的液滴，直径较大的液滴受重力作用落回到塔板上，直径较小的液滴，被气体带走形成液沫夹带，液体的比表面积很大，气、液湍动程度高，也是一种良好的操作状态。

泡沫接触状态与喷射状态均为优良的工作状态，但喷射状态是塔板操作的极限，液沫夹带较多，所以多数塔操作均控制在泡沫接触状态。

② 塔板上的不正常现象。

a. 漏液。正常操作时，液体应横穿塔板，在与气体进行充分接触传质后流入降液管。但当气速较低时，液体从塔板上的开孔处下落，这种现象称为漏液。严重漏液会使塔板上建立不起液层，会导致分离效率的严重下降。

b. 液沫夹带和气泡夹带。当气速增大时，某些液滴被带到上一层塔板的现象称为液沫夹带。正常操作中，少量的液沫夹带是不可避免的。气泡夹带则是指在一定结构的塔板上，因液体流量过大使溢流管内的液体流量过快，导致溢流管中液体所夹带的气泡来不及从管中脱出，而被夹带到下一层培板的现象。过量的液沫夹带和气泡夹带都会导致液体或气体的返混，削弱传质效果。

c. 液泛现象。当塔板上液体流量很大，上升气体的速度很高时，液体被气体夹带到上一层塔板上的流量猛增，使塔板间充满气、液混合物，最终使整个塔内都充满液体，这种现象称为夹带液泛。还有一种是因降液管通道太小，流动阻力大，或因其他原因使降液管局部区域堵塞而变窄，液体不能顺利地通过降液管下流，使液体在塔板上积累而充满整个板间，这种液泛称为溢流液泛。液泛使整个塔内的液体不能正常下流，物料大量返混，严重影响塔的操作，在操作中需要特别注意和防止。

4.1.2.2 精馏设备的选择

在石油化工生产中，对各种精馏塔的设计和选择可以归纳为以下几点：

① 技术上要求先进。要求较高的分离效率和较大的处理量，同时要求在宽广的气、液负荷范围内塔板效率高，蒸气通过塔的阻力降小。

② 使用方便，操作稳定可靠，调节方便，易清理和检修。

③ 经济上要求便宜，结构简单，金属材料消耗少，制造与安装方便。

在具体情况下精馏设备的选用，应主要考虑以下几个方面。

（1）所处理物料的性质

① 对于在高温易发生聚合、分解的热敏性物料，必须采用减压操作以降低其沸点，这就要求塔的压力降要低，而填料塔的总压力降较小，故宜采用填料塔。若真空度要求不大高，为检修方便，也可采用大孔的筛板塔。

② 对于易起泡的物料，若塔径小于0.45m时，选用填料塔为宜。因填料塔能起到粉碎泡沫的作用。

③ 对于含有固体杂质的物料，应选用打孔筛板塔和无溢流装置的板式塔，因板式塔有足够的板间距，便于清理和维修，而填料塔易堵故不宜选用。

④ 对于具有腐蚀性的物料，可再用非金属材料的填料塔，或者选用耐腐蚀的合金钢板式塔，虽然价格昂贵，但可保证在高温、高压条件下维持正常操作。

⑤ 在操作条件下，如果出现液体分层时，则这种现象在降液管和溢流堰比较严重，则宜选择无溢流装置的板式塔或填料塔。

⑥ 对于黏性物料，在板式塔中鼓泡传质效率太低，需要增大气、液相间的接触面，应选用填料塔。

（2）考虑与操作有关的因素

① 对于间歇精馏操作，且停车、开车的温度变化较大时，塔体的热胀冷缩易使填料受压变形，故选用板式塔为宜。

② 对于液相负荷较大或者操作压力较高时，塔板上液面梯度较大，易产生泄漏和蒸气分布不均现象，宜选用舌形板塔、浮动喷射塔，或选用阻力小的筛板塔等。

③ 对于液相负荷较小时，常选用有溢流装置的板式塔。若用填料塔，则因喷淋密度太小而使精馏效率下降。

④ 若要求操作弹性大时，宜选用浮阀塔，其次是泡罩塔、小开孔率的筛板搭。填料塔和无溢流装置板式塔的操作弹性最小。

⑤ 若要求塔内持液量少，或者物料在塔内停留时间要求较短时，可采用填料塔。

（3）其他有关因素

① 塔径尺寸的大小：当塔径大于0.5m时，由于板式塔放大的可靠性和检修方便，宜选

用板式塔。而当塔径小于0.5m时，板式塔不便于制造和安装，选用填料塔为好。

② 精馏塔带有侧线装置时，在板式塔上安装采出盘要比填料塔容易，宜选用板式塔。

③ 安装技术要求：由于浮阀塔和筛板塔的泄漏影响较大，故要求安装水平度较高，而泡罩塔水平度要求差一些也能保证液封。

综上所述，各种塔的结构不同，其性能亦随之不同，下面将几种塔的主要性能列于表4-1中。

表4-1 板式塔主要性能比较

塔板结构	塔板生产能力（以蒸气负荷计算）	塔板效率（当负荷为最大效率的82%时）	负荷弹性（最大负荷与最小负荷之比）	液体阻力（负荷为最大值的85%）/mmHg	塔板间距/mm	相当造价比较
泡罩塔	1	0.80	5	80	400~800	1
浮阀塔	1.2~1.3	0.8	9	50	300~600	2/3
筛板塔	1.2~1.4	0.8	3	40	400~800	1/2
舌形塔板塔	1.3	0.8	2~4	40	300~600	1/2
浮动喷射塔	1.3	—	5~6	—	300	—
栅板塔	1.2~2.0	0.75	3	30	300~400	1/2
波纹板塔	1.2~1.6	0.7	3	20	300~400	1/2

注：1mmHg=133.322Pa。

4.2 多组分精馏过程的典型案例

【案例1】 裂解气深冷分离过程

裂解气的深冷分离流程是比较复杂的，设备较多，水、电、汽的消耗量也比较大。典型的深冷分离流程有顺序分离流程、前脱乙烷流程和前脱丙烷流程等三种。

1. 顺序分离流程

顺序分离流程就是将裂解气按碳原子数的多少，由轻到重逐一分离，其分离流程见图4-11，裂解气经过离心式压缩机Ⅰ、Ⅱ、Ⅲ段压缩，压力达到1.01MPa，送入碱洗塔，脱去H_2S、CO_2等酸性气体。碱洗后的裂解气经过压缩机的Ⅳ、Ⅴ段压缩，压力达到3.74MPa，经冷却至15℃，去干燥器用3A分子筛脱水，使裂解气的露点温度达到-70℃左右。见图4-11所示。

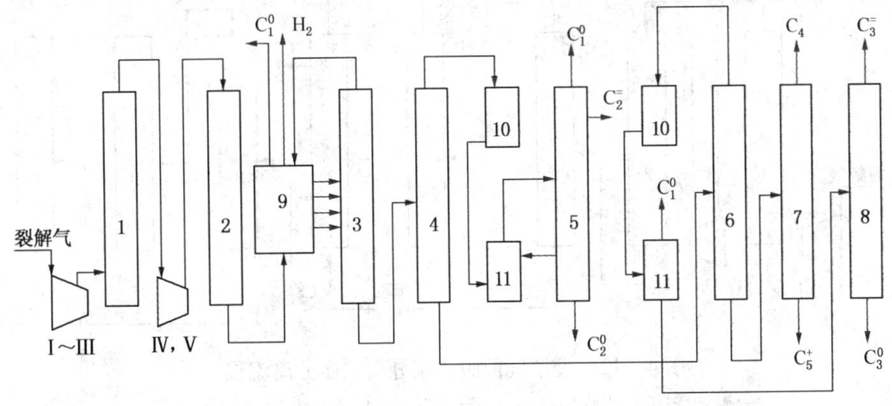

图4-11 裂解气深冷分离顺序分离流程

1—碱洗塔；2—干燥塔；3—脱甲烷塔；4—脱乙烷塔；5—乙烯塔；6—脱丙烷塔；7—脱丁烯塔；8—丙烯塔；9—冷箱；10—脱炔反应器；11—绿油塔

干燥后的裂解气经过一系列冷却冷凝，在前冷箱中分出富氢和四股馏分，富氢经过换热提供冷量后经过甲烷化作为加氢脱炔用氢气；四股馏分进入脱甲烷塔的不同塔板，轻馏分温度低进入上层塔板，重馏分温度高进入下层塔板，在脱甲烷塔塔顶脱去甲烷馏分。塔釜液是 C_2 以上馏分，进入脱乙烷塔，塔顶分出 C_2 馏分，塔釜液为 C_3 以上馏分。

由脱乙烷塔塔顶来的 C_2 馏分经过换热升温，进行气相加氯脱乙炔，在绿油塔用乙烯塔来的侧线馏分洗去绿油，再经过 3A 分子筛干燥，然后送去乙烯塔。在乙烯塔的上部第八块塔板侧线引出纯度为 99.9% 的乙烯产品。塔釜液为乙烷馏分，送回裂解炉作裂解原料，塔顶脱出甲烷、氢（在加氢脱乙炔时带入，也可在乙烯塔前设置第二脱甲烷塔；脱去甲烷、氢后再进乙烯塔分离）。

脱乙烷塔釜液进入脱丙烷塔，塔顶分出 C_3 馏分，塔釜液为 C_4 以上馏分含有二烯烃，易聚合结焦，故塔釜温度不宜超过 100℃，并须加入阻聚剂。为了防止结焦堵塞，此塔一般有两个再沸器，以供轮换检修使用。

由脱丙烷塔蒸出的 C_3 馏分经过加氢脱丙炔和丙二烯，然后在绿油塔脱去绿油和加氢时带入的甲烷、氢、再入丙烯塔进行精馏，塔顶蒸出纯度为 99.9% 丙烯产品，塔釜液为丙烷馏分。

脱丙烷塔的釜液在脱丁烷塔分成 C_4 馏分和 C_5 以上的馏分，C_4 和 C_5 以上馏分分别送往下步工序，以便进一步分离与利用。

2. 前脱乙烷分离流程

前脱乙烷流程的分离顺序是首先以乙烷和丙烯作为分离界限，现将裂解气分成两部分。一部分是氢气、甲烷、乙烯、乙烷的组成的轻馏分；一部分是丙烯、丙烷、丁烯、丁烷和 C_5 以上烃组成的重馏分。然后再将这两部分各自分离。

裂解气经压缩、脱酸性气体、干燥后于 3.43MPa、20℃进入脱乙烷塔，从塔顶脱出 C_2 及 C_2 以下馏分，塔釜采出 C_3 以上馏分。塔顶馏分经干燥、换热、冷却到 -65℃后进入脱甲烷塔。脱甲烷塔操作压力为 3.2MPa，塔顶（含有 4% 的乙烯）尾气进入冷箱回收乙烯，提取富氢。脱甲烷塔釜液为 C_2 馏分，经加氢脱炔后进入乙烯精馏塔。流程如图 4-12 所示。

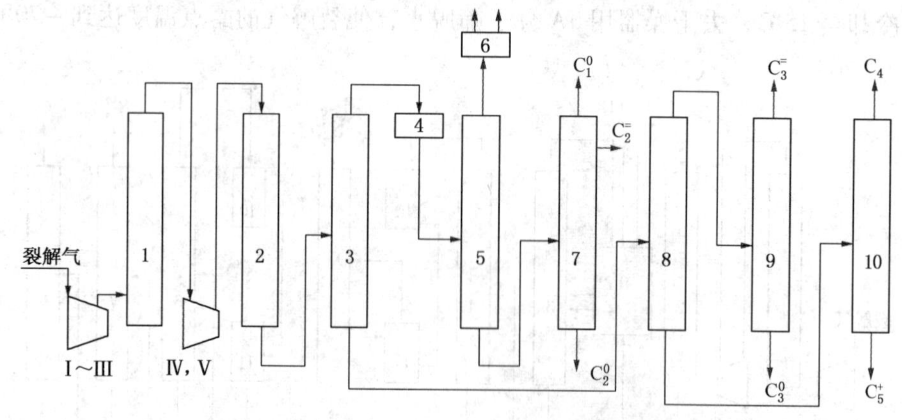

图 4-12　裂解气前脱乙烷分离顺序分离流程

1—碱洗塔；2—干燥塔；3—脱乙烷塔；4—加氢脱炔；5—脱甲烷塔；
6—冷箱；7—乙烯塔；8—脱丙烷塔；9—丙烯塔；10—脱丁烷塔器

当以轻石脑油为裂解原料时，裂解气的组成见表 4-2。

表4－2　裂解气的组成

组　分	H_2	C_1^0	$C_2^{\equiv}$	$C_2^{=}$	C_2^0	$C_3^{=}$	C_3^0	$C_4^{=}$	$C_4^{==}$	C_4^0	C_5	$\sum$
组成/%(体)	14.6	27.9	0.6	30.9	5.7	10.5	0.7	2.5	4.3	0.2	2.1	100.00

【案例2】　乙苯脱氢生产苯乙烯工艺过程

乙苯脱氢工段如图4－13所示。原料乙苯和回收乙苯混合后用泵连续送入乙苯蒸发器1，经乙苯加热器2，在混合器3中与过热蒸汽混合达到反应温度，然后进入脱氢反应器4中进行脱氢反应。脱氢后的反应气体含有大量的热能。在废热锅炉5中回收热量后被冷却的反应气体再进入水冷凝器6冷凝，未冷凝的气体再经盐水冷凝器7进一步冷凝，两个冷凝器冷凝下来的液体进入油水分离器9沉降分离出油相和水相，油相送入储槽10中并加入一定量的阻聚剂，然后送精馏工段提纯，水相送入汽提塔回收有机物。冷凝器未冷凝的气体经气、液分离器8不凝气体引出作燃料用。

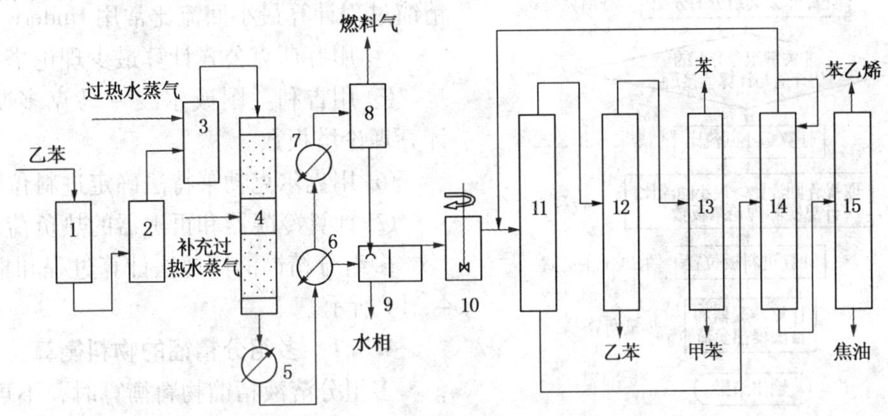

图4－13　乙苯脱氢生产苯乙烯流程

1—乙苯蒸发器；2—乙苯加热器；3—混合器；4—脱氢反应器；5—废热锅炉；6—水冷器；7—盐水冷凝器；8—气、液分离器；9—油水分离器；10—阻聚剂添加槽；11—乙苯蒸出塔；12—苯－甲苯回收塔；13—苯－甲苯分离塔；14—苯乙烯粗馏塔；15—苯乙烯精馏塔

油相(粗苯乙烯)首先送入乙苯蒸出塔11，塔顶蒸出乙苯、苯、甲苯，经冷凝器冷凝后，一部分回流，其余送入苯、甲苯回收塔12，将乙苯与苯、甲苯分离。回收塔釜得到乙苯送脱氢工段，塔顶得到苯、甲苯经冷凝后部分回流，其余再送入苯、甲苯分离塔13。苯、甲苯分离塔顶可得到苯，塔釜可得甲苯。乙苯蒸出塔釜液主要含苯乙烯及少量乙苯和焦油等，将其送入苯乙烯粗馏塔14，将乙苯与苯乙烯、焦油分离，塔顶得到含少量苯乙烯的乙苯，可与粗乙苯一起作为乙苯蒸出塔进料。塔釜液则送入苯乙烯精馏塔15，塔顶可得到纯度达99%以上的苯乙烯，塔釜为含苯乙烯40%左右的焦油残渣，进入蒸发釜中可进一步回收苯乙烯返回精馏塔。

在分离流程中，进料中含苯乙烯的精馏塔，塔顶冷凝器连接真空泵，采用负压操作，以减轻苯乙烯在塔釜聚合所造成的设备堵塞，收率下降等问题。

4.3　多组分精馏过程典型案例分析

对于多组分精馏虽然可以用计算机进行较为严格和准确地计算，但简捷法具有快速、方便的优点。当一些基础数据不完整或不够精确时，也只能用简捷法近似计算；在多组分精馏的初步设计、选择精馏方案以及严格计算提供初数据等方面，简捷法被广泛应用。在前脱乙烷分离流程中，现以脱乙烷塔为案例对精馏塔进行简捷法计算。简捷法计算的具体步骤是：

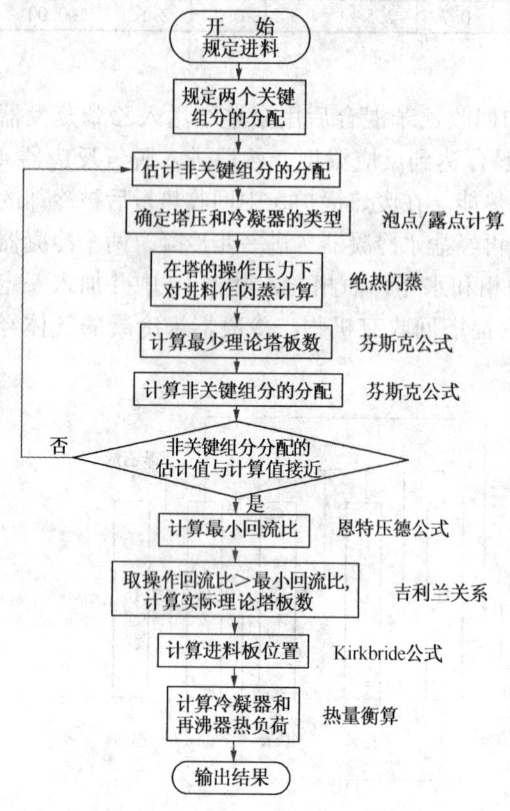

图4－14　多组分精馏的简捷法计算流程

① 物料衡算。多组分精馏的物料衡算方法有清晰分割法和非清晰分割法，通过物料衡算确定一定进料条件下的塔顶馏出液及塔釜液的组成和量。

② 塔顶温度和塔釜温度的确定。其实就是塔顶蒸气露点温度、塔釜液泡点温度的计算，依此进一步确定塔顶冷剂和塔釜再沸器加热介质的温度。

③ 最小回流比和回流比的计算。多组分精馏过程计算最小回流比常用 Underwood 法。

④ 用芬斯克公式计算最少理论塔板数。

⑤ 用吉利兰图或尔波－马克多斯关联图计算理论塔板数。

⑥ 用克尔克勃莱特法确定进料位置。

⑦ 计算冷凝器和再沸器的热负荷。

多组分精馏的简捷法计算过程和框图如图 4－14 所示。

4.3.1　多组分精馏的物料衡算

多组分溶液精馏物料衡算时，不可能同时对所有组分在塔顶、塔釜的组成作出规定，只能对该产品质量影响较大的两个组分，规定某些分离要求(如纯度、回收率等)，其他各组分在塔顶、塔釜中的分布就由这两个组分的分离要求，而不能任意规定了。精馏塔的大小和操作条件，主要取决于对组分的分离要求，如何达到这些要求就成为分离的关键问题。

1. 关键组分及其选择

在4.2【案例1】前脱乙烷分离流程中，脱乙烷塔是以乙烷和丙烯作为分离界限，将裂解气分成两部分，一部分是氢气、甲烷、乙烯、乙烷组成的轻馏分；一部分是丙烯、丙烷、丁烯、丁烷和碳五以上烃组成的重馏分。在这里乙烷、丙烯为关键组分，其他组分在塔顶、塔釜中的分布就取决于这两个组分的分离要求。在4.2【案例2】中，苯乙烯精制过程的苯－甲苯塔进料中，含有苯、甲苯、乙苯和苯乙烯(按沸点升高的顺序排列)四个组分，通过该塔要求将原料中苯和甲苯分离出来，若规定馏出液中的乙苯的摩尔分数不应高于0.03，釜液中甲苯摩尔分数不应高于0.02，同时要求把甲苯和比甲苯轻的组分从塔顶分出，把乙苯和比乙苯重的组分留在釜液中。因此，甲苯和乙苯这两个组分在塔顶和塔底产品中的分配，将对整个溶液的分离起关键作用，故称它们为“关键组分”。在两个案例中挥发度大的关键组分称为轻关键组分，挥发度较小的关键组分称为重关键组分。

由此可见，关键组分的选择，主要决定于分离产品的要求及所采用的工艺流程。

2. 清晰分割与非清晰分割

分离要求只规定了轻、重关键组分在塔顶和塔釜产物中的含量。为完成对非关键组分的分离要求，必须提供一定的温度、压力、回流和塔板数等条件。然而这些条件的确定又必须先知道非关键组分在塔顶和塔釜产物中的含量，这种循环的算法工作量是很大的。因此，多组分精馏物料衡算根据被分离物系的主要特点作合理的简化假设，通常有以下两种情况。

(1) 清晰分割

若两关键组分的挥发度相差较大，而且两者为相邻组分，同时非关键组分与关键组分的挥发度也相差较大，则可假设比重关键组分更重的组分全部在塔釜产物中，而比轻关键组分更轻的组分全部从塔顶馏出，这样规定组分分配的物料衡算方法称为清晰分割。清晰分割是一种理想情况，对于轻重关键组分为相邻组分，而且与两关键组分挥发度相接近的非关键组分的量不大时，或者非关键组分的挥发度和两关键组分的挥发度相差甚大时，可以近似地按清晰分割处理而不会产生大的误差。

(2) 非清晰分割

在实际的精馏过程中，特别是组分数多、各组分的挥发度较接近、两关键组分又不一定是相邻组分的情况，不能按清晰分割处理。在这种情况下，各个组分在塔顶、塔釜均有分配，只是根据各组分的相对挥发度的不同，轻关键组分以及比轻关键组分更轻的组分在塔顶馏出液中含量高些，其他组分含量低些。塔釜液中主要含有重关键组分以及比重关键组分更重的组分，轻关键组分以及比轻关键组分更轻的组分含量相对低。这种组分的分配情况称为非清晰分割。

清晰分割的物料衡算比较简单。相反，非清晰分割的物料衡算则比较复杂，需要知道各组分相对挥发度，才能按一定的规律进行组分的分配。这里介绍清晰分割的物料衡算。

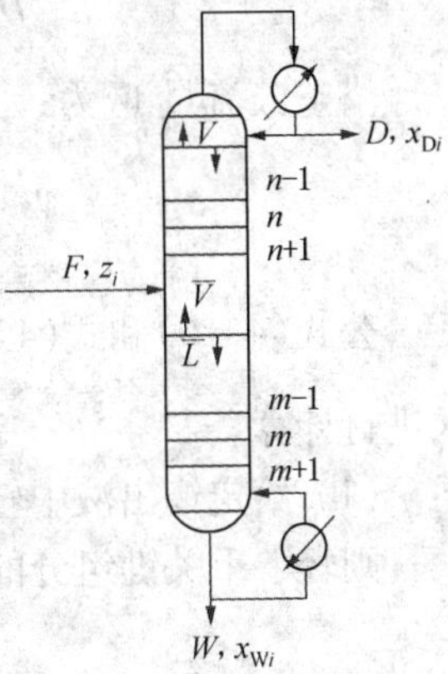

4.3.1.1 清晰分割法物料衡算

普通精馏过程的物料流程如图 4-15 所示。对于进料为多组分的物系。

V
D, x_{Di}
$n-1$
n
$n+1$
F, z_i
$\bar{V}$
$\bar{L}$
$m-1$
m
$m+1$
W, x_{Wi}

图 4-15 普通精馏物料衡算示意图

全塔物料衡算式为：

$$F = D + W \quad (4-1)$$

式中 F——进料总摩尔流量，kmol/h；

D——馏出液总摩尔流量，kmol/h；

W——塔釜液总摩尔流量，kmol/h。

任意组分的物料衡算为：

$$f_i = d_i + w_i (i = 1、2、\Lambda、n) \quad (4-2)$$

其中

$$\left.\begin{aligned} f_i &= Fz_i \quad (4-3a) \\ d_i &= Dx_{D,i} \quad (4-3b) \\ w_i &= Wx_{W,i} \quad (4-3c) \end{aligned}\right\}(i = 1、2、\Lambda、n)$$

式中 f_i——进料中组分 i 的摩尔流量。

d_i——馏出液中组分 i 的摩尔流量；

w_i——塔釜液中组分 i 的摩尔流量；

z_i——进料中组分 i 的摩尔分率；

$x_{D,i}$——馏出液中组分 i 的摩尔分率；

$x_{W,i}$——塔釜液中组分 i 的摩尔分率。

轻、重关键组分分别用下标 l、h 表示。根据清晰分割的假定，规定轻、重关键组分在塔顶馏出液中的量分别为 d_l、d_h；在塔釜液中的量分别为 w_l、w_h。

对于比轻关键组分轻的组分，物料衡算式为：

$$\left.\begin{aligned} w_i &= 0 \\ d_i &= f_i \end{aligned}\right\}(1 \leqslant i \leqslant l-1) \tag{4-4}$$

对于比重关键组分重的组分，物料衡算式为：

$$\left.\begin{aligned} d_i &= 0 \\ w_i &= f_i \end{aligned}\right\}(h+1 \leqslant i \leqslant n) \tag{4-5}$$

馏出液流量 D 为：

$$D = \sum_{i=1}^{n} d_i = d_l + d_h + \sum_{i=1}^{l-1} d_i = d_l + d_h + \sum_{i=1}^{l-1} f_i \tag{4-6}$$

塔釜液流量 W 为：

$$W = \sum_{i=1}^{n} w_i = w_l + w_h + \sum_{i=h+1}^{n} w_i = w_l + w_h + \sum_{i=h+1}^{n} f_i \tag{4-7}$$

公式(4-6)和式(4-7)中 $\sum_{i=1}^{l-1} f_i$ 和 $\sum_{i=h+1}^{n} f_i$ 是已知的，d_l、d_h，w_l、w_h需根据不同的分离要求进行计算。

(1) 给定馏出液中轻关键组分的摩尔分率 $x_{D,i}$ 和塔釜液中重关键组分的摩尔分率 $x_{W,i}$。则轻、重关键组分的物料衡算为：

$$\left.\begin{aligned} d_l &= Dx_{D,l} \\ w_l &= f_l - Dx_{D,l} \end{aligned}\right\} \tag{4-8}$$

$$\left.\begin{aligned} w_h &= Wx_{W,h} \\ d_h &= f_h - Wx_{W,h} \end{aligned}\right\} \tag{4-9}$$

将公式(4-1)、式(4-3a)、式(4-8)、式(4-9)代入式(4-6)、式(4-7)得馏出液量 D 和釜液量 W 为：

$$D = F \cdot \frac{\sum_{i=1}^{l-1} z_i + z_h - x_{W,h}}{1 - x_{D,l} - x_{W,h}} \tag{4-10}$$

$$W = F \cdot \frac{\sum_{i=h+1}^{n} z_i + z_l - x_{D,l}}{1 - x_{D,l} - x_{W,h}} \tag{4-11}$$

(2) 给定馏出液中重关键组分的摩尔分率 $x_{D,h}$ 和塔釜液中轻关键组分的摩尔分率 $x_{W,l}$。则轻、重关键组分的物料衡算为：

$$\left.\begin{aligned} w_l &= Wx_{W,l} \\ d_l &= f_l - Wx_{W,l} \end{aligned}\right\} \tag{4-12}$$

$$\left.\begin{aligned} d_h &= Dx_{D,h} \\ w_h &= f_h - Dx_{D,h} \end{aligned}\right\} \tag{4-13}$$

将公式(4－1)、式(4－3a)、式(4－12)、式(4－13)代入式(4－6)、式(4－7)得馏出液量 D 和釜液量 W 为:

$$D = F \cdot \frac{\sum_{i=1}^{l} z_i - x_{W,l}}{1 - x_{D,h} - x_{W,l}} \tag{4-14}$$

$$W = F \cdot \frac{\sum_{i=h}^{n} z_i - x_{D,h}}{1 - x_{D,h} - x_{W,l}} \tag{4-15}$$

(3) 给定馏出液和塔釜液中轻关键组分的摩尔分率 $x_{D,l}$ 和 $x_{W,l}$

则轻关键组分的物料衡算为:

$$d_l = D x_{D,l} \tag{4-16}$$

$$w_l = W x_{W,l} \tag{4-17}$$

$$d_l + w_l = f_l \tag{4-18}$$

将公式(4－1)、式(4－3a)、式(4－16)、式(4－17)、式(4－18)代入式(4－6)、式(4－7)得馏出液量 D 和釜液量 W 为:

$$D = F \cdot \frac{z_l - x_{W,l}}{x_{D,l} - x_{W,l}} \tag{4-19}$$

$$W = F \cdot \frac{x_{D,l} - z_l}{x_{D,l} - x_{W,l}} \tag{4-20}$$

(4) 给定馏出液中轻关键组分的摩尔分率 $x_{D,l}$ 和轻关键组分的回收率 φ_l

轻关键组分的物料衡算为式(4－16)，根据回收率的定义:

$$\varphi_l = \frac{d_l}{f_l} \times 100\% \tag{4-21}$$

联解方程式(4－1)、式(4－16)、式(4－21)得馏出液量 D 和釜液量 W 为:

$$D = F \frac{z_l}{x_{D,l}} \varphi_l \tag{4-22}$$

$$W = F - D \tag{4-23}$$

【例 4－1】 在 4.2【案例 1】中，当以轻石脑油为裂解原料时，裂解气的组成如例题 4－1 附表 1 所示。

以此作为前脱乙烷流程中脱乙烷塔的进料，若要求乙烷在塔釜液中的含量不高于 1.0%(mol)，丙烯在馏出液中的含量不高于 0.2%(mol)，同时要求塔顶乙烯的回收率要高于 99%(mol)，塔釜丙烯的回收率要高于 97%(mol)。

例 4－1 附表 1　进料组成表组

组　分	H_2	C_1^0	$C_2^{\equiv}$	$C_2^{=}$	C_2^0	$C_3^{=}$	C_3^0	$C_4^{=}$	$C_4^{==}$	C_4^0	C_5	$\sum$
组成/%(体)	14.6	27.9	0.6	30.9	5.7	10.5	0.7	2.5	4.3	0.2	2.1	100.00

请对脱乙烷塔作物料衡算。

解: 根据工艺要求选择乙烷为轻关键组分，$x_{W,l} \leqslant 0.01$；丙烯为重关键组分，$x_{D,h} = 0.002$；按清晰分割进行计算。

设以 100kmol/h 进料作为物料衡算的基准。在简捷法计算过程中，计算精度要求不是很高，现对精馏塔进料作一些近似处理，由于乙炔、丁烯、丁二烯、丁烷量比较少，故将乙炔归类到乙烯组分，将丁烯、丁二烯、丁烷量规类到一起统称 C_4 组分，则进料组分及组成如例题 4－1 附表 2 所示。

例 4－1 附表 2　进料组成简化表

组　分	H_2	C_1^0	$C_2^=$	C_2^0	$C_3^=$	C_3^0	C_4	C_5	$\sum$
组成/%（体）	14.6	27.9	31.5	5.7	10.5	0.7	7.0	2.1	100.00

全塔总物料衡算为：　$100 = D + W$

任意物质的物料衡算为：　$Fz_i = Dx_{D,i} + Wx_{W,i}$

关键组分的物料衡算为：

轻关键组分：　$w_l = 0.01W, d_l = 5.7 - 0.01W$

重关键组分：　$d_h = 0.002D, w_h = 10.5 - 0.002D$

对于比轻关键组分更轻的组分：　$d_i = f_i$，$w_i = 0(1 \leqslant i \leqslant l-1)$

比重关键组分更重的组分：$d_i = 0$，$w_i = f_i(h+1 \leqslant i \leqslant n)$

以 100kmol/h 进料作为物料衡算的基准，将以上结果列于例题 4－1 附表 3。

例题 4－1 附表 3

组　分	进料量 F/(kmol/h)	馏出液量 D/(kmol/h)	釜液量 W/(kmol/h)
H_2	14.6	14.6	0
CH_4	27.9	27.9	0
C_2H_4	31.5	31.5	0
C_2H_6(lk)	5.7	$5.7-0.01W$	$0.01W$
C_3H_6(hk)	10.5	$0.002D$	$10.5-0.002D$
C_3H_8	0.7	0	0.7
C_4	7.0	0	7.0
C_5	2.1	0	2.1
合　计	100.00	$79.7+0.002D-0.01W$	$20.3-0.002D+0.01W$

所以：

$$D = 79.7 + 0.002D - 0.01W$$

$$100 = D + W$$

解方程组得：$D = 79.656$(kmol/h)，$W = 20.344$(kmol/h)

求出馏出液和釜液的组成例题 4－1 附表 4。

例题 4－1 附表 4　物料衡算结果表

组　分	进　料		馏 出 液		釜 液 量	
	z_i	流量 F/(kmol/h)	D/(kmol/h)	$x_{D,i}$	W/(kmol/h)	$x_{W,i}$
H_2	14.6	14.6	14.6	18.329	0	0
CH_4	27.9	27.9	27.9	35.026	0	0
C_2H_4	31.5	31.5	31.5	39.545	0	0
C_2H_6(lk)	5.7	5.7	5.497	6.901	0.203	0.998
C_3H_6(hk)	10.5	10.5	0.159	0.200	10.341	50.831
C_3H_8	0.7	0.7	0	0	0.7	3.441
C_4	7.0	7.0	0	0	7.0	34.408
C_5	2.1	2.1	0	0	2.1	10.322
合　计	100.00	100.00	79.656	100.001	20.344	100.000

依此计算结果，则塔顶乙烯的回收率为：

$$\varphi_{C_2^=} = \frac{d_{C_2^=}}{f_{C_2^=}} = \frac{31.5}{31.5} \times 100\% = 100\%$$，这是由于清晰分割造成的计算误差。

塔釜丙烯的回收率为：

$$\varphi_{C_3^=} = \frac{w_{C_3^=}}{f_{C_3^=}} = \frac{10.341}{10.5} \times 100\% = 98.5\%$$

【例4－2】某乙烯精馏塔的进料组成如例4－2附表1所示。已知进料流量为200kmol/h，要求馏出液中乙烯的摩尔分率不小于0.9990，釜液中乙烯摩尔分率不大于0.0298。试用清晰分割法计算馏出液和釜液的流量及组成。

例题4－2附表1　乙烯精馏塔进料组成表

编　号	1	2	3	4	5	Σ
组　分	甲烷	乙烯	乙烷	丙烯	丙烷	
摩尔组成 z_i	0.0002	0.8801	0.1160	0.0036	0.0001	1.0000

解：根据题目的分离要求，设乙烯为轻关键组分，乙烷为重关键组分。

即 $x_{D,1} = x_{D,2} = 0.9990$，$x_{W,1} = x_{W,2} = 0.0298$

由式(4－19)可得：

$$D = 200 \times \frac{0.8801 - 0.0298}{0.9990 - 0.0298} = 175.464(\text{kmol/h})$$

$$W = 200 - 175.464 = 24.536(\text{kmol/h})$$

根据清晰分割法的规定，将各组分的物料衡算结果列于例题4－2附表2所示。

例题4－2附表2　各组分的物料衡算结果

编　号	组　分	进料量 F/(kmol/h)	馏出液量 D/(kmol/h)	釜液量 W/(kmol/h)
1	CH_4	0.040	0.040	0
2	C_2H_4(lk)	176.020	$0.9990D$	$176.020-0.9990D$
3	C_2H_6(hk)	23.200	d_3	$23.200-d_3$
4	C_3H_6	0.720	0	0.720
5	C_3H_8	0.020	0	0.020
合　计		200.000	175.464	24.536

在附表2中：

塔顶馏出乙烯量 $d_2 = 0.9990D = 175.289(\text{kmol/h})$

塔釜采出乙烯量 $w_2 = 176.020 - 0.9990D = 0.731(\text{kmol/h})$

塔顶馏出乙烷量 $d_3 = D - d_1 - d_2 - d_4 - d_5 = 175.464 - 0.040 - 175.289 - 0 - 0$
$= 0.135(\text{kmol/h})$

塔釜采出乙烷量 $w_3 = 23.200 - d_3 = 23.200 - 0.135 = 23.065(\text{kmol/h})$

求出馏出液和釜液的组成如例题4－2附表3。

例题4－2附表3　物料衡算结果表

组　分	进　料		馏出液		釜液量	
	z_i	流量 F/(kmol/h)	D/(kmol/h)	$x_{D,i}$	W/(kmol/h)	$x_{W,i}$
1 CH_4	0.020	0.040	0.040	0.023	0	0
2 C_2H_4(lk)	88.01	176.020	175.289	99.900	0.731	2.979
3 C_2H_6(hk)	11.60	23.200	0.135	0.077	23.065	94.005

续表

组　分	进　料		馏出液		釜液量	
	z_i	流量 F/(kmol/h)	D/(kmol/h)	$x_{D,i}$	W/(kmol/h)	$x_{W,i}$
4　C_3H_6	0.36	0.720	0	0	0.720	2.934
5　C_3H_8	0.01	0.020	0	0	0.020	0.082
合　计	100.00	200.000	175.464	100.000	24.536	100.000

4.3.1.2　精馏段和提馏段操作线方程

在多组分精馏的简化计算中，一般假设为恒摩尔流，（如图 4－15）对精馏段第 n 板就 i 组分作物料衡算得：

$$Vy_{n,i} = Lx_{n-1,i} + Dx_{D,i} \tag{4-24}$$

得精馏段的操作线方程为：

$$y_{n,i} = \frac{L}{V}x_{n-1,i} + \frac{D}{V}x_{D,i} \tag{4-25}$$

式中　V——精馏段上升蒸气摩尔流量，$V = L + D$；

L——精馏段下降液相摩尔流量；

$y_{n,i}$——第 n 板上升蒸气中组分 i 的摩尔分率；

$x_{n-1,i}$——第 $n-1$ 板下降液体中组分 i 的摩尔分率。

同理，对提馏段第 m 板就 i 组分作物料衡算：

$$\bar{V}y_{m,i} = \bar{L}x_{m-1,i} - Wx_{W,i} \tag{4-26}$$

得提馏段的操作线方程为：

$$y_{m,i} = \frac{\bar{L}}{\bar{V}}x_{m-1,i} - \frac{W}{\bar{V}}x_{W,i} \tag{4-27}$$

式中　$\bar{V}$——提馏段上升蒸气摩尔流量，$\bar{V} = \bar{L} - W$；

$\bar{L}$——提馏段下降液相摩尔流量；

$y_{m,i}$——第 m 板上升蒸气中组分 i 的摩尔分率；

$x_{m-1,i}$——第 $m-1$ 板下降液体中组分 i 的摩尔分率。

4.3.2　回流比

在轻、重关键组分达到一定分离要求时，精馏塔的操作有两种极限条件，一种是采用最小回流比，精馏塔的理论塔板数趋于无穷多。另一种极限情况是采用全回流，塔顶没有采出，回流比为无穷大，精馏塔需要的理论塔板数最少。

塔顶液相回流是保证精馏塔连续稳定操作的必要条件之一。回流比是指回流流量和馏出液流量之比。当塔板数一定时，只有选择合适的回流比才能满足给定的分离要求。而且，回流比也是影响精馏塔设备投资和运行费用的一个重要因素。

当精馏塔理论塔板数无穷多时，欲达到一定的分离要求所需要的回流比为最小回流比。实际的精馏塔其理论塔板数都是有限的，此时，实际回流比必须大于最小回流比，精馏塔才能达到分离要求。在一定的分离要求下，回流比和理论塔板数之间存在着一定的关系。选择合适的回流比的步骤是首先计算最小回流比，然后根据由经济衡算所得的实际回流比和最小回流比的经验比例系数，确定实际回流比。

4.3.2.1　最小回流比

多组分精馏塔在最小回流比下操作时，和双组分精馏一样，会出现恒浓区(又称挟点)。

但是，多组分精馏比较复杂。若进料中的所有组分在馏出液和塔釜液中均存在，那么只在进料级出现一个恒浓区。窄沸程混合物的精馏或两关键组分的分离不明显的精馏属于这类分离。另一类分离是一个或多个组分只存在于馏出液或塔釜液中，即在馏出液或塔釜液中，没有一个含有进料中所有的组分。此时，在精馏段和提馏段各存在一个恒浓区。在进料级和精馏段恒浓区之间的各级除去重组分，使之在馏出液中不出现。在进料级和提馏段恒浓区之间的各级除去在塔釜液中不出现的轻组分。若所有进料组分在塔釜液中出现，则提馏段的恒浓区移至进料级。上述两类分离的最小回流比计算方法不同，只有一个恒浓区的情况，在多组分精馏中是比较少的。下面介绍具有两个恒浓区时计算最小回流比的恩德伍德(Underwood)方程。

根据物料平衡和相平衡关系，利用两个恒浓区的概念，并且假定在两个恒浓区之间区域各组分的相对挥发度为常数，以及在进料级到精馏段恒浓区和进料级到提馏段恒浓区的两区域均为恒摩尔流，即气相摩尔流量和液相摩尔流量均恒定，恩德伍德导出了计算最小回流比的方程式。

$$\sum_{i=1}^{n} \frac{\alpha_{i,\mathrm{h}} Z_i}{\alpha_{i,\mathrm{h}} - \theta} = 1 - q \tag{4-28}$$

$$\sum_{i=1}^{n} \frac{\alpha_{i,\mathrm{h}} x_{i,\mathrm{D}}}{\alpha_{i,\mathrm{h}} - \theta} = R_{\mathrm{m}} + 1 \tag{4-29}$$

式中 R_{m}——精馏段恒浓区最小内回流比；

θ——试差参数；

q——进料热状态参数；

$\alpha_{i,\mathrm{h}}$——恒浓区中组分 i 相对于重关键组分的相对挥发度；

(1) 进料状态的确定

对于饱和液体进料，即泡点进料 $q=1$；饱和蒸气进料，即露点进料 $q=0$；对于气、液混合物，$0<q<1$；对于过冷液体，$q>1$；对于过热蒸气进料，$q<0$。

当已知操作条件下，进料、塔顶馏出液、塔釜液的焓时：

$$q = \frac{H_{\mathrm{V}} - H_{\mathrm{F}}}{H_{\mathrm{V}} - H_{\mathrm{L}}} \tag{4-30}$$

式(4-30)中各参数的意义和第三章公式(3-37)中的物理意义是相同的。

或者，由公式(3-37)给出汽化率 ϕ，$q=1-\phi$。

在多数情况下，进料状态也可根据计算绝热闪蒸汽化率的方法来确定，用图3-10和图3-11的迭代方法计算汽化率，然后确定出进料状态。

(2) 各组分相对挥发度的求法

当精馏塔的物料衡算完成后，根据塔顶馏出液的组成和塔釜液的组成，按照第三章试差露点和泡点的方法确定塔顶温度和塔釜温度，同时也确定了在操作条件下各组分的相平衡常数，如果以重关键组分为基准组分，则各组分的相对挥发度为：

$$\alpha_{i,\mathrm{h}} = \frac{k_i}{k_{\mathrm{h}}} \tag{4-31}$$

从绝热闪蒸的计算过程我们知道，在确定了进料的汽化率的同时，也得到了各组分的相平衡常数，用公式(4-31)可以计算进料板处各组分的相对挥发度。

操作条件下，各组分的平均相对挥发度为：

$$\alpha_{ih,A}=\sqrt[3]{\alpha_{ih,D}\cdot\alpha_{ih,F}\cdot\alpha_{ih,W}} \tag{4-32}$$

或者简化为：

$$\alpha_{ih,A}=\sqrt[2]{\alpha_{ih,D}\cdot\alpha_{ih,W}} \tag{4-33}$$

其中 $\alpha_{ih,D}$——塔顶露点温度下 i 组分的相对挥发度；

$\alpha_{ih,F}$——进料闪蒸温度下 i 组分的相对挥发度；

$\alpha_{ih,W}$——塔釜泡点温度下 i 组分的相对挥发度。

通常，在 Underwood 方程或 Fenske 公式中的 α_{ih} 就是平均相对挥发度。

(3) θ 值和 R_m 的求法

根据进料组成和热状态参数，由式(4-28)、式(4-29)可解得 θ 值和 R_m。

① 当只有两关键组分分配时，用迭代法可解得一个 θ 值，且 $1<\theta<\alpha_{ih}$。将所得 θ 值代入式(4-29)可得 R_m。

② 当轻、重关键组分不相邻(即有中间组分存在)时，在轻重关键组分的相对挥发度之间存在着两个以上的根。例如，当存在一个中间组分 S 时，式(4-28)有两个根，即 $1<\theta_1<\alpha_{sh}$，$1<\theta_2<\alpha_{sh}$。将 θ_1、θ_2 分别代入式(4-29)，可得到 $R_{min,1}$ 和 $R_{min,2}$，最终的最小回流比取其算术平均值，即：

$$R_{min}=\frac{R_{min,1}+R_{min,2}}{2} \tag{4-34}$$

当存在两个中间组分时，式(4-28)、式(4-29)就有三个根，依次类推。

应用恩德伍德方程计算最小回流比时，需要注意其假定条件是否成立。若在两恒浓区之间的区域内恒摩尔流和恒相对挥发度的假定不成立，那么用恩德伍德方程计算的最小回流比会有相当大的误差。在计算时，一般要求在上述区域内各组分相对挥发度变化小于10%。

4.3.2.2 操作回流比 *R*

在一定的理论塔板数下，为了达到两个关键组分一定的分离要求，操作回流比必须大于最小回流比。操作回流比确定的依据是经济衡算，要求达到操作费用和设备投资费用的总和为最小。

在最小回流比时，操作费用最小，而设备费用为无穷大。当回流比由最小回流比逐渐增大时，理论板数急剧减少，设备费用由于塔高的急剧减小而很快减少。随着回流比的增大，这一变化逐渐变缓。当回流比增至一定值后，由于塔径增大的影响大于塔高减小的影响，设备费用回升。生产的总费用为设备费用与操作费用之和，而操作费用总是随着回流比的增加而增大的。

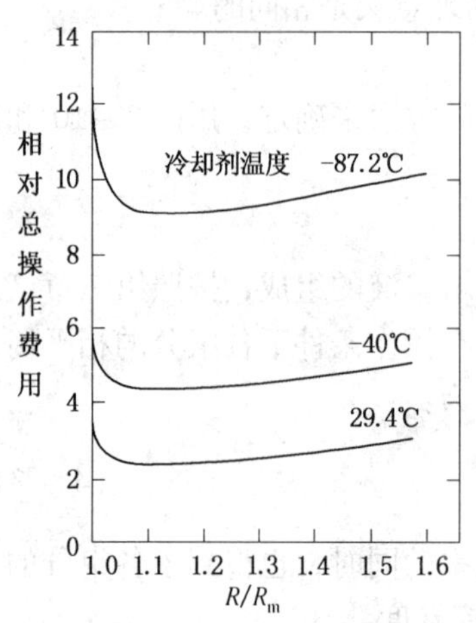

图4-16 回流比对费用的影响

J. R. Fair 和 W. L. Bo11es 研究了相对总操作费用和 R/R_m 之间的关系，如图 4-16 所示。R/R_m 的最佳值为1.05。

但是，在相当大的 R/R_m 范围，仍然处于接近最佳的条件。在实际的设计中，当分离需要的理论塔板数多时，经常取 R/R_m 为1.10，而对于需要理论塔板数少的分离，R/R_m 约为1.50。

通常应用的经验规律是：

$$R/R_m=1.2\sim2.0 \tag{4-35}$$

【例4-3】 例题4-2中的乙烯精馏塔，操作压力为2.13MPa。塔顶冷凝器为全凝器，泡点进料。试计算该塔的最小回流比。

解：(1)精馏系统相对挥发度的确定

以重关键组分乙烷为基准计算各组分的相对挥发度。

根据例题4－2的计算结果，首先确定塔顶馏出液的露点温度和塔釜液的泡点温度，泡点露点的计算可以通过查De－Priester k图计算各组分的相平衡常数。也可通过其他方法计算相平衡常数。这里假设体系气相是理想气体，液相是理想溶液(这个假设会产生相对误差)。

$$k_i = p_i^s / \mathrm{p}$$

饱和蒸气压 $\lg p_i^s = A - \dfrac{B}{C+T}$ (p_i^s：kPa，T：℃)，式中各组分系数列于例4－3附表1。

例4－3　附表1

项　目	CH_4	C_2H_4	C_2H_6	C_3H_6	C_3H_8
A	5.963551	6.402225	6.106759	6.088812	6.079206
B	438.5193	800.8744	720.7483	851.3585	873.8370
C	272.2106	287.1486	264.2263	256.2420	256.7609

根据馏出液组成和露点方程 $\sum y_i/k_i = 1$，计算出露点温度 $T_D = -26.6$℃，此时的相平衡常数和相对挥发度列于例4－3附表2。

例4－3　附表2

项　目	CH_4	C_2H_4	C_2H_6	C_3H_6	C_3H_8
k_i	7.0753	1.0001	0.5562	0.1130	0.0900
$\alpha_{ih,D}$	12.7199	1.7980	1.0000	0.2032	0.1618

根据进料组成和泡点方程式 $\sum k_i x_i = 1$，计算出进料温度 $T = -24.57$℃，此时的相平衡常数和相对挥发度列于例4－3附表3。

例4－3　附表3

项　目	CH_4	C_2H_4	C_2H_6	C_3H_6	C_3H_8
k_i	7.3178	1.0564	0.5901	0.1218	0.0971
$\alpha_{ih,F}$	12.4002	1.7900	1.0000	0.2064	0.1646

根据釜液组成和泡点方程式计算出进料温度 $T = -4.75$℃，此时的相平衡常数和相对挥发度列于例4－3附表4。

例4－3　附表4

项　目	CH_4	C_2H_4	C_2H_6	C_3H_6	C_3H_8
k_i	9.8993	1.7293	1.0016	0.2372	0.1920
$\alpha_{ih,w}$	9.8839	1.7266	1.0000	0.2369	0.1917

则各组分的平均相对挥发度根据公式(4－32)计算得结果列于例4－3附表5。

例4－3　附表5

项　目	CH_4	C_2H_4	C_2H_6	C_3H_6	C_3H_8
$\alpha_{ih,A}$	11.5953	1.7712	1.0000	0.2149	0.1722

(2) 最小回流比的计算

泡点进料 $q = 1$，根据公式(4－28)试差参数 θ。

$$\sum_{i=1}^{5}\frac{\alpha_{i,h}Z_i}{\alpha_{i,h}-\theta}$$

$$=\frac{11.5953\times0.0002}{11.5953-\theta}+\frac{1.7712\times0.8801}{1.7712-\theta}+\frac{1.0000\times0.1160}{1.0000-\theta}+\frac{0.2149\times0.0036}{0.2149-\theta}+\frac{0.1722\times0.0001}{0.1722-\theta}$$

$$=0$$

结果是 $\theta=1.0533$

将 θ 代入式(4-29)得:

$$R_m=\sum_{i=1}^{5}\frac{\alpha_{i,h}x_{i,D}}{\alpha_{i,h}-\theta}-1$$

$$=\frac{11.5953\times0.0002}{11.5953-\theta}+\frac{1.7712\times0.9990}{1.7712-\theta}+\frac{1.0000\times0.0008}{1.0000-\theta}+\frac{0.2149\times0}{0.2149-\theta}+\frac{0.1722\times0}{0.1722-\theta}-1$$

$$=1.4505$$

4.3.3 理论塔板数

板式精馏塔中，两相流体在一块塔板上接触经常达不到平衡状态而只是实现从初始状态到平衡态之间部分的变化。但是，在精馏塔计算中还是应用平衡级的概念。因为，只要知道了达到一定分离要求所需的理论塔板数，就可以根据实际塔板的塔板效率，计算出所需的实际塔板数。

理论塔板数计算分两步，首先用芬斯克(Fenske)方程计算最小理论塔板数，然后通过吉利兰关联式(或图)决定理论塔板数。此外尚需确定进料板的位置。精馏塔在进料板以上部分为精馏段，以下部分为提馏段，因此，确定进料板的位置后就可以计算精馏段和提馏段理论塔板数。

4.3.3.1 最少理论塔板数

在全回流时，回流比 R 为无穷大，所需塔板数最少。而进料量、塔顶和塔釜出料量均为零。芬斯克推导出了在全回流时计算最少理论塔板数的公式。

全回流时 $F=0$、$D=0$、$W=0$、$V=L=\bar{V}=\bar{L}$;

显然，精馏段的操作线方程为:

$$y_{n,i}=x_{n-1,i}$$

提馏操作线方程为:

$$y_{m,i}=x_{m-1,i}$$

这说明不论是精馏段还是提馏段，对任意塔板，来自下面塔板的上升蒸气与从该板溢流下去的液相组成相同。整个精馏塔可以看作只有一个精馏段。

设塔顶为全凝器，精馏塔从上而下塔板序数分别为 1、2、…、n，塔釜。

第 1 块板:

对于轻关键组分，操作线关系: $y_{1,l}=x_{D,l}$ (1)

相平衡关系: $y_{1,l}=k_{1,l}x_{1,l}$ (2)

所以: $x_{D,l}=k_{1,l}x_{1,l}$ (3)

对于重关键组分，操作线关系: $y_{1,h}=x_{D,h}$ (4)

相平衡关系: $y_{1,h}=k_{1,h}x_{1,h}$ (5)

所以: $x_{D,h}=k_{1,h}x_{1,h}$ (6)

(3)式除(6)式得：

$$\frac{x_{D,l}}{x_{D,h}}=\alpha_1\frac{x_{1,l}}{x_{1,h}} \tag{7}$$

公式中 $\alpha_1=\frac{k_{1,l}}{k_{1,h}}$是轻重关键组分在第 1 板上的相对挥发度，以下分别以 α_1、α_2、…、α_N、α_W 表示第1、2、…、N 板及塔釜轻重关键组分的相对挥发度。

同理，对第2、3、…、N 板及塔釜板有：

$$\frac{x_{1,l}}{x_{1,h}}=\alpha_2\frac{x_{2,l}}{x_{2,h}} \tag{8}$$

$$\frac{x_{2,l}}{x_{2,h}}=\alpha_3\frac{x_{3,l}}{x_{3,h}} \tag{9}$$

……

$$\frac{x_{N,l}}{x_{N,h}}=\alpha_W\frac{x_{W,l}}{x_{W,h}} \tag{10}$$

在第 1、2、…、N 板间迭代公式(7)、式(8)、式(9)、式(10)得：

$$\frac{x_{D,l}}{x_{D,h}}=\alpha_1\alpha_2\Lambda\alpha_N\alpha_W\frac{x_{W,l}}{x_{W,h}} \tag{11}$$

若在全塔范围内相对挥发度变化不大，可以近似看作常数，即：$\alpha_1=\alpha_2=\Lambda=\alpha_N=\alpha_W=\alpha_{lh}$，则对全凝器精馏塔有：

$$\frac{x_{D,l}}{x_{D,h}}=\alpha_{lh}^{N_m+1}\frac{x_{W,l}}{x_{W,h}} \tag{12}$$

公式(12)两边取对数的最少理论塔板数为：

$$N_m+1=\frac{\lg\left[\left(\frac{x_{D,l}}{x_{D,h}}\right)\Big/\left(\frac{x_{W,l}}{x_{W,h}}\right)\right]}{\lg\alpha_{lh}} \tag{4-36}$$

通常也写成：

$$N_m+1=\frac{\lg\left[\left(\frac{x_l}{x_h}\right)_D\Big/\left(\frac{x_l}{x_h}\right)_W\right]}{\lg\alpha_{lh}} \tag{4-37}$$

如果塔顶是分凝器，分凝器相当于一块理论板，所以最少理论塔板数为：

$$N_m+2=\frac{\lg\left[\left(\frac{x_l}{x_h}\right)_D\Big/\left(\frac{x_l}{x_h}\right)_W\right]}{\lg\alpha_{lh}} \tag{4-38}$$

以上公式(4-37)、式(4-38)、式(4-39)都是芬斯克(Fenske)公式的形式。公式中组分平均相对挥发度由式(4-32)或式(4-32)计算得到。

4.3.3.2 理论塔板数

前面介绍了精馏塔操作的两种极限状况，最小回流比(此时塔板数趋于无穷)和最少理论塔板数(此时回流比趋于无穷)。为了实现对两个关键组分规定的分离要求，回流比和理论板数必须大于它们的最小值。

实际回流比的选择多出于经济方面的考虑，取最小回流比乘以某一系数，然后用分析法、图解法或经验关系确定所需理论板数。根据 J. R. Fair 和 W. L. Bolles 研究结果，R/R_m 的最佳值为1.05。但是，在比该值稍大的一定范围都接近最佳的条件。在实际的设计中，当

取 R/R_m 为1.10时，常需很多的理论塔板数，如果 R/R_m 取1.50，则需要理论塔板数较少。根据经验，$R/R_m = 1.2 \sim 2.0$。

就理论塔板数的计算，吉利兰(Gilliland)根据对 R_m、R、N_m、N 四者之间的关系进行的研究，由试验的结果总结出了吉利兰图(图4-17)。

图中横坐标为 $\frac{R-R_m}{R+1}$，纵坐标为 $\frac{S-S_m}{S+1}$，而 $S_m = N_m + 1, S = N + 1$。可以看出 N_m、N 是塔身所具有的塔板数，不包括再沸器，而 S、S_m 则包括再沸器在内。

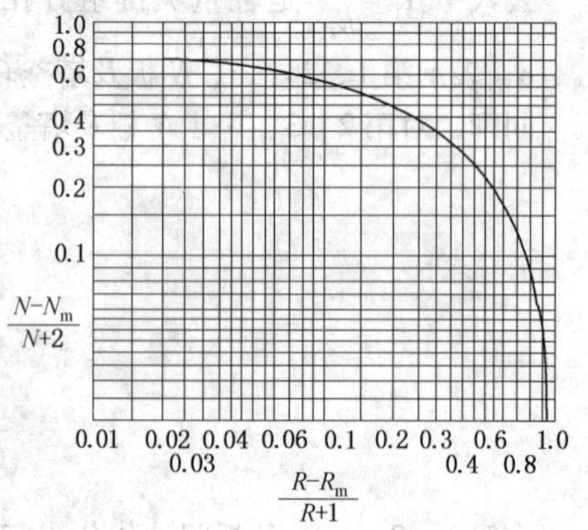

图4-17 吉利兰图

图4-17是吉利兰对8个不同物系，根据不同的精馏条件，用逐板计算法的结果绘制的，误差在7%左右。建立吉利兰图时，物系及操作条件的范围为：物系的组分数为2~11，进料状态从冷进料到蒸汽进料，操作压力从接近真空到4.0MPa，关键组分间的相对挥发度为1.26~4.05，最小回流比为0.53~7.0，理论塔板数为2.4~43.1。因此，只有现实条件与原试验条件较为接近时，吉利兰关联图法才较准确。

吉利兰图还可拟合成关系式进行计算，较准确的公式为：

$$Y = 1 - \exp\left[\frac{(1+54.4X)(X-1)}{(11+117.2X)\sqrt{X}}\right] \tag{4-39}$$

或者

$$Y = 0.75 - 0.75X^{0.5668} \tag{4-40}$$

式中

$$X = \frac{R-R_m}{R+1},\ Y = \frac{N-N_m}{N+2}$$

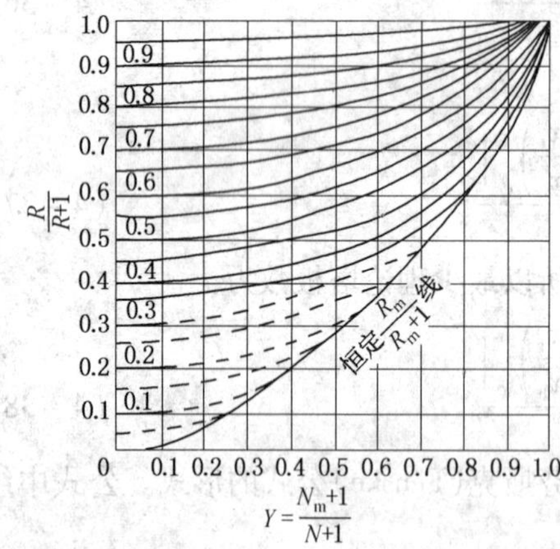

图4-18 耳波-马多克斯关联图

后来，耳波(Erbar)和马多克斯(Maddox)对吉利兰图作了一些改进，该法关联了 $\frac{R}{R+1}$、$\frac{S_m}{S}$、$\frac{R_m}{R_m+1}$，如图4-18所示。图中虚线部分是根据恩德伍德的 R_m 外推的。据原作者指出，该图精确度较高，平均误差为4.4%，但只适用于泡点进料。

4.3.3.3 进料板位置

根据芬斯克公式计算最少理论塔板数，既能用于全塔，也能单独用于精馏段和提馏段，从而可求得适宜的进料位置。

若以 n 表示精馏段的理论塔板数；m 表示提馏段的理论塔板数。则对于精馏段，最少理论塔板数为：

$$n_m = \frac{\lg\left[\left(\frac{x_l}{x_h}\right)_D \Big/ \left(\frac{x_l}{x_h}\right)_F\right]}{\lg\alpha_{lh}} \tag{4-41}$$

对于提馏段(包括塔釜)，最少理论塔板数为：

$$m_m+1=\frac{\lg\left[\left(\frac{x_l}{x_h}\right)_F\bigg/\left(\frac{x_l}{x_h}\right)_W\right]}{\lg\alpha_{lh}} \quad (4-42)$$

即：
$$N_m=n_m+m_m \quad (4-43)$$

同时：
$$N=n+m \quad (4-44)$$

布朗(Brown)和马丁(Martin)提出，最佳进料级的位置由式(4-45)确定；

$$\frac{n}{m}=\frac{n_m}{m_m} \quad (4-45)$$

但是除了相对对称的进料和分离之外，公式(4-45)得出的结论并不十分可靠。

科尔克布赖特(Kirkhride)提出对于泡点进料可以采用下列经验式确定进料位置。

$$\lg\frac{n}{m}=0.206\lg\left[\left(\frac{W}{D}\right)\left(\frac{z_h}{z_l}\right)\left(\frac{x_{W,l}}{x_{D,h}}\right)^2\right] \quad (4-46)$$

当塔内各处相对挥发度与全塔平均相对挥发度偏差较大时，式(4-45)和式(4-46)计算结果和严格计算所得结果相比，都存在较大误差。

【例4-4】 根据例题4-2、例题4-3的要求和计算结果，计算回流比 $R=1.5R_m$ 时该塔的理论塔板数和进料位置。

解：(1)精馏塔板数的确定

该塔塔顶为全凝器，最少理论塔板数可根据公式(4-38)计算。

$$N_m=\frac{\lg\left[\left(\frac{x_l}{x_h}\right)_D\bigg/\left(\frac{x_l}{x_h}\right)_W\right]}{\lg\alpha_{lh}}-1=\frac{\lg\left[\left(\frac{0.9990}{0.0008}\right)_D\bigg/\left(\frac{0.0298}{0.9401}\right)_W\right]}{\lg1.7712}-1=17.58$$

回流比 $R=1.5R_m=1.5\times1.4504=2.1757$

根据公式 $X=\frac{R-R_m}{R+1}=\frac{2.1757-1.4504}{2.1757+1}=0.2284$

$Y=0.75-0.75X^{0.5668}=0.75\times(1-0.2348^{0.5668})=0.4253$

联系公式 $Y=\frac{N-N_m}{N+2}$

求得 $N\approx32.1$

(2) 进料位置的确定

根据公式(4-46)：

$$\frac{n}{m}=\left[\left(\frac{W}{D}\right)\left(\frac{z_h}{z_l}\right)\left(\frac{x_{W,l}}{x_{D,h}}\right)^2\right]^{0.206}=\left[\left(\frac{24.536}{175.464}\right)\left(\frac{0.1160}{0.8801}\right)\left(\frac{0.0298}{0.0008}\right)^2\right]^{0.206}=1.9805$$

又 $32.1=n+m$

所以精馏段理论塔板数 $n=21.33$，$m=10.77$

即进料板为从上往下数第22块板。

4.3.4 非关键组分的分配

在实际生产过程中，比轻关键组分更轻的组分，在釜内仍有微量存在，而比重关键组分更重的组分，在塔顶馏出液中也可能微量存在。若当作清晰分割处理，则是不合理的，特别对组分较多且挥发性接近的物系，以及在轻重关键组分之间尚有其他组分存在的情况，更不能简单处理；需按非清晰分割进行物料衡算，确定各组分在塔顶馏出液和塔釜液中的分布。

确定物料分布的根据是假设在一定回流比操作时，各组分在塔内的分布和在全回流操作时的分布一致，这样就可以采用芬斯克公式去反算除关键组分以外的其他组分在塔顶和塔釜的浓度。

芬斯克公式(4－38)变形为：

$$\left(\frac{x_1}{x_h}\right)_D = \alpha_{lh}^{N_m+1}\left(\frac{x_1}{x_h}\right)_W \tag{4-47}$$

将式(4－47)左边乘以$\frac{D}{D}$，右边乘以$\frac{W}{W}$。则有：

$$\frac{Dx_{D,1}}{Dx_{D,h}} = \alpha_{lh}^{N_m+1}\frac{Wx_{W,1}}{Wx_{W,h}}$$

式中 $Dx_{D,1}=d_1$，$Dx_{D,h}=d_h$，$Wx_{W,1}=w_1$，$Wx_{W,h}=w_h$

d_1、d_h、w_1、w_h 分别为轻重关键组分在塔顶馏出液和塔釜液中的摩尔分量。

所以式(4－47)可写成：

$$\frac{d_1}{d_h} = \alpha_{lh}^{N_m+1}\frac{w_1}{w_h} \tag{4-48}$$

或者

$$\frac{d_1}{w_1} = \alpha_{lh}^{N_m+1}\frac{d_h}{w_h} \tag{4-49}$$

式(4－49)两边取对数为：

$$N_m+1 = \frac{\lg\left(\frac{d_1}{w_1}\right) - \lg\frac{d_h}{w_h}}{\alpha_{lh}} \tag{4-50}$$

式(4－49)、式(4－50)表示了轻、重关键组分在塔顶馏出液和塔釜液中的分配规律。若以重关键组分为基准组分，则任意组分的分配也满足这种规律，只要用组分 i 的$\frac{d_i}{w_i}$代替公式(4－50)中的$\frac{d_1}{w_1}$，并改变相对应的相对挥发度即可。即：

$$N_m+1 = \frac{\lg\left(\frac{d_i}{w_i}\right) - \lg\frac{d_h}{w_h}}{\lg\alpha_{ih}} \tag{4-51}$$

或者

$$\frac{d_i}{w_i} = \alpha_{lh}^{N_m+1}\quad\frac{d_h}{w_h} \tag{4-52}$$

通常，非清晰分割法物料衡算方法有两种，即图解法和解析法。

(1) 图解法

根据工艺要求，算出关键组分在塔顶和塔釜中流量，在双对数坐标系中，以$\frac{d_i}{w_i}$为纵坐标，以各组分对重关键组分的相对挥发度 α_{ih} 为横坐标，就轻、重关键组分在坐标系中标出 L 点($\frac{d_1}{w_1}$，α_{lh})及 H 点($\frac{d_h}{w_h}$，α_{hh})，过 L、H 点作直线，显然直线的斜率为(N_m+1)，以式(4－51)为依据，任意组分 i($\frac{d_i}{w_i}$，α_{ih})在坐标系中应和直线 LH 共线。所以，其他组分在塔顶馏出液和塔釜液中的分配根据横坐标的数值，即各组分对重关键组分的相对挥发度，在直线 LH 上查对应的$\frac{d_i}{w_i}$，如图 4－19 所示。然后联解方程(4－2)即得 d_i、w_i，这种确定物料分

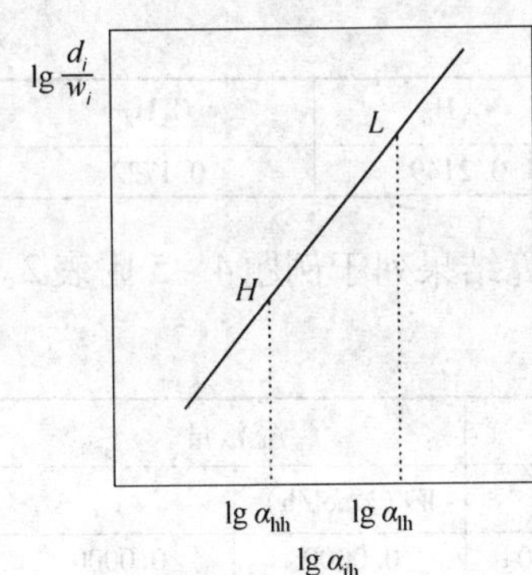

图 4-19 组分在塔顶和塔底的分配

布的方法也称为汉斯特伯克(Hangstebck)法。

(2) 解析法

① 根据工艺要求，计算出关键组分在塔顶和塔釜中流量 d_l、d_h、w_l、w_h；

② 用公式(4-50)计算出 N_m+1；

③ 用公式(4-52)计算出$\frac{d_i}{w_i}$；

④ $\frac{d_i}{w_i}$结合公式(4-2)计算出 d_i、w_i；

或联解方程(4-2)和式(4-52)得：

$$d_i = \frac{\alpha_{lh}^{N_m+1}\left(\frac{d_h}{w_h}\right)f_i}{1+\alpha_{lh}^{N_m+1}\left(\frac{d_h}{w_h}\right)} \tag{4-53}$$

$$w_i = \frac{f_i}{1+\alpha_{lh}^{N_m+1}\left(\frac{d_h}{w_h}\right)} \tag{4-54}$$

上述方法是估算馏出液和釜液浓度简单易行的方法，精确程度根据操作流量比的不同会出现偏差。Stupin 和 Lockhart 对相对挥发度与组成的关系不大以及对不同组分塔板效率相同为假设条件，根据若干不同组分系统的精馏计算所得结果，分析了不同回流比时组分的分配比与组分的相对挥发度之间的关系，见图 4-20 所示。全回流时是一条直线，这是芬斯克方程的结果；最小回流比时是一条 S 形曲线。由此结果可以看出，当组分挥发度比轻关键组分的挥发度数值略大时，则该组分在馏出液和釜液中的分配比趋于无限大，也就是全部进入馏出液中；对于比重关键组分更重的组分则全部进入塔釜液。而挥发度处于轻、重关键组分之间的组分，在最小回流比下的分配与全回流下的分配有一定的差别，若按全回流下的分配代替最小回流比下的分配，事实上是略微提高了要求。显然，把全回流条件下组分在馏出液和釜液中的分配比当作实际回流比下的分配比相对比较接近。因为一般的精馏塔实际上都在 1.2 ~ 1.5 倍的 R_m 下操作。

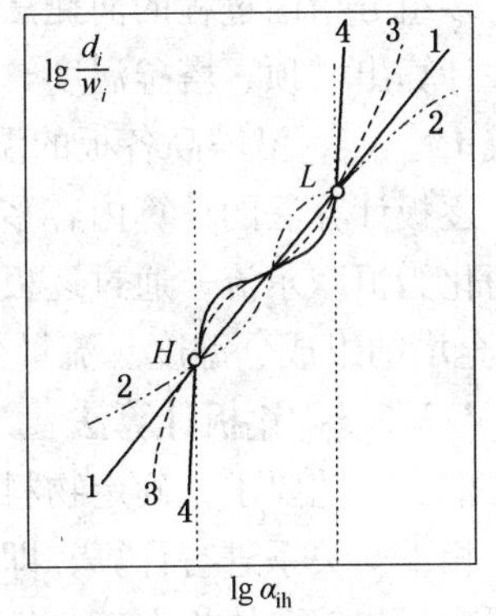

图 4-20 不同回流比下组分的分配比

1—全回流；2—高回流比(~5Rm)；3—低回流比(~1.1 Rm)；4—最小回流比

【例 4-5】 某乙烯精馏塔的进料组成如例 4-2 附表 1 所示。已知进料流量为 200kmol/h，要求馏出液中乙烯的摩尔分率不小于 0.9990，釜液中乙烷摩尔分率不小于于 0.94。根据例题 4-2、例题 4-3 的计算结果，试用非清晰分割法计算馏出液和釜液的流量及组成。

解：根据题目的分离要求，设乙烯为轻关键组分，乙烷为重关键组分。

即：$x_{D,l}=x_{D,2}=0.9990$，$x_{W,h}=x_{W,3}=0.9400$

根据例题 4-2、例题 4-3 的计算结果，$d_h=0.135$、$w_h=23.065$、$N_m+1=18.5766$

各组分的相对挥发度如例题 4-5 附表 1。

例4-5 附表1

组分	CH_4	C_2H_4	C_2H_6	C_3H_6	C_3H_8
$\alpha_{ih,A}$	11.5953	1.7712	1.0000	0.2149	0.1722

根据公式(4-53)和 $w_i=f_i-d_i$ 进行计算得费清晰分割法计算结果列于例题4-5附表2。

例题4-5 附表2 物料衡算结果表

序号	组分	进料		馏出液		釜液量	
		z_i	流量 F/(kmol/h)	D/(kmol/h)	$x_{D,i}$	W/(kmol/h)	$x_{W,i}$
1	CH_4	0.0002	0.040	0.0400	2.280E-04	0.0000	0.0000
2	C_2H_4(lk)	0.8801	176.020	175.2885	0.9990	0.7315	0.0298
3	C_2H_6(hk)	0.1160	23.200	0.1350	7.694E-04	23.0650	0.9400
4	C_3H_6	0.0036	0.720	0.0000	9.497E-18	0.7200	0.0293
5	C_3H_8	0.0001	0.020	0.0000	4.286E-21	0.0200	0.0008
	合计	1.0000	200.000	175.4635	1.0000	24.5365	1.0000

结果表明，此题用非清晰分割计算非关键组分的分配，所得结果与清晰分割法非常接近。所以对于这类相对挥发度相差较大的体系，物料衡算可以用清晰分割法计算。

4.3.5 逐板计算法

多组分精馏过程的简捷法计算，是按清晰分割法计算塔顶馏出液和塔釜液组成，然后再依次计算出塔顶、塔釜温度，适宜操作回流比 R，理论板数 N；不能计算各板上的气、液相组成 x_{ni}、y_{ni}，沿塔高各板的温度 tn 和流量(Ln，Vn)分布。

逐板计算法的计算内容多，准确度高，可以弥补简捷法的不足。逐板计算法仍对塔内各段简化为恒摩尔流，通过逐板进行物料平衡、相平衡、热平衡计算，最后得到所需理论板数 N、全塔的组成、温度、流量分布。

4.3.5.1 逐板计算法

根据工艺要求，确定物料分布后，即可进行逐板计算，逐板计算法是交替使用操作线方程、相平衡关系进行计算，即以相平衡关系确定同一块板上气、液相间浓度关系。以操作线方程表示相邻两块板上气、液相间的浓度关系，最终得理论板数 N。其步骤如下：

① 根据工艺要求进行物料分布，求得馏出液量 D 及釜液量 W 及 x_{Di}及 x_{Wi}；

② 由恩德伍德公式计算 R_m，取 R，根据操作条件(p、T、q)确定精馏段气、液相流量 V、L 和提馏段的气、液相流量 $\overline{V}$、$\overline{L}$(更精确的，用热平衡方程确定各板上的 V 和 L)；

③ 建立操作线方程式。精馏段逐板计算是从塔顶向下计算，塔板序号为1、2、…、n，则精馏段操作线方程式为：

$$y_{n,i}=\frac{R}{R+1}x_{n-1,i}+\frac{1}{R+1}x_{D,i} \tag{4-55}$$

提馏段操作线方程式为：

$$y_{m,i}=\frac{L+qF}{L+qF-W}x_{m-1,i}-\frac{W}{L+qF-W}x_{W,i} \tag{4-56}$$

④ 利用泡点、露点计算方法找出各组分的相平衡关系：

$$y_i=k_ix_i$$

⑤ 从塔顶逐板向下计算至进料板，使用精馏段操作线方程式，对塔顶 x_{Di}可分为两种情况，若为全凝器，则 $y_{1i}=x_{Di}$；若为分凝器，气相为导出产物，液相为回流液，则按气相馏

出物组成 y_{Di} 来试差计算分凝器之温度，同时求得与 y_{Di} 相平衡时的液相组成 x_{Di}。然后按如下程序逐板向下计算：

$$x_{Di}\xrightarrow{\text{操作线方程}}y_{1i}\xrightarrow{\text{相平衡关系}}x_{1i}\xrightarrow{\text{操作线方程}}y_{2i}\xrightarrow{\text{相平衡关系}}x_{2i}\xrightarrow{\text{操作线方程}}y_{3i}\Lambda x_{ni}$$

一直算到相邻两板[即第 n 板与第$(n+1)$]板上的液相中轻、重关键组分浓度比达到下述条件为止。

$$\left(\frac{x_l}{x_h}\right)_{n-1}\leqslant\left(\frac{x_l}{x_h}\right)_{\text{交点}}\leqslant\left(\frac{x_l}{x_h}\right)_n \tag{4-57}$$

式中 $\left(\frac{x_l}{x_h}\right)_{\text{交点}}$ 是精馏段操作方程线和进料方程线的交点。

进料线方程为：

$$y_{ni}=\frac{q}{q-1}x_{n-1,i}-\frac{z_i}{q-1} \tag{4-58}$$

联解方程(4-55)和方程(4-58)的进料板处：

$$\left(\frac{x_l}{x_h}\right)_{\text{交点}}=\frac{z_l-\dfrac{(1-q)}{(R+1)}x_{Dl}}{z_h-\dfrac{(1-q)}{(R+1)}x_{Dh}} \tag{4-59}$$

⑥ 由塔釜开始向上进行逐板计算至进料板。

塔釜液相组成 x_{Wi} 为已知，用试差塔釜液泡点温度的方法确定塔釜各组分相平衡常数。

提馏段的操作线方程变化为：

$$x_{m+1,i}=\frac{L+qF-W}{L+qF}y_{m,i}+\frac{W}{L+qF}x_{W,i}$$

然后交替使用相平衡关系和操作线方程从塔釜向上计算。

$$x_{Wi}\xrightarrow{\text{相平衡关系}}y_{Wi}\xrightarrow{\text{操作线方程}}x_{1i}\xrightarrow{\text{相平衡关系}}y_{1i}\xrightarrow{\text{操作线方程}}x_{2i}\xrightarrow{\text{相平衡关系}}y_{2i}\Lambda x_{mi}$$

一直算到相邻两板[即第 m 板与第$(m+1)$]板上的液相中轻、重关键组分浓度比达到下述条件为止。

$$\left(\frac{x_l}{x_h}\right)_m\leqslant\left(\frac{x_l}{x_h}\right)_{\text{交点}}\leqslant\left(\frac{x_l}{x_h}\right)_{m+1} \tag{4-60}$$

当进料状态为 $q\geqslant0$ 时，m 板即为加料板；当 $q<0$ 时，则 $m-1$ 板为加料板。显然，当 $q\geqslant0$ 时，在精馏段由塔顶向下的第 n 块板，也就是提馏段从塔釜向上的第 m 块板，就是适宜的进料位置。

应该指出，采用这种简单的准则确定最适宜进料位置，由于忽略了非关键组分浓度改变的影响，显然是不很准确的，再考虑到有可能所用的气、液平衡数据准确度不高，或实际操作过程中进料组成存在波动等因素。所以在塔的实际设计中，常在按上述方法确定的进料位置上下各隔 1 ~ 2 块实际塔板的地方再各安装一个进料口，共三个进料口，以便在实际操作中能按实际情况作适当调整。

4.3.5.2 实际塔板数的确定

以上讨论的是理论板数的计算，其基本假设是进入塔板的气相与板上的液相充分接触，发生质量和热量传递，离开塔板的气、液两相互相平衡。但在实际塔板上，由于气、液两相的接触面积有限，时间短促，以致塔板上的液体不能充分均匀混合，板上液体在流入口处和溢流处往往存在着明显的浓度变化，同时离开每一块塔板的蒸气不可能与离开该塔板的液体处于平衡，因此，实际所需的塔板数，要比理论塔板数多。为了解决这个问题，就引入了塔板效率的概念。

（1）单板效率

单板效率通常用实际塔板的分离能力与理论塔板分离能力之比 E_n 来表示。

$$E_n = \frac{\text{第 } n \text{ 板的实际气相增浓值}}{\text{第 } n \text{ 板的理论气相增浓值}} = \frac{y_n - y_{n+1}}{y_n^* - y_{n+1}} \tag{4-61}$$

或者

$$E_n = \frac{\text{第 } n \text{ 板的实际液相相降浓值}}{\text{第 } n \text{ 板的理论液相相降浓值}} = \frac{x_{n-1} - x_n}{x_{n-1} - x_n^*} \tag{4-62}$$

式中　y_{n+1}、y_n——进入、离开第 n 板的蒸气摩尔分率；

y_n^*——与第 n 板上液相浓度 x_n 相平衡的气相摩尔分率；

x_n、x_{n-1}——进入、离开第 n 板的液相摩尔分率；

x_n^*——与第 n 板上气相浓度 y_n 相平衡的液相摩尔分率；

（2）全塔效率

为了完成给定的分离任务，所需的理论板数 N 与实际板数 N_T 之比，称为全塔效率（记以“E_0”），通常以百分数表示，即：

$$E_0 = \frac{N}{N_T} \times 100\% \tag{4-63}$$

应用全塔效率可以很方便地由理论板数算出实际塔板数。但出于影响板效率的因素很多，包括系统物性（如黏度、相对挥发度、表面张力、密度等），塔板结构及操作条件等因素。影响因素如此之多，要精确分析是有困难的，下面只介绍从实验得出总板效率 E_0 的经验式及图线。

$$E_0 = 0.17 - 0.616\lg \sum z_i \mu_{Li} \tag{4-64}$$

式中　μ_{Li}——全塔平均温度下各组分的液体黏度，Pa·s。

此关系式是由泡罩塔测出的数据得到的，主要适用于相对挥发度较低的碳氢化合物系统。

图线法可以查图求 E_0，如图 4-21 所示，图中纵坐标为 E_0，横坐标是 $\mu_{均}\alpha_{均}$，$\mu_{均}$、$\alpha_{均}$ 为全塔平均操作温度下的相对挥发度及黏度，图 4-21 是泡罩塔的实验结果，若为其他塔板结构，从图上查出的 E_0 尚应乘以一个系数。例如，筛板塔为 1.1，浮阀塔为 1.1～1.2，穿流塔板为 0.8，波纹塔板为 1.1。

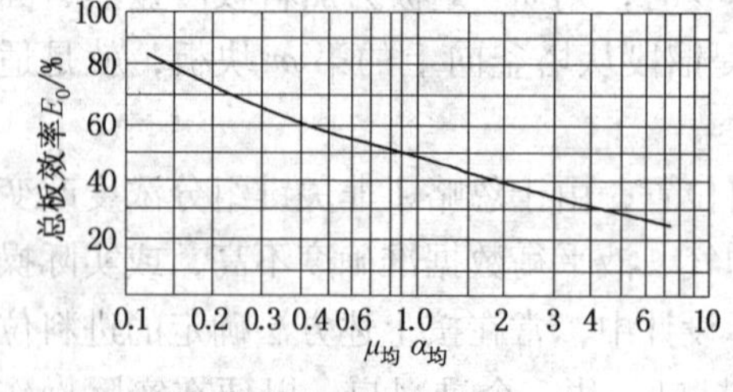

图 4-21　总板效率 E_0 图

通过总板效率 E_0 根据公式（4-63）即可计算出实际塔板数。

4.3.6　多组分复杂精馏的简捷法计算案例

前面介绍的精馏塔均只有一股进料和两股出料（塔顶和塔釜采出），塔顶有一台冷却器，塔釜一台再沸器。但在实际工业分离过程，为了节省设备投资和操作费用，往往采用复杂精馏流程。如果精馏塔有多股进料、多于两股出料、中间再沸器、中间冷却器或以上多种情况均存在的精馏，称为复杂精馏。

4.3.6.1 复杂精馏流程案例

复杂精馏包括多股进料、侧线采出、中间再沸和中间冷却四种流程，现分别简述如下。

（1）多股进料

在本章案例1，裂解气深冷分离流程－顺序分离流程(图4－11所示)中脱甲烷塔，从冷箱中分离出来的四种不同组成的进料，按由轻到重的顺序在自上而下数第13板、第19板、第25板、第33板(实际塔板)处进入脱甲烷塔，塔顶馏出氢、甲烷，塔釜采出乙烯及比乙烯更重的组分；四股物料组成不同表明在进入精馏塔之前物料已有了一定程度的分离，因而比单股进料更节省设备投资和操作费用。

（2）侧线采出

一般精馏塔只有塔顶和塔釜采出物料，若从塔身中部采出一个或一个以上物料，则称为侧线采出，如案例1中乙烯精馏塔(图4－11所示)。进入乙烯精馏塔的物料中除含有大量的乙烯－乙烷馏分外，还含有少量氢和甲烷及比C_2馏分重的丙烯等。按照普通精馏的方法，需设一个第二脱甲烷塔和一个乙烯精馏塔分离这些组分以获得高纯度乙烯。但也可用一个复杂精馏塔，以上混合组分进入乙烯塔，塔顶采出氢气和甲烷、侧线液相采出乙烯馏分、塔釜采出乙烷及比乙烷重的组分。显然，采用侧线采出，可减少塔的数目，节省设备投资，但操作要求较一般精馏塔为高。

（3）中间再沸

中间再沸是在精馏塔的提馏段抽出一股料液，通过中间再沸器加入部分热量，以代替塔釜再沸器加入的部分热量。用在塔釜温度较高，或为了防止塔釜某些物质热分解，或热聚合而限制加热温度时的场合，有时是塔的高度太高，塔中间蒸气流量不足时也可采用中间再沸器。中间再沸器的温度此塔釜再沸器温度低，可用比塔釜加热介质温度为低的廉价加热剂来加热，降低能量消耗，节省费用和满足工艺生产要求。如低温精馏(深冷分离)时，再沸器又是一种回收冷量的手段，如使用中间再沸器，则可回收温度较低的冷量。案例1中的乙烯塔，当塔釜操作压力为2.0MPa，塔釜温度为10℃，要用5℃丙烷蒸气加热；若从塔中部－23℃处引出一股液体，仍考虑传热温差$\Delta t=10$℃，则用－13℃的气相丙烯冷凝放热来加热抽出之液体，该－13℃的物料恰恰又可回收乙烯塔的冷量，而所回收的冷量温度比从塔釜回收的温度要低。

从某一塔板上抽出的液体经中间再沸器全部汽化后，所得气体中易挥发组分含量低于原抽出板的上升蒸气中易挥发组分的含量。如从m板抽出之液相组成x_m，与该板平衡之气相组成为y_m，一般$y_m>x_m$，现因中间再沸器是将x_m全部汽化，则所得蒸汽组成$y'_m=x_m<y_m$。所以，中间再沸器产生的气体应根据组成情况加到抽出液体板以下的某个塔板上。

从以上可以看出，使用中间再沸器的精馏塔相当于精馏塔有两股进料和带一侧线采出的复杂精馏塔。

（4）中间冷却器

中间冷却器设在精馏段，需要时从精馏段侧线采出一股气相物料，进入中间冷凝器取出热量并冷凝成液相。因为冷凝的液相温度低于原气相温度，如从n板抽出之气相组成y_n，与该板平衡之液相组成为x_n，一般$x_n<y_n$。现因中间冷却器是将y_n全部汽化，则所得液相组成$x'_n=y_n>x_n$。所以，中间冷凝器产生的气体应根据组成情况加到抽出气相板以上的某个塔板上。

使用中间冷凝器可以降低塔顶冷凝器的负荷，因为采用了比塔顶冷剂温度高的冷却剂，所以这种预冷节省了塔顶更低温的冷剂，也就节省了能量。

4.3.6.2　复杂精馏塔简捷法计算案例分析

复杂精馏计算的基本原理与普通精馏计算一样，根据相平衡、物料平衡、热量平衡逐板进行计算。只是复杂精馏变量增多，计算相当繁琐，借助于电子计算机才能解决。使用电子计算机对复杂精馏进行计算，与多组分精馏一样，也须给出一些初值才能使计算顺利进行。因此，如何简化计算，以确定这些初值是设计上的一个重要问题，另外，对某些要求较为简单的情况，也可不使用电算，简捷法也是有实用意义的。以下介绍有液相侧线采出乙烯精馏塔作为复杂精馏的具体计算的例子。

复杂精馏简捷法计算的实质在于根据进料及侧线采出的股数将塔分为若干段，对各段进出塔的物料进行预分布，首先假定各段为恒摩尔流和各段组分的相对挥发度视为恒定，由此求出各段最少理论板数及最小回流比 R_m，然后确定各段的回流比 R，最后求出所需的理论塔板数 N。

（1）塔的分段

由于液相侧线采出，将塔分为三段，如图 4－22 所示。侧线以上至塔顶为上段，侧线以下至进料为中段，进料以下至塔釜为下段。因各段物料情况不一样，则操作线方程式也就各不一样，且上段与中段的回流比也不一样，需分别计算。

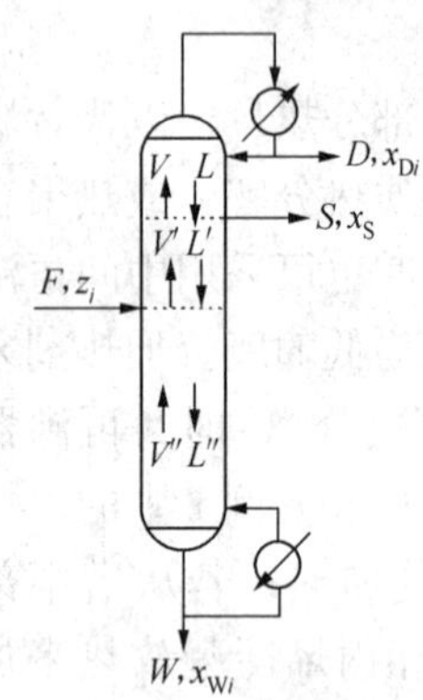

图 4－22　侧线采出分段示意图

图中 S 为侧线采出物料量，x_S 为侧线组成，其他符号与前面相同。总物料衡算为：

$$F = (D + S) + W \qquad (4-65)$$

上段气、液流量用 V、L 表示。回流比 $R_{上}$：

$$V = L + D \qquad (4-66)$$

$$R_{上} = \frac{L}{D} \qquad (4-67)$$

中段气、液流量用 L'，V'表示，回流比 $R_{中}$。

将侧线板以下的塔段视为普通精馏塔，则离开此塔顶部蒸气为 V'中有一部分 L'作为回流，而$(D+S)$相对于一般精馏塔的塔顶采出。

$$V' = V = L + D \qquad (4-68)$$

$$L' = L - D \qquad (4-69)$$

因此，相应的回流比定义为：

$$R_{中} = \frac{L'}{D+S} = \frac{L-S}{D+S} \qquad (4-70)$$

下段气、液流量用 V''，L''表示。

$$V'' = L'' - W \qquad (4-71)$$

$$L'' = L' + qF \qquad (4-72)$$

（2）最小回流比 R_m 及回流比 R

以精馏段液相侧线采出为例，由于侧线采出塔内气体及液体流量在各段分布情况不一，须分别用恩德伍德法计算最小回流比。

① 上段。上段最小回流比用 $R_{m,上}$ 表示，采用恩德伍德公式计算。

$$\sum_{i=1}^{n} \frac{\alpha_{i,h} z'_i}{\alpha_{i,h} - \theta} = 1 - q' \qquad (4-73)$$

$$\sum_{i=1}^{n}\frac{\alpha_{i,h}x_{i,D}}{\alpha_{i,h}-\theta}=R_{m,上}+1 \tag{4-74}$$

以上 Underwood 公式中，z'_i、q'是上段的进料组成和进料状态，上段的进料来自中段最上一块板的上升饱和蒸气，因此，$q'=0$，进料组成假定为侧线采出板上气、液两相组成的平均值。

$$z'_i=\frac{y_{Si}+x_{Si}}{2} \tag{4-75}$$

其中 $y_{Si}=k_{Si}x_{Si}$

一般 x_{Si}为侧线采出板液相组成工艺要求，由泡点方程(3-8)可求出 y_{Si}，相对挥发度通过计算塔顶露点温度和侧线采出板泡点温度来确定各组分相平衡常数 k_i，选定重关键组分为基准组分用式(4-31)计算相对挥发度，然后用公式(4-76)计算平均相对挥发度。

$$\alpha_{ih}=\sqrt[2]{\alpha_{i,h,D}\cdot\alpha_{i,h,S}} \tag{4-76}$$

值得注意的是，在有些精馏塔的计算过程中，上段和中段选择的轻、重关键组分可能会不同。

② 中段。对于中段 Underwood 公式为：

$$\sum_{i=1}^{n}\frac{\alpha_{i,h}z_i}{\alpha_{i,h}-\theta}=1-q \tag{4-77}$$

$$\sum_{i=1}^{n}\frac{\alpha_{i,h}x'_{i,D}}{\alpha_{i,h}-\theta}=R_{m,中}+1 \tag{4-78}$$

式中　$x'_{i,D}$为塔顶和侧线采出物料的平均浓度。

$$x'_{i,D}=\frac{Dx_{i,D}+Sx_{i,S}}{D+S} \tag{4-79}$$

③ 回流比。根据公式(4-70)得中段回流比与上段回流比的关系为：

$$R_{中}=\frac{L-S}{D+S}=\frac{\frac{L}{D}-\frac{S}{D}}{\frac{D}{D}+\frac{S}{D}}=\frac{R_{上}-\frac{S}{D}}{1+\frac{S}{D}} \tag{4-80}$$

所以

$$R_{上}=R_{中}\left(1+\frac{S}{D}\right)+\frac{S}{D} \tag{4-81}$$

必须指出，因同一塔内，上段与中段的回流比应满足一定的关系式，即上段回流量要保证中段所需之回流量。

式(6-82)中 $R_{上}$ 是根据中段回流比确定的上段所需回流比量。由于全塔操作要受到任一段回流比的限制，因此，确定上段的回流比时，必须比较由 Underwood 方程求得的回流比与由式(4-82)所得回流比之值，取其较大者，作为上段所需回流比。

(3) 最少理论板数与塔板数

根据芬斯克公式(4-38)分段计算各段所需之最少理论板数。

上段：

$$N_{m,上}=\frac{\lg\left[\left(\frac{x_l}{x_h}\right)_D\Big/\left(\frac{x_l}{x_h}\right)_S\right]}{\lg\alpha_{lh}} \tag{4-82}$$

$N_{m,上}$包括侧线采出板，但不包括冷凝器。

中段：

$$N_{m,中}=\frac{\lg\left[\left(\frac{x_l}{x_h}\right)_S\Big/\left(\frac{x_l}{x_h}\right)_F\right]}{\lg\alpha_{lh}} \quad (4-83)$$

$N_{m,中}$包括进料板，但不包括侧线采出板。

下段：

$$N_{m,中下}+1=\frac{\lg\left[\left(\frac{x_l}{x_h}\right)_S\Big/\left(\frac{x_l}{x_h}\right)_W\right]}{\lg\alpha_{lh}} \quad (4-84)$$

$$N_{m,下}=N_{m,中下}-N_{m,中}$$

$N_{m,中下}$、$N_{m,下}$不包括塔釜、进料板在内。

然后查吉利兰图求 N。以上方法现以带侧线采出的乙烯精馏塔为例进一步阐明。

【例4-6】 根据下列工艺要求，计算带侧线采出的乙烯精馏塔各段的理论塔板数。已知，精馏塔的进料组成见例4-6附表1，侧线采出乙烯，其纯度为99.9%，乙烯回收率为98%，侧线采出液中乙烷含量小于10^{-6}，丙烯忽略不计。乙烷和丙烯从塔釜采出，其中乙烯含量不大于1%，甲烷忽略不计。操作压力2.1MPa，泡点进料。

例4-6 附表1　进料组成

编　号	1	2	3	4	合计
组　分	CH_4	C_2H_4	C_2H_6	C_3H_6	
Z_i	0.0015	0.7868	0.2103	0.0014	1.0000

解： 对于有侧线采出的复杂精馏塔，其操作示意图见4-22。

(1) 物料衡算，以100kmol/h进料为基准进行计算

① 侧线采出组分及量：

C_2H_4：$s_2=Fz_2\varphi_{s2}=100\times0.7868\times0.98=77.1064(\text{kmol/h})$

侧线采出总量 $S=\frac{s_2}{\zeta}=77.1064/0.999=77.1836(\text{kmol/h})$

C_2H_6：$s_3=10^{-6}S=7.718\times10^{-5}(\text{kmol/h})$

C_3H_6：忽略不计，即 $s_4=0$

CH_4：$s_1=S-s_2-s_3-s_4=77.1836-77.1064-7.718\times10^{-5}-0=0.0771(\text{kmol/h})$

② 塔顶馏出液的组成及量：

CH_4：$d_1=f_1-s_1-w_1=0.1500-0.0771=0.0729(\text{kmol/h})$

C_2H_6：忽略不计，$d_3=0$

C_3H_6：忽略不计，$d_4=0$

③ 釜采出组分及量：

CH_4：忽略不计，$w_1=0$

C_2H_6：$w_3=f_3-d_3-s_3=21.03-0-7.718\times10^{-5}=21.0299(\text{kmol/h})$

C_3H_6：$w_4=f_4-d_4-s_4=0.14-0-0=0.1400(\text{kmol/h})$

C_2H_4：含量不大于1%，即 $0.01=\frac{w_2}{w_1+w_2+w_3+w_4}$

所以 $w_2=\frac{0.01(w_1+w_3+w_4)}{0.99}=\frac{0.01\times(0+21.0299+0.1400)}{0.99}=0.2138(\text{kmol/h})$

所以塔顶采出乙烯 $d_2=f_2-s_2-w_2=78.68-77.1064-0.2138=1.3598(\text{kmol/h})$

物料衡算结果列于例4－6附表2。

例题4－6附表2　物料衡算结果表

序号	组分	进料		馏出液		侧线采出		釜液量	
		z_i	流量 F/(kmol/h)	D/(kmol/h)	$x_{D,i}$	S/(kmol/h)	$x_{S,i}$	W/(kmol/h)	$x_{W,i}$
1	CH_4	0.15	0.15	0.0729	5.0883	0.0772	0.0999	0	0
2	C_2H_4(lk)	78.68	78.68	1.3598	94.9117	77.1064	99.9000	0.2138	0.9998
3	C_2H_6(hk)	21.03	21.03	0	0	0.0008	0.0001	21.0299	98.3455
4	C_3H_6	0.14	0.14	0	0	0	0	0.1400	0.6547
	合计	100.00	100.00	1.4327	100.000	77.1836	100.0000	21.3837	100.000

(2) 各组分相对挥发度的计算

在 $p=2.1\text{MPa}$ 时，为了便于计算，将各组分的相平衡常数按 De－Prister k 图回归成以下线性关系：

CH_4：$k=5.51+0.029t$，C_2H_4：$k=1.34+0.017t$，C_2H_6：$k=0.89+0.011t$，C_3H_6：$k=0.313+5.505\times10^{-3}t$（$t$：℃）

对于该精馏塔，按照不同的分离目的将精馏塔分为上、中、下三段。在各段中关键组分的选择如例4－6附表3所示：

例4－6附表3

段	轻关键组分	重关键组分
上	CH_4	C_2H_4
中	C_2H_4	C_2H_6
下	C_2H_4	C_2H_6

① 求塔顶馏出液的露点温度及精馏塔上段各组分的相对挥发度。

由露点方程和相平衡常数表达式试差得：$t_D=-22.4$℃时，相平衡常数见例4－6附表4。

例4－6附表4

编　号	1	2	3	4	合　计
组　分	CH_4	C_2H_4	C_2H_6	C_3H_6	
x_{Di}	0.0509	0.9491	0.0000	0.0000	1.0000
k_i	4.8604	0.9592	0.6436	0.1897	
y_i/k_i	0.0105	0.9895	0.0000	0.0000	1.0000
$\alpha_{i,2}$	5.0671	1.0000	0.6710	0.1978	
$\alpha_{i,3}$	7.5519	1.4904	1.0000	0.2948	

② 求侧线采出液的泡点温度及各组分的相对挥发度。由泡点方程和相平衡常数表达式试差得：$t_B=-20.23$℃时，相平衡常数见例4－6附表5。

例4－6附表5

编　号	1	2	3	4	合　计
组　分	CH_4	C_2H_4	C_2H_6	C_3H_6	
x_{Si}/%(mol)	0.0010	0.9990	1.000E－06	0.0000	1.0000
k_i	4.9233	0.9961	0.6675	0.2017	
$k_i$xsi	0.0049	0.9951	0.0000	0.0000	1.0000
$\alpha_{i,2}$	4.9427	1.0000	0.6701	0.2025	
$\alpha_{i,3}$	7.3761	1.4923	1.0000	0.3021	

③ 求塔釜液的泡点温度及各组分的相对挥发度。由泡点方程和相平衡常数表达式试差得：$t_B = 9.91$℃时，相平衡常数见例4－6附表6。

例4－6附表6

编号	1	2	3	4	合计
组分	CH_4	C_2H_4	C_2H_6	C_3H_6	
x_{wi}/%(mol)	0.0000	0.0100	0.9835	0.0065	1.0000
k_i	5.7974	1.5085	0.9990	0.3675	
$k_i x$wi	0.0000	0.0151	0.9835	0.0024	1.0000
$\alpha_{i,3}$	5.8031	1.5100	1.0000	0.3679	

④ 各组分在各段的相对挥发度的计算。根据以上的计算得各组分相对于重关键组分的相对挥发度，及公式(4－32)、式(4－33)计算各组分的平均相对挥发度见例4－6附表7。

例4－6附表7

编号		1	2	3	4
组分		CH_4	C_2H_4	C_2H_6	C_3H_6
上段	$\alpha_{i2,A}$	5.0045	1.0000	0.6705	0.2001
中下段	$\alpha_{i3,A}$	6.5425	1.5011	1.0000	0.3334

（3）最小回流比和回流比的计算

① 上段。上段最小回流比用$R_{m,上}$表示，根据公式(4－76)计算出上段虚拟进料组成z'_i，对于精馏上段，进料即为侧线采出板上的上升蒸汽，所以$q'=0$。然后用公式(4－74)试差得$\theta=4.99265$。计算过程略，计算所需数据列于例4－6附表8。

例4－6附表8

编号	1	2	3	4	合计
组分	CH_4	C_2H_4	C_2H_6	C_3H_6	
x_{Di}/%(mol)	0.0509	0.9491	0.0000	0.0000	1.0000
z'_i	0.0030	0.9970	0.0000	0.0000	1.0000
$\alpha_{i2,A}$	5.0045	1.0000	0.6705	0.2001	

再将θ代入公式(4－75)得：

$$R_{m,上}=20.2322$$

② 中段。泡点进料时，先用公式(4－78)试差中段$\theta=1.10575$，根据公式(4－80)计算出$x'_{i,D}$，然后代入公式(4－79)计算得：

$$R_{m,中}=2.7918$$

迭代过程略。

当取$R_中=1.25R_{m,中}$时，$R_中=3.4897$

代入公式(4－82)计算出上段的回流比

$$R_上=R_中\left(1+\frac{S}{D}\right)+\frac{S}{D}=3.4897\times(1+\frac{77.1836}{1.4327})+\frac{77.1836}{1.4327}=245.3620$$

（4）最少理论塔板数和理论塔板数的计算

根据芬斯克公式(4－38)分段计算各段所需之最少理论板数。

① 上段：

$$N_{m,上}=\frac{\lg\left[\left(\frac{x_1}{x_h}\right)_D\Big/\left(\frac{x_1}{x_h}\right)_S\right]}{\lg\alpha_{lh}}=\frac{\lg\left[\left(\frac{0.0729}{1.3598}\right)_D\Big/\left(\frac{0.0010}{0.9990}\right)_S\right]}{\lg 4.9982}=2.47$$

$$X=\frac{R_上-R_{m上}}{R_上+1}=\frac{245.3620-20.2322}{245.3620+1}=0.9138$$

$$Y=0.75-0.75X^{0.5668}=0.75\times(1-0.9138^{0.5668})=0.0374$$

代入 $Y=\frac{N-N_m}{N+1}$ 得：

$$N_上=2.61$$

② 中段：

$$N_{m,中}=\frac{\lg\left[\left(\frac{x_1}{x_h}\right)_S\Big/\left(\frac{x_1}{x_h}\right)_F\right]}{\lg\alpha_{lh}}=30.76$$

$$N_中=61.1$$

③ 下段：

$$N_{m,中下}=\frac{\lg\left[\left(\frac{x_1}{x_h}\right)_S\Big/\left(\frac{x_1}{x_h}\right)_W\right]}{\lg\alpha_{lh}}-1=44.2953$$

$$N_{中下}=88.50$$

所以，$N_下=N_{中下}-N_中=88.50-61.10=27.40$

全塔理论塔板数(包括塔釜)：

$$N_T=2.61+61.10+27.40+1=92.11$$

即：全塔理论板数约为 93 块。

4.4 精馏塔的操作

在化工生产操作中，精馏塔的运行及控制难度是比较大的，这是由于精馏流程相对复杂、各控制参数间关联较大，影响运行的因素较多。由于生产不同产品的生产任务不同，操作条件多样，塔型也不一样，因此，精馏过程的操作控制也是各不相同的。下面从共性角度说明精馏塔的运行和控制。

4.4.1 精馏塔的开、停车

(1) 原始开车

精馏塔系统安装或大修结束后，必须对其设备和管路进行检查、试压、试漏、置换及设备的单机试车、联动试车和系统试车等工作，这些准备工作和处理工作的好坏，对正常开车有直接的影响。

原始开车的程序一般按六个阶段进行。

① 检查。按工程安装图、工艺流程图逐一进行核对设备、辅助设备、管线、阀门、仪表是否正常，处于待开车状态。

② 吹除和清扫。一般采用空气或氮气把设备、管路内的灰尘、污垢等杂物吹扫干净，以免设备内的铁锈、焊渣等堵塞管道、设备等。

③ 试压、试漏。多采用具有一定压力的水进行静液压水力学试验，以检查系统设备、管路的强度和气密性。

④ 单机试车和联动试车。

⑤ 设备的清洗和填料的处理。

⑥ 系统的置换和开车。开车前一般采用氮气置换设备、管路内空气，使系统内的含氧量达到安全规定(0.2%)以下，以免设备内通入原料时形成爆炸性混合物，造成危险。有时还需用原料气把氮气置换掉，以免系统中残存氮气影响产品质量。

(2) 正常开车

① 准备工作。检查仪器、仪表、阀门等是否齐全，正确，灵活，处于待开车状态，做好开车前的准备。

② 预进料。先打开放空阀充氮，置换系统中的空气，以防在进料时出现事故，当压力达到规定的指标后停止，再打开进料阀，打入指定液位高度的料液后停止。

③ 换热器投用。打开塔顶冷凝器的冷却水(或其他冷却介质)，再沸器通蒸汽，换热器投入使用。

④ 建立回流。在全回流情况下继续加热，直到塔温、塔压均达到规定指标，产品质量符合要求。

⑤ 进料与出产品。打开进料阀进料，同时从塔顶和塔釜采出产品，调节到指定的回流比。

⑥ 控制调节。对塔的操作条件和参数逐步调整，使塔的负荷、产品质量逐步且尽快地达到正常操作值，转入正常操作。

精馏塔开车时应注意进料要平稳，再沸器的升温速度要缓慢，再沸器通入蒸汽前务必要开启塔顶冷凝器的冷却水，以保证回流液的产生。控制升温速度的原因是塔的上部为干板，塔板上没有液体，如果蒸气上升过快，没有气、液接触，就可能把过量的难挥发组分带到塔顶，塔顶产品长时间达不到要求。随着塔内压力的增大，应当开启塔顶通气口，排除塔内的空气或惰性气体，进行压力调节。待回流罐中的液面达到1/2以上，就开始打回流，并保持回流罐中的液面。当塔釜液面维持1/2～2/3时，可停止进料，进行全回流操作，同时对塔顶、塔釜产品进行分析。待产品质量合格后，就可以逐渐加料，并从塔顶和塔釜采出馏出液和釜残液，调节回流量和加大蒸汽量，逐步转入正常操作状态。

(3) 停车

化工生产中停车方法与停车前的状态有关，不同的状态，停车的方法及停车后的处理方法不同。

① 正常停车。生产进行一段时间后，设备需进行检查或检修而有计划地停车，叫正常停车。这种停车是逐步减少物料的加入，直到完全停止加入。待物料蒸完后，停止供汽加热，降温并卸掉系统压力；停止供水，将系统中的溶液排放干净(排到溶液储槽)。打开系统放阀，并对设备进行清洗。若原料气中含有易燃、易爆的气体，要用惰性气体对系统进行置换，当置换气中含氧量小于0.5%，易燃气总含量小于5%时为合格。最后用鼓风机向系统送入空气，置换气中氧含量大于20%即为合格。停车后，对某些需要进行检修的设备，要用盲板切断设备上的物料管线，以免可燃物漏出而造成事故。

② 紧急停车。生产中由于一些意想不到的特殊情况而造成的停车，称为紧急停车。如一些设备的损坏、电气设备的电源发生故障、仪表失灵等，都会造成生产装置的紧急停车。

发生紧急停车时，首先应停止加料，调节塔釜加热蒸汽和凝液采出量，使操作处于待生产的状态。此时，应积极抢修，排除故障，待故障排除后，按开车程序恢复生产。

③ 全面紧急停车。当生产过程中突然停电、停水、停蒸汽或其他重大事故时，则要全面紧急停车。

对于自动化程度较高的生产装置，为防止全面紧急停车的发生，一般化工厂均有备用电源，当生产断电时，备用电源立即送电。

4.4.2 精馏塔运行调节

精馏操作中，精馏塔的塔顶、塔釜温度、回流比、精馏塔的压力是影响精馏质量的主要参数，在大型装置中均已采用集散控制系统 DCS 和计算机对精馏塔的操作进行自动控制。下面说明各工艺参数的调节。

（1）塔压的调节

精馏塔的正常操作中，稳定压力是操作的基础。在正常操作中，如果加料量、釜温以及塔顶冷凝器的冷凝量等条件都维持正常、稳定，则塔压将随采出量的多少而发生变化。采出量太少的话，塔压将会升高；反之，若采出量太大，塔压降低。因此，可适当地采取调节塔顶采出量来控制塔压。

操作中有时釜温、加料量及塔顶采出量都未变化，塔压却升高，可能是冷凝器的冷剂量不足或冷剂温度升高，或冷剂压力下降所致，此时应尽快联系供冷单位予以调节。若一时冷剂不能恢复到正常操作情况，则应在允许的条件下，塔压可维持高一点或适当加大塔顶采出，并降低釜温，以保证不超压。

一定温度有与之相应的压力。在加料量和回流量及冷剂量不变的情况下，塔顶或塔釜温度的波动，引起塔压的相应波动，这是正常的现象。如果塔釜温度突然升高，塔内上升蒸气量增加，必然导致塔压的升高。这时除调节塔顶冷凝器的冷剂和加大采出量外，更重要的是设法降低塔釜温度，使其回归正常温度。如果处理不及时，重组分带到塔顶，会使塔顶产品不合格。如果单纯考虑调节压力，加大冷剂量，不去恢复釜温，则易产生液泛；如果单从采出量方便来调节压力，则会破坏塔内各板上的物料组成，严重影响塔顶产品质量。当釜温突然降低，情况与上述情况恰恰相反，其处理方法也对应地变化。至于塔顶温度的变化引起塔压的变化，这种可能性较小。

若是设备问题引起塔压的变化，则应适当地改变其他操作因素，进行适当调节，严重时停车修理。

（2）塔釜温度的调节

影响塔釜温度的主要因素有釜液组成、釜压、再沸器的蒸气量和蒸气压力等。因此，在釜温波动时，除了分析再沸器的蒸气量和蒸气压力的变动外，还应考虑其他因素的影响。例如，塔压的升高或降低，也能引起釜温的变化，当塔压突然升高，虽然釜温随之升高，但上升蒸气量却下降，使塔釜轻组分变多，此时，要分析压力变高的原因并加以排除。如果塔压突然下降，此时釜温随之下降，上升蒸气量却增大，塔釜液可能被蒸空，重组分就会带到塔顶。

在正常操作中，有时釜温会随加料量或回流量的改变而改变。因此，在调节加料量或回流量时，要相应地调节塔釜温度和塔顶采出量，使塔釜温度和操作压力平稳。

（3）回流量的调节

回流量是直接影响产品质量和塔的分离效果的重要因素，回流比是生产中用来调节产品质量的主要手段。在精馏操作中，回流的形式有强制回流和位差回流两种。

一般，回流量是根据塔顶产品量按一定比例来调节的。位差回流是冷凝器按其回流比将塔顶蒸出的气体冷凝，冷凝液借冷凝器与回流入口的位差(静压头)返回塔顶的。因此，回流量的波动与冷凝的效果有直接的关系。冷凝效果不好，蒸出的气体不能按其回流比冷凝，回流量将减少。另外，采出量不均，也会引起压差的波动而影响回流量的波动。强制回流是借泵把回流液输送到塔顶，这样能克服压差的波动，保证回流量的平稳，但冷凝器的冷凝好坏及塔顶采出量的情况也会影响回流。

回流量增加，塔压差明显增大，塔顶产品纯度会提高；回流量减少，塔压差变小，塔顶产品纯度变差。在操作中，往往就是依据这两方面的因素来调节回流比。

(4) 塔压差的调节

塔压差是判断精馏塔操作加料、出料是否均衡的重要指标之一。在加料、出料保持平衡和回流量保持稳定的情况下，塔压差基本上变化很小。

如果塔压差增大，必然会引起塔身各板温度的变化，塔压差增大的原因可能是因塔板堵塞，或是采出量太少，塔内回流量太大所致。此时，应提高采出量来平衡操作，否则，塔压差将逐渐增大，会引起液泛。当塔压差减小时，釜温不太好控制，这可能是塔内物料太少，精馏塔处于干板操作，起不到分离作用，必然导致产品质量下降。此时，应减少塔顶产出量，加大回流量，使塔压差保持稳定。

(5) 塔顶温度的调节

在精馏操作中，塔顶温度是由回流温度来控制。影响回流温度的直接因素是塔顶蒸气组成和塔顶冷凝器的冷凝效果，间接因素则有多种。

在正常操作中，若加料量、回流量、釜温及操作压力都一定的情况下，塔顶温度处于正常状态。当操作压力提高时，塔顶温度会下降。反之，塔顶温度会上升。如遇到这种情况，必须恢复正常操作压力，方能使塔顶温度正常。另外，在操作压力正常的情况下，塔顶温度随塔釜温度的变化而变化。塔釜温度稍有下降，塔顶温度随之下降，反之亦然。遇到这种情况，且操作压力适当，产品质量很好时，可适当调节釜温，恢复塔顶温度。

生产中，如果由于塔顶冷凝器效果不好，或冷凝、冷却条件不满足，使回流温度升高而导致塔顶温度上升，进而塔压升高，不易控制时，则应尽快解决塔顶冷凝器的冷却效果，否则，会影响精馏的正常运行。

(6) 塔釜液面的调节

精馏操作中，应控制塔釜液面高度一定，这样可起到塔釜液封的作用，使被蒸发的轻组分蒸气，不致从塔釜排料管跑掉；另外，使被蒸发的液体混合物在釜内有一定的液面高度和塔釜蒸发空间，并使塔釜液体在再沸器的蒸发液面与塔釜液面有一个位差高度，保证液体因静压头作用而不断循环去再沸器内进行蒸发。

塔釜的液面一般通过塔釜排出量来控制，正常操作中，当加料、采出、产品、回流比等条件一定时，塔釜液的排出量也应该是一定的。但是，塔釜液面随温度、压力、回流量等条件的变化而改变。如这些条件发生变化，将会引起塔釜排出物组成的改变，塔釜液面也随之改变，此时，应适当调整釜液排出量。例如，当加料量不变时，塔釜温度下降，塔釜液中易挥发组分增多，促使塔釜液增加，如不增大釜液排出量，塔釜必然被充满，此时，应提高釜温，或增大釜液排出量来稳定塔釜液面。

4.4.3 精馏操作中不正常现象及处理方法

实际生产中，由于原料及产品的性质不同，质量要求各异，因此流程和塔型的选择及精馏形式，随之产生的不正常现象和处理方法也就不同。精馏操作中，常出现的不正常现象和处理方法见表4－3。

表4－3 精馏操作中常出现的不正常现象和处理方法

不正常现象	可能的原因	处理方法
釜温及压力不稳	(1)蒸气压力不稳 (2)疏水器不畅通 (3)加热器漏	(1)调解蒸气压力至稳定 (2)检查、更换疏水器 (3)停车检修
塔压差增大	(1)负荷升高 (2)回流量不稳定 (3)液泛 (4)设备堵塞	(1)降低负荷 (2)调解回流量使其稳定 (3)查找原因，对症处理 (4)疏通
釜温突然下降且釜温无法回升至稳定值	开车升温 (1)疏水器失灵 (2)再沸器加热蒸气冷凝液未排出，蒸汽无法加入 (3)再沸器有杂质堵塞管道	(1)检查疏水器 (2)冷凝液排出操作 (3)清理再沸器
	正常操作 (1)循环管堵，塔釜无循环液 (2)再沸器列管堵 (3)排水阻气阀失灵 (4)塔板堵塞，液体不能回到塔釜	(1)疏通循环管 (2)疏通列管 (3)检修或更换排水阻气阀 (4)停车检查清洗
塔顶温度不稳定	(1)塔釜温度不稳定 (2)回流液温度不稳定 (3)回流管线不畅通 (4)操作压力波动 (5)回流比小	(1)调解釜温至规定值 (2)检查冷剂温度和冷剂量 (3)疏通回流管 (4)调解操作压力至正常 (5)调解回流比至正常
系统压力升高	(1)冷剂温度高或循环量少 (2)塔釜采出量偏少 (3)塔釜温度突然上升 (4)设备有或堵塞	(1)调解冷剂温度或循环量 (2)增大塔釜采出量 (3)调解加热蒸汽量或稳度 (4)停车检修
液泛	(1)塔釜温度突然上升 (2)回流比大 (3)液体下降不畅，降液管局部被污物堵塞 (4)塔釜列管漏	(1)调解进料量，降低塔釜温度 (2)增大塔顶采出，减小回流比 (3)停车清理污物 (4)停车检修
塔釜液面不稳定	(1)塔釜排出量不稳定 (2)塔釜温度不稳定 (3)加料组成有变化	(1)调解塔釜排出量至稳定 (2)调解塔釜温度 (3)稳定加料组成

需要明确的是，一种异常现象发生的原因往往有多种，因此，必须了解这些原因，并在实际过程中，结合其他参数进行分析判断，采取正确措施处理。

4.5 精馏过程仿真实例

4.5.1 工艺流程说明

本流程(如图4－23)是利用精馏方法，在脱丁烷塔中将丁烷从脱丙烷塔釜混合物中分离出来。精馏是将液体混合物部分汽化，利用其中各组分相对挥发度的不同，通过液相和气相间的质量传递来实现对混合物分离。本装置中将脱丙烷塔釜混合物部分汽化，由于丁烷的沸点较低，即其挥发度较高，故丁烷易于从液相中汽化出来，再将汽化的蒸气冷凝，可得到丁烷组成高于原料的混合物，经过多次汽化与冷凝，即可达到分离混合物中丁烷的目的。

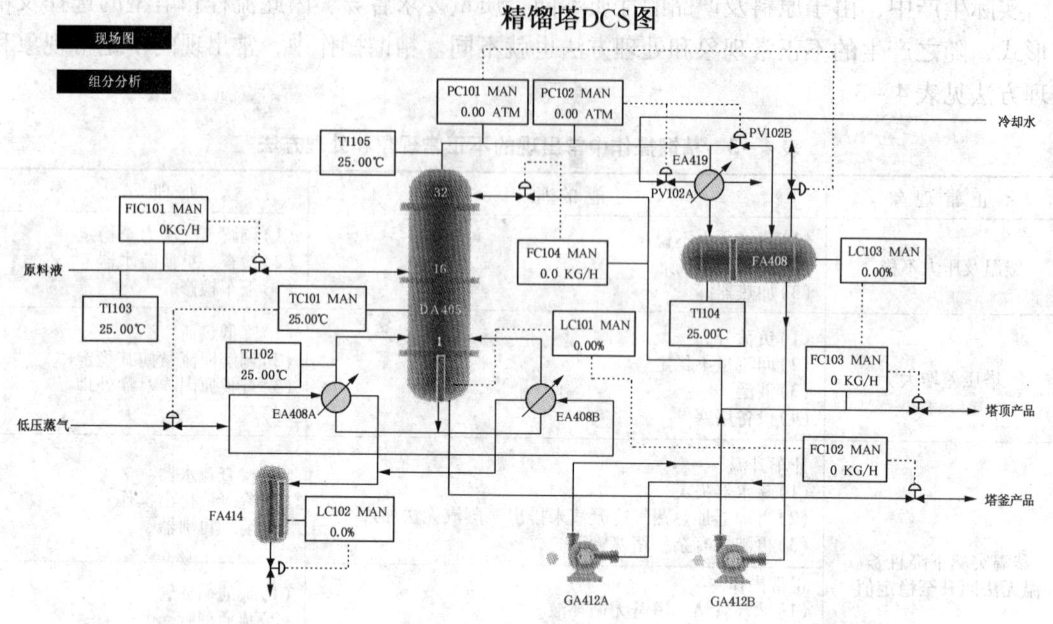

图4-23　脱丁烷塔DCS图

原料为67.8℃脱丙烷塔的釜液(主要有C_4、C_5、C_6、C_7等)，由脱丁烷塔(DA-405)的第16块板进料(全塔共32块板)，进料量由流量控制器FIC101控制。灵敏板温度由调节器TC101通过调节再沸器加热蒸汽的流量，来控制提馏段灵敏板温度，从而控制丁烷的分离质量。

脱丁烷塔塔釜液(主要为C_5以上馏分)一部分作为产品采出，一部分经再沸器(EA-418A、B)部分汽化为蒸气从塔底上升。塔釜的液位和塔釜产品采出量由LC101和FC102组成的串级控制器控制。再沸器采用低压蒸汽加热。塔釜蒸汽缓冲罐(FA-414)液位由液位控制器LC102调节底部采出量控制。

塔顶的上升蒸气(C_4馏分和少量C_5馏分)经塔顶冷凝器(EA-419)全部冷凝成液体，该冷凝液靠位差流入回流罐(FA-408)。塔顶压力PC102采用分程控制：在正常的压力波动下，通过调节塔顶冷凝器的冷却水量来调节压力。当压力超高时，压力报警系统发出报警信号，PC102调节塔顶至回流罐的排气量来控制塔顶压力调节气相出料。操作压力4.25atm(表压)，高压控制器PC101将调节回流罐的气相排放量，来控制塔内压力稳定。冷凝器以冷却水为载热体，回流罐液位由液位控制器LC103调节塔顶产品采出量来维持恒定。回流罐中的液体一部分作为塔顶产品送下一工序，另一部分液体由回流泵(GA-412A、B)送回塔顶作为回流，回流量由流量控制器FC104控制。

4.5.2　本单元复杂控制方案说明

吸收解吸单元复杂控制回路主要是串级回路的使用，在吸收塔、解吸塔和产品罐中都使用了液位与流量串级回路。

串级回路：是在简单调节系统基础上发展起来的。在结构上，串级回路调节系统有两个闭合回路。主、副调节器串联，主调节器的输出为副调节器的给定值，系统通过副调节器的输出操纵调节阀动作，实现对主参数的定值调节。所以在串级回路调节系统中，主回路是定值调节系统，副回路是随动系统。

分程控制：就是由一只调节器的输出信号控制两只或更多的调节阀，每只调节阀在调节器的输出信号的某段范围中工作。

具体实例：

DA405 的塔釜液位控制 LC101 和和塔釜出料 FC102 构成一串级回路。

FC102. SP 随 LC101. OP 的改变而变化。

PIC102 为一分程控制器，分别控制 PV102A 和 PV102B，当 PC102. OP 逐渐开大时，PV102A 从 0 逐渐开大到 100；而 PV102B 从 100 逐渐关小至 0。

该单元包括以下设备：

DA－405：　　脱丁烷塔；

EA－419：　　塔顶冷凝器；

FA－408：　　塔顶回流罐；

GA－412A、B：回流泵；

EA－418A、B：塔釜再沸器；

FA－414：　　塔釜蒸汽缓冲罐。

4.5.3 精馏单元操作规程

4.5.3.1 冷态开车操作规程

装置冷态开工状态为精馏塔单元处于常温、常压氮吹扫完毕后的氮封状态，所有阀门、机泵处于关停状态。

（1）进料过程

① 开 FA－408 顶放空阀 PC101 排放不凝气，稍开 FIC101 调节阀（不超过 20%），向精馏塔进料。

② 进料后，塔内温度略升，压力升高。当压力 PC101 升至 0. 5atm（1atm = 101. 325kPa）时，关闭 PC101 调节阀投自动，并控制塔压不超过 4. 25atm（如果塔内压力大幅波动，改回手动调节稳定压力）。

（2）启动再沸器

① 当压力 PC101 升至 0. 5atm 时，打开冷凝水 PC102 调节阀至 50%；塔压基本稳定在 4. 25atm 后，可加大塔进料（FIC101 开至 50% 左右）。

② 待塔釜液位 LC101 升至 20% 以上时，开加热蒸汽入口阀 V13，再稍开 TC101 调节阀，给再沸器缓慢加热，并调节 TC101 阀开度，使塔釜液位 LC101 维持在 40% ~60%。

③ 待 FA－414 液位 LC102 升至 50% 时，并投自动，设定值为 50%。

（3）建立回流

随着塔进料增加和再沸器、冷凝器投用，塔压会有所升高。回流罐逐渐积液。

① 塔压升高时，通过开大 PC102 的输出，改变塔顶冷凝器冷却水量和旁路量来控制塔压稳定。

② 当回流罐液位 LC103 升至 20% 以上时，先开回流泵 GA412A/B 的入口阀 V19，再启动泵，再开出口阀 V17，启动回流泵。

③ 通过 FC104 的阀开度控制回流量，维持回流罐液位不超高，同时逐渐关闭进料，全回流操作。

（4）调整至正常

① 当各项操作指标趋近正常值时，打开进料阀 FIC101。

② 逐步调整进料量 FIC101 至正常值。

③ 通过 TC101 调节再沸器加热量使灵敏板温度 TC101 达到正常值。

④ 逐步调整回流量 FC104 至正常值。

⑤ 开 FC103 和 FC102 出料，注意塔釜、回流罐液位。

⑥ 将各控制回路投自动，各参数稳定并与工艺设计值吻合后，产品采出投串级。

4.5.3.2 正常操作规程

（1）正常工况下的工艺参数

① 进料流量 FIC101 设为自动，设定值为 14056 kg/h。

② 塔釜采出量 FC102 设为串级，设定值为 7349 kg/h，LC101 设自动，设定值为 50%。

③ 塔顶采出量 FC103 设为串级，设定值为 6707 kg/h。

④ 塔顶回流量 FC104 设为自动，设定值为 9664 kg/h。

⑤ 塔顶压力 PC102 设为自动，设定值为 4.25atm，PC101 设自动，设定值为 5.0atm。

⑥ 灵敏板温度 TC101 设为自动，设定值为 89.3℃。

⑦ FA-414 液位 LC102 设为自动，设定值为 50%。

⑧ 回流罐液位 LC103 设为自动，设定值为 50%。

（2）主要工艺生产指标的调整方法

① 质量调节：本系统的质量调节采用以提馏段灵敏板温度作为主参数，以再沸器和加热蒸汽流量来调节系统，以实现对塔的分离质量控制。

② 压力控制：在正常的压力情况下，由塔顶冷凝器的冷却水量来调节压力，当压力高于操作压力 4.25atm（表压）时，压力报警系统发出报警信号，同时调节器 PC101 将调节回流罐的气相出料，为了保持同气相出料的相对平衡，该系统采用压力分程调节。

③ 液位调节：塔釜液位由调节塔釜的产品采出量来维持恒定，设有高低液位报警。回流罐液位由调节塔顶产品采出量来维持恒定，设有高低液位报警。

④ 流量调节：进料量和回流量都采用单回路的流量控制；再沸器加热介质流量，由灵敏板温度调节。

4.5.3.3 停车操作规程

（1）降负荷

① 逐步关小 FIC101 调节阀，降低进料至正常进料量的 70%。

② 在降负荷过程中，保持灵敏板温度 TC101 的稳定性和塔压 PC102 的稳定，使精馏塔分离出合格产品。

③ 在降负荷过程中，尽量通过 FC103 排出回流罐中的液体产品，至回流罐液位 LC104 在 20% 左右。

④ 在降负荷过程中，尽量通过 FC102 排出塔釜产品，使 LC101 降至 30% 左右。

（2）停进料和再沸器

在负荷降至正常的 70%，且产品已大部采出后，停进料和再沸器。

① 关 FIC101 调节阀，停精馏塔进料。

② 关 TC101 调节阀和 V13 或 V16 阀，停再沸器的加热蒸汽。

③ 关 FC102 调节阀和 FC103 调节阀，停止产品采出。

④ 打开塔釜泄液阀 V10，排不合格产品，并控制塔釜降低液位。

⑤ 手动打开 LC102 调节阀，对 FA-114 泄液。

(3) 停回流

① 停进料和再沸器后，回流罐中的液体全部通过回流泵打入塔，以降低塔内温度。

② 当回流罐液位至 0 时，关 FC104 调节阀，关泵出口阀 V17(或 V18)，停泵 GA412A(或 GA412B)，关入口阀 V19(或 V20)，停回流。

③ 开泄液阀 V10 排净塔内液体。

(4) 降压、降温

① 打开 PC101 调节阀，将塔压降至接近常压后，关 PC101 调节阀。

② 全塔温度降至 50℃左右时，关塔顶冷凝器的冷却水(PC102 的输出至 0)。

4.5.4 仪表一览表

仪表一览表见表 4－4。

表 4－4 仪表一览表

位号	说明	类型	正常值	量程高限	量程低限	工程单位
FIC101	塔进料量控制	PID	14056.0	28000.0	0.0	kg/h
FC102	塔釜采出量控制	PID	7349.0	14698.0	0.0	kg/h
FC103	塔顶采出量控制	PID	6707.0	13414.0	0.0	kg/h
FC104	塔顶回流量控制	PID	9664.0	19000.0	0.0	kg/h
PC101	塔顶压力控制	PID	4.25	8.5	0.0	atm
PC102	塔顶压力控制	PID	4.25	8.5	0.0	atm
TC101	灵敏板温度控制	PID	89.3	190.0	0.0	℃
LC101	塔釜液位控制	PID	50.0	100.0	0.0	%
LC102	塔釜蒸汽缓冲罐液位控制	PID	50.0	100.0	0.0	%
LC103	塔顶回流罐液位控制	PID	50.0	100.0	0.0	%
TI102	塔釜温度	AI	109.3	200.0	0.0	℃
TI103	进料温度	AI	67.8	100.0	0.0	℃
TI104	回流温度	AI	39.1	100.0	0.0	℃
TI105	塔顶气温度	AI	46.5	100.0	0.0	℃

4.5.5 事故操作规程

4.5.5.1 热蒸汽压力过高

原因：热蒸汽压力过高。

现象：加热蒸汽的流量增大，塔釜温度持续上升。

处理：适当减小 TC101 的阀门开度。

4.5.5.2 热蒸汽压力过低

原因：热蒸汽压力过低。

现象：加热蒸汽的流量减小，塔釜温度持续下降。

处理：适当增大 TC101 的开度。

4.5.5.3 冷凝水中断

原因：停冷凝水。

现象：塔顶温度上升，塔顶压力升高。

处理：

① 开回流罐放空阀 PC101 保压；

② 手动关闭 FC101，停止进料；

③ 手动关闭 TC101，停加热蒸汽；

④ 手动关闭 FC103 和 FC102，停止产品采出；
⑤ 开塔釜排液阀 V10，排不合格产品；
⑥ 手动打开 LIC102，对 FA114 泄液；
⑦ 当回流罐液位为 0 时，关闭 FIC104；
⑧ 关闭回流泵出口阀 V17/V18；
⑨ 关闭回流泵 GA424A/GA424B；
⑩ 关闭回流泵入口阀 V19/V20；
⑪ 待塔釜液位为 0 时，关闭泄液阀 V10；
⑫ 待塔顶压力降为常压后，关闭冷凝器。

4.5.5.4 停电

原因：停电。

现象：回流泵 GA412A 停止，回流中断。

处理：

① 手动开回流罐放空阀 PC101 泄压；
② 手动关进料阀 FIC101；
③ 手动关出料阀 FC102 和 FC103；
④ 手动关加热蒸汽阀 TC101；
⑤ 开塔釜排液阀 V10 和回流罐泄液阀 V23，排不合格产品；
⑥ 手动打开 LIC102，对 FA114 泄液；
⑦ 当回流罐液位为 0 时，关闭 V23；
⑧ 关闭回流泵出口阀 V17/V18；
⑨ 关闭回流泵 GA424A/GA424B；
⑩ 关闭回流泵入口阀 V19/V20；
⑪ 待塔釜液位为 0 时，关闭泄液阀 V10；
⑫ 待塔顶压力降为常压后，关闭冷凝器。

4.5.5.5 回流泵故障

原因：回流泵 GA－412A 泵坏。

现象：GA－412A 断电，回流中断，塔顶压力、温度上升。

处理：

① 开备用泵入口阀 V20；
② 启动备用泵 GA412B；
③ 开备用泵出口阀 V18；
④ 关闭运行泵出口阀 V17；
⑤ 停运行泵 GA412A；
⑥ 关闭运行泵入口阀 V19。

4.5.5.6 回流控制阀 FC104 阀卡

原因：回流控制阀 FC104 阀卡。

现象：回流量减小，塔顶温度上升，压力增大。

处理：打开旁路阀 V14，保持回流。

思考题

1. 什么叫蒸馏？在化工生产中分离什么样的混合物？蒸馏和精馏的关系是什么？

2. 精馏的主要设备有哪些？

3. 在本单元中，如果塔顶温度、压力都超过标准，可以有几种方法将系统调节稳定？

4. 当系统在一较高负荷突然出现大的波动、不稳定，为什么要将系统降到一低负荷的稳态，再重新开到高负荷？

5. 根据本单元的实际，结合“化工原理”讲述的原理，说明回流比的作用。

6. 若精馏塔灵敏板温度过高或过低，则意味着分离效果如何？应通过改变哪些变量来调节至正常？

7. 请分析本流程中如何通过分程控制来调节精馏塔正常操作压力的。

8. 根据本单元的实际，理解串级控制的工作原理和操作方法。

习题

1. 某精馏塔的进料流量和组成见习表4－1。操作压力为4.052MPa。要求乙烯回收率不小于98%；塔釜液中甲烷流量不大于0.051kmol/h。试用清晰分割法计算该塔塔顶产品和塔釜液的流量和组成。

习表4－1

组分	CH_4	C_2H_4	C_2H_6	C_3H_8	C_4	合计
流量 F/(kmol/h)	30.0	35.0	20.0	10.0	5.0	100.0

2. 用简洁法计算习题1精馏塔的理论塔板数和进料位置，已知回流比是最小回流比的1.5倍。塔顶产品和塔釜液中组分分割按习题1的计算结果。塔顶为全凝器，泡点回流。饱和液体进料。

3. 已知脱丙烷塔的进料组成见习表4－2。要求丙烷在塔釜的浓度不大于0.005，丁烯在塔顶产品中的浓度也不大于0.005(均为mol分数)试用清晰分割法确定塔顶和塔釜产品的流量和组成。

习表4－2

组分	C_2H_6(1)	C_3H_6(2)	C_3H_8(3)	C_4H_8(4)	C_4H_{10}(5)	合计
流量 F/(kmol/h)	0.50	16.00	18.50	8.00	7.00	50.00

4. 题目同3，如果塔的操作压力为1700kPa，进料状态 $q=-0.5$，塔顶温度为320K，塔釜温度为380K，试计算该塔的最小回流比。

5. 在连续精馏塔中，原料的流量和进料组成及操作条件下的平均相对挥发度见习表4－3。

习表4－3

组分	CH_4	C_2H_6(l)	C_3H_6(h)	C_3H_8	$i-C_4H_{10}$	$n-C_4H_{10}$	合计
流量 F/(kmol/h)	5	35	15	20	10	15	100
$\alpha_{i,h}$	10.95	2.59	1.00	0.884	0.442	0.296	

按照分离要求，在馏出液中回收进料中乙烷的95.5%，在釜液中回收丙烯的94.0%(均为mol分数)，试用非清晰分割法计算塔顶、塔釜的产品分布。

6. 用简洁法计算脱丙烷塔的理论塔板数及进料位置。根据分离要求，确定丙烷为轻关键组分，丁烯为重关键组分。同时已知进料为气、液混合物，轻、重关键组分在进料中的摩尔分数为 $z_l=0.3100$，$z_h=0.1766$。进料条件下轻、重关键组分的相平衡常数分别为 $k_l=1.34$、$k_h=0.613$。最小回流比为1.15，操作回流比是最小回流比的1.4倍，其他条件见习表4-4。

习表4-4

	组分	馏出液		釜液量	
		$x_{D,i}$	k_{Di}	$x_{W,i}$	k_{Wi}
1	C_2H_6	0.76	2.6	0	4.8
2	C_3H_6	46.16	1.07	0	2.45
3	C_3H_8(lk)	52.57	0.95	0.51	2.25
4	C_4H_8(hk)	0.51	0.395	42.70	1.145
5	C_4H_{10}	0	0.32	45.40	0.97
6	C_5	0	0.12	11.39	0.45
	合计	100.00		100.00	

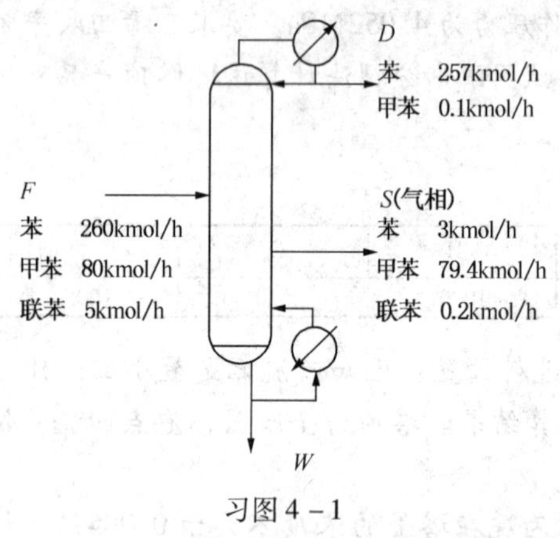

习图4-1

7. 某具有气相侧线采出的复杂精馏塔，部分物料衡算结果见习图4-1所示，如果取 $R=1.25R_m$。

进料状态 $q=0.5$，试计算恒摩尔流条件下上、中、下三段的气、液相负荷，精馏塔的回流比，理论塔板数。

已知精馏体系近似为完全理想系，饱和蒸汽压 $\lg p_i^s = A - \dfrac{B}{C+T}$（$p_i^s$：kPa，$T$：℃），式中各组分系数列于习表4-5附表1。

习表4-5附表1

组分	苯	甲苯	联苯
A	6.927418	5.999127	6.36895
B	2037.562	1253.273	1997.558
C	340.2042	203.9267	202.608

符号说明

英文字母：

A、B——组分；

D——馏出流率液，kmol/h；

d——组分馏出液流率，kmol/h；

F——流率进料，kmol/h；

f——组分进料流率，kmol/h；

k——相平衡常数；

L——液相主体；

W——釜液流率，kmol/h；

w——组分釜液流率，kmol/h；

ΔH_v——熔解热，kJ/kg；

M——相对分子质量；

m——提馏段理论塔板数；

N——理论板数；

n——组分数；精馏段理论塔板数；

p——压力，Pa；

q——进料中的液相分率；

R——回流比；

S——吸收剂、溶剂流率；

x——液相摩尔分数；

y——气相摩尔分数；

z——进料组成，摩尔分率。

上标：

s——饱和状态；

ˋ——提馏段。

下标：

A、B——组分；

D——馏出液；

F——进料；

o——初始状态；

h，hk——重关键组分；

i——组分；

j——基准组分；

l，lk——轻关键组分

m——最小状态。

希腊字母：

α——相对挥发度；

γ——液相活度系数；

θ——方程式的根；

η——回收率。

5 特殊精馏

学习目的：

通过本章的学习，掌握用精馏原理分离相对挥发度接近于1的物系的方法；为萃取精馏、共沸精馏的实际操作打下理论基础。

知识要求：

熟悉萃取精馏、共沸精馏的原理和工艺流程；

掌握萃取精馏、共沸精馏相关工艺计算；

了解特殊精馏塔的操作要点。

能力要求：

熟练特殊精馏的工业应用；

能对特殊精馏过程作相应的计算，为实际操作建立理论基础。

在化工生产中常常会遇到被分离组分的相对挥发度接近于1或形成共沸物的系统，应用一般的精馏方法分离这种混合物，或在经济上是不合理的，或在技术上是不可能的。对于这种物系的分离通常可以采用特殊精馏方法来实现分离。

若向这种溶液中加入一种新组分，通过它对原溶液中各组分的不同作用，改变它们之间的相对挥发度，使物系变得易于分离，这种既加入能量分离剂，又加入质量分离剂的特殊精馏也称为增强精馏。

如果所加入的新组分能和被分离物系中一个或几个组分形成最低共沸物塔顶蒸出，这种分离操作称为共沸精馏，加入的新组分叫做共沸剂。

如果加入的新组分和原物系中各组分不形成共沸物，且对物系中各组分有不同的溶解选择性，新组分沸点要高于原物系中任一组分的沸点，从塔釜离开精馏塔，工业上把这种分离操作称为萃取精馏，所加入的新组分称为萃取剂或萃取剂。

共沸精馏和萃取精馏实质上都是多组分非理想溶液的精馏，其基本原理与普通精馏一样，由于引入新组分，并要求在塔中具有适当浓度，物系又是非理想溶液。因此，特殊精馏的计算和操作均较一般精馏塔复杂。

本章主要讨论萃取精馏和共沸精馏的原理、流程、质量分离剂的选择原则、简捷计算方法和过程分析。

5.1 萃取精馏

5.1.1 萃取精馏流程

典型的萃取精馏流程如图5-1所示。图中塔1为萃取精馏塔，塔2为萃取剂回收塔。A、B两组分混合物进入塔1，同时向塔内加入萃取剂S，降低组分B的挥发度，而使组分A

变得易挥发。萃取剂的沸点比被分离组分高，为了使塔内维持较高的萃取剂浓度，萃取剂加入口一定要位于进料板之上，但需要与塔顶保持有若干块塔板，起回收萃取剂的作用，这一段称萃取剂回收段。在该塔顶得到组分 A，而组分 B 与萃取剂 S 由塔釜流出，进入塔 2，从该塔顶蒸出组分 B，萃取剂从塔釜排出，经与原料换热和进一步冷却，循环至塔 1。

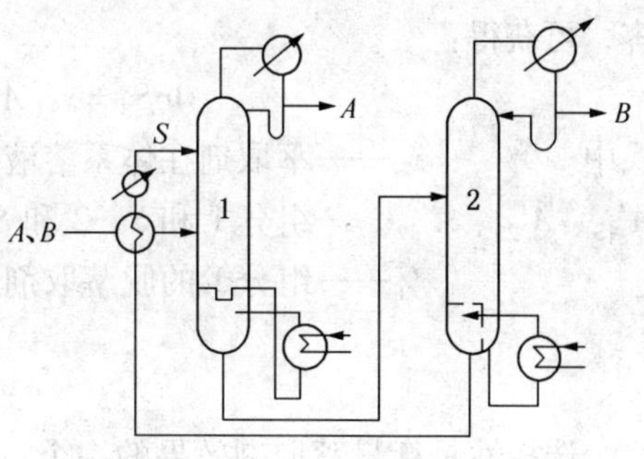

图 5－1　萃取精馏流程

1—萃取精馏塔；2—萃取剂回收塔

萃取精馏在工业上已经广泛应用，表 5－1 列举了一些工业应用实例。

表 5－1 萃取精馏的工业应用

进料中关键组分	萃取剂	进料中关键组分	萃取剂
丙酮－甲醇	苯胺、乙二醇、水	异丁烷－1－丁烯	糠醛
苯－环己烷	苯胺	2－甲基，1，3－丁二烯－戊烷	乙腈，糠醛
丁二烯－丁烷	丙酮	异戊烯－戊烯	丙酮
丁二烯－1－丁烯	糠醛	甲醇－二溴甲烷	1，2－二溴乙烷
丁烷－丁烯	丙酮	硝酸－水	硫酸
丁烯－异戊烯	二甲基甲酰胺	正丁烷－顺 2－丁烯	糠醛
异丙苯－苯酚	磷酸酯	丙烷－丙烯	乙腈
环己烷－庚烷	苯胺、苯酚	甲苯－庚烷	苯胺、苯酚
环己酮－苯酚	己二酸二酯	吡啶－水	双酚
乙醇－水	甘油、乙二醇	四氢呋喃－水	二甲基酰胺、丙二醇
盐酸－水	硫酸		

5.1.2　萃取精馏原理和萃取剂的选择

① 萃取剂的作用。设组分 1 和组分 2 的混合物，加入萃取剂 S 进行分离。

工业上对于非理想溶液的精馏，通常在低压下（一般指 1.0MPa 以下）操作，因此，气相可视为为理想气体，液相为非理想溶液，由公式（2－70）知相平衡关系为 $k_i=\frac{\gamma_i^L p_i^s}{p}$。

未加萃取剂时的双组分系统，组分 1 和组分 2 的相对挥发度为：

$$\alpha_{12}=\frac{\gamma_1 p_1^s}{\gamma_2 p_2^s} \tag{5-1}$$

加入萃取剂后的三组分系统，组分 1 和组分 2 的相对挥发度为：

$$(\alpha_{12})_S=\frac{p_1^s}{p_2^s}\left(\frac{\gamma_1}{\gamma_2}\right)_S \tag{5-2}$$

并将 $(\alpha_{12})_S$ 和 α_{12} 的定义为萃取剂的选择性，用 S_S 表示。通常认为有无萃取剂存在对组分 1、2 的饱和蒸气压的影响不大，所以：

$$S_S=\frac{\left(\frac{\gamma_1}{\gamma_2}\right)_S}{\left(\frac{\gamma_1}{\gamma_2}\right)} \tag{5-3}$$

$\left(\frac{\gamma_1}{\gamma_2}\right)$ 和 $\left(\frac{\gamma_1}{\gamma_2}\right)_S$ 可以有双组分和三组分的 Margules 方程来进行计算，参见第二章相关内

容，可获得：

$$\ln S_S = x_S[A'_{1S} - A'_{2S} - A'_{12}(1-2x'_1)] \quad (5-4)$$

式中 x_S——萃取剂在体系溶液中的摩尔分率；

A'_{1S}、A'_{2S}、A'_{12}——组分1和S、2和S、1和2的端值常数；

x'_1——组分1的脱萃取剂摩尔分率，或称相对浓度；

$$x'_1 = \frac{x_1}{x_1 + x_2} \quad (5-5)$$

选择性是衡量萃取剂效果的一个重要标志。由式(5-4)可以看出，萃取剂的选择性不仅决定于萃取剂的性质和浓度，而且也和原溶液的性质及浓度有关。

当原有两组分的沸点相近，非理想性不大时，组分1对组分2的相对挥发度接近于1。加入萃取剂S后，萃取剂与组分1形成具有较强正偏差的非理想溶液($A'_{1S}>0$)，与组分2形成负偏差溶液($A'_{2S}<0$)或理想溶液($A'_{2S}=0$)，使$A'_{1S}>A'_{2S}$，从而提高了组分1对组分2的相对挥发度，以实现原有两组分的分离。显然，萃取剂对1、2组分的作用是不同的。

当被分离物系的非理想性较大，且在一定浓度范围难以分离时，加入萃取剂后，原有组分的浓度均下降，而减弱了它们之间的相互作用。在该情况下，萃取剂主要起了稀释作用。

对于一个具体的萃取精馏过程，萃取剂对原溶液关键组分的相互作用和稀释作用是同时存在的，均应对相对挥发度的提高有贡献，但到底哪个作用是主要的？随萃取剂的选择和原溶液的性质不同而异。

② 萃取剂的选择。在选择萃取剂时，应使原有组分的相对挥发度按所希望的方向改变，并有尽可能大的选择性。

考虑被分离组分的极性有助于萃取剂的选择。常见的有机化合物按极性增加的顺序排列为：烃→醚→醛→酮→酯→醇→二醇→(水)。选择在极性上更类似于重关键组分的化合物作萃取剂，能有效地减小重关键组分的挥发度。例如，分离甲醇(沸点64.7℃)和丙酮(沸点65.5℃)的共沸物。若选烃为萃取剂，则丙酮为难挥发组分；若选水为萃取剂，则甲醇为难挥发组分。

Ewell认为，选择萃取剂时考虑组分间能否生成氢键比极性更重要。显然，若生成氢键，必须有一个活性氢原子(缺少电子)与一个供电子的原子相接触，氢键强度取决于与氢原子配位的供电子原子的性质。Ewell根据液体中是否具有活性氢原子和供电子原子，将全部液体分成五类：

第Ⅰ类：能生成三维氢键网络的液体：水、乙二醇、甘油、氨基醇、羟胺、含氧酸、多酚和胺基化合物等。这些是“缔合”液体，具有高介电常数，并且是水溶性的。

第Ⅱ类：含有活性氢原子和其他供电子原子的其余液体。例如，酸、酚、醇、伯胺、仲胺、肟、含氢原子的硝基化合物和腈化物，氨、联氨、氟化氢、氢氰酸等。该类液体的特征同Ⅰ类。

第Ⅲ类：分子中仅含供电子原子(O、N、F)，而不含活性氢原子的液体：醚、酮、酚、酯、叔胺。这些液体也是水溶性的。

第Ⅳ类：由仅含有活性氢原子，不含有供电子原子的分子组成的液体。例如，$CHCl_3$、CH_2Cl_2、$CH_2Cl—CHCl_2$等。该类液体微溶于水。

第Ⅴ类其他液体，即不能生成氢键的化合物：烃类、二硫化碳、硫醇、非金属元素等。该类液体基本上不溶于水。

各类液体混合形成溶液时的偏差情况汇总于表 5－2。显然，当形成溶液时仅有氢键生成则呈现负偏差；若仅有氢键断裂，则呈现正偏差；若既有氢键生成又有断裂，则情况比较复杂。从氢键理论出发将溶液划分为五种类型，并预测不同类型溶液的混合特征，对选择萃取剂是有指导意义的。例如，选择某萃取剂来分离相对挥发度接近 1 的二元物系，若萃取剂与组分 2 生成氢键，降低了组分 2 的挥发度，使组分 1 对组分 2 的相对挥发度有较大提高，那么该萃取剂是符合基本要求的。

表 5－2　各类液体混合时对拉乌尔定律的偏差

类　型	偏　差	氢　键	类　型	偏　差	氢　键
Ⅰ＋Ⅴ	总是正偏差	仅有氢键断裂	Ⅲ＋Ⅲ		
Ⅱ＋Ⅴ	Ⅱ＋Ⅴ常为部分互溶				
Ⅲ＋Ⅳ	总是负偏差	仅有氢键生成	Ⅲ＋Ⅴ	接近理想溶液的正偏差	
Ⅰ＋Ⅳ	总是正偏差	既有氢键生成			
Ⅱ＋Ⅳ	Ⅱ＋Ⅳ为部分互溶	又有氢键断裂	Ⅳ＋Ⅳ	或理想溶液	无氢键
Ⅰ＋Ⅰ					
Ⅰ＋Ⅱ	一般为正偏差	既有氢键生成	Ⅳ＋Ⅳ	最低共沸物	
Ⅰ＋Ⅲ	有时为负偏差	又有氢键断裂			
Ⅱ＋Ⅱ	形成最高共沸物		Ⅳ＋ⅤⅤ＋Ⅴ	最低共沸物	
Ⅱ＋Ⅲ				（如果有共沸物）	

萃取剂的沸点要足够高，以避免与系统中任何组分生成共沸物。沸点高的同系物作萃取剂回收容易，但相应提高了萃取剂回收塔的温度，增加了能耗。此外，尚需满足的工艺要求是：萃取剂与被分离物系有较大的相互溶解度，萃取剂在操作中是热稳定的，与混合物中任何组分不起化学反应，萃取剂比（萃取剂/进料）不得过大，无毒、不腐蚀、价格低廉易得等。

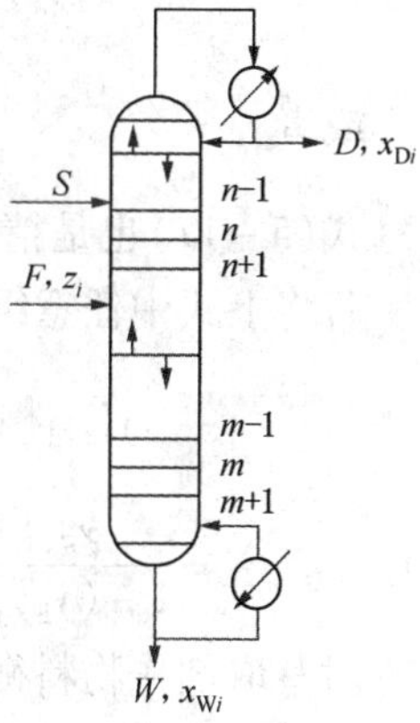

用常规的气、液平衡测定方法筛选萃取剂是昂贵的，因此，常用气相色谱法快速测定关键组分在萃取剂中的无限稀释活度系数和选择性。

图 5－2　萃取精馏塔

5.1.3　萃取精馏过程分析

5.1.3.1　萃取精馏塔物料衡算

（1）全塔物料衡算

图 5－2 为萃取塔的物料分配，原溶液总物料衡算式为：

$$F = D' + W' \tag{5-6}$$

原溶液中任意物质 i 物料衡算式为：

$$Fz_i = D'x'_{\mathrm{D},i} + W'x'_{\mathrm{W},i} \tag{5-7}$$

式中　F、D'、W'——原溶液系统进料、塔顶馏出液、塔釜液摩尔流量，kmol/h；

z_i、$x'_{\mathrm{D},i}$、$x'_{\mathrm{W},i}$——原溶液系统 i 组分在进料、塔顶馏出液、塔釜液中摩尔分率，也称为脱萃取剂相对浓度；

加入萃取剂后体系的物料衡算式为：

$$F + S = D + W \tag{5-8}$$

对萃取剂 S 作物料衡算为：

$$S = Dx_{\mathrm{D,S}} + Wx_{\mathrm{W,S}} \tag{5-9}$$

式中 D、W——包含萃取剂时塔顶馏出液、塔釜液摩尔流量，kmol/h；

$x_{D,S}$、$x_{W,S}$——塔顶馏出液、塔釜液中萃取剂摩尔分率。

显然
$$D = D' + Dx_{D,S} \tag{5-10}$$
$$W = W' + Wx_{W,S} \tag{5-11}$$
所以
$$D = \frac{D'}{1 - x_{D,S}} \tag{5-12}$$
$$W = \frac{W'}{1 - x_{W,S}} \tag{5-13}$$

同时对于萃取剂系统任意组分脱萃取剂后的相对浓度为：

$$x'_i = \frac{x_i}{1 - x_S} \tag{5-14}$$

式(5－14)可以用于塔顶、塔釜、任意板上组分的相对摩尔数。

(2) 精馏段物料衡算和操作线方程

$$V_{n+1} + S = L_n + D \tag{5-15}$$

式中 V、S、L、D——气相、萃取剂、液相及馏出液流率，kmol/h

n——塔板序号(从上往下数)。

若萃取剂中不含有原溶液的组分，除萃取剂外的任意组分的物料衡算为：

$$V_{n+1}y_{n+1} = L_n x_n + Dx_D \tag{5-16}$$

或者
$$y_{n+1} = \frac{L_n}{V_{n+1}}x_n + \frac{D}{V_{n+1}}x_D \tag{5-17}$$

式(5－17)也是精馏段的操作线方程。

若将上式中任意组分的含量改为脱萃取剂的相对含量，则：

$$y'_{n+1}[1 - (y_S)_{n+1}] = \frac{L_n}{V_{n+1}}x'_n[1 - (x_S)_n] + \frac{D}{V_{n+1}}x'_D[1 - (x_S)_D] \tag{5-18}$$

式中 $y'_{n+1} = \dfrac{y_{n+1}}{1 - (y_S)_{n+1}}$；$x'_{n+1} = \dfrac{x_{n+1}}{1 - (x_S)_{n+1}}$；$x'_D = \dfrac{x_D}{1 - (x_S)_D}$

对萃取剂作物料衡算，可得：

$$V_{n+1}(y_S)_{n+1} + S = L_n(x_S)_n + D(x_S)_D \tag{5-19}$$

若$(x_S)_D \approx 0$，则上式成为：

$$V_{n+1}(y_S)_{n+1} + S = L_n(x_S)_n \tag{5-20}$$

(3) 提馏段物料衡算和操作线方程

$$V_m = L_{m-1} - W \tag{5-21}$$

对任意组分作物料衡算为：

$$V_m y_m = L_{m-1}x_{m-1} - Wx_W \tag{5-22}$$

或者
$$y_m = \frac{L_{m-1}}{V_m}x_{m-1} - \frac{W}{V_m}x_W \tag{5-23}$$

式(5－23)也是提馏段操作线方程。

若将上式中任意组分的含量改为脱萃取剂的相对含量，则：

$$y'_m[1 - (y_S)_m] = \frac{L_{m-1}}{V_m}x'_{m-1}[1 - (x_S)_{m-1}] - \frac{W}{V_m}x'_W[1 - (x_S)_W] \tag{5-24}$$

式中 $y'_m=\dfrac{y_m}{1-(y_S)_m}$；$x'_{m-1}=\dfrac{x_{m-1}}{1-(x_S)_{m-1}}$；$x'_W=\dfrac{x_W}{1-(x_S)_W}$

5.1.3.2 萃取精馏塔内流量分布

假设精馏塔内为恒摩尔流，且馏出液中萃取剂浓度很小，可以忽略不计。参阅图5-2，列出萃取精馏塔中各段气、液相负荷分别为：

萃取剂回收段：
$$V=(R+1)D \tag{5-25}$$
$$L=RD \tag{5-26}$$

精馏段：
$$V_n=(R+1)D \tag{5-27}$$
$$L_n=RD+S \tag{5-28}$$

提馏段：
$$V_m=L_m-W \tag{5-29}$$
$$L_m=L_n+qF=RD+S+qF \tag{5-30}$$

以上各式适用于塔内温度变化不大，且塔内温度与进塔萃取剂温度接近的情况，当温度变化增大时，误差会增大，此时需要热量衡算确定流量的变化。

5.1.3.3 萃取精馏塔内萃取剂用量与含量分布

在萃取精馏塔内，由于所用萃取剂的挥发度比原溶液的挥发度低得多，且用量较大，故在塔内基本上维持一固定的含量值，它决定了原溶液中关键组分的相对挥发度和塔的经济合理操作。根据“恒定浓度”的概念，还可以简化萃取精馏过程的计算。

假设：①塔内为恒摩尔流；②塔顶带出的萃取剂量忽略不计。由萃取剂的物料衡算可得到：

$$V_ny_S+S=L_nx_S \tag{5-31}$$

根据相对挥发度的定义，萃取剂与原溶液之间相对挥发度可用下式表示：

$$\beta=\frac{k_S}{k}=\frac{\dfrac{y_S}{x_S}}{\dfrac{(1-y_S)}{(1-x_S)}}$$

于是
$$y_S=\frac{\beta x_S}{1+(\beta-1)x_S} \tag{5-32}$$

将式(5-32)化简可得：

$$\beta=\frac{1-x_S}{\sum\limits_{i=1}^{n}\alpha_{iS}x_i} \tag{5-33}$$

式中 α_{iS}——组分 i 对萃取剂的相对挥发度；
x_i——组分 i 在溶液中的摩尔分率。

联解公式(5-31)和式(5-32)得精馏段的萃取剂浓度为：

$$x_S=\frac{S}{(1-\beta)L_n-(\dfrac{\beta D}{1-x_S})} \tag{5-34}$$

式(5-33)表示了萃取剂含量与萃取剂的加入量、萃取剂对原溶液的相对挥发度以及塔板间液相流率的关系。由于萃取剂对原溶液的相对挥发度数值一般很小，所以在应用该式定性分析参数之间的相互关系时，可忽略分母中第二项。由式(5-33)可见，提高板上萃取剂含量的主要手段是增加萃取剂的进料流率。当 S 和 L_n 一定时，β 值越大，x_S 也越大，有利于原溶液组分的分离，但增加了萃取剂回收段的负荷和回收萃取剂的难度。

由式(5-33)还可看出，当S及β一定时，L_n增大(即回流比增大)使x_S下降。因此，萃取精馏塔不同于一般精馏塔，增大回流比并不总是提高分离程度的，对于一定的萃取剂/进料，通常有一个最佳回流比，它是权衡回流比和萃取剂含量对分离度综合影响的结果。

在一般工程估算中，若在全塔范围内β的变化不大于10%～20%，则可认为是定值。如果萃取剂有一定挥发度使$\beta>0.05$，则在确定精馏段平均温度下的β值后，必须由试差法计算x_S(或S)。

对于提馏段，可用类似的方法得到：

$$\bar{x}_S=\frac{S}{(1-\beta)L_m+\left(\frac{\beta W}{1-\bar{x}_S}\right)} \tag{5-35}$$

若$\beta=0$，当进料为饱和蒸气时，则$\bar{x}_S=x_S$；当进料为液相或气、液混合物时，则$\bar{x}_S<x_S$。

由于进入塔内的萃取剂基本上从塔釜出料，故釜液中萃取剂的含量$(x_S)_W=S/W$，与提馏段塔板上萃取剂含量相比，因$L_m>W$，所以$(x_S)_W>\bar{x}_S$，萃取剂含量在再沸器中发生跃升。萃取精馏的这一特点表明，不能以塔釜液萃取剂含量当作塔板上萃取剂的含量。

5.1.3.4 回流比与理论塔板数

萃取精馏塔中萃取剂的浓度基本保持恒定，萃取剂的作用可看作只是改变原溶液中被分离组分的相对挥发度。由于萃取剂的加入，减弱了原溶液中各组分间的相互影响，使它们的相对挥发度对浓度的相关性减小。因此，当有大量萃取剂加入，萃取剂浓度很高时，组分的相对挥发度可采用只与萃取剂浓度有关而与被分离组分浓度无关的平均相对挥发度。其计算过程和普通精馏塔相似。

对于原溶液为二组分体系时，最小回流比R_m可采用式(5-36)和式(5-37)计算。

饱和液体进料($q=1$)：

$$R_{m,q=1}=\frac{1}{(\alpha_{12})_S-1}\left[\frac{x_{1,D}}{z_1}-\frac{(\alpha_{12})_S(1-x_{1,D})}{1-z_1}\right] \tag{5-36}$$

饱和蒸气进料($q=0$)：

$$R_{m,q=0}=\frac{1}{(\alpha_{12})_S-1}\left[\frac{(\alpha_{12})_S x_{1,D}}{z_1}-\frac{(1-x_{1,D})}{1-z_1}\right]-1 \tag{5-37}$$

当进料为气、液混合物时($0<q<1$)：

$$R_m=qR_{m,q=1}+(1-q)R_{m,q=0} \tag{5-38}$$

式中 $(\alpha_{12})_S$——当萃取剂存在时，轻组分对重组分的相对挥发度，取塔顶和塔釜的平均值；

$x_{1,D}$——馏出液中轻组分摩尔分数；

z_1——进料中轻组分的摩尔分数。

当原溶液为多组分体系时，采用恩德伍特法计算R_m，按照经验，操作回流比R取1.2～2.0倍R_m。

随着回流比增大，塔内液相流量增加。在一定的萃取剂、原料比时，液相中萃取剂浓度减小，使萃取剂的作用减小。因此，萃取精馏和普通精馏不同，增大回流比并不一定能改善分离情况。萃取精馏塔的适宜回流比，应在权衡增大回流比所固有的好处和萃取剂浓度对分离的影响之后决定。

萃取精馏塔可分三段计算：萃取剂回收段、精馏段和提馏段。萃取剂回收段的作用是降低馏出液中萃取剂的含量，减小萃取剂损失。由于萃取剂对被分离组分的相对挥发度很小，所需理论塔板数很少，一般在0.5~1个理论塔板左右。所以不必用公式计算其理论塔板数，而取1个理论塔板。对于精馏段和提馏段，如原溶液为二组分，则可用图解法。若为多组分，则可用与普通精馏塔相同的简捷计算法计算理论塔板数。

【例题5-1】 用萃取精馏塔分离正庚烷(1)-甲苯(2)二元混合物。原料组成为$z_1 = z_2 = 0.5$，以苯酚为萃取剂，要求塔板上溶解含量$x_s = 0.55$，操作回流比为5，饱和蒸气进料，平均操作压力为124.123kPa。要求馏出液中含甲苯摩尔分数不超过0.8%，塔釜液中含正庚烷的摩尔分数不超过1%（以脱萃取剂计），试求萃取剂与进料比和理论塔板数。

解：计算基准100kmol进料。

设萃取精馏塔有足够的萃取剂回收段，馏出液中苯酚含量$(x_S)_D \approx 0$

(1) 脱萃取剂的物料衡算

根据公式(5-6)：

$$100 = D' + W' \tag{1}$$

根据公式(5-7)对正庚烷作物料平衡：

$$50 = 0.992D' + 0.010W' \tag{2}$$

联解(1)、(2)式得：$D' = 49.898$；$W' = 50.102$

(2) 计算平均相对挥发度$(\alpha_{12})_S$

由文献中查得本物系的有关二元Wilson方程参数(J/mol)。

$\lambda_{12} - \lambda_{11} = 269.8736$　　$\lambda_{12} - \lambda_{22} = 784.2944$

$\lambda_{1S} - \lambda_{11} = 1528.8134$　　$\lambda_{1S} - \lambda_{SS} = 8783.8834$

$\lambda_{2S} - \lambda_{22} = 137.8068$　　$\lambda_{2S} - \lambda_{SS} = 3285.6918$

各组分的安托尼方程常数：

组　分	A	B	C
正庚烷	6.01876	1264.37	216.640
甲　苯	6.07577	1342.31	219.187
苯　酚	6.05541	1382.65	159.493

$$\lg p^s = A - \frac{B}{t + C},\ t:℃;\ p^s:\ \text{kPa}$$

各组分的摩尔体积(cm^3/mol)：

$$V_1 = 147.47、V_2 = 106.85、V_S = 83.14$$

假设在萃取剂进料板上正庚烷与甲苯的液相相对含量等于馏出液含量。

$$x_1 = 0.4464、x_2 = 0.0036、x_s = 0.5500$$

通过试差该塔板的泡点温度，得泡点温度为108.37℃。

计算活度系数的步骤：

根据公式$\Lambda_{ij} = \frac{V_{m,j}^L}{V_{m,i}^L}\exp\left[-\frac{(\lambda_{ij} - \lambda_{ii})}{RT}\right]$计算得：

$\Lambda_{11}=1.0$，$\Lambda_{12}=0.6655$，$\Lambda_{13}=0.4805$，$\Lambda_{21}=1.0778$，$\Lambda_{22}=1.0$，$\Lambda_{23}=0.7450$，$\Lambda_{31}=0.0354$，$\Lambda_{32}=0.4561$，$\Lambda_{33}=1.0$。

根据公式：

$$\ln\gamma_1=1-\ln\left[\Lambda_{11}x_1+\Lambda_{12}x_2+\Lambda_{1S}x_S\right]$$

$$-\left[\frac{\Lambda_{11}x_1}{\Lambda_{11}x_1+\Lambda_{12}x_2+\Lambda_{1S}x_S}+\frac{\Lambda_{21}x_2}{\Lambda_{21}x_1+\Lambda_{22}x_2+\Lambda_{2S}x_S}+\frac{\Lambda_{S1}x_S}{\Lambda_{S1}x_1+\Lambda_{S2}x_2+\Lambda_{SS}x_S}\right]$$

$$=0.6753$$

$$\gamma_1=1.9646$$

同理：$\gamma_2=0.9723$，$\gamma_S=1.3709$。

根据安托尼方程，求得各组分在该板上的饱和蒸气压分别为：

$$p_1^s=134.4344,\ p_2^s=95.0226,\ p_S^s=7.8276$$

从而求得 $$(\alpha_{12})_S=\left(\frac{\gamma_1p_1^s}{\gamma_2p_2^s}\right)_S=\frac{1.9646\times134.4344}{0.9723\times95.0226}=2.86$$

同理： $$\alpha_{1S}=24.61,\ \alpha_{2S}=8.61$$

假如塔釜上一板液相中正庚烷与甲苯的相对含量为釜液脱萃取剂含量，且萃取剂含量不变，则：

$$x_1=0.0045、x_2=04455、x_S=0.5500$$

计算该板的泡点温度为147.23℃。

对应的各组分在该板的活度系数为：

$$\gamma_1=1.3908、\gamma_2=0.9005、\gamma_S=0.9394。$$

相对挥发度为：

$$(\alpha_{12})_S=2.09、\alpha_{1S}=14.68、\alpha_{2S}=7.02。$$

根据公式(4-33)求得平均相对挥发度为：

$$(\alpha_{12})_S=2.44、\alpha_{1S}=19.01、\alpha_{2S}=7.78。$$

（3）计算最小回流比、回流比

露点进料时，根据公式(5-37)：

$$R_m=\frac{1}{(\alpha_{12})_S-1}\left[\frac{(\alpha_{12})_Sx_{1,D}}{z_1}-\frac{(1-x_{1,D})}{1-z_1}\right]-1$$

$$=\frac{1}{2.44-1}\left[\frac{2.44\times0.992}{0.5}-\frac{(1-0.992)}{1-0.5}\right]-1$$

$$=2.35$$

回流比 $R=5$

（4）计算最小理论塔板数和塔板数

根据萃取剂进料板组成 $x_1=0.4464$、$x_2=0.0036$、$x_S=0.5500$ 和塔釜上一板的组成 $x_1=0.0045$、$x_2=04455$、$x_S=0.5500$ 得最小理论塔板数：

$$N_m=\frac{\lg\left[\left(\frac{x_1}{x_2}\right)_D/\left(\frac{x_1}{x_2}\right)_W\right]}{\lg(\alpha_{12})_S}=\frac{\lg\left[\left(\frac{0.4464}{0.0036}\right)_D/\left(\frac{0.0045}{0.4455}\right)_W\right]}{\lg 2.44}=10.53$$

根据公式 $$X=\frac{R-R_m}{R+1}=\frac{5-2.35}{5+1}=0.4423$$

$$Y = 0.75 - 0.75X^{0.5668} = 0.75 \times (1 - 0.4423^{0.5668}) = 0.2765$$

联系公式 $$Y = \frac{N - N_m}{N + 1}$$

求得 $N = 14.94 \approx 15$(不包括釜)。

同理测算得进料板从下往上数第5板(不包括釜)。

(5) 萃取剂与进料的比值

根据公式(5－33)按进料计算：

$$\beta = \frac{1 - x_S}{\sum_{i=1}^{2} \alpha_{iS} x_i} = \frac{1 - 0.55}{19.01 \times 0.5 + 7.05 \times 0.5} = 0.0168$$

根据公式(5－28)的精馏段的液相负荷。

$$L_n = RD' + S = 249.49 + S$$

根据公式(5－34)得：

$$0.55 = \frac{S}{(1 - 0.168)(249.49 + S) - (\frac{0.0168 \times 49.898}{1 - 0.55})}$$

试差法求得 $S = 291$

所以 $S/F = 2.91$

萃取剂回收段理论塔板数通常取1块。

根据以上计算，全塔理论塔板数为16块(不包括塔釜)。

5.1.4 萃取精馏典型案例

在第四章案例1中，当原料烃裂解深度为中度时，从脱丁烷塔顶馏出的 C_4 馏分所含组分的种类和它们的相对挥发度列于表5－3中。在不加萃取剂时，C_4 馏分中，异丁烯、1－丁烯和丁二烯的相对挥发度相差很小，加入萃取剂后，各组分间的相对挥发度显著增大，有利于将其他组分与丁二烯分离。

表5－3 C_4 馏分的部分组成及在不同萃取剂中的相对挥发度

组　分	正丁烷	异丁烷	异丁烯	1－丁烯	反－2－丁烯	顺－2－丁烯	丁二烯	丙炔	丁炔	乙烯基乙炔
组成/%(mol)	5.013	1.253	27.156	15.974	6.489	5.291	38.308	0.098	0.311	0.108
无萃取剂时的相对挥发度(51.7℃、0.69MPa)	0.886	1.18	1.03	1.02	0.845	0.805	1.00	—	—	—
以含水4%的糠醛水溶液为萃取剂	2.00	2.80	1.55	1.50	1.21	1.13	1.00	—	—	—
以含水10%的乙腈水溶液为萃取剂($x_S = 0.8$)	3.11	4.35	1.89	1.89	1.58	1.37	1.00	1.05	0.462	0.379

5.1.5 萃取精馏典型案例分析

5.1.1.1 乙腈法 C_4 馏分萃取丁二烯案例

乙腈法 C_4 萃取丁二烯工艺流程见图5－3。由裂解气分离工序送来的 C_4 馏分首先送进 C_3 塔(1)、C_5 塔(2)，将 C_3、C_5 脱除，减少高聚物的生成，以保证丁二烯萃取精馏塔(3)平稳操作。丁二烯萃取精馏塔分为两段，共120块塔板，塔顶压力为0.45MPa，塔顶温度为46℃，塔釜温度114℃。C_4 馏分由塔中部进入，乙腈由塔顶加入。经萃取精馏分离后，塔顶蒸出的丁烷、丁烯馏分进入丁烷、丁烯水洗塔(7)水洗，塔釜排出的含丁二烯及少量炔烃的乙腈溶液，进入丁二烯蒸出塔(4)；在该塔中丁二烯、炔烃从乙腈中蒸出，并送进炔烃萃取精馏塔(5)。其塔釜排出的乙腈经冷却后供丁二烯萃取精馏塔循环使用，塔顶为乙烯基乙炔(含量在300μg/g以下)。

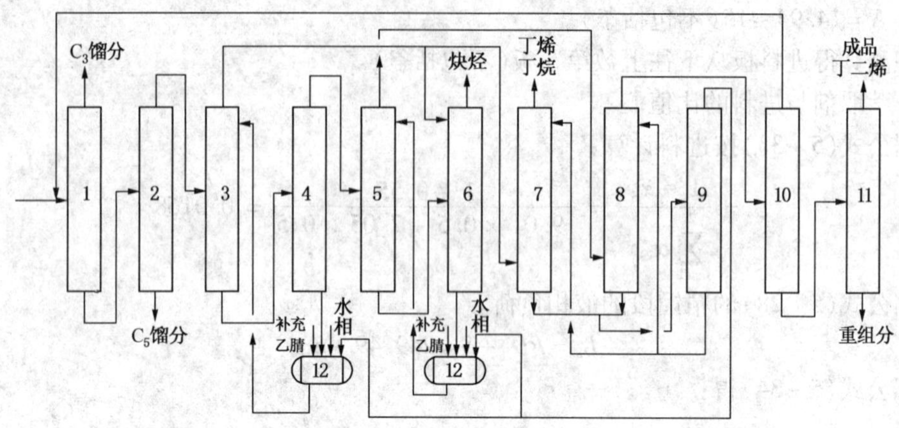

图5-3　乙腈法萃取丁二烯工艺流程图

1—脱 C_3 塔；2—脱 C_5 塔；3—丁二烯萃取精馏塔；4—丁二烯蒸出塔；5—炔烃萃取精馏塔；6—炔烃蒸出塔；7—丁烷、丁烯水洗塔；8—丁二烯水洗塔；9—乙腈回收塔；10—脱轻组分塔；11—脱重组分塔；12—乙腈中间储槽

炔烃萃取精馏塔(5)的腈烃比为3～4，回流比为2～4，由于丁二烯、炔烃、丁烯在液相时几乎全溶于乙腈，且相对挥发度大，所以塔板数较少。经萃取精馏后，塔顶丁二烯送丁二烯水洗塔(8)，脱除丁二烯中微量的乙腈，塔釜排出的乙腈与炔烃一起送入炔烃蒸出塔(6)。为防止乙烯基乙炔爆炸，炔烃蒸出塔顶的炔烃馏分必须间断地或连续地用丁烷、丁烯馏分进行稀释，使乙烯基乙炔的含量低于30%(mol)。炔烃蒸出塔釜排出的乙腈返回炔烃蒸出塔(6)循环使用，塔顶排放的炔烃送出用作燃料。

经水洗(塔8)后的丁二烯送脱轻组分塔(10)，脱除丙炔和少量水分，塔釜丁二烯中的丙炔小于5μg/g，水分小于10μg/g。为保证丙炔含量不超标，塔顶产品丙炔允许伴随60%左右的丁二烯。丙炔挥发性大，不易冷凝。当塔顶气体冷却冷凝至一定温度后，含丙炔的未凝气体以气相排出。对脱轻组分塔来说，当釜压为0.45MPa、温度为50℃左右时，回流量为进料量的1.5倍，塔板为60块左右，即可保证塔釜产品质量。

脱除轻组分的丁二烯送脱重组分塔(11)，脱除顺-2-丁烯、1，2-丁二烯、2-丁炔、二聚物乙腈及 C_5 等重组分。其塔釜丁二烯含量不超过5%(质)，塔顶蒸汽经过冷凝后即为成品丁二烯。成品丁二烯纯度为99.6%(体)以上，乙腈小于10μg/g，总炔烃小于50μg/g。为了保证丁二烯质量要求，脱重组分塔采用85块塔板，回流比为4.5，塔顶压力为0.4MPa左右。

乙腈回收塔(9)釜排出的水经冷却后，送水洗塔循环使用；塔顶的乙腈与水共沸物，返回萃取精馏塔系统。另外，部分乙腈送去净化再生，以除去其中所积累的杂质，如盐、二聚物和多聚物等。

5.1.1.2　丁二烯萃取精馏案例分析

【例题5-2】　用乙腈作萃取剂从 C_4 馏分中萃取丁二烯，丁二烯萃取精馏塔进料流量为100kmol/h，进料组成及各组分相对于丁二烯的相对挥发度见例题5-2附表1。饱和蒸气进料，塔顶采用全凝器，操作；压力0.45MPa。要求丁二烯的回收率为99.8%(mol)，塔顶馏出液中含乙腈不超过0.2%，水含量不超过0.15%(mol)，釜液中顺-2-丁烯的浓度不大于0.9%(mol)，萃取剂乙腈水溶液入塔温度为50℃，萃取剂含水10%(mol)，精馏段萃取剂浓度为 $x_S=0.8$，试确定：

① 塔顶、塔釜产品分配；

② 最小回流比和回流比(取 $R=1.35R_m$)；

③ 理论塔板数；

④ 萃取剂用量；

⑤ 精馏塔各段气、液相负荷。

例题5-2附表1　丁二烯萃取精馏塔进料组成及在乙腈中的相对挥发度

编　号	1	2	3	4	5	6	7	8	9	10
组　分	异丁烷	正丁烷	异丁烯	1-丁烯	反-2-丁烯	顺-2-丁烯	丙炔	丁二烯	丁炔	乙烯基乙炔
z_i/%(mol)	1.253	5.013	27.156	15.974	6.489	5.291	0.098	38.308	0.311	0.108
$\alpha_{i,S}$	39.8	31.4	23.6	23.3	20.8	19.23	15.6	15.0	7.35	6.1

解：(1) 物料衡算

根据分离要求选择顺-2-丁烯为轻关键组分，丁二烯为重关键组分。

根据回收率的定义，丁二烯在塔釜的量为：

$w_8=\varphi_{W,8}, f_8=0.998\times38.308=38.2314$(kmol/h)

$d_8=f_8-w_8=38.308-38.2314=0.0766$(kmol/h)

假设塔釜顺-2-丁烯的量为 w_6，则 $d_6=5.291-w_6$，用非清晰分割法试差得：

$w_6=0.3516$(kmol/h)，$d_6=4.9394$(kmol/h)

以丁二烯为基准用公式 $(\alpha_{ih})_S=\dfrac{\alpha_{iS}}{\alpha_{hS}}$ 计算各组分的相对挥发度见例题5-2附表2。

例题5-2附表2　丁二烯萃取精馏塔进料组成及在乙腈中的相对挥发度

编　号	1	2	3	4	5	6	7	8	9	10
组　分	异丁烷	正丁烷	异丁烯	1-丁烯	反-2-丁烯	顺-2-丁烯	丙炔	丁二烯	丁炔	乙烯基乙炔
$\alpha_{i,S}$	39.8	31.4	23.6	23.3	20.8	19.23	15.6	15.0	7.35	6.1
$(\alpha_{i,h})_S$	2.6533	2.0933	1.5733	1.5533	1.3867	1.2820	1.0400	1.0000	0.4900	0.4067

根据芬斯克公式得：

$$N_m=\frac{\lg\left(\frac{d}{w}\right)_l-\lg\left(\frac{d}{w}\right)_h}{\lg\alpha_{lh}}-1=\frac{\lg\left(\frac{4.9394}{0.3516}\right)_l-\lg\left(\frac{0.0766}{38.2314}\right)_h}{\lg 1.2820}-1=34.65$$

同时用非清洗分割法进行物料衡算得各组分在塔顶、塔底的分配见例题5-2附表3。

例题5-2附表3　物料衡算表

序号	组　分	进料液		塔顶馏出液		釜液	
		f_i/(kmol/h)	z_i	d_i/(kmol/h)	$x_{D,i}$	w_i/(kmol/h)	$x_{W,i}$
1	异丁烷	1.253	1.253	1.2530	2.0575	1.07E-13	2.73E-13
2	正丁烷	5.013	5.013	5.0130	8.2318	2.00E-9	5.10E-9
3	异丁烯	27.156	27.156	27.1557	44.5923	0.0003	0.0007

续表

序号	组分	进料液		塔顶馏出液		釜液	
		f_i/(kmol/h)	z_i	d_i/(kmol/h)	$x_{D,i}$	w_i/(kmol/h)	$x_{W,i}$
4	1-丁烯	15.974	15.974	15.9737	26.2304	0.0003	0.0007
5	反-2-丁烯	6.489	6.489	6.4829	10.6455	0.0061	0.0157
6	顺-2-丁烯	5.291	5.291	4.9394	8.1110	0.3516	0.8992
7	丙炔	0.097	0.097	0.0035	0.0057	0.0935	0.2392
8	丁二烯	38.308	38.308	0.0766	0.1258	38.2314	97.7730
9	丁炔	0.311	0.311	2.59E-14	4.25E-14	0.3110	0.7954
10	乙烯基乙炔	0.108	0.108	1.17E-17	1.92E-17	0.1080	0.2762
合计		100.000	100.000	60.8978	100.0000	39.1022	100.0000

(2) 最小回流比和回流比

因为是泡点进料，$q=1$，在轻、重关键组分间有一组分丙炔，所以可以计算出两个最小回流比，然后取二者的平均值。

根据 Underwood 公式，$\sum_{i=1}^{n}\frac{\alpha_{i,h}z_i}{\alpha_{i,h}-\theta}=1-q$ 试差得在 1.040～1.282 之间的 $\theta=1.1468$，代入公式 $\sum_{i=1}^{n}\frac{\alpha_{i,h}x_{i,D}}{\alpha_{i,h}-\theta}=R_m+1$ 得最小回流比的值为 $R_{m,1}=3.2408$。

根据 Underwood 公式，$\sum_{i=1}^{n}\frac{\alpha_{i,h}z_i}{\alpha_{i,h}-\theta}=1-q$ 试差得在 1.0～1.04 之间的 $\theta=1.0399$，代入公式 $\sum_{i=1}^{n}\frac{\alpha_{i,h}x_{i,D}}{\alpha_{i,h}-\theta}=R_m+1$ 得最小回流比的值为 $R_{m,2}=2.5817$。

所以：$R_m=\frac{R_{m,1}+R_{m,2}}{2}=2.9112$

所以回流比 $R=1.35R_m=3.9302$

(3) 理论塔板数

有吉利兰公式得 $X=\frac{R-R_m}{R+1}=0.2067$，$Y=0.75-0.75X^{0.5668}=0.4431$

由 $Y=\frac{N-N_m}{N+2}$ 得 $N=67.4$(不包括塔釜)

(4) 进料位置的确定

精馏段和提馏段平衡级数之比为：

$$\frac{n}{m}=\frac{\lg\left[\left(\frac{x'_1}{x'_h}\right)_D\Big/\left(\frac{x'_1}{x'_h}\right)_F\right]}{\lg\left[\left(\frac{x'_1}{x'_h}\right)_F\Big/\left(\frac{x'_1}{x'_h}\right)_W\right]}=\frac{\lg\left[\left(\frac{8.1110}{0.1258}\right)_D\Big/\left(\frac{5.291}{38.308}\right)_F\right]}{\lg\left[\left(\frac{5.291}{38.308}\right)_F\Big/\left(\frac{0.8992}{97.7630}\right)_W\right]}=2.269$$

$$n+m=67.4$$

解得：$n=46.8$，$m=20.6$

萃取剂回收段取 1 块理论塔板，则全塔有 58.4 块理论塔板(不包括塔釜)。

(5) 萃取剂用量

根据公式(5-33)计算。

$$\beta = \frac{1 - x_S}{\sum_{i=1}^{n} \alpha_{iS} x_i}$$

$$= \frac{1-0.8}{39.8 \times 1.253\% + 31.4 \times 5.013\% + 23.6 \times 27.156\% + 23.3 \times 15.974\% + 20.8 \times 6.489\%} + \frac{1-0.8}{19.23 \times 5.291\% + 15.6 \times 0.097\% + 15 \times 38.308\% + 7.35 \times 0.311\% + 6.1 \times 0.108\%}$$

$=0.009822$

含萃取剂的塔顶馏出液量：

$$D = \frac{D'}{1 - x_{DS}} = \frac{60.8978}{1 - 0.002 - 0.0015} = 61.1117$$

根据公式(5－28)的精馏段的液相负荷：

$$L_n = RD + S = 240.1791 + S$$

根据公式(5－34)得：

$$0.8 = \frac{S}{(1-0.0098)(240.1791+S) - (\frac{0.0098 \times 61.1117}{1-0.8})}$$

试差法求得 $S=1236$(kmol/h)

(6) 精馏塔各段气、液相负荷

萃取剂回收段：$V=(R+1)D=(3.9302+1)\times 61.1117=301.2908$(kmol/h)

$L=RD=3.9302\times 61.1117=240.1791$(kmol/h)

精馏段：$V_n=V=301.2908$(kmol/h)

$L_n=L+S=240.1791+1236=1376.1791$(kmol/h)

提馏段：$V_m=V_n-(1-q)F=301.2908-100=201.2908$(kmol/h)

$L_m=L_n=1376.1791$(kmol/h)

(7) 包含萃取剂在内的全塔的物料衡算

加入萃取剂中含水量：$1236\times 10\%=123.6$(kmol/h)

含乙腈量：$1236\times 90\%=1112.4$(kmol/h)

其中塔顶含水量：$0.0015D=0.0015\times 61.1117=0.0917$(kmol/h)

含乙腈量：$0.002D=0.002\times 61.1117=0.1112$(kmol/h)

塔釜采出液中含水量：$123.6-0.0917=123.5038$(kmol/h)

含乙腈量：$1112.4-0.1112=1112.2888$(kmol/h)

包括萃取剂在内的物料衡算结果见例题5－2附表4。

例题5－2附表4　物料衡算表

序　号	组　　分	进　料　液		塔顶馏出液		釜　　液	
		f_i/(kmol/h)	z_i	d_i/(kmol/h)	$x_{D,i}$	w_i/(kmol/h)	$x_{W,i}$
1	异丁烷	1.253	1.253	1.2530	2.0503	1.07E－13	8.36E－15
2	正丁烷	5.013	5.013	5.0130	8.2030	2.00E－9	1.57E－10
3	异丁烯	27.156	27.156	27.1557	44.4362	0.0003	2.23E－5
4	1－丁烯	15.974	15.974	15.9737	26.1386	0.0003	2.07 E－5
5	反－2－丁烯	6.489	6.489	6.4829	10.6082	0.0061	4.81E－4
6	顺－2－丁烯	5.291	5.291	4.9394	8.0826	0.3516	0.0276

续表

序号	组分	进料液		塔顶馏出液		釜液	
		f_i/(kmol/h)	z_i	d_i/(kmol/h)	$x_{D,i}$	w_i/(kmol/h)	$x_{W,i}$
7	丙炔	0.097	0.097	0.0035	0.0057	0.0935	0.0073
8	丁二烯	38.308	38.308	0.0766	0.1254	38.2314	2.9988
9	丁炔	0.311	0.311	2.59E-14	4.24E-14	0.3110	0.0244
10	乙烯基乙炔	0.108	0.108	1.17E-17	1.91E-17	0.1080	0.0085
11	水	123.6		0.0917	0.1500	123.5038	9.6874
12	乙腈	1112.4		0.1112	0.2000	1112.2888	87.2455
合计		1336.000	100.000	61.1117	100.0000	1274.8948	100.0000

5.2 共沸精馏

【案例1】 PTA装置共沸精馏塔脱水

对苯二甲酸(PTA)，相对分子质量为166.13，结构式HOOC[C_6H_4]COOH，在常温下是白色粉状晶体，无毒易燃。若与空气混合，在一定限度内遇火即燃烧。高纯度对苯二甲酸(PTA)与乙二醇(EG)缩聚得到聚对苯二甲酸乙二醇酯(PET)，还可以与1，4-已二醇或1，4-环已烷二甲酸反应生成相应的酯，主要用于生产聚酯。而聚酯纤维是合成纤维最主要的品种，在世界合成纤维总产量中占将近80%的比例，在我国以聚酯为原料生产的聚酯纤维已经在合成纤维总产量中超过了80%的比例。加之聚酯还用于生产非纤维产品非纤产品消耗的PTA的数量近来增长迅速，非纤维领域聚酯的用量持续增长，目前产品主要用于与乙二醇酯化聚合生产聚酯切片长短涤纶纤维，广泛用于纺织，此外聚酯还用于电影胶片、涂料、油漆及聚酯塑料的生产。

PTA的应用比较集中，世界上90%以上的PTA用于生产聚对苯二甲酸乙二醇酯，其他部分是作为聚对苯二甲酸丙二醇酯(PTT)和聚对苯二甲酸丁二醇酯(PBT)及其他产品的原料。

PTA生产工艺过程可分氧化单元和加氢精制单元两部分。原料对二甲苯以醋酸为溶剂，在催化剂作用下经空气氧化成粗对苯二甲酸，再依次经结晶、过滤、干燥为粗品；粗对苯二甲酸经加氢脱除杂质，再经结晶、离心分离、干燥为PTA成品。

PTA作为合成聚酯的重要原料，是以对二甲苯(PX)为原料，醋酸(AcOH)为溶剂，在一定温度和压力下用空气氧化生成。为保证反应的顺利进行，必须及时从系统中移走氧化反应产生的水，常压吸收塔以及高压吸收塔处理工艺气体时加入的水，将水移出的同时尽可能从水中回收醋酸，降低醋酸消耗，目前先进的醋酸单耗约为44 kg。溶剂回收系统的作用为：①从尾气中回收醋酸；②除去溶剂中的副产物和杂质；③将水由醋酸溶液中分离出来。所以，回收系统工作状况影响PTA生产成本的高低和产品质量。仪化PTA装置引进DuPont专利，溶剂脱水塔为目前较先进的共沸精馏塔，在塔中加共沸剂，降低了溶剂脱水塔的高度，减少脱水所需的热量消耗，工艺指标要求塔顶馏出物AcOH的质量分数小于0.1%，塔底馏出物中水的质量分数约5%。现结合氧化生产运行的实际工况，对溶剂脱水塔作一简单分析讨论。

1. 工艺原理

醋酸与水不形成共沸物，且其相对挥发度较低，采用普通精馏法进行分离所需的理论塔板数和回流比较大，相应的能耗也较高。因此，普通精馏法主要用于含水量较小的粗醋酸的提纯。

溶剂脱水系统的介质为醋酸、水、对二甲苯、醋酸甲酯(AcOMe)、丙醇等的多元体系，醋酸和水的沸点虽相差17℃，但由于二者之间的非理想气、液平衡性质，要将它们完全分离，需较多的理论板数和较高的能量输入。

共沸精馏是指在两组分共沸液或挥发度相近的物系中加入共沸剂，共沸剂能与原料液中的某一个或几个组分形成新的共沸液，从而使料液能用普通精馏法分离。采用共沸精馏法分离水和醋酸时，要求原料液中醋酸含量较高、共沸剂组成稳定。

共沸精馏的操作过程：共沸剂和原料液一起进入共沸精馏塔，在精馏过程中水随共沸剂被蒸出，经冷却后与共沸剂分层分离，共沸剂返回塔中，水排放，在塔釜中即得到醋酸。共沸精馏时一般选用形成低沸点共沸物的共沸剂，其加入量应严格控制，以减少分离过程的能耗。

共沸剂的选择对共沸精馏分离过程影响很大，理想的共沸剂应显著影响关键组分的气、液平衡，形成三元共沸物时，要在三元共沸物中使原有两个组成之比与原溶液中两个组分之比不同，则将三元共沸物蒸出，就可使原来两个组分得到分离。从水溶液中分离醋酸时，一般选用低级酯类，如醋酸甲酯、醋酸乙酯作共沸剂。

共沸剂的选择应遵循以下原则：①共沸剂用量愈小愈好，汽化潜能愈小愈好。②共沸剂与水的共溶性，要易回收和分离。③要显著影响关键组分的气、液平衡关系。④不与进料中组分反应，热稳定性要好。⑤无毒、无腐蚀，价格低廉。由于共沸精馏时醋酸与水的相对挥发度增大，因此，分离时所需的塔板数和回流比降低，故能耗较普通精馏法低。

2. 工艺流程

(1) 常压吸收

常压吸收流程如图5－4所示。反应尾气在高压洗涤塔中洗涤，洗涤液送入溶剂脱水塔。来自第一结晶器尾气冷凝器的尾气和其他所有低压尾气(包括容器吸收损失、溶剂脱水塔的尾气和TA干燥机的排气)一起进入常压吸收塔，先用冷却的醋酸洗涤，再用脱盐水洗涤。常压吸收塔底泵将一部分醋酸通过换热器送回常压吸收塔洗涤气体，其余醋酸在液位控制下送母液罐，返回反应器或溶剂脱水塔。常压吸收塔上部的富水出料由泵通过液位控制送至汽提塔，回收醋酸去除杂质。

(2) 母液处理

抽出母液处理流程如图5－5所示，汽提塔将大部分醋酸和水与非挥发性组分分开，蒸发所需热量由汽提塔再沸器供给，浆料通过循环泵在汽提塔和换热器间循环。一股来自汽提塔的残渣通过流量控制进入残渣蒸发器，用高压蒸汽HS加热，大部分残余溶剂被蒸发出来，剩余溶液的残渣进入残渣接受罐与共沸剂回收塔来的废水混合，有残渣泵送至界外污水处理厂。在汽提塔的顶部，回收的醋酸蒸气用逆流的溶剂洗涤，清洁的蒸气进入共沸精馏塔的下部。

(3) 溶剂回收

溶剂回收流程如图5－6所示。氧化反应生成的水和装置加入的水在脱水塔中将恒沸剂与醋酸进行分离，使塔顶几乎得不到醋酸，塔底醋酸的质量分率约为95%。在脱水塔的中部抽出一股液体，送入对二甲苯(PX)回收塔去除共沸精馏塔中积存的PX，引入水打破PX－共沸剂、共沸液，氧化第二结晶器部分蒸汽提供PX回收塔清除PX所需热量，顶部气相中共沸剂返回共沸脱水塔，底部出料PX在液位控制下送母液罐返回反应器。

(4) 溶剂回收

共沸剂回收流程如图5－7所示。

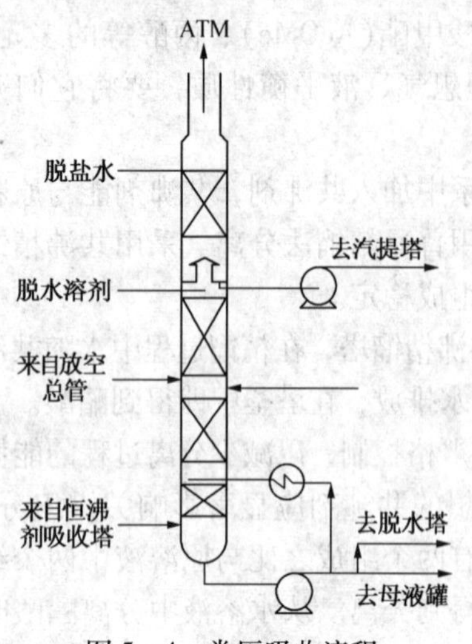

图5-4　常压吸收流程

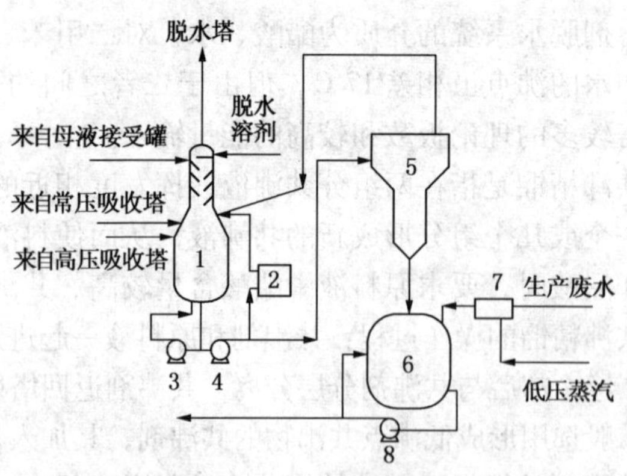

图5-5　母液处理流程

1—汽提塔；2—再沸器；3—混合泵；4—循环泵；5—残渣蒸发器；6—残渣收集罐；7—加热器；8—残渣泵

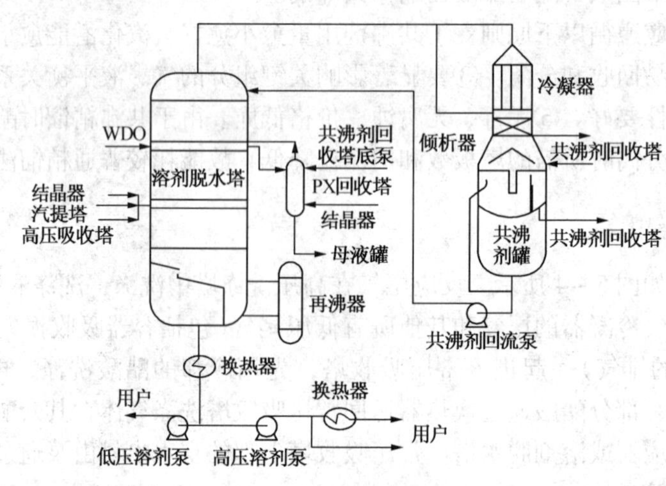

图5-6　溶剂回收流程

共沸脱水塔底部蒸发所需热量由脱水塔再沸器提供，顶部出来的蒸气在脱水塔顶部冷凝器中冷凝，温度由旁通控制，凝液进入脱水塔冷凝器倾析器，水相和有机相(共沸剂)分离，共沸剂进入共沸剂储罐由回流泵送回共沸脱水塔作回流，气相和未凝蒸气送入共沸剂回收塔上部，水相送入共沸剂回收塔底部，进入共沸剂回收塔上部的蒸气经冷却回收醋酸甲酯存于储罐中，由泵送至氧化反应器，抑制醋酸甲酯的生成，降低氧化副反应。共沸剂回收塔底部液体经冷却后由泵送至废水用户和污水处理厂，共沸剂回收塔顶不凝性尾气进入常压吸收塔，进一步回收其中的醋酸甲酯。

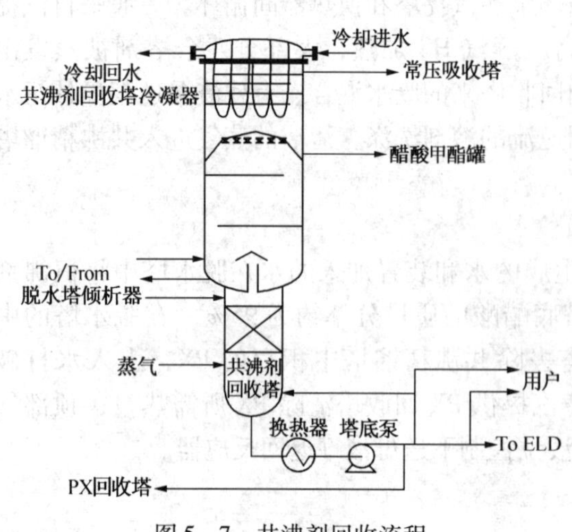

图5-7　共沸剂回收流程

3. 控制原料

溶剂脱水塔采用共沸精馏法从水-醋酸

体系中脱水。加入共沸剂后，在共沸脱水塔中形成了有9个沸点组分的多元体系，按沸点由高到低排列为：醋酸甲酯(AcOMe)、共沸剂 - 水、PX - H_2O、丙醇、H_2O、共沸剂、PX - AcOH、AcOH 和 PX，它们的沸点分别是 57℃、82.4℃、92.5℃、96℃、100℃、112℃、115℃、118℃、138℃。溶剂脱水塔中存在三种共沸物，分别是共沸剂 - H_2O、PX - H_2O 和 PX - AcOH，它们的沸点分别是82.4℃、92.5℃、115℃。共沸剂 - H_2O 共沸液沸点 82.4C，且是非均相共沸液，处于塔顶部。在冷凝器中生成两种液相，易于通过倾析器分离。

从脱水塔抽出的水中含有很小浓度的对二甲苯，PX - H_2O 的共沸液沸点 92.5℃，高于共沸剂 - H_2O 共沸液的沸点 82.4℃。PX - AcOH 共沸液的沸点 115℃，低于 AcOH 的沸点 118℃。这样，PX 会聚集在顶部床层，故当塔内含 PX 时，塔顶蒸气内的醋酸浓度会上升。脱水塔顶部床层的下部抽出一股液流，目的就是为从脱水塔中清除掉 PX，这是为了减少对塔的操作的影响。由于 PX - H_2O 共沸液沸点 92.5℃，PX - AcOH 共沸液的沸点 115℃，因此，抽出位置应在 92.5 ~ 115℃，以确保抽出 PX 液体。PX 抽出时夹带了大量的共沸剂，为了防止共沸剂随 PX 返回氧化反应器燃烧掉造成损失，抽出液被加入到 PX 回收塔。在 PX 回收塔中，共沸剂 - H_2O 以气相形式回收并返回到共沸脱水塔顶部床层的下面，而 PX 以液相形式从塔底流出，从塔底流出的液相由泵送至母液罐中，再循环到氧化反应器。

由于 AcOMe 的沸点 59℃，共沸剂 - H_2O 共沸物的沸点 82.4℃，脱水塔顶部的蒸气中富含 AcOMe，AcOMe 必须被提取出来，从溶剂回收系统循环返回氧化反应器。简单地用水冷却器冷却塔顶蒸气会导致过冷，醋酸甲酯进入共沸回收塔的废水中，从而引起醋酸甲酯的损失。为减少这种损失，采用了让一定比例的顶部蒸气不经过脱水塔顶冷凝器，而走旁通，这部分走旁通的蒸气与那些经过冷凝器的部分再混合后一起通过脱水塔倾析器再平衡，保证气、液混合物的温度高于 AcOMe 的露点 59℃，但低于共沸剂的沸点 112℃，将共沸剂分离出来。随温度的升高，使 AcOMe 进入 H_2O 中量增加，气、液混合物再进入共沸剂回收塔将 AcOMe 分离出来，AcOMe 由泵送回氧化反应器回收利用。

4. 控制要点

随液面高度的降低及共沸剂的浓度降低，塔内的温度随之升高。在共沸剂的浓度快速上升的地方，塔的温度迅速下降，为了控制脱水塔塔顶、塔底的产品组分，必须维持塔的温度梯度，因而对温度迅速变化的位置进行控制。在共沸脱水塔的中部均匀分布有 6 个温度测量点，由温度控制器接受温度测量值并计算出共沸剂的“温度骤变点”，共沸脱水塔的控制实质就是控制共沸剂的“温度骤变点”的位置，是通过控制共沸剂的回流量来实现的。目前经验是控制在由 6 只均匀分布的温度计所构成的温度梯度 30% 左右的位置。界面位置太高，则共沸脱水塔塔层温度过高，气相中酸含量过大，增加产品的醋酸消耗；界面位置太低，则共沸脱水塔塔层温度过低，共沸剂和水的共沸物会进入底部 AcOH 中，最后大部分共沸剂在氧化反应器中被氧化分解掉，同样会造成不必要的经济损失，而醋酸溶剂中含水过多还会抑制氧化反应，产生副产物。

正常操作时共沸塔顶部压力微正压，根据共沸脱水塔中的组分：AcOH、H_2O、PX、共沸剂、AcOMe 以及它们的共沸物在常压下的沸点，设计人员设定共沸脱水塔的“敏感温度”TO1601 为 103℃，氧化第二结晶器压力用于修正共沸脱水塔加热蒸气设定值。

脱水塔温度梯度位置计算器 XY - 21 107 采用 T1 到 T6 的温度信号，与“敏感温度”TO1601 进行比较，采用线性插值法计算出所关心的位置(POSTON%)输出，即塔内对应的共沸剂浓度突降的位置。脱水塔顶部温度梯度控制器 GICA - 21081 理想值(设定值)与

GICA－21081 测量值的“OUTPUT”相比较。GICA－21081 通过串级调节共沸剂回流量控制器 FICA－21101(顶部)和 FI－21168(中部)来控制共沸剂的“边界”位置。GICA－21081 最初设计仅作用于 FICA－21168(顶部)。但是，仅仅调节塔顶回流，响应速度比较慢。为克服滞后，现在 GICA－21081 优先作用于 FICA－21168(中部)，此作用将动作 FCV－21168，改变中部共沸剂回流量，加快 GICA－21081 的响应速度，改变温度梯度。但阀门控制器 GICA－21168 却将 FCV－21168 向设定值调节，由于 GICA－21168 已经被整定为反应较慢，阀门控制器 GIC－21168 通过动作 FCV－21101，来改变顶部的共沸剂回流量，改变温度梯度。GICA－21018 输出值发生变化后，FCV－21168 恢复至原来位置。经过共沸剂回流量的调节，脱水塔顶部温度梯度控制器 GICA－21081 测量值的“OUTPUT”最终将变为设定值，达到溶剂脱水塔稳定的目的。

5. 优化操作

优化操作的目标：降低共沸剂和 AcOH 的消耗，稳定溶剂脱水塔的工况，确保产品品质。主要通过操作员的良好操作来实现，操作时的注意事项：

① 开停车时因脱水塔进、出物料波动较大，应迅速手动操作，缩短共沸脱水塔的响应时间，以降低脱水塔再沸器的蒸汽消耗和共沸剂、AcOH 的流失。

② 稳定脱水塔顶压力于 0.112～0.122MPa，压力过高影响 AcOH 和 H_2O 分离，增加再沸器蒸气和共沸剂的消耗。

③ 共沸脱水塔回流中 AcOMe 控于 8%～10%，如 AcOMe 过高会使再沸器的蒸气消耗过大。

④ PX 在共沸脱水塔中的积聚需要时间，只有当塔层整体温度较正常上移时，方可考虑 PX 的抽出。PX 的抽出应及时，如 PX 在共沸脱水塔中积聚，温度梯度将难于控制，塔顶温度将升高，从而导致 AcOH 损失。

⑤ 控制好 PX 回收塔的温度梯度，梯度过低共沸剂将于塔底流失，梯度过高 PX 将在共沸脱水塔中积聚导致 AcOH 流失。PX 回收塔底温度最好控于 113℃左右，略低于 PX－AcOH 共沸物沸点。

⑥ 控制好共沸剂回收塔的温度梯度，梯度过高，AcOMe 将于塔顶流失，梯度过低，AcOMe 将在共沸脱水塔中集聚导致再沸器的蒸气消耗过大。共沸剂回收塔的温度梯度应控制于 50% 左右。

PTA 装置中，醋酸脱水塔一般都会用到共沸剂，共沸剂的作用就是，加大醋酸和水的沸点差，即通过第三组分来改变水和酸的相对挥发度，使水和共沸剂产生共沸，从而降低塔的能耗和塔盘数，在共沸剂中一般有三种 NPA(醋酸正丙酯)、NBA(醋酸正丁酯)和 IBA(醋酸异丁酯)。

【案例 2】 共沸精馏——用苯作共沸剂制备无水乙醇

对于能形成共沸物的混合溶液来说，普通的精馏方法是很难进行分离的。例如，乙醇－水溶液，因为乙醇同水形成了共沸物。在常压下，共沸组成为 4.43%(质)的水，95.57%(质)的乙醇。共沸点为 78.15℃。即当乙醇－水溶液浓度为 95.6% 时，溶液的气、液相组成(平衡组成)相等。这就无法用普通精馏的方法将乙醇溶液再浓缩，即得不到纯度高于 95.6% 的乙醇。但我们可根据共沸精馏的原理。选择一个好的共沸剂，使之与水和乙醇形成三元共沸物，从而达到分离目的，即可得到无水乙醇。

表 5－4 列举了常压下几种共沸剂与乙醇、水形成三元共沸物的特性。

表 5-4 三元共沸物特性表

组分			各纯组分沸点			三元共沸点/℃	共沸物组成/%(质)		
1	2	3	1	2	3		1	2	3
乙醇	水	苯	78.3	100	80.2	64.85	18.5	7.4	74.1
乙醇	水	乙酸乙酯	78.3	100	77.15	70.23	8.4	9.0	82.6
乙醇	水	甲苯	78.3	100	110.7	74.55	–	–	–
乙醇	水	三氯甲烷	78.3	100	61.15	55.5	4.0	3.5	92.5

在表5-4所列共沸剂中(组分3),以苯应用最早、最广。虽然目前有被三氯甲烷和乙醇乙酯取代的趋势,但本实验考虑到苯作共沸方法成熟,现象明显,数据较全,便于学生掌握,故用苯作共沸剂制无水乙醇。

1. 实验目的

① 巩固并加深理解课堂所学的共沸精馏的有关内容,着重掌握选取共沸剂并用加共沸剂的方法进行分离的原理和方法。

② 熟悉实验室的精馏设备和操作方法。

③ 熟练运用三元相图表示溶液各组成的变化过程。

2. 实验原理

乙醇(A)、水(W)、苯(B)三者之间可以形成一个三元共沸物,现将它们之间存在的共沸物情况列于表5-5。

表 5-5 乙醇、水、苯之间存在共沸物的情况

共沸物	共沸点/℃	共沸物组成/%(质)		
		A	W	B
乙醇-水(二元)	78.15	95.57	4.43	–
苯-水(二元)	69.25	–	8.83	91.17
乙醇-苯(二元)	68.24	32.37	–	67.63
乙醇-水-苯(三元)	64.85	18.5	7.4	74.1

当添加适当数量的苯于工业乙醇中蒸馏时,则乙醇-水-苯三元共沸物首先馏出,其次为乙醇-苯二元共沸物,无水乙醇最后留于釜底,其蒸馏过程以图5-8说明。

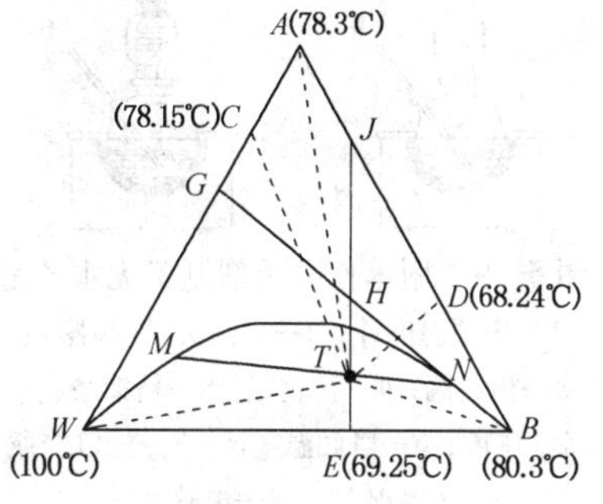

图5-8 乙醇-水-苯三元相图

正三角顶点 A、W、B 分别表示乙醇、水和苯纯物质。T 点为 $A-W-B$ 三元共沸物组成,C 点表示 $A-W$ 二元共沸物组成,D 点表示 $A-B$ 的二元共沸组成,E 点为 $W-B$ 的二元共沸组成。曲线 WMN 为饱和溶解度曲线,该线以下为两相共存区,该线两端表示两相组成。该曲线受温度的影响而上、下移动。

设以95%的乙醇为原料(图5-8中 G 点),加入共沸剂,各组成顺 GB 线变化,设结果得组成为 H 的混合物。蒸馏时,若塔足够高,则三元共沸物先馏出(64.85℃),组成为 T 点组成。而釜中残液的组成沿 THJ 线向 J 点移动。当达到 J 点时,残液中已无水分,塔顶温度升高到68.2℃,馏出 $A-B$ 二元共沸组成(组成为 D 点所示),残液组成沿 JA 线向 A 点移动,蒸馏温度达到78.3℃时,塔底残液即为无水乙醇。

由图 5 - 8 所示，H 点表示最初塔釜混合物的组成，若加苯后使其组成正好在 AT 线与 GB 线的交点处(H 点)，则三元共沸物馏出后，残液变成纯乙醇，此时的共沸剂用量为理论共沸剂用量，但实际操作时宜于添加稍过量的苯，使脱水完全。

首先馏出的大部分为三元共沸(其总组成为 T 点所示)，冷凝后分为两相，一相以苯为主，称苯富相；一相以水为主，称水富相。一般可利用分相器分层将苯相回流，水相采出，使共沸剂不至浪费，也可使精馏时间缩短。但本实验为便于分析计算，未采用分相回流，而是混相回流。继三元共沸后，馏出物为均相的二元共沸物(组成为 D 点所示)。

3. 实验药品、设备用仪器

(1) 药品

工业乙醇[约含 95%(质)乙醇，5%(质)水]。

苯：分析纯，含苯 99.5%(质)。

(2) 设备及仪器

① 镀水银真空夹套玻璃精馏设备一套，内装不锈钢网状填料。

② 1000mL 三口蒸馏烧瓶 1 个。

③ 1000mL 电加热套 1 个。

④ 2kVA 调压器 1 台。

⑤ 阿贝折光仪 1 台。

⑥ 超级恒温水浴 1 台。

⑦ 秒表 2 块。

(3) 实验装置图

实验装置图如图 5 - 9 所示。

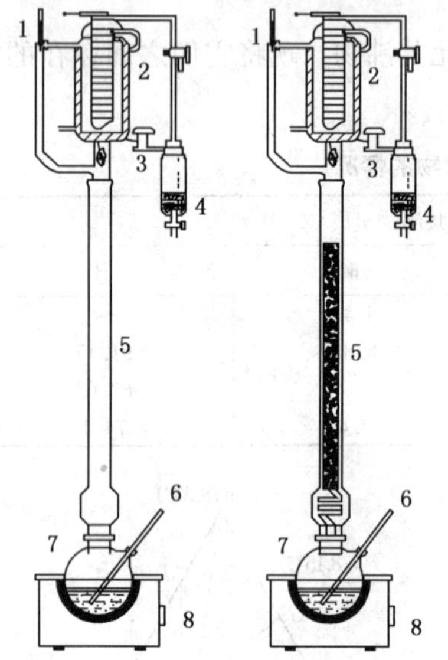

图 5 - 9　用苯作共沸剂制备无水乙醇

1—塔顶温度计；2—精馏头(冷凝器)；3—出料阀；4—接收瓶；5—精馏塔(内装填料)；6—塔底温度计；7—三口烧瓶(再沸器)；8—电热套

4. 实验操作步骤

(1) 原料配制

称取 95%(质)乙醇 100g，加苯量计算：

100g 95%(质)乙醇中含水 5g，按馏出物为三元共沸物计，将 5g 水完全脱除需加苯：$5 \times \frac{74.1}{7.4} = 50.1$g，为保证水脱除彻底，使苯量略为过量，故加苯 54g。即原料中：乙醇 95g，水 5g，苯 54g。

(2) 实验操作

① 将原料加入釜中，先开塔顶冷却水，再开塔釜电加热设备。

② 从塔顶见液体滴下起，全回流 20min，然后以回流比 $R = 10$ 出料，注意观察塔顶温度变化及馏出液分层情况。

③ 当塔顶温度略有升高，塔顶馏出物由混浊(分层)变为清晰时(不分层)，更换出料接收瓶，并加大回流比，使 $R = 13 \sim 15$。继续出料，观察塔顶温度变化情况，当顶温超过 70℃时，回流比加大至 20:1。

④ 将更换下来的接收瓶中的出料称重，然后倒入分液漏斗分层(分液漏斗有夹套，保温在 25℃)，待分层清晰后，分出水层及油层，称重，并分别测两层的折光率 $\eta_D^{25℃}$。

⑤ 当塔顶温度升至 73℃以上时，停止出料，抽取釜液测其折光率 $\eta_D^{25℃}$，当与市售无水

乙醇(浓度得不小于99.5%)折光率相近时，即认为合格。

⑥ 关闭塔釜电热设备，塔顶不见液体滴出后，再10min关闭冷却水。

⑦ 实验自始自终每隔15min记录一次釜温、顶温及回流比等数据。

5. 数据记录及处理

① 根据表5-6、表5-7绘出组成-折光率曲线，在曲线中查出馏出液的组成。

② 作正三角相图。参照表5-7画出25℃时的溶解度曲线、系线、标出褶点。根据所测组成标出三元共沸点、原料点，并在图中表示本实验的精馏过程。

表5-6 水-苯-乙醇系统在25℃下的平衡组成

苯富相/%(质)			水富相/%(质)		
乙醇	苯	$\eta_D^{25℃}$	乙醇	苯	$\eta_D^{25℃}$
1.85	98.00	1.4940	15.61	0.19	1.3431
3.85	95.82	1.4897	30.01	0.65	1.3520
6.21	93.32	1.4861	38.50	1.71	1.3573
7.91	91.25	1.4829	44.00	2.88	1.3615
11.00	0.81	1.4775	49.75	8.95	1.3700
14.68	83.50	1.4714	52.28	15.21	1.3787
18.21	79.15	1.4650	51.72	22.73	1.3890
22.30	74.00	1.4575	4995	2911	1.3976
23.58	72.41	1.4551	48.85	31.85	1.4011
30.85	62.01	1.4408	43.42	42.89	1.4152

褶点组成：乙醇18.5%(质)、水7.4%(质)、苯74.1%(质)。

表5-7 苯-乙醇系统组成与折光率的关系

乙醇含量/%(质)	折光率 $\eta_D^{25℃}$	乙醇含量/%(质)	折光率 $\eta_D^{25℃}$
0	1.49803	46.78	1.42815
2.71	1.49401	57.22	1.42392*
5.87	1.48885	71.00	1.39555
12.79	1.47790	84.92	1.37772
1.934	1.47667*	91.60	1.36923
36.78	1.44219	100	1.35929

注：表中带*的两个数据可能有误，可不予参考。

5.2.1 共沸物

共沸精馏是在原溶液中添加共沸剂S(又称夹带剂)，使其与溶液中至少一个组分A形成最低共沸物，以增大原组分间相对挥发度的非理想溶液多元精馏。形成的共沸物从塔顶采如，塔釜引出较纯产品，最后将共沸剂S与组分A加以分离。

共沸物是指在一定压力下，气、液相组成与沸腾温度始终不变的这一类溶液。共沸物又分为最高共沸物与最低共沸物两种。

某些溶液在某一组成时其两组分的蒸汽压之和出现最大值，即溶液的蒸气对理想溶液发生正偏差，$\gamma_i>1$。此种溶液的泡点比两纯组分的沸点都低，是具有最低共沸点的溶液。如醋酸甲酯沸点57.2℃，甲醇沸点64.5℃，在常压下将65%(mol)的醋酸甲酯和35%(mol)的甲醇混合时所形成的共沸物，其共沸点为54℃。如图5-10所示。

相反，有些溶液在某一组成时其两组分的蒸汽压之和出现最小值，溶液的蒸气对理想溶液发生负偏差，即$\gamma_i<1$，则形成最高共沸物。如丙酮的沸点56.2℃，氯仿沸点61.7℃，氯仿-丙酮溶液为负偏差较大的溶液，含氯仿65.0%(mol)时形成最高沸点的共沸物，共沸点

为64.5℃。如图5-11所示。

许多含极性基团(如—OH，—COOH，$—NH_2$ 等)以及有适当挥发性的有机物和脂肪烃，芳香烃等所形成的溶液发生正偏差，具有最低共沸点。

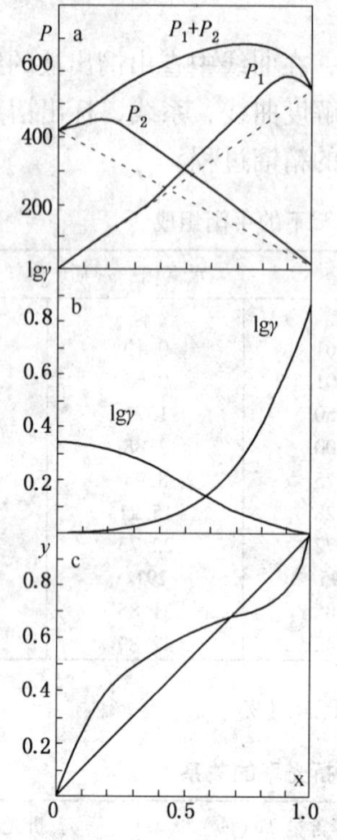

图5-10　具有最低共沸点的相图

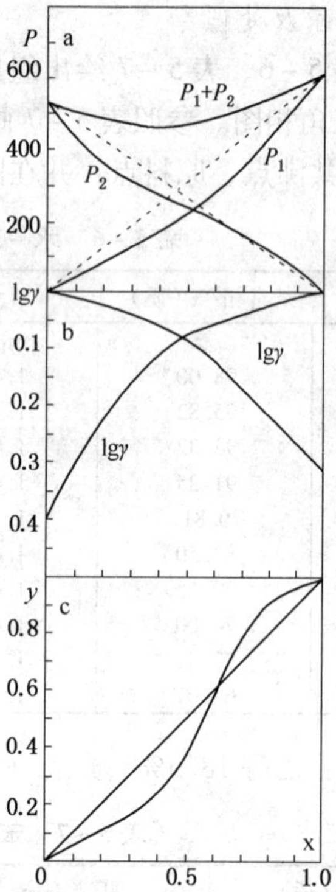

图5-11　具有最高共沸点的相图

当溶液与理想溶液的偏差相当大时，互溶性降低，可形成非均相共沸溶液。所有非均相共沸溶液全都具有最低共沸点，即 $\gamma_i>1$，如糠醛-水、苯-水、正丁醇-水、异丁醇-水等物系均具有非均相共沸物。

5.2.2　共沸物系的特点及工业分离方案

5.2.2.1　二元系

常压下苯(沸点80.2℃)和环己烷(沸点80.8℃)二者互溶，形成均相共沸物。丁醇和水在一定浓度下也发生共沸。像以上系统，用普通精馏分离难度大。若系统压力不大，可假设气相为理想气体，液相为非理想溶液，则二元均相共沸物的特征是：

$$\alpha_{12}=\frac{\gamma_1 p_1^s}{\gamma_2 p_2^s}=1 \tag{5-39}$$

共沸压力满足条件：

$$p=p_1+p_2=\gamma_1 p_1^s x_1+\gamma_2 p_2^s x_2 \tag{5-40}$$

不论是已知共沸压力求共沸温度和共沸组成，还是已知共沸温度求共沸压力和共沸组成，都要应用公式(5-39)和式(5-40)。

(1) 二元系均相共沸物的工业分离方案

分离苯(1)和环己烷(2)形成的均相共沸物溶液时需加入另一种共沸剂丙酮(沸点56.2℃)，如图5-12所示。丙酮与环己烷(2)形成最低共沸物(沸点53.1℃)，从共沸精馏塔的塔顶引出，塔釜采出纯苯。丙酮与环己烷(2)的共沸物用水作为萃取剂，由于丙酮在水中的溶解度较大，所以在萃取塔釜引出丙酮水溶液，从塔顶采出纯环己烷(2)。丙酮水溶液中丙酮和水的相对挥发度较大，在丙酮精馏塔顶引出丙酮，作为共沸剂循环使用，塔釜引出水作为萃取剂循环使用。

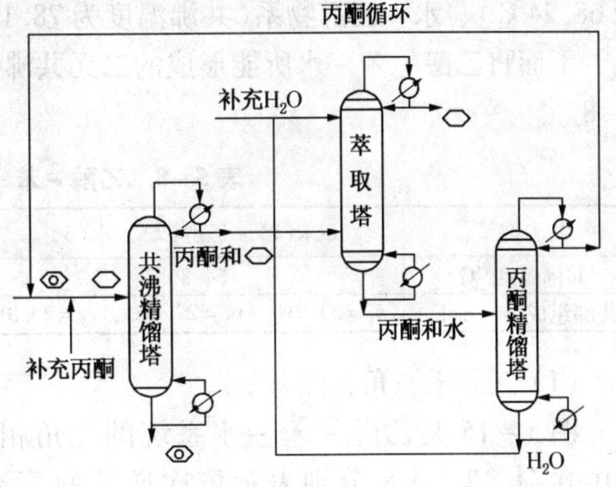

图 5－12　苯－环己烷混合物的分离流程

(2) 二元系均相共沸物的工业分离方案

某些双组分共沸物(如苯－水，丁醇－水)在温度降低时可分为两个具有一定互溶度的液层。此类共沸物的分离不必加入第三组分，采用两个塔联合操作便可获得两个高纯度产品。

正丁醇沸点 117.2℃，相对密度 0.8098(20℃/4℃)；微溶于水(8∶100)；可与水形成共沸混合物，其沸点 92℃，含水量 37%。二级丁醇为无色液体；沸点 99.5℃，相对密度 0.8063(20℃/4℃)；微溶于水(12.5∶100)。

图 5－13 是丁醇脱水的流程示意图。接近共沸组成的蒸气在冷凝器中冷凝冷却后便分成两个液相，一个是水相(含大量水和少量醇，醇含量用 x_b 表示)，另一个是醇相(含丁醇量大于水量，用 x_a 表示)。

20℃时正丁醇在水中的溶解度 7.7%(质)，水在正丁醇中的的溶解度 20.1%(质)。经过分层器后油相返回丁醇塔作回流，水相返回水塔作回流。在丁醇塔中，由于水是易挥发组分，所以高纯度丁醇从塔釜引出；塔顶得到接近共沸组成的共沸物。在水塔中，丁醇是易挥发组分，所以水是塔底产品，塔顶得到接近共沸组成的共沸物。水塔可以直接用蒸汽加热。必须注意的是，当进料液中丁醇含量 $z>x_a$ 时，则从丁醇塔进料；当 $z<x_b$ 时，则从水塔进料；当 $x_b<z<x_a$ 时，原料直接加入分层器，这样才更经济。图 5－14 为丁醇－水共沸过程操作线。

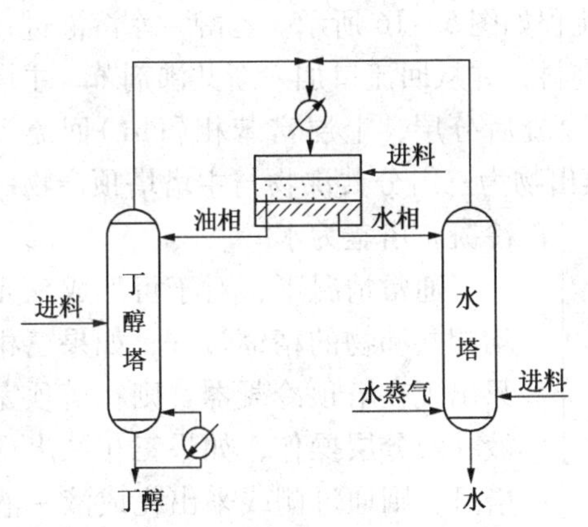

图 5－13　丁醇－水共沸精馏流程

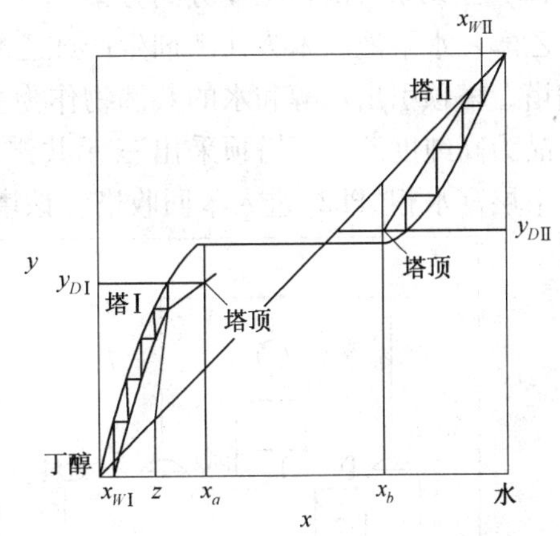

图 5－14　丁醇－水共沸过程操作线

5.2.2.2　三元系

对于有些共沸物系，当加入第三种共沸剂时，情况可能变得复杂，体系中可能出现多个二元共沸物和一个三元共沸物。如在 101.3kPa 时，乙醇－水系统中若加入共沸剂苯，则苯能与原溶液形成三元共沸物，共沸温度 64.86℃。共沸组成为苯 53.9% mm、水 23.3% mm、乙醇 22.8%(mol)；共沸点比苯－水物系(共沸温度为 69.25℃)、苯－乙醇物系(共沸温度为68.24℃）、水－乙醇物系（共沸温度为78.15℃）都低。

下面将乙醇－苯－水所能形成的二元共沸物和三元共沸物的共沸温度和共沸组成列于表5－8。

表5－8 乙醇－苯－水系统共沸物特性

共沸物系	苯(1)－乙醇(2)－水(3)	苯(1)－乙醇(2)	苯(1)－水(3)	乙醇(2)－水(3)
共沸温度/℃	64.86℃	68.24℃	69.25℃	78.15℃
共沸组成/%（mol）	$x_1=53.9\%$、$x_2=22.8\%$、$x_3=23.3\%$	$x_1=55.2\%$	$x_1=91.2\%$	$x_2=89.4\%$

（1）三元系三角相图

图5－15是乙醇－苯－水系统的三角相图，图中0、1、2，…8分别表示依次递升的等泡点线，0点表示乙醇－苯－水三元物系的最低共沸点，A、B、C点分别表示一个二元共沸物，温度依次升高。

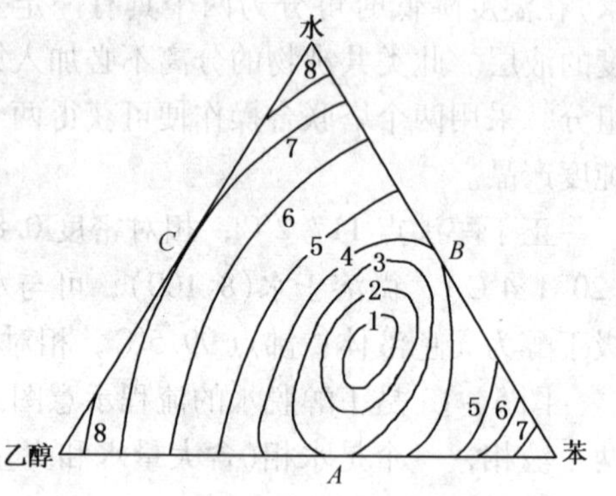

图5－15 乙醇－苯－水系统三角相图

三元系统共沸组成的计算和二元系的计算方法相同，由共沸条件 $\alpha_{12}=\alpha_{13}=\alpha_{23}=1$ 得出：

$$\frac{\gamma_1}{\gamma_3}=\frac{p_3^s}{p_1^s} \tag{5-41}$$

$$\frac{\gamma_2}{\gamma_3}=\frac{p_3^s}{p_2^s} \tag{5-42}$$

再加上：

$$p=\gamma_1 p_1^s x_1+\gamma_2 p_2^s x_2+\gamma_3 p_3^s x_3 \tag{5-43}$$

三个方程中包括 T、p、x_1、x_2、$(x_3=1-x_1-x_2)$，故已知 T 可求 p、x_1、x_2、$(x_3=1-x_1-x_2)$，已知 p 可求 T、x_1、x_2、$(x_3=1-x_1-x_2)$。

（2）三元系共沸物工业分离方案

乙醇－水溶液以苯为共沸剂生产纯乙醇工艺流程如图5－16所示。乙醇－水溶液进入预浓缩塔，塔顶引出乙醇和水的共沸物作为主塔的进料，并从回流口加入新共沸剂苯，主塔塔釜产品为高纯度乙醇，塔顶采出三元共沸物，经冷凝后分层，上层富苯相（Ph1）回流入主塔，下层富水相（Ph2）进入苯回收塔，该塔塔顶蒸出物为三组分共沸物与主塔塔顶产物一起冷凝，塔釜为水。

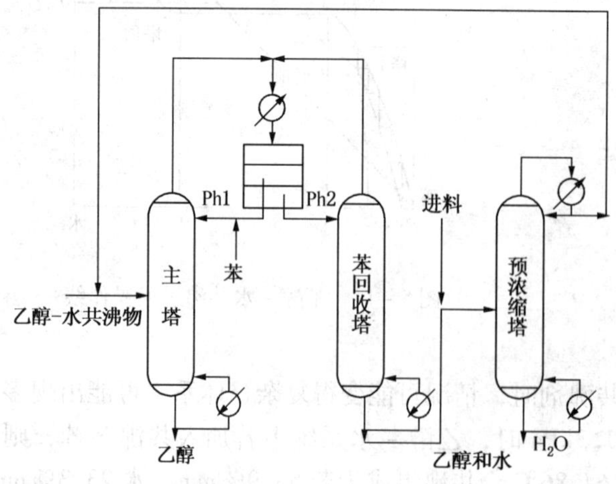

图5－16 用苯作共沸剂分离乙醇－水的共沸精馏流程

通常情况下，对于可形成三元非均相共沸物的精馏过程，如果三相区只出现在塔顶冷凝器，则在塔顶完成液－液分层操作，如果三相区出现在塔身，则通过侧线采出完成液－液分层操作，回流可为单液相或双液相回流。

5.2.3 共沸精馏计算

共沸精馏计算包括共沸剂用量的确定，共沸剂引入位置的选择，物料衡算以及最终求得塔的理论板数。

5.2.3.1　对共沸剂的要求

① 必须与原溶液中至少一组分形成最低共沸物（共沸温度较原溶液的任一组分的沸点要低），改变组分的相对挥发度，使 $(\alpha_{12})_S$ 越大越好。

② 共沸剂的用量尽可能少，由于共沸剂从塔顶引出，因此，要求共沸剂的汽化潜热 ΔH_v 值要小。

③ 与共沸剂所形成的最低共沸物容易分离，即容易回收共沸剂，如可采用冷却分层、盐析、萃取剂萃取或水洗等方法回收共沸剂。

④ 无毒，无腐蚀，热稳定性好，能长期使用。

⑤ 价格低廉，来源充沛，容易得到。

近年来已经把有关共沸物的实验数据编成系统资料，选择共沸剂时可查阅共沸物表，在可能形成共沸物的各种溶剂中，根据上述要求进行比较，权衡选择，必要时需通过实验评定。

5.2.3.2　共沸剂用量的计算

共沸剂用量应保证与被分离组分形成共沸物（对三元系而言）。实际上在塔顶附近塔板上的液相组成已经接近共沸组成。其计算可利用三角形相图按物料平衡式求得。所用三角相图如图 5－17 所示。若原溶液中 A 和 B 的组成为 F 点，加入共沸剂 S 后，系统将沿$\overline{FS}$线向 S 点方向移动。若加入一定量 S 后，使物系移动至某一点 M，则 M 点表示该物系加入共沸剂后的组成。共沸剂用量按物料衡算求得：

$$M = F + S \tag{5-44}$$

按 S 组分的物料衡算。

$$S = Mx_{MS} \tag{5-45}$$

式中　x_{MS}——三元混合液中共沸剂的浓度

$$x_{MS} = \frac{S}{M} = \frac{S}{F+S} \tag{5-46}$$

则 A、B 组分的组成为：

$$x_{MA} = \frac{Fz_A}{M} = \frac{Fz_A}{F+S} \tag{5-47}$$

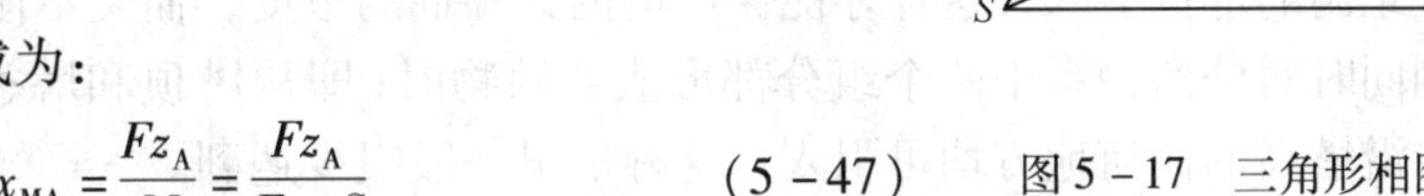

图 5－17　三角形相图

$$x_{MB} = \frac{Fz_B}{M} = \frac{Fz_B}{F+S} \tag{5-48}$$

式中　x_{MA}——三元混合液中 A 组分的浓度；

x_{MB}——三元混合液中 B 组分的浓度；

z_A、z_B——进料混合液中 A、B 组分的浓度；

在共沸精馏过程中，塔顶蒸出的将是共沸组成 S_A（或接近共沸组成），则塔釜产品组成点必然落在 MSA 连线的延长线上，因为，总加料量等于塔顶产品量和塔釜产品量之和。

$$M = D + W \tag{5-49}$$

如何确定当加入一定量的共沸剂后，其塔釜组成点的位置呢？也可从相图看出，如图 5－18所示。

如加入共沸剂过量时，则塔底产品 W 中含有一定量的共沸剂；如加入的共沸剂数量不足，不能将组分 A 完全以共沸物的形式从塔顶蒸出，则釜液中有一定量的组分 A。显然这两

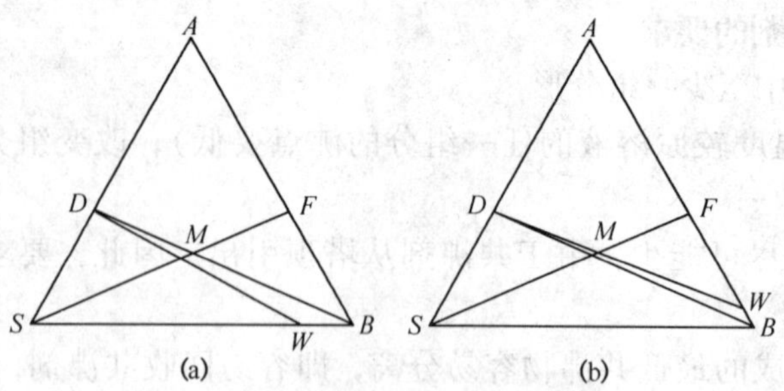

图 5－18　确定适宜的共沸剂用量

种情况都是不适宜的，如果加入的共沸剂是适量的，且有足够多的塔板数，则塔顶可获得共沸物 *AS*，塔底得纯组分 *B*。

此时，根据 *A* 组分的物料平衡式：

$$Mx_{MA} = Dx_{DA} + Wx_{WA} \tag{5-50}$$

塔顶共沸物的量为：

$$D = M\frac{x_{MA} - x_{WA}}{x_{DA} - x_{WA}} \tag{5-51}$$

$$W = M\frac{x_{DA} - x_{MA}}{x_{DA} - x_{WA}} \tag{5-52}$$

式中　x_{DA}——塔顶共沸物中 *A* 组分的浓度；

x_{WA}——塔釜液中 *B* 组分的浓度；

5.2.3.3　共沸剂引入位置

共沸剂确定后，还须根据共沸剂性质定其引入位置。如果共沸剂对原分离物系中两个组分而言相对地不易挥发的话，可在靠近塔顶部分引入，这样能保证塔内有足够的共沸剂浓度，不致于影响到进料板以下共沸剂的浓度；共沸剂以最低共沸物从塔顶蒸出时，则需考虑共沸剂的分段引入，一部分可随进料液一起引入，另一部分共沸剂需在进料板以下离塔釜尚有一段距离的部位引入，这样才能保证塔内共沸剂的浓度，而又不使共沸剂从塔釜排出；若共沸剂同时对分离物系中两个组分都形成共沸物时(即从塔顶和塔釜均引出共沸物)，则共沸剂在沿塔高的任何地方均可引入，这种情况一般很少遇到。

5.2.3.4　共沸精馏塔计算

二元非均相共沸系统的精馏计算，比如像丁醇－水系统、苯酚－水系统的计算。

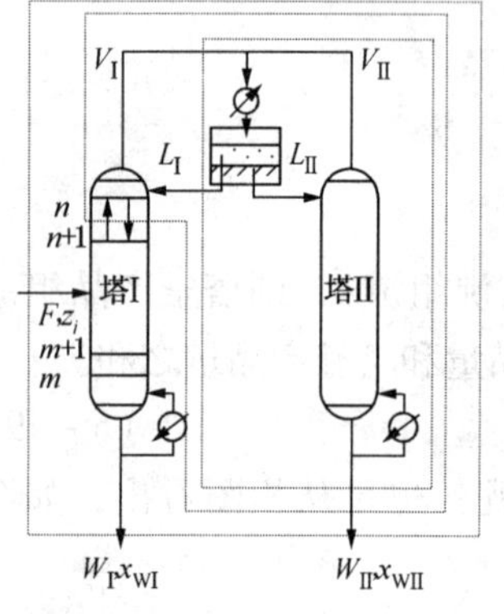

图 5－19　二元非均相共沸精馏物料衡算图

① 物料衡算和操作线方程。二元非均相共沸系统的物料衡算需要把两个塔作为一个整体加以考虑，如图 5－19 所示情况，按最外圈物料衡算得出：

$$F = W_{Ⅰ} + W_{Ⅱ} \tag{5-53}$$

$$Fz = W_{Ⅰ}x_{W_{Ⅰ}} + W_{Ⅱ}x_{W_{Ⅱ}} \tag{5-54}$$

由给定的 F、z、$x_{W_{Ⅰ}}$、$x_{WⅡ}$ 可求出 $W_{Ⅰ}$、$W_{Ⅱ}$ 之值。

按中间一圈所示范围进行物料衡算可得出：

$$V_{Ⅰ} = L_{Ⅰ} + W_{Ⅱ} \tag{5-55}$$

对于易挥发组分为：

$$V_{Ⅰ}y_{n+1} = L_{Ⅰ}x_n + W_{Ⅱ}x_{W_{Ⅱ}} \tag{5-56}$$

故
$$y_{n+1}=\frac{L_{\mathrm{I}}}{V_{\mathrm{I}}}x_n+\frac{W_{\mathrm{II}}}{V_{\mathrm{I}}}x_{\mathrm{W}_{\mathrm{II}}} \tag{5-57}$$

此式即为塔Ⅰ精馏段的操作线方程，它与对角线的交点是 $x=x_{\mathrm{W}_{\mathrm{II}}}$，斜率是 $L_{\mathrm{I}}/V_{\mathrm{I}}$。

若按最内圈作物料衡算，可得：

$$V_{\mathrm{I}}y_{\mathrm{I}}=L_{\mathrm{I}}x_{\mathrm{L}_{\mathrm{I}}}+W_{\mathrm{II}}x_{\mathrm{W}_{\mathrm{II}}} \tag{5-58}$$

式中 y_{I}——塔Ⅰ顶共沸物中组分的浓度；

$x_{\mathrm{L}_{\mathrm{I}}}$——塔Ⅰ顶回流液中组分的浓度；

塔Ⅰ的操作线与普通精馏塔的没有差别，塔Ⅱ的操作线方程可以仿照塔Ⅰ的方法得到。

② 共沸精馏塔中液气比（亦称为内回流比）及理论塔板数的确定，以下以例题5-3来说明这个问题。

【例5-3】 原料中含苯酚的摩尔分数1.0%、水99%，要求釜液中苯酚含量小于0.001%，流程如附图1所示，苯酚与水是部分互溶系，但在101.3kPa下并不形成非均相共沸物。因此，塔Ⅰ和塔Ⅱ出来的蒸气在冷凝冷却器中冷到20℃，然后在分层器中分层。水层返回塔Ⅰ作为回流，酚层进入塔Ⅱ，要求苯酚产品纯度为99.99%。假定塔内为恒摩尔流率，饱和液体进料，并设回流液过冷对塔内回流量的影响可以忽略。试计算：

① 以100mol进料为基准，塔Ⅰ和塔Ⅱ的最小上升气量为多少？

② 当各塔的上升气量为最小上升气量的4/3倍时，所需理论塔板数是多少？

③ 求塔Ⅰ和塔Ⅱ的最小理论塔板数。

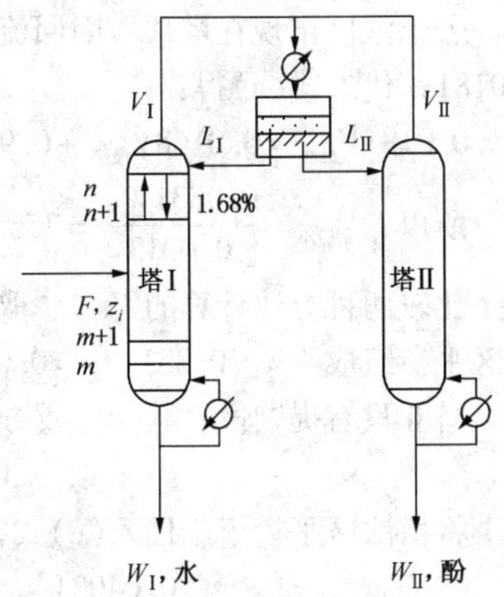

附图1 苯酚-水系统共沸精馏物料衡算图

解： 由文献上查得苯酚-水系统在101.3kPa下的气、液平衡数据（摩尔分数）见例题5-3附表1。

例题5-3附表1 苯酚-水系统在101.3kPa下的气、液平衡数据

$x_{酚}$	$y_{酚}$	$x_{酚}$	$y_{酚}$	$x_{酚}$	$y_{酚}$	$x_{酚}$	$y_{酚}$
0	0	0.010	0.0138	0.10	0.029	0.70	0.15
0.001	0.002	0.015	0.0172	0.20	0.032	0.80	0.27
0.002	0.004	0.017	0.0182	0.30	0.038	0.85	0.37
0.004	0.0072	0.018	0.0186	0.40	0.048	0.90	0.55
0.006	0.0098	0.019	0.0191	0.50	0.065	0.95	0.77
0.008	0.012	0.020	0.0195	0.60	0.090	1.00	1.00

并查得20℃时苯酚-水的互溶度数据为：

水层含苯酚摩尔分数1.68%，酚层含水摩尔分数66.9%。

① 以100mol进料为基准，在恒摩尔流假设的基础上就整个体系对酚作物料平衡（如图5-19所示），得：

$$1.00=0.00001W_{\mathrm{I}}+0.9999W_{\mathrm{II}}$$

同时，$100=W_{\mathrm{I}}+W_{\mathrm{II}}$

所以，$W_{\mathrm{I}}=99.0$，$W_{\mathrm{II}}=1.0$

确定塔Ⅰ的操作线：由公式(5－51)可得：

$$V_{\mathrm{I}} y_{n+1} = L_{\mathrm{I}} x_n + 0.9999 W_{\mathrm{II}} \tag{a}$$

对塔Ⅰ提馏段作物料平衡可得提馏段的操作线方程为：

$$V'_{\mathrm{I}} y_m = L'_{\mathrm{I}} x_{m+1} - 0.00001 W_{\mathrm{I}} \tag{b}$$

最小上升气量相当于最小回流比时的气量。若恒浓区出现在进料板，由附表1可以查出与进料酚组成达到相平衡时的气相组成，则由式(a)得出：

$$\begin{aligned} 0.0138 V_{最小} &= 0.01 L_{最小} + 0.9999 W_{\mathrm{II}} \\ &= 0.01(V_{最小} - W_{\mathrm{II}}) + 0.9999 W_{\mathrm{II}} \\ &= 0.01 V_{最小} + 0.9899 W_{\mathrm{II}} \end{aligned}$$

所以，$V_{最小} = \dfrac{0.9899 W_{\mathrm{II}}}{0.0038} = 260.5 W_{\mathrm{II}} = 260.5$

若恒浓区出现在塔顶，因回流液酚浓度 $x = 0.0168$，用附表1中数据内插法计算得 $y = 0.0181$，代入式(a)得：

$0.0181 V_{最小} = 0.0168 V_{最小} + 0.9831 W_{\mathrm{II}}$

所以，$V_{最小} = \dfrac{0.9831 W_{\mathrm{II}}}{0.0013} = 756.2 W_{\mathrm{II}} = 756.2$

比较两种方法计算的 $V_{最小}$，取数值较大者，即 $V_{最小} = 756.2$ 的恒浓区必在塔顶，酚在恒浓区平衡组成为 $x = 0.331$，$y = 0.0403$

塔Ⅱ只有提馏段，其操作线方程为：

$$V'_{\mathrm{II}} y_m = L'_{\mathrm{II}} x_{m+1} - W_{\mathrm{II}} x_{W_{\mathrm{II}}} \tag{c}$$

将恒浓区平衡组成代入(c)式得：

$$\begin{aligned} 0.0403 V'_{最小} &= 0.331 L'_{最小} - 0.9999 W_{\mathrm{II}} \\ &= 0.331(V'_{最小} + W_{\mathrm{II}}) - 0.9999 W_{\mathrm{II}} \\ &= 0.331 V'_{最小} - 0.6689 W_{\mathrm{II}} \end{aligned}$$

所以，$V'_{最小} = \dfrac{0.6689 W_{\mathrm{II}}}{0.2907} = 2.3 W_{\mathrm{II}} = 2.3$

② 求塔Ⅰ的理论塔板数。

精馏段：$V_{\mathrm{I}} = \dfrac{4}{3} V_{最小} = \dfrac{4}{3} \times 756.2 = 1008.3$，$L_{\mathrm{I}} = V_{\mathrm{I}} - W_{\mathrm{I}} = 1008.3 - 1.0 = 1007.3$

提馏段：$V'_{\mathrm{I}} = V_{\mathrm{I}} = 1008.3$，$L'_{\mathrm{I}} = L_{\mathrm{I}} + F = 1007.3 + 100 = 1107.3$

代入式(a)和式(b)得出：

精馏段的操作线方程为：$y_{n+1} = 0.999 x_n + 0.9999$

提馏段的操作线方程为：$y_m = 0.999 x_{m+1} - 0.00099$

由操作线方程及平衡线，在 $y-x$ 图(附图2)上由 $x = 0.0168$ 到 $x_{W_{\mathrm{I}}} = 0.00001$ 间绘梯级，可得出所需理论板数为15(可能会有误差)。

③ 求塔Ⅱ的理论塔板数。

$V'_{\mathrm{II}} = \dfrac{4}{3} V'_{最小} = \dfrac{4}{3} \times 2.3 = 3.07$，$L'_{\mathrm{II}} = V'_{\mathrm{II}} + W_{\mathrm{II}} = 3.07 + 1 = 4.07$

代入式(c)得：$3.07 y_m = 4.07 x_{m+1} - 0.9999 W_{\mathrm{II}}$

即 $y_m = 1.326 x_{m+1} - 0.9999$

同样在 $y-x$ 图上由 $x_{W_{II}}=0.9999$ 到 $x_{L'_{II}}=0.331$ 在平衡线与操作线之间作梯级，可得理论板数为 8。

④ 塔Ⅰ的最少理论塔板数可在 $y-x$ 图上由 $x=0.0168$ 到 $x_{W_I}=0.00001$ 间在平衡线和对角线之间作梯级，得 $N_{最少}=13$。

塔Ⅱ的最少理论塔板数可在 $y-x$ 图上由 $x=0.331$ 到 $x_{W_{II}}=0.9999$ 间在平衡线和对角线之间作梯级，得 $N_{最少}=6$。

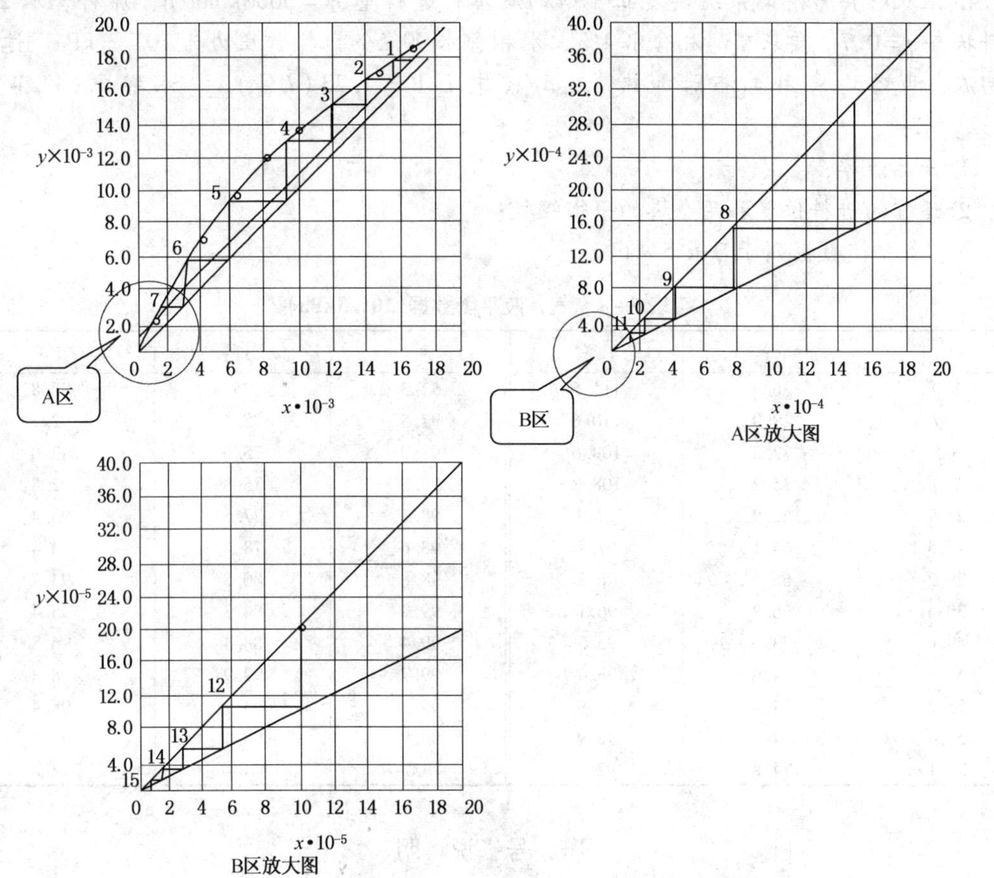

附图 2　图解法求理论塔板数

习　　题

1. 用萃取精馏法分离丙酮(1) - 甲醇(2)的二元混合物。原料组成 $z_1=0.75$，$z_2=0.25$，水为萃取剂。常压操作，已知进料流率 40mol/s，进料温度 50℃，操作回流比为 4。若要求馏出液中丙酮含量大于 95%，丙酮回收率大于 99%，(mol)。问该塔需多少理论塔板数。

2. 用乙二醇作萃取剂，由塔顶加入，萃取精馏分离乙醇(1) - 水(2)混合物。要求塔顶产品中乙醇摩尔组成为 0.995，乙醇回收率为 0.99，乙醇水的进料组成为 0.88，饱和蒸气进料。试确定所需要的理论板数。

3. 某 1、2 两组分构成二元物系，活度系数方程为 $\ln\gamma_1=Ax_2^2$，$\ln\gamma_2=Ax_1^2$，端值常数与温度的关系：

$$A=1.7884-4.35\times10^{-3}T(T：\mathrm{K})$$

蒸汽压方程为：

$$\ln p_1^s = 16.0826 - \frac{4050}{T}$$

$$\ln p_1^s = 16.3526 - \frac{4050}{T} (p: \text{kPa}; T: \text{K})$$

假设气相为理想气体，试问 99.75 kPa 时(1)系统是否形成共沸物？(2)共沸温度是多少？

4. 用双塔共沸精馏系统实现正丁醇的脱水。进料量 $F=5000\text{kmol/h}$，原料含水 28%，进料状态 $q=0.7$。要求丁醇相含水 4%，水相含水 99.5%。操作压力为 101.3 kPa。饱和液体回流，两塔均采用再沸器加热，丁醇塔中 $L/V=1.23(L/V)_{\min}$，水塔中 $(V'/W)_2=0.132$。求：

① 产品流率；

② 适宜的进料位置和两个塔的平衡级数。

气、液平衡数据列于习表 5-1。

习表 5-1　气、液平衡数据(101.3kPa)

x_1	y_1	T/℃	x_1	y_1	T/℃
3.9	26.7	111.5	57.3	75	92.8
4.7	29.9	110.6	97.5	75.2	92.7
5.5	32.3	109.6	98.0	75.6	93.0
7.0	35.2	108.8	98.2	75.8	92.8
25.7	62.9	97.9	98.5	77.5	93.4
27.5	64.1	97.2	98.6	78.4	93.4
29.2	65.5	96.2	98.8	80.8	93.7
30.5	66.2	96.1	99.2	84.3	95.4
49.6	73.6	93.5	99.4	88.4	96.8
50.5	74.0	93.4	99.7	92.9	98.3
55.2	74.4	92.9	99.8	95.1	98.4
56.4	74.6	92.9	99.9	98.1	99.4
57.1	74.8	92.9	100	100	100

符 号 说 明

英文字母：

A、B——组分；

A——端值常数；

D——馏出流率液，kmol/h；

Cp——比热容；J/(mol·K)；

d——组分馏出液流率，kmol/h；

F——流率进料，kmol/h；

f——组分进料流率，kmol/h；

k——相平衡常数；

L——液相主体；

W——釜液流率，kmol/h；

w——组分釜液流率，kmol/h；

ΔH_v——熔解热，kJ/kg；

M——相对分子质量；

M_s——溶剂的相对分子质量；

m——提馏段理论塔板数；

N——理论板数；

n——组分数；精馏段理论塔板数；

p——压力，Pa；

q——进料中的液相分率；

R——回流比；

S——吸收剂、溶剂流率；

x——液相摩尔分数；

y——气相摩尔分数；

z——进料组成，摩尔分率。

上标：

s——饱和状态；

′——按脱溶剂计；提馏段。

下标：

A、B——组分；

D——馏出液；

F——进料；

o——初始状态；

h，hk——重关键组分；

i——组分；

j——基准组分；

l，lk——轻关键组分；

m——最小状态；

希腊字母：

α——相对挥发度；

αs——有萃取剂条件下分离组分的相对挥发度；

β——溶剂对非溶剂的相对挥发度；

γ——液相活度系数；

θ——方程式的根；

η——回收率。

S——萃取剂。

6　多组分气体吸收和解吸过程

学习目的：

通过本章的学习，了解吸收塔的结构；熟练掌握多组分吸收和解吸过程的简捷法计算；熟悉化学吸收的优点，为吸收塔的正确操作、优化操作打下理论基础。

知识要求：

正确区分多组分精馏和多组分吸收操作的不同；

掌握多组分吸收和解吸的简捷法计算；

了解化学吸收的特点。

能力要求：

熟练应用多组分吸收和解吸的简捷法计算并建立吸收操作理论基础；

掌握多组分吸收操作的要领。

6.1　概　　述

在石油化工生产中，有一种常用的方法叫做吸收。吸收是利用气体混合物中各组分在某液体中溶解度的不同，用液体处理气体混合物而达到分离目的的传质过程。而吸收的逆过程，即溶质从液相中分离出来转移到气相的过程，称为解吸。

吸收时所用的液体溶剂称为溶剂(或吸收剂)。被吸收的组分称为溶质(或吸收质)。若气体吸收过程中只有一个组分在吸收剂中具有显著的溶解度，其他组分的溶解度均小到可以忽略不计，则这种吸收称为单组分吸收。若气体混合物中具有显著溶解度的组分不止一种，则这种吸收称为多组分吸收。例如，用油吸收法分离石油裂解气，除氢以外，裂解气中其他组分都不同程度地从气相溶到溶剂油中了。

根据讨论问题的方便和着眼点的不同，吸收过程可以有很多分类方法。

按照溶质和溶剂结合是溶解关系还是化学反应关系，可分成化学吸收和物理吸收。物理吸收指的是气体溶质与液体溶剂之间不发生明显的化学反应，即纯属溶解过程，例如，用水吸收二氧化碳。若气体溶质进入液相之后与溶剂或溶剂中的活性组分进行化学反应，则所进行的过程称为化学吸收。按其化学反应的类型，又分发生可逆反应和不可逆反应的化学吸收过程。例如，用乙醇胺溶液吸收二氧化碳为可逆反应，而用稀硫酸吸收氨进行的是不可逆反应。对于物理吸收，液相中溶质的平衡浓度基本上是它在气相中分压的函数。吸收的推动力是气相中溶质的实际分压与溶液中溶质的平衡蒸气压之差。在化学吸收中，进入溶液的溶质部分或全部转变为其他化学物，此溶质的平衡蒸气压便有所降低，甚至可以降到零。这样就使吸收推动力提高，从而提高吸收速率，并且使一定量溶剂能吸收更多数量的溶质。因此，化工生产中常采用化学吸收。若进行的化学反应是可逆的，可用加热、减压等方法将溶剂回收使用。与物理吸收相比，化学吸收的速度快，溶解能力大，溶剂用量少，设备尺寸小，溶剂回收再利用难度增大等特点。

按照过程进行中有无显著的温度变化，吸收可分为等温吸收和非等温吸收。气体溶解时一般都放出溶解热。化学吸收中则还有反应热。若混合气中被吸收组分的含量低，溶剂用量大，则系统温度的变化并不显著，可按等温吸收考虑。有些吸收过程，例如，用水吸收 HCl 气体或 NO_2气体，用稀硫酸吸收氨，放热量很大，若不进行中间冷却，则气、液两相的温度都有很大改变，称为非等温吸收。

按照气体中能被吸收的物料量多少，可分成贫气吸收和富气吸收；按照过程进行中气、液两相接触的方式和采用的设备形式，可分成喷淋吸收、鼓泡吸收和降膜吸收等。

6.1.1 多组分气体吸收和解吸的工业应用

由于石油化工生产的特点，反应气几乎都是多组分混合物。其中除了目的产物以外，还含有一些有价值的副产品，也有一些有害的杂质。所以，采用吸收法来分离这种气体混合物通常是多组分吸收。就是说，在吸收剂吸收目的产物的同时也不同程度地吸收了其他的一些组分。吸收和解吸过程按其生产目的的不同，可分为以下几个方面，代表性的工业应用见表 6-1。

表 6-1 工业吸收过程

溶质	溶剂	吸收类型	溶质	溶剂	吸收类型
丙酮	水	物理吸收	萘	液态烃	物理吸收
氨	水	物理吸收	二氧化碳	NaOH 水溶液	不可逆化学吸收
乙醇	水	物理吸收	氯化氢	NaOH 水溶液	不可逆化学吸收
氯化氢	水	物理吸收	氟化氢	NaOH 水溶液	不可逆化学吸收
氟化氢	水	物理吸收	硫化氢	NaOH 水溶液	不可逆化学吸收
二氧化硫	水	物理吸收	氯	水	可逆化学吸收
三氧化硫	水	物理吸收	一氧化碳	铜氨溶液	可逆化学吸收
苯和甲苯	液态烃	物理吸收	CO_2 和 H_2S	一乙醇胺或二乙醇胺溶液	可逆化学吸收
丁二烯	液态烃	物理吸收	CO_2 和 H_2S	二乙醇胺、三乙醇胺溶液	可逆化学吸收
丙烷和丁烷	液态烃	物理吸收	一氧化氮	水	可逆化学吸收

1. 净化或精制气体

例如，用乙醇胺液脱除石油裂解气或天然气中的硫化氢、二氧化碳；乙烯直接氧化制环氧乙烷生产中原料气的脱硫、脱卤化物；合成甲醇工业中的脱硫、脱二氧化碳；二氯乙烷生产过程中用水除去氯化氢等都属于净化或精制气体过程。

2. 分离气体混合物

用以得到目的产物或回收其中一些组分。例如，石油裂解气的油吸收，将 C_2以上的组分与甲烷、氢分开；用 N-甲基吡咯烷酮作溶剂，将天然气部分氧化所得裂化气中的乙炔分离出来；焦炉气的油吸收以回收苯；乙烯直接氧化制环氧乙烷，生产中用水吸收分离反应气体中的环氧乙烷，用碳酸钾吸收反应气体中的二氧化碳等。

3. 将最终气态产品制成溶液或中间产品

例如，用水吸收氯化氢气体制成盐酸；用水吸收甲醛蒸汽制甲醛溶液；用水吸收丙烯氨氧化反应气中的丙烯腈作为中间产品等。

6.1.2 多组分吸收塔的结构

用于吸收过程的主要设备是填料塔和板式塔。填料塔内，以填料作为气、液接触基本构件，操作中气流自下而上与自上而下流动的液体沿着填料表面进行传质过程，属于气、液两相连续逆流接触式设备。精馏过程也广泛采用填料塔，但操作的液气比（特别是真空精馏）要较吸收过程小得多，容易出现液体喷淋不均匀现象而影响传质效率，故填料精馏塔采用塔径范围较小（一般在800mm以下），传质单元高度约为吸收塔的2倍。吸收过程采用填料塔较之精馏过程具有更为有利的条件。这里重点介绍填料塔的结构。

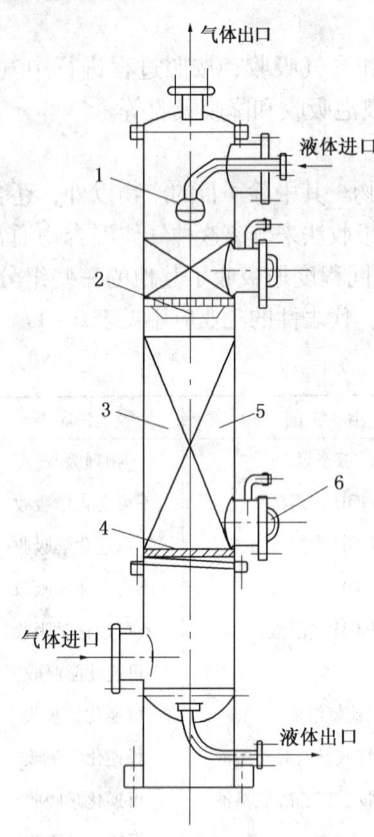

图6－1 填料塔结构示意图

1—液体喷淋器；2—液体再分布器；3—填料；4—填料支撑板；5—塔体；6—人孔或手孔

6.1.2.1 填料塔的总体结构

填料塔的总体结构如图6－1所示。主要由塔体及塔的附属结构如填料支承板、液体喷淋装置、液体再分配装置构成。有时根据需要尚装有气体入塔分布结构及除雾器等。

在填料塔的设计中，除需正确计算填料层高度及主体几何尺寸以外，一些附属结构的设计和选择也很重要。否则容易引起气、液分布不匀而严重影响传质效率，或者由于附属构件（例如，支承板）阻力过大而影响塔的生产能力等。填料型式不同对这些构件的要求也不同，一些整砌型填料（例如，波纹填料、栅条填料）及较精密小型填料（如丝网填料、乳化塔等）对气、液分布要求更高。

6.1.2.2 用料塔的附属结构

1. 支撑板

填料的支撑板一般应满足两个基本条件，即自由截面积不小于塔内填料层的孔隙率，强度足以支承填料的重量。常见的支撑板（见图6－2）是能够满足这两项条件的支承板（主要用于拉西环填料），扁钢条间的适宜距离为填料外径的0.6～0.8倍左右。在较大直径的塔中也可采用较大间距，上面再放一层十字式瓷环隔层，然后再在上堆放拉西环等填料。

当用栅板［见图6－2(b)］结构不能满足以上两项条件时，可采用升气管式［见图6－2(c)］支撑板。气体由升气管的齿缝流出，液体由小孔及齿缝的底部溢流向下。当有足够的齿缝面积时，这种结构甚至能达到100%（对于塔截面积）的气相自由截面率。对于小型塔则可使用驼峰型支撑板［见图6－2(d)］。支撑板的具体结构可参阅图6－3。

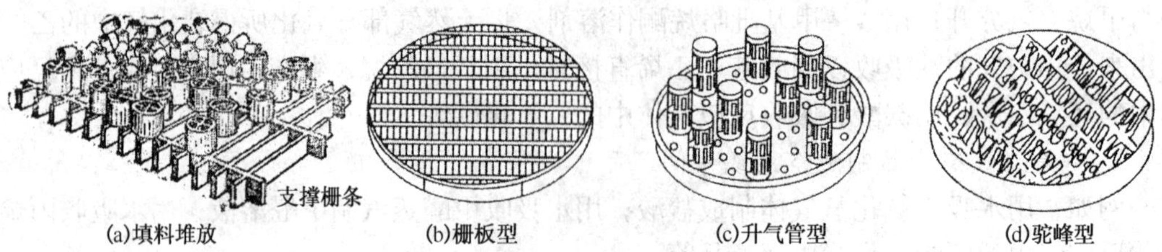

图6－2 填料的支撑板

2. 液体喷淋装置

填料塔的液体喷淋装置十分重要，它直接影响塔内填料的表面有效利用率。喷淋装置的结构形式较多，主要有盘式、莲蓬式、管式、槽式等。

（1）盘式分布器

盘式分布器的结构如图 6－4 所示。盘上开有 ϕ3mm ~ ϕ10mm 的筛孔，或设有 > 15mm 的溢流管。液体流到分布盘上以后，轻均匀地淋洒分布在整个塔截面上。分布盘的直径为塔径的 0.6 ~ 0.8 倍，适用于在直径 800mm 以上的塔。

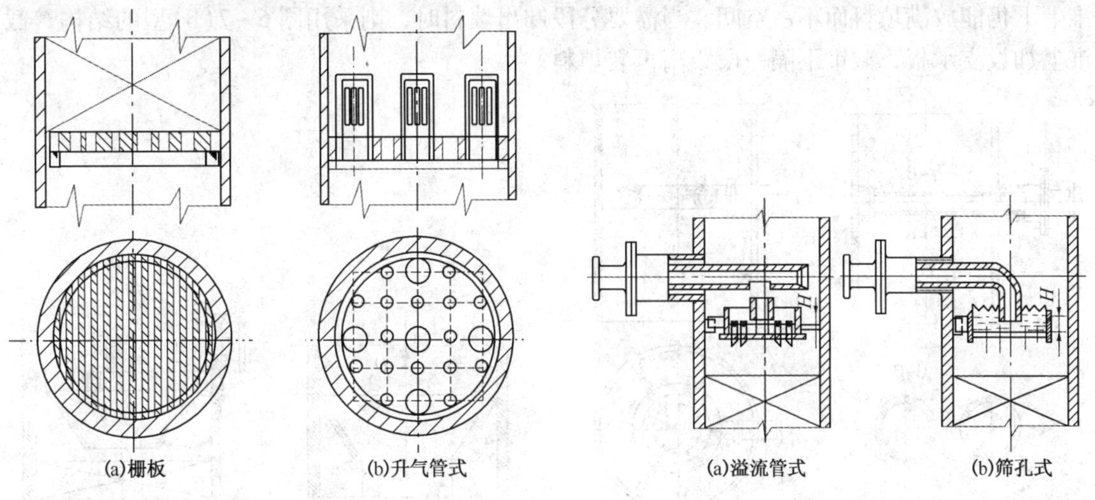

图 6－3　支撑板剖视图　　　　图 6－4　盘式分布器

（2）莲蓬式喷洒器

莲蓬式喷洒器也是常用的一种形式，其结构如图 6－5 所示。莲蓬式喷洒器通常的参数为；莲蓬头直径 d 为塔径 D 的 1/5 ~ 1/3；球面半径为$(0.5 \sim 1.0)d$，喷洒角 $\alpha \leqslant 80°$，喷洒外圈距塔壁距离 70 ~ 100mm，蓬头小孔直径 3 ~ 10mm；孔数可根据液体流量、物理性质和操作压力等确定。莲蓬式喷洒器一般在直径 600mm 以下的塔中使用。

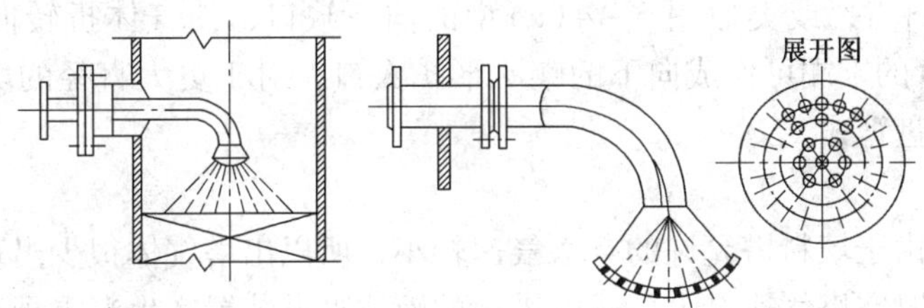

图 6－5　莲蓬式分布器

（3）管式喷淋器

几种结构简单的管式喷淋器如图 6－6 所示。多孔直管式和多孔盘管式的管底部都开有 2 ~ 4 排 ϕ3mm ~ ϕ6mm 的小孔，孔的总面积约与进料管面积相等。多孔直管式适用于塔径在 600mm 以下的情况，而多孔式则可适用于塔径为 1200mm 以下的情况。

3. 液体再分配装置

液体在沿填料层（特别是拉西环等实体填料）下流时，往往产生逐渐向塔壁方向集中的趋势，而使总传质系数和设备传质效率大为降低。这种壁效应在小塔中，因其单位截面的周边大而更为显著。为了克服这种现象，则必须在塔内每隔一段距离设置一个液体再分配装置。

两个液体再分配装置间的距离为 $Z = (2.5 \sim 3)D$，塔径在 ϕ400mm 以下时，Z 可允许比以上范围略大；大塔径 Z 也不宜超过 6m；对于鲍尔环 $Z=(5\sim10)D$，环径与塔径比(d/D)大时，Z 可取 5，大塔径 Z 亦不宜超过 6m。对于矩鞍填料，填料大小与塔径之比(d/D)应小于 1/15，$Z=(5\sim8)D$，大塔径 Z 亦不宜超过 6m。

截锥式液体再分配装置(见图 6－7)是几种常用液体再分配装置中最简单的一种结构形式。适用于结构在 600～800mm 以下的塔，图 6－7(a)只将截锥体焊(或搁置)在塔体中，截锥上下仍能放满填料而不占空间。当需要分段卸出填料时，则采用图 6－7(b)型的结构。截锥上加设支承板，截锥下隔一段距离再装填料。

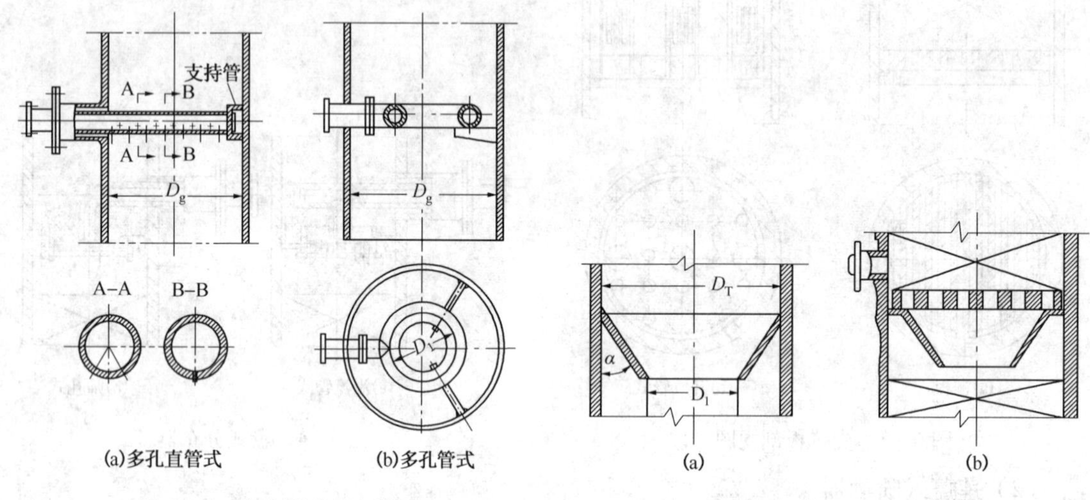

图 6－6　多孔管式分布器　　　图 6－7　截锥式再分布器

4. 气体进塔装置

一般气体进塔的分布要求并不严格，只适当采取措施避免气流直接由接管口或水平管冲入塔内即可。对于直径小于 500mm 的小塔，可使气体的入塔管伸到塔的中心线位置，管末端切成 45°的向下斜口，或类似图 6－4(a)型的向下缺口，使气体折转向上。对于直径在 1.5m 以下的塔，管的末端可作成向下的喇叭形扩大口；对于更大直径的塔，可以作成类似于图 6－6(b)型的盘管式。

5. 除沫装置

一般情况下，由于填料塔允许的空塔气速较小，所以出塔气体很少出现大量雾沫夹带现象。但在操作中有时空塔气速过大，或因塔顶的液体喷淋装置产生严重溅液现象，或工艺过程不允许气体夹带液滴，则需考虑加设除沫装置。

填料塔常用的除沫装置有折板除沫器，在液体喷淋装置与出气管之间填置一段干填料、丝网除沫器及旋流板除沫器。

(1) 折板除沫器

折板除沫器(见图 6－8)由 50×50×3 的角钢构成，板间横向距离为 25mm，当气流垂直流过除沫板所产生的阻力约为 490～980Pa 时，能除去直径最小约有 0.05mm 的雾滴。

(2) 丝网除沫器

丝网除沫器(见图 6－9)是一种效率较高的除沫器，可除去大于 0.05mm 的液滴，效率可达 98%～99%，但不宜用于液滴中含有或溶有固体物质(如碱液、碳酸氢铵溶液等)的场合，否则将产生液体蒸发后固体堵塞除沫器的现象。

丝网有各种规格和材料，如不锈钢丝、铜丝、镀锌铁丝、镍丝、聚四氯乙烯丝、聚乙烯

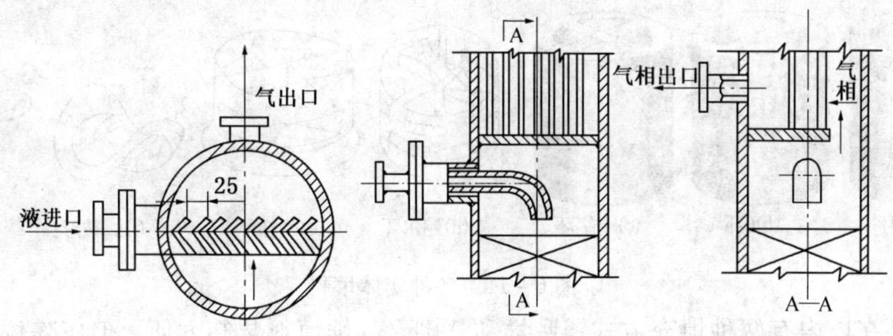

图 6 - 8　折板除沫器

丝、聚氯乙烯丝及尼龙丝等。丝网高度一般取 100 ~ 150mm，压降小于 2450Pa，支承丝网的栅板应具有大于 90% 的自由截面。

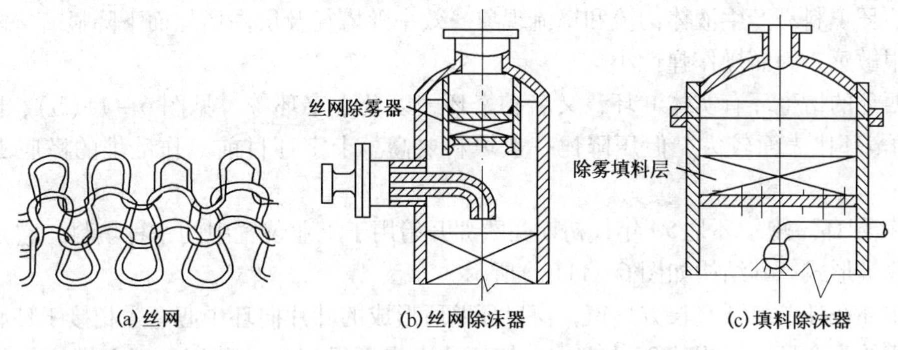

(a) 丝网　(b) 丝网除沫器　(c) 填料除沫器

图 6 - 9　丝网除沫装置

(3) 旋流板除沫器

旋流板除沫器有如固定的风车叶片，气流通过叶片时产生旋转运动，利用离心力的作用除出雾滴，其除雾效率可达 98% ~99%，阻力介于折流板与丝网除雾器之间。

6. 液体出口装置

液体的出口装置既要便于从塔内排液，又要防止气体从液体出口外泄，常用的液体出口装置可采用液封装置，如图 6 - 10(a) 所示。若塔的内、外压差较大时，可采用倒 U 形管液封装置，如图 6 - 10(b) 所示。

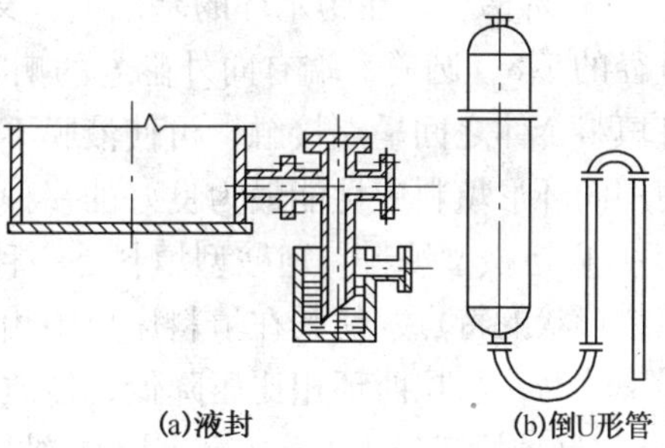

(a)液封　(b)倒U形管

图 6 - 10　液体的出口装置

7. 填料种类及选择

所谓填料乃是一种提供传质表面的固体填充物，其作用就在于使气、液两相能够达到良好接触，提高传质速率。

(1) 填料种类

目前工业填料塔所使用的填料种类很多，大致可分为实体填料和网体填料两大类。在实体填料中包括拉西环及其衍生环、鲍尔环、矩鞍形填料、波纹填料等；网体填料则包括由丝网制成的各种填料，如鞍形网、θ 网环填料等。

① 拉西环。拉西环是最老最典型的一种填料，结构形状简单。常用的拉西环为外径与高度相等的空心圆柱体[见图 6 - 11(a)]。其厚度在机械强度允许的情况下以尽量薄为宜。

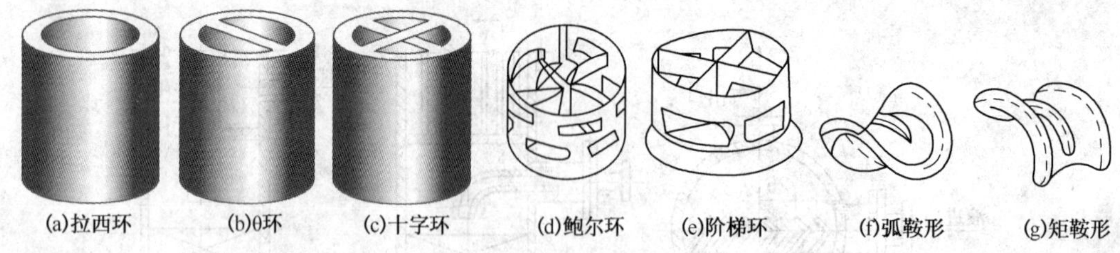

图 6 – 11　各种实体填料

拉西环在塔内有两种填充方式：乱堆和整砌。乱堆填料装卸方便，但压降较大；一般直径在 50mm 以下的填料用乱堆法。整砌法适用于直径在 50mm 以上的填料，压降较小。

拉西环的材质最常用的是陶瓷，在处理碱液及高温操作等对陶瓷不适宜的情况下，可用金属拉西环、塑料制成的拉西环等填料。

拉西环填料易产生液体沟流和壁流现象。效率随塔径及层高增加而下降显著，随气速的变化亦很敏感，因而操作弹性小。

拉西环的衍生环有实体 θ 环，又名勒辛环，以及十字环等，见图 6 – 11(b)、图 6 – 11(c)。勒辛环比表面较大，但压降比一般填料要高。十字环目前只作乱堆的塔底支撑分布层用。

② 鲍尔环。鲍尔环是 50 年代初期在欧洲开始用于工业装置中的一种填料，它是拉西环的一种改进形式。其结构如图 6 – 11(d)所示。

鲍尔环在环壁上开有长方形窗，窗口环壁所形成的叶片向环中心弯入相接于环心。小窗的总面积约为全环壁面积的 35% 左右，使环的内表面得到充分利用，环心搭接的叶片使液体分布也较均匀，因而传质速率较高；塔内气、液流体可从小窗穿通，阻力降低，在相同的气速下较之拉西环约低 50% ~70%；操作弹性较大，维持稳定效率的操作弹性可比拉西环大 2 倍以上。但因开设窗口削弱了机械强度，因此以用金属或塑料作材料为宜。

③ 阶梯环。在鲍尔环的基础上，又发展了一种叫做“阶梯环”的填料。阶梯环的总高为直径的 5/8，圆筒一端有向外翻卷的喇叭口，如图 6 – 11(e)所示。这种填料的孔隙率大，而且填料个体之间呈点接触，可使液膜不断更新。具有压力降小和传质效率高等特点，是目前使用的环形填料中性能最为良好的一种。阶梯环多用金属及塑料制造。

④ 矩鞍型填料。矩鞍型填料是一种敞开式填料，其形状如图 6 – 11(f)所示。由于这种填料形状的特点，使其在填料床层中相互重叠的部分较少，空隙率较大，填料表面的有效利用率较高，与拉西环相比压降低，传质效率高(与相同尺寸的拉西环相比效率可提高 40% 以上)。这种填料经生产运转证明不易被团体悬浮物所堵塞，强度大，装填破碎少，而且制作方便，因此在国内外已得到推广使用。矩鞍形填可用塑料、陶瓷制作。

⑤ 丝网填料。在气、液传质设备中，当分离精度要求较高时，常采用一些高效填料。它们一般是由网体作成一定的形状，所以叫做丝网填料。丝网填料的种类很多，见图 6 – 12 所示。

丝网填料具有以下特点：由于丝网填料较为细薄，填料可以做成较小的尺寸，因而比表面积大；空隙率大，阻力小；由于丝网的网孔细密，所以因表面张力所引起的毛细管作用。在填料经过预润湿之后、丝网表面形成了一层均匀流动的薄膜，使填料表面积的有效利用率增高，而一般的实体填料往往表面润湿很不完全，液相沟流情况严重，使液流分布不均。由于以上特点，丝网填料具有等板高度小，阻力低等优点。此外，由于丝网表面润湿率高，单

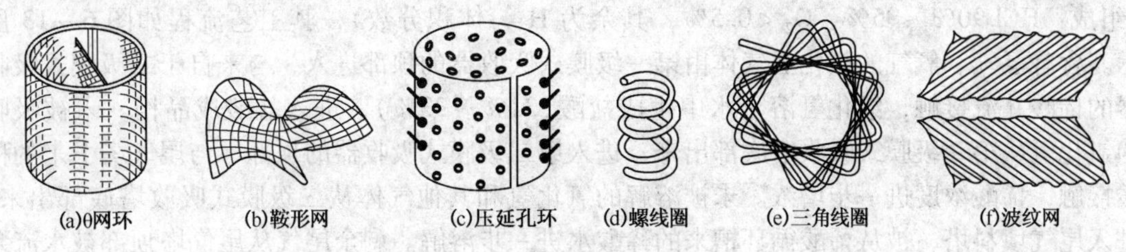

图 6－12　常用网体填料

位容积的持液量较大，但相当于每层理论塔板的输液量却很小。因而对于精密精馏过程是非常有利的。

但丝网填料在使用上受到一定的限制，它在多数场合下不能代替常用的实体填料及板式塔。这主要因为丝网价格昂贵，很难大量供应，不适于有腐蚀性及含污垢物料，使用要采用适当的预润湿措施，操作时要求十分平稳，装填时要求松紧适当、上下均匀。如果处理不当，常会造成很多困难，拆修不便，拆修后则需补充大量丝网等。

目前，我国工业上使用的丝网填料主要有 θ 网环填料和波纹网填料。

θ 网环填料是用一定网目的金属丝网按所需尺寸切成小块，以经线为圆围成图 6－12(a)的形式。使用的材料有铁丝网、不锈钢丝网、磷青铜丝网等。丝网的目数以大于 40 目较好，容易形成稳定液膜。θ 网环填料的等板高度较小，一般在 100mm 以下，比其他实体填料及板式塔小得多；每块理论板的压降较小；通量适当，动能因子($\mu\sqrt{\rho_f}$)约为 1 左右。但这种填料价格昂贵，安装要求及预液泛要求严格，且不适宜于 ϕ150mm 以上的大塔。

金属波纹网填料由平行丝网波纹片垂直排列组装而成，见图 6－12(f)所示。网片波纹方向与塔轴成一定的倾角(一般为 30°或 45°)，相邻两网片倾角方向相反，使波纹片之间形成一系列相互交叉的三角形通道，相邻两盘成 90°交叉安放。具有效率高、阻力小、持液量小、通量大、操作弹性范围较广，放大效应较小等优点，适用于精密精馏及高真空精馏，对难分离物系、热敏性物系及高纯度产品的精馏提供了有效手段。

(2) 填料的选择

工业上，为使填料塔能够有效地操作，要求填料尽可能具备的条件是传质速度高，即要求具有较大的比表面，并且对流体要有较好的润湿性；气体通过填料时阻力小，即要求填料的自由体积大；经久耐用，具有良好的耐腐蚀性和机械强度；取材容易，制造方便，价格便宜。

上述要求未必每种填料都具备。生产中总是希望所选填料通过的气、液负荷较大，同时传质效果又好，这样则可缩小塔的体积，节省设备投资。但是具备这些优良条件的填料，往往费用很高，反而增加了设备的总成本。所以选择填料时，要根据工艺要求，按填料的特性综合考虑确定。

6.2　多组分气体吸收典型案例

1. 氯化氢吸收制盐酸

盐酸生产工序是将液氯生产过程中产生的废氯气(氯气体积分数在 65% 以上)和从氢处理工序送来的氢气在铁合成炉内以 1:(1.05～1.10)的摩尔比燃烧生成氯化氢；氯化氢经散热器散热，再经石墨冷却器用循环水冷却后进入膜式吸收塔，采用稀酸液吸收氯化氢气体

(组成：HCl 90% ~95%，O_2 < 0.5%，其余为 H_2，体积分数)，其工艺流程如图 6 - 13 所示。含有氢气、氧气的氯化氢气体由第一级膜式吸收器的顶部进入，与来自于二级膜式吸收器的稀酸并流接触，氯化氢溶于水中生成盐酸(31% ~33%)，进入盐酸成品槽。未被吸收的氯化氢从第一级膜式吸收塔底部出来，进入第二级膜式吸收器的顶部，与尾气塔下来的稀酸接触，稀酸浓度进一步增浓。未被溶解的氯化氢和其他气体从二级膜式吸收塔底部出来，进入尾气填料塔，被从稀酸循环槽来的稀酸水进一步溶解。剩余尾气从尾气塔顶部被水流泵抽吸走处理后放空。一、二级膜式吸收器中，氯化氢溶解于水中放出的热量由吸收管外冷却水带走。

2. 二氧化碳吸收案例

某合成氨厂经一氧化碳变换工序后变换气的主要成分为 N_2、H_2、CO_2，此外还含有少量的 CO、甲烷等杂质，其中以二氧化碳含量最高，二氧化碳既是氨合成催化剂的有害物质，又是生产尿素、碳酸氢铵产品的原料，须在合成前去除，工厂采用如图 6 - 14 所示的工艺来实现。

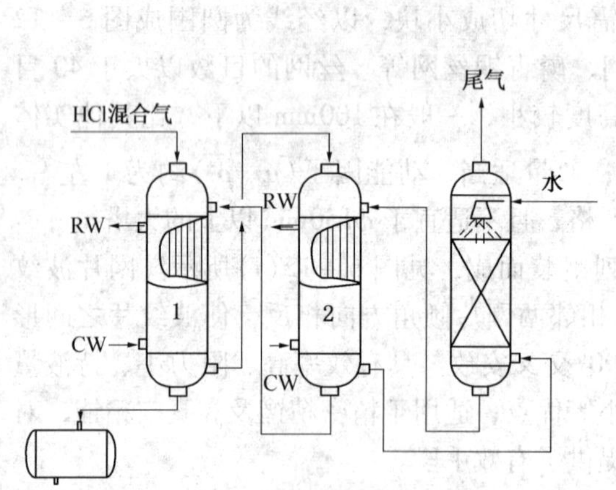

图 6 - 13　氯化氢吸收制盐酸工艺流程图

1—一级膜式吸收塔；2—二级膜式吸收塔；3—尾气吸收塔；4—盐酸储槽

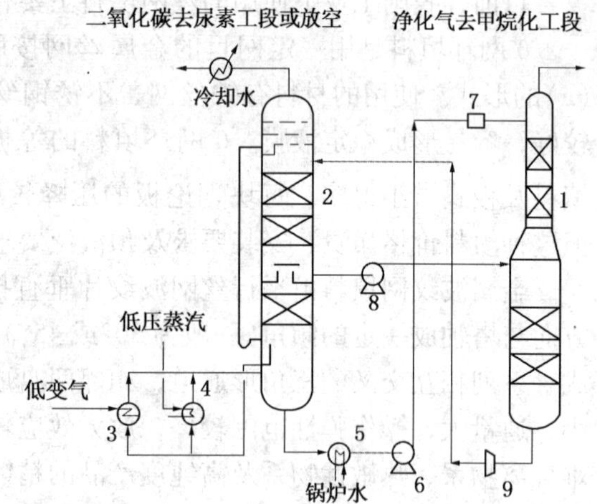

图 6 - 14　碳酸钾化学吸收脱出二氧化碳工艺流程示意图

1—吸收塔；2—再生塔；3、4—再沸器；5—锅炉给水预热器；6—贫液泵；7—过滤器；8—半贫液泵；9—水利透平

含二氧化碳 18% 左右的低温变换气从吸收塔 1 底部进入，在塔内分别与塔中部来的半贫液和塔顶部来的贫液进行逆流接触，二氧化碳溶解进入贫液和半贫液与液相中的碳酸钾发生反应被吸收，出塔净化气的二氧化碳含量低于 0.1%，经分离器分离掉气体夹带的液滴后进入下一工序。

吸收了二氧化碳的溶液称为富液，从吸收塔的底部引出。为了回收能量，富液先经过水力透平 9 减压膨胀，然后利用自身残余压力流到再生塔 2 顶部。在再生塔顶部，溶液闪蒸出部分水蒸气和二氧化碳后沿塔流下，并和由低变气再沸器 3 加热产生的蒸汽逆流接触，受热后进一步释放二氧化碳。由塔中部引出的半贫液，经半贫液泵 8 加压进入吸收塔中部，再生塔底部贫液，经锅炉给水预热器 5 冷却后由贫液泵 6 加压进入吸收塔顶部循环吸收。

3. 吸收 - 解吸联合工艺

某化工厂从焦炉煤气中回收粗苯(苯、甲苯、二甲苯等)，采用如图 6 - 15 所示的工艺流程。焦炉煤气在吸收塔内与洗油(焦化工厂生产中的副产品，数十种碳氢化合物的混合物)逆流接触，气相中粗苯蒸气溶于洗油中，脱苯煤气从塔顶排除。溶解了粗苯的洗油称为富油，从塔底排出。富油经换热器升温后从塔顶进入解吸塔，过热水蒸气从解吸塔底部进塔。

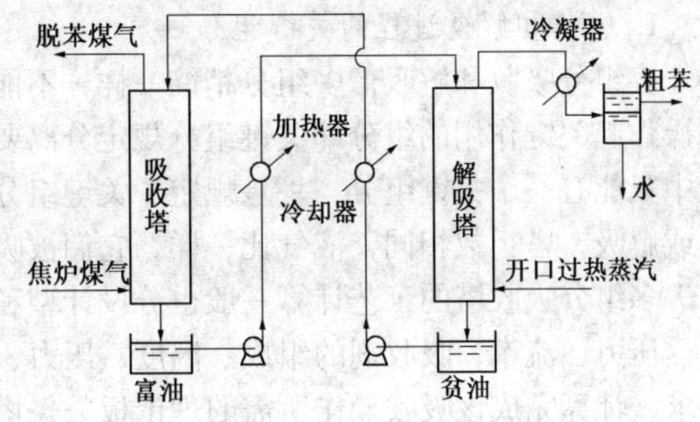

图 6－15　吸收、解吸联合操作

在解吸塔顶部排出的气相为过热水蒸气和粗苯蒸气的混合物。该混合物冷凝后因两种冷凝液不互溶，并因密度不同而分层，粗苯在上，水在下。分别引出则可得粗苯产品。从解吸塔底部出来的洗油称为贫油，贫油经换热器降温后再进入吸收塔循环使用。

4. 案例分析

我们知道，气体可溶解于液体中。案例 1 中，气体混合物中含有氯化氢、氢气、氧气，它们在水中的溶解度见表 6－2。

表 6－2　O_2、H_2、HCl 在水中的溶剂度(p＝1atm，1atm＝101.325kPa)

温度/℃	气体在水中的溶解度/(m^3 气体/m^3 水)		
	O_2	H_2	HCl
0	0.0489	0.0215	507
20	0.0310	0.0182	442
30	0.0261	0.0170	413

可见，HCl 在水中的溶剂度远大于 O_2、H_2 在水中的溶解度，如此大的溶解度差异使得可以用水作为溶剂吸收氯化氢、氢气、氧气混合气体中的 HCl，这在盐酸工业以及环境保护方面洗涤含 HCl 气体的尾气等方面得到广泛应用。

案例 2 是一个化学吸收的例子，当碳酸钾溶液与合成气接触时，合成气中的二氧化碳溶解于液相中并与碳酸钾发生化学反应，$CO_2+K_2CO_3+H_2O \rightarrow 2KHCO_3$，这样使得液相中的二氧化碳不断被化学反应“消耗”掉，从而使气相中的二氧化碳不断溶解进入液相。其他气体与二氧化碳相比，因为不与碳酸钾反应，溶解在碳酸钾溶液中的量很少，这样就可以将混合气体中的二氧化碳与其他气体分开。

案例 3 是一个多组分物理吸收和解吸的过程，焦炉煤气的组成如表 6－3 所示。用溶剂油吸收焦炉气中的芳烃，芳烃溶解于溶剂油，达到芳烃与煤气的分离，然后吸收液解吸又可得到芳烃和溶剂油，如此连续操作，达到分离焦炉煤气的目的。

表 6－3　焦炉煤气组成

名　称	可燃成分					不可燃成分			
	H_2	CO	CH_4	C_mH_n	苯类	水蒸气	CO_2	N_2	O_2
组成/%(体)	55～60	5～8	23～28	2～4	0.5～1	4～5	1.5～3	3～5	0.4～0.8

6.3　多组分吸收和解吸分析

6.3.1　多组分吸收和解吸过程的特点

吸收解吸过程与精馏过程相比，尚有它自己的一些特点。

1. 吸收和解吸过程的关键组分

多组分吸收和解吸像多组分精馏一样，不能对所有组分规定分离要求，只能对吸收和解吸操作起关键作用的组分即关键组分规定分离要求。由设计变量分析可知，多组分吸收和解吸中只能有一个关键组分。一旦规定了关键组分的分离要求，由于各组分在同一塔内进行吸收或解吸，塔板数相同，液气比一样，它们被吸收量的多少由它们各自的相平衡关系决定。

多组分吸收塔的工艺计算一般也分设计型和操作型。例如，已知入塔原料气的组成、温度、压力、流率，吸收剂的组成、温度、压力、流率，吸收塔操作压力和对关键组分的分离要求，计算完成该吸收操作所需的理论板数，塔顶尾气量和组成，塔底吸收液的量和组成，属于设计型计算；已知入塔原料气的组成、温度、压力、流量，吸收剂的组成、压力和温度，吸收塔操作压力，对关键组分的分离要求和理论板数，计算塔顶加入的吸收剂量，塔顶尾气量和组成，塔底吸收液量和组成，则属于操作型计算。解吸塔的情况相似，只是将进出塔的物流相应变化即可。

一般的精馏塔是一处进料，塔顶和塔釜出料。而吸收塔或解吸塔是两处进料、两处出料，相当于复杂塔。

2. 单向传质过程

精馏操作中，气、液两相接触时，气相中的较重组分冷凝进入液相，而液相中的较轻组分被汽化转入气相。因此，传质过程是在两个方向上进行的。若被分离混合物中各组分的摩尔汽化潜热相近，往往假定塔内的气相和液相都是恒摩尔流，计算过程要简单得多。而吸收过程则是气相中某些组分溶入不挥发吸收剂中去的单向传质过程。吸收剂由于吸收了气体中的溶质而流量不断增加，气体的流量则相应地减小，因此，液相流量和气相流量在塔内不能视为恒定的，这就增加了计算的复杂性。

解吸也是单向传质过程，但与吸收相反，溶质不是从气相传入液相，而是从液相进入气相，塔中气相和液相总流量是向上增大的。

3. 吸收塔内组分的分布

例如，用吸收油吸收分离裂解气，对于像氢气、甲烷、乙烷等溶解度很小的组分，几乎不被吸收剂所吸收，因而这些组分在气相中的流量基本上不变，但在塔上部稍有降低。这说明只有一个平衡级，这些组分在液体中就几乎完全达到了平衡，在此后的各级塔板上流量几乎没有什么变化。

对于像丁烷、戊烷等溶解度较大的组分，在原料气体进塔后，立刻在塔下部的几块塔板上被吸收。到达上部塔板时，气体中仅剩下微量。因而在上部几块塔板上转入液体的易溶组分不多，易溶组分在液体中的流量保持不变，至下部几块塔板时，液相中易溶组分的流量迅速增加。丙烷是溶解度适中的组分，在全塔中原料气相中的丙烷约有一半被吸收下来，而且是在各个塔板逐渐被吸收的。

通过上述实例不难看出，在多组分混合物的吸收过程中，不同组分和不同塔段的吸收程度是不相同的。难溶组分即轻组分一般只在靠近塔顶的几块塔板上被吸收，而在塔板上变化很小。易溶组分即重组分主要在塔底附近的若干块塔板上被吸收，而关键组分才在全塔范围内被吸收。

4. 吸收和解吸过程的热效应

在吸收过程中，溶解热将使气体和液体的温度发生变化，温度的变化又会对吸收过程产生影响。一方面因为相平衡常数不仅是液相浓度的函数，而且是液相温度的函数，一般说来，吸收放热使液体温度升高，而相平衡常数增大，过程的推动力减小；另一方面，由于吸收放热，气体和液体之间产生温差，这使得相间传质的同时发生相间传热。

在吸收塔中，溶质从气相传入液相的相变释放了吸收热，通常该热量用以增加液体的显热，因而导致温度沿塔向下增高；相反，在解吸操作中，液体向下流动时有被冷却的趋势。其理由与在吸收塔中所述的完全类似，这是吸收和解吸过程最一般的情况。

吸收过程所释放的热量在液体和气体中的最终分配很大程度上取决于两股物流热容量 $Lc_{p,L}$ 和 $Gc_{p,V}$ 的相对大小。L 为液相流率，G 为气体流率，$c_{p,L}$ 为液体比热容，$c_{p,V}$ 为气体比热容。如果在塔顶 $Lc_{p,L}$ 明显大于 $Gc_{p,V}$，则上升气体的热量传给吸收剂，使离开塔的尾气温度与进塔吸收剂的温度相近。在这种情况下，吸收所释放的全部热量提高了吸收液的温度，从塔底移出。在接近塔底的塔段，高温吸收液加热进塔气体，使部分热量返回塔中，引起温度分布上出现极大值。例如，以乙醇胺、乙二醇的水溶液为吸收剂净化天然气中 CO_2 和 H_2S，当 CO_2 和 H_2S 含量较高时，如 $Lc_{p,L}/Gc_{p,V}=2.5$，塔顶出口气体和进口吸收剂的温度基本相同(41.7℃)，而在塔底，两股物流的温度差较大，吸收液 79.4℃，原料气为 32.2℃。

当 CO_2 和 H_2S 含量较低时，吸收剂热容量 $Lc_{p,L}$ 比气体的热容量 $Gc_{p,V}$ 明显的小，如 $Lc_{p,L}/Gc_{p,V}=0.2$，当吸收剂沿塔下流时，被气体冷却，在接近于原料气温度的条件下出塔，则吸收所释放的大部分热量以尾气显热的形式带出。

如果 $Lc_{p,L}$ 和 $Gc_{p,V}$ 近似相等，并且有明显的热效应，则出塔尾气和吸收液的温度将超过它们的进口温度。在这种情况下，热量在液体和气体之间的分配取决于塔中不同位置因吸收而放热的情况。

如果液体吸收剂有明显的挥发性，它可能在塔下部的几块板上部分汽化，且汽化的吸收剂在进气中的含量趋于平衡组成。因吸收而加热液体和因吸收剂汽化而冷却液体的相反作用，会在沿塔的中部出现温度的极大值。

6.3.2 多组分解吸过程常用的工业方法

解吸是使溶解于吸收剂中的气体组分从吸收液中蒸出的过程。工业上常用这种方法使吸收剂得以再生。当以回收利用被吸收的气体组分为目的时，也必须采用解吸操作。

在解吸操作时，解吸传质推动力 $\Delta y = y_i^s - y_i$ 或 $\Delta p = p_i^s - p_i$，y_i^s 和 p_i^s 为体系相平衡时组分 i 的摩尔分数和饱和蒸气压，y_i、p_i 为气相中组分 i 的摩尔分数和分压。由此可见，y_i 和 p_i 愈小，传质推动力愈大，有利于解吸。因此，解吸操作常在低压下进行，以增加传质推动力。同时，y_i^s 和 p_i^s 增加，传质推动力也增加。所以，解吸操作过程常采用加热吸收液，升高操作温度等方法。

下面是几种常用的工业解吸方法。

1. 降压解吸

如前所述，降低压力增大了解吸过程的推动力，有利于解吸过程。对于加压吸收过程，当解吸时，只要将压力降低即可使解吸过程达到一定的要求。如果是常压吸收，则解吸时，就需将压力减至负压。

多组分解吸时，各个组分具有不同的解吸速率和不同的相平衡常数。因此，解吸过程中气相浓度应有变化。但是，由于解吸过程的速率较大，推动力一般较大，因此，可将降压解吸视为平衡闪蒸过程，按等焓节流来计算。其计算方法如第三章所述。

2. 解吸剂作用下的解吸过程

有时利用降压解吸，达不到要求的解吸率，特别是溶解度较大的组分，更不容易解吸出来。利用解吸剂可降低气相组分的分压，从而提高组分的解吸率。常用的解吸介质有惰性气体、水蒸气、溶剂蒸气等。

(1) 直接蒸汽解吸

加热有利于解吸过程。直接蒸汽作为解吸剂可提高解吸的温度。另一方面，水蒸气还可以起到降低组分在气相中分压的作用。直接蒸汽解吸时应将吸收液加热到泡点温度以上进行解吸。

解吸是吸热过程，同时，由于实际操作中有一定的热损失，为补充热量，要靠蒸汽冷凝热供给，蒸汽用量高于惰性气体的计算值。当采用过热蒸汽时，则热量的消耗靠过热的热量来补偿，蒸气的用量可不高于惰性气体的计算值。如图 6－15 所示。

(2) 间接蒸汽加热解吸

间接蒸汽加热解吸与直接蒸汽解吸在塔内进行情况相似，只是间接蒸汽加热解吸的蒸汽是来自解吸液体本身，而不是从外部加入。这种解吸方法是在解吸塔下部装有重沸器。热量通过间壁式换热器传给液体，使之部分汽化。间接蒸汽解吸相当于精馏塔的提馏段。

6.4　多组分吸收与解吸的简捷法计算

多组分吸收计算的基本方程式仍然是相平衡、物料平衡和热平衡，常用的简捷法计算仅需前两者即可。

6.4.1　气、液相平衡

在基本有机化工生产中，常见的吸收过程是用大量的溶剂处理较少量的气体混合物，由此生成的溶液是低浓度溶液。

在低浓度下，吸收过程的溶质在液相中的浓度与其平衡分压的关系，服从亨利定律，即：

$$p_i = H_i x_i \tag{6-1}$$

式中　H_i——亨利系数，Pa；

x_i——平衡时组分 i 在液相中的摩尔分数；

y_i——平衡时组分 i 在气相中的分压，Pa。

稀溶液可以看作是理想溶液，符合拉乌尔定律，即：

$$p_i = p_i^s x_i \tag{6-2}$$

式中　p_i^s——组分 i 处于纯态时，在平衡温度下的饱和蒸气压，Pa。

对于稀溶液，将亨利定律与拉乌尔定律相比较，则得：

$$H_i = p_i^s \tag{6-3}$$

即亨利系数等于该纯组分在同温度下的饱和蒸气压。

处于低压下的气体可以看作是理想气体，符合道尔顿定律。

$$p_i = p y_i \tag{6-4}$$

式中　p——系统操作压力，Pa。

对于稀溶液，将亨利定律与道尔顿定律相比较，则得：

$$y_i = \frac{H_i}{p} x_i \tag{6-5}$$

若令相平衡常数为：

$$k_i = \frac{H_i}{p} \tag{6-6}$$

则得吸收过程的相平衡方程式为：

$$y_i = k_i x_i \tag{6-7}$$

在基本有机化工生产中，多组分吸收操作往往是在低压或形成稀溶液的情况下操作，因此，其相平衡常数仍可采用精馏过程的相平衡常数计算。

当溶质和吸收剂在化学结构上有较大区别，形成非理想溶液时，则相平衡常数和吸收剂的种类有关，必须使用专门测定的平衡常数数据。

由相平衡常数 k_i 的数值同样可以判断某气体组分溶解度的大小，k_i 值愈大，表明该气体的溶解度愈小。k_i 值随温度的升高而增大，随压力的升高而减小，亦即气体的溶解度随温度的减小和压力的升高而增加。因此，低温和高压条件，对吸收过程有利。相反，有利于解吸过程的条件则是高温和低压。

6.4.2 多组分物系的物料平衡及操作线方程

气体吸收过程一般采用逆流连续操作，其物料平衡如图6－16所示。

对于用大量溶剂吸收贫混合气的操作过程，气体和液体的流量变化很小，可视为恒摩尔流。

如图6－16中塔任一截面与塔底就任意组分的物料衡算，得：

$$V(y_{n+1} - y_{n+1}) = L(x_n - x_n) \tag{6-8}$$

所以操作线方程为：

$$y_{n+1} = \frac{L}{V}x_n + (y_{n+1} - \frac{L}{V}x_n) \tag{6-9}$$

若就全塔进行任意组分物料衡算，则：

$$V(y_{n+1} - y_1) = L(x_n - x_0) \tag{6-10}$$

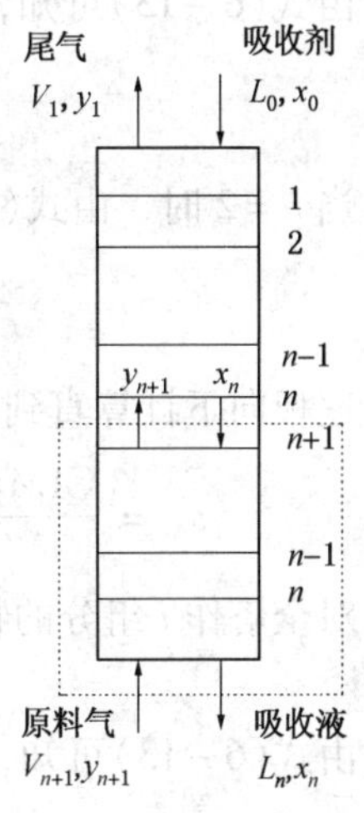

图6－16 具有 N 块理论板的吸收塔示意图

若就第 n 板进行任意组分物料衡算，则：

$$V(y_{n+1} - y_n) = L(x_n - x_{n-1}) \tag{6-11}$$

式中 V——塔内平均气相流量，mol/s；

L——塔内平均液相流量，mol/s；

y——气相中组分的摩尔分数；

x——液相中组分的摩尔分数。

6.4.3 吸收因子法

如图6－16是具有 N 块理论板的吸收塔示意图，图中1、2、...、N 代表理论板序号，排列顺序由塔顶开始。n 表示任意一块理论板。

以 v 表示气相量中组分 i 的流率；以 l 表示液相流中组分 i 的流率，对 n 板作 i 组分的物料衡算。

$$v_{n+1} - v_n = l_n - l_{n-1} \tag{6-12}$$

任一组分 i 的相平衡关系可表示为：$y = kx$

也就是说：
$$\frac{v}{V} = k\frac{l}{L}$$

整理后得：
$$l = \frac{L}{Vk}v = Av \tag{6-13}$$

定义：
$$A = \frac{L}{Vk} \tag{6-14}$$

A 为吸收因子，它是综合考虑了塔内气、液两相流率和平衡关系的一个数群。*L/V* 值大，相平衡常数小，则吸收因子 A 大，有利于组分的吸收。

用吸收因子代入物料衡算式(6-12)消去 l_n 和 l_{n-1}

$$v_n = \frac{v_{n+1} + A_{n-1}v_{n-1}}{A_n + 1} \tag{6-15}$$

当 $n=1$ 时，由式(6-15)得：

$$v_1 = \frac{v_2 + A_0 v_0}{A_1 + 1} \tag{6-16}$$

由式(6-13)可知，$u_0 = l_0/A_0$，代入式(6-16)得：

$$v_1 = \frac{v_2 + l_0}{A_1 + 1} \tag{6-17}$$

当 $n=2$ 时，由式(6-15)得：

$$v_2 = \frac{v_3 + A_1 v_1}{A_2 + 1} = \frac{(A_1 + 1)v_3 + A_1 l_0}{A_1 A_2 + A_2 + 1} \tag{6-18}$$

逐板向下计算直到 N 板，得：

$$v_N = \frac{(A_1A_2A_3\Lambda A_{N-1} + A_2A_3\Lambda A_{N-1} + \Lambda + A_{N-1} + 1)u_{N+1} + A_1A_2\Lambda A_{N-1}l_0}{A_1A_2A_3\Lambda A_N + A_2A_3\Lambda A_N + \Lambda + A_N + 1} \tag{6-19}$$

对全塔作 i 组分的物料衡算：

$$v_{N+1} - v_1 = l_N - l_0 \tag{6-20}$$

由式(6-13)可知，$v_N = l_N/A_N$，代入式(6-20)得：

$$v_N = \frac{v_{N+1} - v_1 + l_0}{A_N} \tag{6-21}$$

由式(6-18)和式(6-20)可知：

$$\frac{v_{N+1} - v_1}{v_{N+1}} = \frac{A_1A_2A_3\Lambda A_N + A_2A_3\Lambda A_N + \Lambda + A_N}{A_1A_2A_3\Lambda A_N + A_2A_3\Lambda A_N + \Lambda + A_N + 1} - \frac{l_0}{v_{N+1}}\left(\frac{A_2A_3\Lambda A_N + A_3A_4\Lambda A_N + \Lambda + A_N + 1}{A_1A_2\Lambda A_N + A_2A_3\Lambda A_N + \Lambda + A_N + 1}\right) \tag{6-22}$$

该式关联了吸收率、吸收因子和理论板数，称为哈顿 - 富兰克林(Horton - Franklin)方程。

应当指出，该公式在推导中未作任何假设，是普遍适用的，但严格按照上式求解吸收率、吸收因子和理论板数之间的关系还是很困难的。因为各板上的相平衡常数是温度、压力和组成的函数，而这些条件在计算之前是未知的，各处气、液相流率也是未知的。因此，必须对吸收因子的确定进行简化处理。

6.4.3.1 平均吸收因子法

该法假定各板上的吸收因子是相同的，即采用全塔平均的吸收因子来代替各板上的吸收因子。

$$A_1 = A_2 = \Lambda = A_N = A$$

至于平均值的求法，不同作者提出了不同的方法，如有的采用塔顶和塔底条件下吸收因子的平均值，也有的采用塔顶和塔底温度的平均值作为计算相平衡常数的温度，并根据吸收剂流率和进料气流来计算吸收因子。所以，这类方法只有在塔内液气比变化不大的情况下才是准确的。应用上述假设，并经一系列变换，式(6-21)可简化为：

$$\frac{v_{N+1}-v_1}{v_{N+1}-v_0}=\frac{A^{N+1}-A}{A^{N+1}-1}=\varphi \tag{6-23}$$

式中　$v_{N+1}-v_1$ 表明气体中 i 组分通过吸收塔后被吸收的量，而 $v_{N+1}-v_0$ 则是根据平衡关系计算的该组分最大可能吸收量，两者之比表示相对吸收率。当吸收剂不含溶质时，$v_0=0$，相对吸收率等于吸收率。

式(6-23)所表达的是相对吸收率和吸收因子、理论板数之间的关系。为了便于计算，克雷姆塞尔等把式(6-23)绘制成曲线，如图6-17所示。当规定了组分的吸收率、吸收温度和液气比等操作条件时，可查图得到所需的理论板数；当规定了吸收率和理论板数时，可查图得到吸收因子，从而求得液气比。

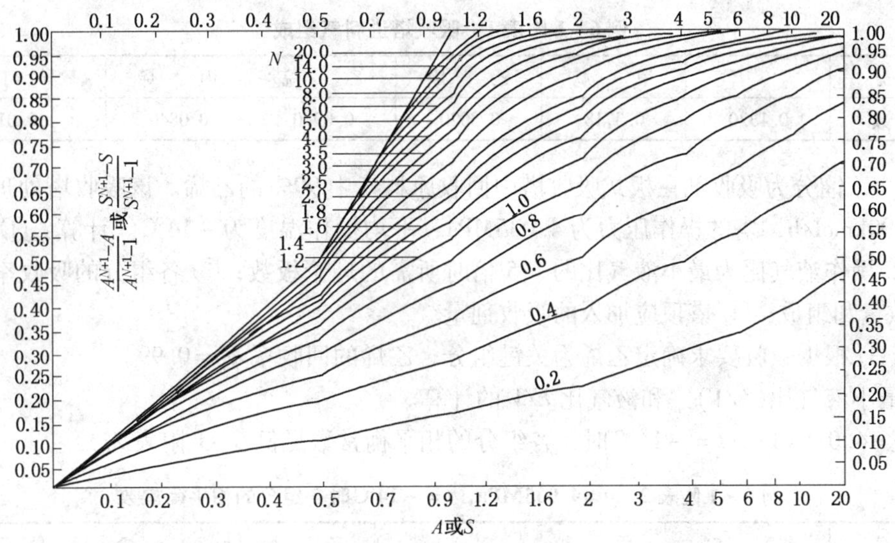

图6-17　吸收因子(或解吸因子)图

直接解式(6-23)可用于求解 N：

$$N=\frac{\lg\dfrac{A-\varphi}{1-\varphi}}{\lg A}-1 \tag{6-24}$$

关键组分的吸收率是根据分离要求决定的，有了关键组分的吸收率，再有关键组分的吸收因子，即可利用图6-17或式(6-24)确定理论板数。

关键组分的吸收因子 $A_k=L/(Vk_k)$，k_k 一般取全塔平均温度和压力下的数值，因而计算 A_k 的关键在于确定操作液气比 L/V。为此首先要确定最小液气比，它基本上等于最小吸收剂的比用量，定义为在无穷多塔板的条件下，达到规定分离要求时，1kmol 的进料气所需吸收剂的 kmol 数。

具体来说，简捷法对吸收过程的计算步骤可以归纳为以下几点：

① 根据吸收要求确定关键组分及关键组分的回收率 φ_k

② 最小液气比 $(L/V)_{\min}$ 和液气比 L/V 的计算。

当 $N\to\infty$ 时，由图6-17可以看出关键组分的吸收因子 $A_{k,N\to\infty}=\varphi_k$，故 $(L/V)_{\min}=$

$k_k A_k = k_k \varphi_k$，通常取适宜的吸收剂比用量$(L/V) = (1.2-2.0)(L/V)_{min}$。

③ 理论塔板数计算。求出关键组分在液气比下的吸收因子：

$$A_k = \frac{L}{Vk_k}$$

由下式计算塔板数：

$$N = \frac{\lg \dfrac{A_k - \varphi_k}{1 - \varphi_k}}{\lg A_k} - 1$$

④ 非关键组分的吸收因子和吸收率。根据公式(6-14)计算非关键组分的吸收因子，然后用公式(6-23)计算非关键组分的吸收率。

⑤ 由物料衡算定出塔顶尾气量 V_1 和尾气组成 y_i，吸收剂用量 L_0 以及塔底吸收液量 L_N 和组成 x_n。

【例 6-1】 已知原料气组成(mol%)见例 6-1 附表 1。

例 6-1 附表 1　吸收塔进料气组成

组　分	氢　气	甲　烷	乙　烯	乙　烷	丙　烯	异 丁 烷
摩尔分数	0.1320	0.3718	0.3020	0.0970	0.0840	0.0132

拟用 C_4 馏分为吸收剂在板式吸收塔中回收原料气中 99% 的乙烯。该吸收塔处理的气体流量为 100kmol/h，塔的操作压力为 4.035MPa，平均操作温度为 -14℃。计算：① 最小液气比；② 操作液气比为最小液气比的 1.5 倍时所需的理论板数；③ 各组分的吸收率和塔顶尾气的数量和组成；④ 塔顶应加入的吸收剂量。

解： ① 根据吸收要求确定乙烯为关键组分，乙烯的回收率 $\varphi_k = 0.99$。

② 最小液气比$(L/V)_{min}$和液气比 L/V 的计算。

在 $p = 4.035$MPa，$t = -14$℃时，各组分的相平衡常数见例 6-1 附表 2。

例 6-1 附表 2　$p = 4.035$MPa，$t = -14$℃时各组分的相平衡常数

组　分	氢　气*	甲　烷	乙　烯	乙　烷	丙　烯	异 丁 烷
k_i	—	3.1	0.72	0.52	0.15	0.058

* 氢气在 C_4 馏分中的溶解度很小，相平衡常数很多，可忽略其在吸收剂中的溶解。

当 $N \to \infty$ 时，由图 6-17 可以看出关键组分的吸收因子 $A_{k,N \to \infty} = \varphi_k = 0.99$，根据公式(6-14)得：

$$(L/V)_{min} = k_k A_k = k_k \varphi_k = 0.72 \times 0.99 = 0.7128$$

$$(L/V) = (1.5)(L/V)_{min} = 1.5 \times 0.7128 = 1.0692$$

③ 理论塔板数计算。求出关键组分在实际液气比下的吸收因子。

$$A_k = \frac{L}{Vk_k} = \frac{1.0692}{0.72} = 1.485$$

代入公式(6-24)计算塔板数：

$$N = \frac{\lg \dfrac{A_k - \varphi_k}{1 - \varphi_k}}{\lg A_k} - 1 = \frac{\lg \dfrac{1.485 - 0.99}{1 - 0.99}}{\lg 1.485} - 1 = 8.86$$

④ 求非关键组分的吸收因子和吸收率。利用公式(6-14)计算非关键组分的吸收因子，

然后用公式 $\varphi_i = \dfrac{A_i^{N+1} - A_i}{A_i^{N+1} - 1}$ 计算非关键组分的吸收率。计算结果见例 6－1 附表3。

例 6－1 附表 3　p＝4.035MPa，t＝－14℃时各组分的吸收因子及吸收率

组　　分	氢　　气	甲　　烷	乙　　烯	乙　　烷	丙　　烯	异 丁 烷
吸收因子 A_i	—	3.1	0.72	0.52	0.15	0.058
吸收率 φ_i	0	0.3449	1.485	2.058	7.128	18.43

⑤ 由物料衡算定出塔顶尾气量 V_1 和尾气组成 y_i 的计算。尾气中各组分的量及组成见例 6－1 附表4。

例 6－1 附表 4　尾气中各组分的量及组成

组　　分	氢　　气	甲　　烷	乙　　烯	乙　　烷	丙　　烯	异 丁 烷	合　　计
进料中各组分的量 $V_{N+1,i}$/(kmol/h)	13.2	37.18	30.2	9.7	8.4	1.32	100.00
被吸收的量 $V_{N+1,i}\varphi_i$/(kmol/h)	0	12.64	29.9	9.68	8.4	1.32	61.94
尾气 $V_i = V_{N+1,i}(1-\varphi_i)$/(kmol/h)	13.2	24.54	0.3	0.02	0	0	38.06
尾气组成 y_i	34.68	64.48	0.79	0.05	0	0	100.00

⑥ 吸收剂用量 L_0 以及塔底吸收液量 L_N 的计算。塔内气体的平均流量为：

$$V = \frac{V_{N+1} + V_1}{2} = \frac{100 + 38.06}{2} = 69.03(\text{kmol/h})$$

塔内液体的平均流量为：

$$L = \frac{L_0 + L_N}{2} = \frac{L_0 + (L_0 + 61.69)}{2} = (L_0 + 30.97)(\text{kmol/h})$$

因为 $L/V = 1.0692$，所以 $L_0 + 30.97 = 1.0692 \times 69.03 = 73.81(\text{kmol/h})$

塔顶加入的吸收剂量为：$L_0 = 42.84(\text{kmol/h})$

6.4.3.2　有效吸收因子法

埃迪密斯特(Edmister)提出，采用平均有效吸收因子 A_e 和 A'_e 代替各式中的吸收因子，并且使式(6－22)左端的吸收率保持不变。这种方法所得结果颇为满意，所以得到广泛应用。

平均有效吸收因子 A_e 和 A'_e 分别定义如下：

$$\frac{A_e^{N+1} - A_e}{A_e^{N+1} - 1} = \frac{A_1A_2A_3\Lambda A_N + A_2A_3\Lambda A_N + \Lambda + A_N}{A_1A_2A_3\Lambda A_N + A_2A_3\Lambda A_N + \Lambda + A_N + 1} \tag{6-25}$$

$$\frac{1}{A'_e}\left(\frac{A_e^{N+1} - A_e}{A_e^{N+1} - 1}\right) = \frac{A_2A_3\Lambda A_N + A_3A_4\Lambda A_N + \Lambda + A_N + 1}{A_1A_2\Lambda A_N + A_2A_3\Lambda A_N + \Lambda + A_N + 1} \tag{6-26}$$

式(6－22)可改写为：

$$\frac{v_{N+1} - v_1}{v_{N+1}} = \left(1 - \frac{l_0}{A'_e v_{N+1}}\right)\left(\frac{A_e^{N+1} - A_e}{A_e^{N+1} - 1}\right) \tag{6-27}$$

埃迪密斯特(Edmister)指出，对于具有 N 块塔板的吸收塔，吸收过程主要是由塔顶和塔底两块板来完成的，只有知道了塔底板的吸收因子 A_N 和塔顶板的吸收因子 A_1，就可以用以下两式来计算有效吸因子。所得的结果与逐板法比较接近。

$$A'_e = \frac{A_N(A_1+1)}{A_N+1} \tag{6-28}$$

$$A_e = \sqrt{A_N(A_1+1)+0.25} - 0.5 \tag{6-29}$$

如果令

$$R = \frac{\dfrac{v_{N+1}-v_1}{v_{N+1}}}{1-\dfrac{l_0}{A'_e v_{N+1}}} \tag{6-30}$$

则由式(6－27)解出 N 值。

$$N = \frac{\lg \dfrac{A_e - R}{1-R}}{\lg A_e} - 1 \tag{6-31}$$

为了计算有效吸收因子，就必须知道吸收塔顶板和塔底板的气、液相流率(即 V_1、L_1、V_N、L_N)和温度。这就需要预先按平均有效吸收因子法确定塔顶尾气和出口吸收液的流率与组成估计。根据进料的流率、组成、塔的操作压力及温度，计算进塔气体和吸收剂的流率、组成、温度、理论板数，具体计算步骤如下：

① 用平均吸收因子法，按式(6－23)估计各组分的尾气量 V_1 和塔底的吸收液量 l_N。并据此计算塔顶、塔底的 L/V 值及其平均值，吸收因子，塔板数。

② 假设尾气温度(T_1)，通过全塔热衡算确定塔底吸收液的温度(T_N)。

$$L_0 h_{L0} + V_{N+1} H_{V,N+1} = L_N h_{LN} + V_1 H_{V,1} + Q \tag{6-32}$$

式中　H、h——分别为气相和液相的摩尔焓；

Q——吸收塔移出的热量。

③ 用离开顶板的尾气流率(V_l)和进料气流率(V_{N+l})估计从底板上升的气体流率(V_N)。

各板的吸收率相同，则任意相邻两板的气相流率比值为：

$$\frac{V_n}{V_{n+1}} = \left(\frac{V_1}{V_{N+1}}\right)^{\frac{1}{N}} \tag{6-33}$$

则任意板与进料气的气相流率比值为：

$$\frac{V_n}{V_{N+1}} = \left(\frac{V_1}{V_{N+1}}\right)^{\frac{N+1-n}{N}} \tag{6-34}$$

$$\text{即 } V_n = V_{N+1}\left(\frac{V_1}{V_{N+1}}\right)^{\frac{N+1-n}{N}} \tag{6-35}$$

④ 由塔顶至 n 板间作总量和组分的物料衡算，分别得：

$$L_n = L_0 + V_{n+1} - V_1 \tag{6-36a}$$

$$l_n = l_0 + v_{n+1} - v_1 \tag{6-36b}$$

⑤ 假设塔内温度变化与吸收量成正比：

$$\frac{t_{N+1}-t_n}{t_{N+1}-t_1} = \frac{V_{N+1}-V_{n+1}}{V_{N+1}-V_1} \tag{6-37}$$

⑥ 计算每一组分在顶板和底板条件下的吸收因子。

⑦ 用式(6－28)和式(6－29)计算有效吸收因子。

⑧ 用图 6－17 确定吸收率。

⑨ 作组分物料衡算，计算尾气和出口吸收液的组成。

⑩ 校核全部假设。

平均有效吸收因子法对气、液流率和温度的估算与实际情况有相当出入，但通过它们求出的各组分回收率与用严格计算结果仍较接近。

Owens 和 Maddox 分析了大量用计算机进行多组分吸收塔逐板计算的结果，发现理论板 3～12 的塔，都有大约 80% 的吸收量发生于塔顶、塔底两板。因此认为全塔吸收因子用顶板、底板和代表其余 $N-2$ 块板共三个吸收因子表示更接近于实际情况。该法称为改进的有效吸收因子法。

6.4.3.3　解吸因子法

如图 6－18 所示的解吸塔，用类似式(6－22)的推导方法可导出。

$$\frac{l_{N+1}-l_1}{l_{N+1}}=\frac{S_1S_2S_3\Lambda S_N+S_2S_3\Lambda S_N+\Lambda+S_N}{S_1S_2S_3\Lambda S_N+S_2S_3\Lambda S_N+\Lambda+S_N+1}$$

$$-\frac{u_0}{l_{N+1}}\left(\frac{S_2S_3\Lambda S_N+S_3S_4\Lambda S_N+\Lambda+S_N+1}{S_1S_2S_3\Lambda S_N+S_2S_3\Lambda S_N+\Lambda+S_N+1}\right) \tag{6－38}$$

式中 S 是解吸因子，

$$S=k\left(\frac{V}{L}\right) \tag{6－39}$$

用全塔平均解吸因子代替各板解吸因子，式(6－38)可化简为：

$$\frac{l_{N+1}-l_1}{l_{N+1}}=\left(1-\frac{v_0}{Sl_{N+1}}\right)\left(\frac{S^{N+1}-S}{S^{N+1}-1}\right) \tag{6－40}$$

$$或\quad \frac{l_{N+1}-l_1}{l_{N+1}-l_0}=\left(\frac{S^{N+1}-S}{S^{N+1}-1}\right)=c_0 \tag{6－41}$$

c_0 称为相对解吸率，是组分的解吸量与在气体入口端达到相平衡的条件下可解吸的该组分最大量之比。对于用惰性汽流的汽提来说，因入塔气体中不含被解吸组分，相对解吸率等于解吸率。

表示 c_0-S-N 关系的曲线称为解吸因子图，它与吸收因子图是同一张图(见图 6－18)，使用方法也相同。但要注意，两者的塔板编号顺序是相反的。

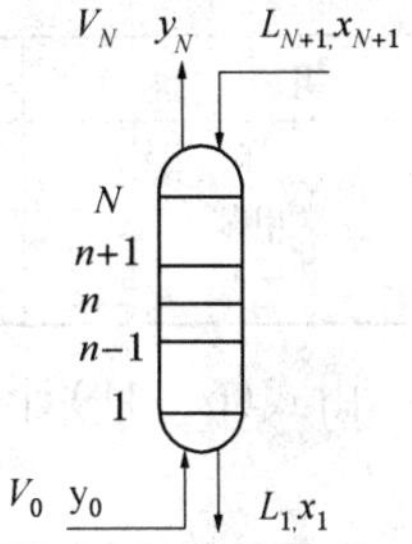

图 6－18　解吸塔

为了提高计算的准确性，式(6－38)中的解吸因子用有效解吸因子 S_e 和 S'_e 代替，得：

$$\frac{l_{N+1}-l_1}{l_{N+1}}=\left(1-\frac{v_0}{S'_e l_{N+1}}\right)\left(\frac{S_e^{N+1}-S_e}{S_e^{N+1}-1}\right) \tag{6－42}$$

$$S'_e=\frac{S_N(S_1+1)}{S_N+1} \tag{6－43}$$

$$S_e=\sqrt{S_N(S_1+1)+0.25}-0.5 \tag{6－44}$$

$$令\ m=\frac{\dfrac{l_{N+1}-l_1}{l_{N+1}}}{1-\dfrac{v_0}{S'_e l_{N+1}}} \tag{6－45}$$

则由式(6－42)可得：

$$N = \frac{\lg \dfrac{S_e - m}{1 - m}}{\lg S_e} - 1 \qquad (6-46)$$

已知关键组分的解吸率和各组分的解吸因子，计算所需理论板数和非关键组分的解吸率的计算步骤与吸收类似。

【例 6-2】 用空气汽提废水中的挥发性有机物。操作温度 21℃、压力 103kPa。废水和汽提气的流率分别为 13870kmol/h 和 538kmol/h，解吸塔 20 块实际板。废水中各有机物的含量和必要的热力学性质见例 6-2 附表 1。

例 6-2 附表 1 废水中各有机物的含量和必要的热力学性质

组　分	在废水中质量浓度/(mg/L)	21℃时，在水中的溶解度(mol 分数)	21℃蒸气压/kPa
苯	150	0.00040	10.5
甲苯	50	0.00012	3.10
乙苯	20	0.000035	1.03

希望脱出 99.9% 的有机物。不知道确切的塔效率，估计在 5% ~20% 之间，该塔相应有 1 ~4 块理论板。计算每种理论板下各有机物的解吸率 c_0。哪些条件下能达到预期的分离程度?

解： 假设忽略空气的吸收和水的汽提。各组分的解吸因子 $S_i = k_i(V/L)$，式中 V、L 按进口条件计。k_i 值用 $k_i = \dfrac{\gamma_i p_i^s}{p}$ 计算，对溶解度很小的组分 $\gamma_i = \dfrac{1}{x_i^*}$，$x_i^*$ 为溶解度(摩尔分数)，因此 $k_i = \dfrac{p_i^s}{x_i^* p}$。$S_i$、$k_i$ 的计算结果见例 6-2 附表 2。

例 6-2 附表 2 各组分 S_i、k_i 的计算结果

组　分	k_i(21℃，103kPa)	S_i
苯	255	9.89
甲苯	249	9.66
乙苯	284	11.02

由式(6-41)计算各种情况各组分的解吸率 c_0 见例 6-2 附表 3。

例 6-2 附表 3 各组分的解吸率 c_0

组　分	解吸率 c_0			
	1 块板	2 块板	3 块板	4 块板
苯	90.82	99.08	99.91	99.99
甲苯	90.62	99.04	99.90	99.99
乙苯	91.68	99.25	99.93	99.99

解吸率即回收率，随理论板的变化很敏感。为达到挥发性有机物总解吸率 99.9%，需 3 块理论板。对现有 20 块板的塔，板效率需大于 15%。

6.5 化学吸收

工业上的吸收过程很多都带有化学反应，称之为化学吸收。其目的是为了利用化学反应增强吸收速率和吸收率。对于化学吸收，溶质从气相主体向气、液界面的传质机理与物理吸收相同，液相中化学反应对传质速率的影响反映在三个方面：增强传质推动力、提高传质系数和增大填料层有效接触面积。

溶质气体 A 扩散通过气、液界面之后，因与液相中的反应物起反应而被消耗，使液相主体中 A 的浓度 c_{AL} 降低，增加了传质推动力 $(c_{Ai}-c_{AL})$。当反应是不可逆的，且反应进行较快并且有足够长的接触时间时，液相主体中溶质的浓度可降低到很低甚至接近于零，此时推动力就等于界面上溶质 A 的浓度 c_{Ai}，推动力的提高导致了传质速率率的增大。

化学反应可使所溶解的溶质未扩散到液相主体之前，在液膜中部分的或全部的消耗掉，意味着它在液相中扩散阻力减小，液相传质系数增大，因而总传质系数也增大。传质系数的增加程度随反应机理的不同而有很大差别。

对于填料吸收塔，液体散布在填料表面上形成薄膜，有些地方比较薄而且流动得快，另一些地方则相反甚至停滞不动。在物理吸收中，流动很慢或停滞不动的液体易被溶质饱和而不能再进行吸收；但在化学吸收中，这些液体还可以吸收更多的溶质才达饱和，于是，对物理吸收不再是有效的填料润湿表面，对化学吸收仍然可能是有效的。

化学吸收的优点是吸收剂的吸收容量大，用量少。提高了过程的吸收率，降低了设备的投资和能耗。由于此化学吸收中反应可以是可逆的或不可逆的，所以，在解吸和溶剂回收流程以及应用场合上都不相同。

6.5.1 化学吸收类型和增强因子

6.5.1.1 化学吸收的类型

在化学吸收中，液相中不仅存在着扩散过程，而且还有化学反应，且两者交织在一起使过程较为复杂。不同类型的反应，即瞬时反应、快速反应、中速反应和慢速反应等，决定了液膜和液相主体对化学反应所起的作用，表现出各类化学吸收过程有不同的浓度分布特征。如图 6－19 所示。

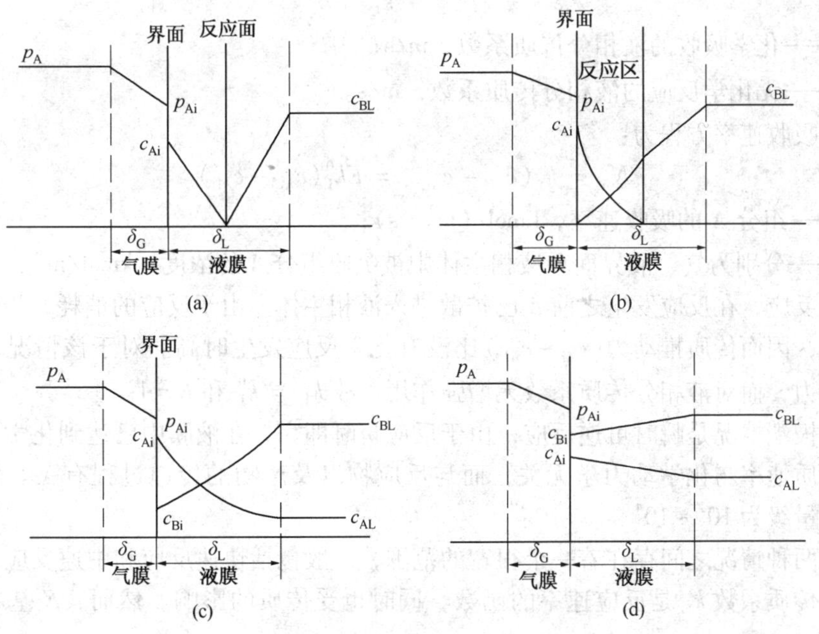

图 6－19 化学吸收的浓度分布

瞬时反应，即被吸收经分 A 与吸收剂中活性组分 B 一但相遇立即完成反应。此类反应的特征是反应速率远远大于传质速率，即 $(-r_A) \gg N_A$ 。此类反应必将在液膜内的某一反应面上完成，见图 6－19(a)所示。若吸收剂中活性组分 B 的浓度很高，传递速度又快，则反应面将与气、液界面重合。

当化学反应足够快时，反应速率大于传质速率，即 $(-r_A) > N_A$ 。此时吸收组分 A 在液膜中边扩散边反应，因此，被吸收经分的浓度随膜厚的变化不再是直线关系，而是一个向下弯曲的曲线。在液膜内存在着一个反应物 A 和 B 的共存区，化学反应在这个区域内完成，见图 6－19(b)所示。

中速反应的特征是 $(-r_A) \approx N_A$ 。组分 A 从液膜开始边扩散边反应，反应区一直扩做到液相主体，见图 6－19(c)所示。

慢速反应其反应速率远远小于传质速率，即 $(-r_A) \ll N_A$ 。组分 A 通过液膜扩散时来不及反应便进入液相主体，因此，反应主要在液相主体中进行，液膜的传质阻力是整个化学吸收过程阻力的组成部分，见图 6－19(d)所示。

6.5.1.2 增强因子

在化学吸收中，反应的存在不仅影响气、液平衡关系，而且影响传质速率。由于反应在液相中进行，故仅仅影响液相传质速率。一般说来，化学反应的结果会使液相分传质系数 k_L 增加，但影响 k_L 的因素错综复杂，既有化学动力学方面的，又有界面上影响物理传质的诸因素。尽管多年来对化学吸收的传质理论进行了大量研究，但从基本原理出发预测 k_L 并未取得多大进展。一个有成效的方法是引入“增强因子”的概念来表示化学反应对传质速率的增强程度。所谓增强因子就是与相同条件下的物理吸收比较，由于化学反应而使传质系数增加的倍数。增强因子 E 的定义式为：

$$E = \frac{k_L}{k_L^0} \tag{6-47}$$

式中 k_L——化学吸收的液相分传质系数，m/s；

k_L^0——无化学反应的液相分传质系数，m/s。

相应的吸收速率方程为：

$$N_A = k_L(c_{Ai} - c_{AL}) = Ek_L^0(c_{Ai} - c_{AL}) \tag{6-48}$$

式中 N_A——组分 A 的吸收速率，kmol/(m^2·s)；

c_{Ai}、c_{AL}——分别为气、液界面和液相主体中被吸收组分 A 的浓度，kmol/m^3。

对慢速反应，在反应发生之前 A 已扩散进入液相主体。由于反应的消耗，液相主体中 A 的浓度较低，因而传质推动力$(c_{Ai} - c_{AL})$比没有化学反应发生时高。对于该情况，化学反应仅影响推动力，而对液相分传质系数无增强作用，故 $k_L = k_L^0$ 和 $E=1$。

另一个极端情况是瞬时可逆反应，由于反应瞬时即完，在液膜中已达到化学平衡。在该情况下，传质速率与化学动力学无关，而与反应物以及产物的传递过程有关。增强因子 E 很大，其数量级为 $10^2 \sim 10^4$。

在上述两种情况之间存在着一个很宽的范围，一般包括快速反应和中速反应。在该情况下，液相分传质系数 k_L 是反应速率的函数，同时也受传质的影响。然而，E 基本上与这些因素无关。

增强因子的数值常表示为下列两个无因次参数的函数：

(1) 八田数(Hatta number)

为了表示反应与扩散两者作用的相对大小，定义化学吸收参数 M，而八田数 $Ha=\sqrt{M}$。对于不同级数的反应，M 的表达式并不相同。若反应为溶质 A 的一级不可逆反应，则：

$$M=\frac{D_A k_1}{(k_L^0)^2}=Ha^2 \tag{6-49}$$

式中 k_1——溶质 A 的一级反应速率常数，s^{-1}；

D_A——A 在液相中的扩散系数，m^2/s。

若反应为溶质 A 与溶剂中活性组分 B 的二级不可逆反应，则：

$$M=\frac{D_A k_2 c_{BL}}{(k_L^0)^2}=Ha^2 \tag{6-50}$$

式中 k_2——溶质 A 与组分 B 的二级反应速率常数，$m^3/(kmol\cdot s)$；

c_{BL}——液相主体中 B 的浓度，$kmol/m^3$。

八田数 Ha(或化学吸收参数 M)的数值愈大，则溶质从界面扩散到液相主体过程中在膜内的反应量愈大；此值为零时，膜中无反应，即为物理吸收。

(2) 浓度－扩散参数

为了表示液膜内 B 向界面扩散的速度与 A 向液相主体扩散的速度的相对大小，定义浓度－扩散参数：

$$Z_D=\left(\frac{D_B}{\nu D_A}\right)\left(\frac{c_{BL}}{c_{Ai}}\right) \tag{6-51}$$

式中 ν——化学剂量系数比，等于与 1mol$A$ 反应的 B 的摩尔数；

D_B——B在液相中的扩散系数，m^2/s。

6.5.2 化学吸收和解吸计算

伴有化学反应的传质方程还没有广泛应用于吸收和解吸的设计上。更常用的设计方法是以相同的化学系统和在相似的设备上所取得的实验数据为基础的。

化学吸收的计算方法原则上与物理吸收是相同的，只是由于有化学反应发生，必须考虑由此而引起吸收速率的增加，即应当考虑增强因子。基本原则是联解物料衡算式、相平衡关系式、传质方程式和反应动力学方程式。计算的任务是：计算在一定回收率时的最小吸收剂用量，确定实际吸收剂用量；计算吸收塔的传质单元数或容积。此外，由于化学吸收的热效应较物理吸收大些，所以还要通过热量衡算来确定合适的换热方式，以保证过程在适宜的条件下进行。

下面仅推导填料吸收塔设计的基本公式。

对于组分 A，单位体积填料的气膜和液膜吸收速率方程分别为：

$$N_A a=k_G a(p_A-p_{Ai})=k_G a p(y_A-y_{Ai}) \tag{6-52}$$

$$N_A a=Ek_L^0 a(c_{Ai}-c_A) \tag{6-53}$$

气、液平衡关系用亨利定律表示 $p_A=H_A c_A$

将亨利定律代入式(6－53)，然后与式(6－52)联立，得：

$$N_A a=\frac{1}{\dfrac{1}{k_G a}+\dfrac{H_A}{Ek_L^0 a}}p(y_A-y_A^*) \tag{6-54}$$

式(6－54)正是用气相总传质系数表示的化学吸收速率方程，所以：

$$K_{G}a = \frac{1}{k_{G}a} + \frac{H_{A}}{Ek_{L}^{0}a} \tag{6-55}$$

对于物理吸收，气相总传质系数是：

$$K_{G}^{0}a = \frac{1}{k_{G}a} + \frac{H_{A}}{k_{L}^{0}a} \tag{6-56}$$

比较式(6－55)和式(6－56)，得：

$$K_{G}a = \frac{1+B}{1+B/E}K_{G}^{0}a \tag{6-57}$$

$$B = \frac{k_{G}H_{A}}{k_{L}^{0}}$$

式中 k_G——气相分传质系数，kmol/(m^2·s·kPa)；

k_L^0——无化学反应时的液相分传质系数；m/s；

H_A——亨利常数，kPa·m^3/kmol；

a——单位体积填料的传质表面积，m^2/m^3；

K_G^0——物理吸收的气相总传质系数，kmol/(m^2·s·kPa)；

K_G——化学吸收的气相总传质系数，kmol/(m^2·s·kPa)。

设填料塔截面积为 S，那么在高度为 dZ 的填料层体积内，组分 A 的吸收速率为：

$$d(G'Sy_{A}) = GSd\left(\frac{y_{A}}{1-y_{A}}\right) = GS\frac{dy_{A}}{(1-y_{A})^{2}} \tag{6-58}$$

式中 G'——单位塔截面积的混合气体摩尔流率，kmol/(m^2·s)；

G——单位塔截面积的情气摩尔流率，kmol/(m^2·s)；

y_A——在气相主体中组分 A 的摩尔分数。

由式(6－54)、式(6－55)和式(6－57)也可求出在 dZ 的填料层体积内 A 的吸收速率。

$$N_{A}aSdZ = \frac{1+B}{1+B/E}K_{G}^{0}ap(y_{A} - y_{A}^{*})SdZ \tag{6-59}$$

联立求解式(6－58)和式(6－59)，积分得：

$$Z = \frac{G}{K_{G}^{0}ap}\int_{y_{2}}^{y_{1}}\frac{dy_{A}}{(1-y_{A})^{2}(y_{A}-y_{A}^{*})(1+B)(1+B/E)} \tag{6-60}$$

式中 Z——填料高度，m；

p——总压，kPa；

y_1、y_2——吸收塔气体进出口的气相摩尔分数。

式(6－60)是计算化学吸收填料塔填料高度的通用方程式。G/K_G^0ap 对物理吸收是传质单元高度。积分相为传质单元数，是 k_G、k_L^0 和 E 的函数。

化学吸收如果所进行的反应是可逆的，所得溶液便可进行解吸，化学吸收常使用专用的溶剂，故解吸溶质并回收溶剂是工艺过程中不可缺少的环节。

从溶液中取出溶剂的手段是减压与加热。解吸过程往往先是用减压闪蒸以取出一些较易除去的组分，然后在填料塔或板式塔内作彻底的解吸。塔釜内通入直接蒸汽或间接蒸汽加热；要解吸的溶液自塔顶送入或在接近塔顶处送入(以防止排出气体中有溶剂蒸气损失)。

有化学反应的解吸塔一直缺乏成熟的设计方法。到20世纪80年代初，Astarita、Savage、Weiland、Rawal和Rice先后提出了填料塔的计算步骤如下：

① 计算塔底的蒸气组成，假设再沸器(釜)为一个平衡级。

② 由总物料衡算与热衡算求塔顶蒸气组成。

③ 规定出第一小段填料高度，将小段以内的气、液流速与组成均视为恒定，求出此段内的增强因子。从顶部的第一小段开始，利用平衡关系与速率关系，计算第一小段的传质速率。

④ 对第一小段作热衡算以估计蒸气冷凝速率，作物料衡算以估算从第一小段流下的液流速率与组成。

⑤ 将各量在第一小段顶部的值与在底部的值分别取平均。自第③步起重复算到各量的平均值收敛为止。若所选第一小段规定高度不大，则第一小段底部的流速与组成便能与实际相接近，此小段底部各量可以作为下一段的初值。

⑥ 如此选择第二段、第三段、…，逐段往下算，直到相当于塔底的状况(溶液解吸后浓度符合设计的要求)达到为止。各小段的高度之和即为所需的填料层高度。

6.6 工业吸收装置实操要点

填料吸收塔的操作主要有原始开车、正常开车，短期停车、长期停车、紧急停车等。填料塔的原始开车与精馏塔的原始开车有相似之处，故不重复介绍。

6.6.1 填料吸收塔的开、停车

1. 正常开车

① 准备工作。检查仪器、仪表、阀门等是否齐全、正确、灵活，做好开车前的准备。

② 送液。启动吸收剂泵，调节塔顶喷淋量至生产要求。

③ 调节液位。调节填料塔的排液阀，使塔底液面保持规定的高度。

④ 送气。启动风机，向填料塔送入原料气。

2. 停车

(1) 短期停车

① 通告系统前后工序或岗位。

② 停止送气。逐渐关闭鼓风机调节阀，停止送入原料气，同时关闭系统的出口阀。

③ 停止送液。关闭吸收剂泵的出口阀，停泵后关闭进口阀。

④ 关闭其他设备的进出口阀门。

(2) 长期停车

① 按短期停车操作步骤停车，然后开启系统放空阀，卸掉系统压力。

② 将系统中的溶液排放到溶液储槽，用清水清洗设备。

③ 若原料气中含有易燃、易爆的气体，要用惰性气体对系统进行置换，当置换气中含氧量小于0.5%，易燃气总含量小于5%时为合格。

④ 用鼓风机向系统送入空气，置换气中氧含量大于20%即为合格。

6.6.2 吸收操作的调节

吸收的目的虽然各不相同，但对吸收过程来讲，都希望吸收尽可能完全，即希望有较高的吸收率。

吸收率的高低不但与吸收塔的结构、尺寸有关，也与吸收时的操作条件有关，正常条件下，吸收塔的操作应维持在一定的工艺条件范围内。然而，由于各种原因，日常操作有时会偏离工艺条件范围。因此，必须加以调节。在吸收塔已确定的前提下，影响吸收操作的因素有气、液流量，吸收温度，吸收压力及液位等。

（1）流量的调节

① 进气量的调节。进气量反映了吸收塔的操作负荷。由于进气量是由上一工序决定的，因此一般情况下不能变动；若吸收塔前设有缓冲气柜，可允许在短时间内作幅度不大的调节，这时可在进气管线上安装调解阀，通过开大或关小调节阀来调节进气量。正常操作情况下应稳定进气量。

② 吸收剂流量的调节。吸收剂流量越大，单位塔截面积的液体喷淋量越大，气、液的接触面越大，吸收效率提高。因此，在出塔气中溶质含量超标的情况下可适度增大吸收剂流量来调节。但吸收剂用量也不能够过大，过大则一是增加了操作费用，二是若塔底溶液作为产品时，则产品浓度就会降低。

（2）温度与压力的调节

① 吸收温度的调节。吸收温度对吸收率的影响很大。温度越低，气体在吸收剂中的溶解度越大，越有利于吸收。

由于吸收过程要释放热量，为了降低吸收温度，对于热效应较大的吸收过程，通常在塔内设置中间冷却器，从吸收塔中部取出吸收过程放出的热量。若吸收剂循环使用，则在吸收剂吸收完毕出塔后，通过冷却器冷却降温，再次入塔吸收。

低温虽有利于吸收，但应适度，因温度控制得过低，势必消耗冷剂流量，增大操作费用，且吸收剂黏度随温度的降低而增大，输送消耗的能量也大，且在塔内流动不畅，造成操作困难。因此吸收温度应统筹各方面因素综合考虑。

② 吸收压力的调节。提高操作压力，可提高混合气体中被吸收组分的分压，增大吸收的推动力，有利于气体的吸收，但加压吸收需要耐压设备，需要压缩机，增大操作费用。因此，是否采用加压操作应作全面考虑。

生产中，吸收的压力是由压缩机的能力和吸收前各设备的压降所决定。多数情况下，吸收压力是不可调的，生产中应注意维持塔压。

（3）塔底液位的调节

塔底液位要维持在一定高度上。液位过低，部分气体可进入液体出口管，造成事故或环境污染。液位过高，超过气体入口管，使气体入口阻力增大。通常采用调节液体出口阀开度来控制塔底液位。

6.6.3 吸收操作不正常现象及处理方法

填料吸收塔系统在运行过程中，由于工艺条件发生变化、操作不慎或设备发生故障等原因造成不正常现象。一经发现，应迅速处理，以免造成事故。常见的不正常现象及处理方法见表6-4。

表 6－4 吸收操作中常见异常现象及处理方法

异常现象	原　因	处理方法
尾气夹带液体量大	(1)原料气量过大 (2)吸收剂量过大 (3)吸收剂黏度大 (4)填料堵塞	(1)减少进塔原料气量 (2)减少吸收剂喷淋量 (3)过滤或更换吸收剂 (4)停车检查，清洗或更换填料
尾气中溶质含量超标	(1)进塔原料气溶质含量高 (2)吸收剂用量不够 (3)吸收温度过高或过低 (4)吸收剂喷淋效果差 (5)填料堵塞	(1)与上一工序联系降低原料气溶质含量 (2)加大吸收剂用量 (3)调解吸收剂入塔温度 (4)清理、更换喷淋装置 (5)停车检查，清洗或更换填料
塔内压差太大	(1)进塔原料气量大 (2)吸收剂量大 (3)吸收剂脏、黏度大 (4)填料堵塞	(1)减少进塔原料气量 (2)减少吸收剂喷淋量 (3)过滤或更换吸收剂 (4)停车检查，清洗或更换填料
吸收剂用量突然下降	(1)溶液槽液位低、泵抽空 (2)吸收剂泵坏 (3)吸收剂压力低或中断	(1)补充溶液 (2)启动备用泵或停车检修 (3)使用备用吸收剂源或停车
塔底液面波动	(1)原料气压力波动 (2)吸收剂用量波动 (3)液面调解器出故障	(1)稳定原料气压力 (2)稳定吸收剂用量 (3)修理或更换

6.7　气体吸收过程的仿真操作

6.7.1　工艺流程说明

吸收解吸是石油化工生产过程中较常用的重要单元操作过程。吸收过程是利用气体混合物中各个组分在液体(吸收剂)中的溶解度不同，来分离气体混合物。被溶解的组分称为溶质或吸收质，含有溶质的气体称为富气，不被溶解的气体称为贫气或惰性气体。

溶解在吸收剂中的溶质和在气相中的溶质存在溶解平衡，当溶质在吸收剂中达到溶解平衡时，溶质在气相中的分压称为该组分在该吸收剂中的饱和蒸气压。当溶质在气相中的分压大于该组分的饱和蒸气压时，溶质就从气相溶入溶质中，称为吸收过程。当溶质在气相中的分压小于该组分的饱和蒸气压时，溶质就从液相逸出到气相中，称为解吸过程。

提高压力、降低温度有利于溶质吸收；降低压力、提高温度有利于溶质解吸，正是利用这一原理分离气体混合物，而吸收剂可以重复使用。

该单元(如图 6－20 所示)以 C_6 油为吸收剂，分离气体混合物(其中 C_4: 25.13%，CO 和 CO_2: 6.26%，N_2: 64.58%，H_2: 3.5%，O_2: 0.53%)中的 C_4 组分(吸收质)。

从界区外来的富气从底部进入吸收塔 T－101。界区外来的纯 C_6 油吸收剂储存于 C_6 油储罐 D－101 中，由 C_6 油泵 P－101A/B 送入吸收塔 T－101 的顶部，C_6 流量由 FRC103 控制。吸收剂 C_6 油在吸收塔 T－101 中自上而下与富气逆向接触，富气中 C_4 组分被溶解在 C_6 油中。不溶解的贫气自 T－101 顶部排出，经盐水冷却器 E－101 被 －4℃的盐水冷却至 2℃进入尾气分离罐 D－102。吸收了 C_4 组分的富油(C_4: 8.2%，C_6: 91.8%)从吸收塔底部排出，经贫富油换热器 E－103 预热至 80℃进入解吸塔 T－102。吸收塔塔釜液位由 LIC101 和

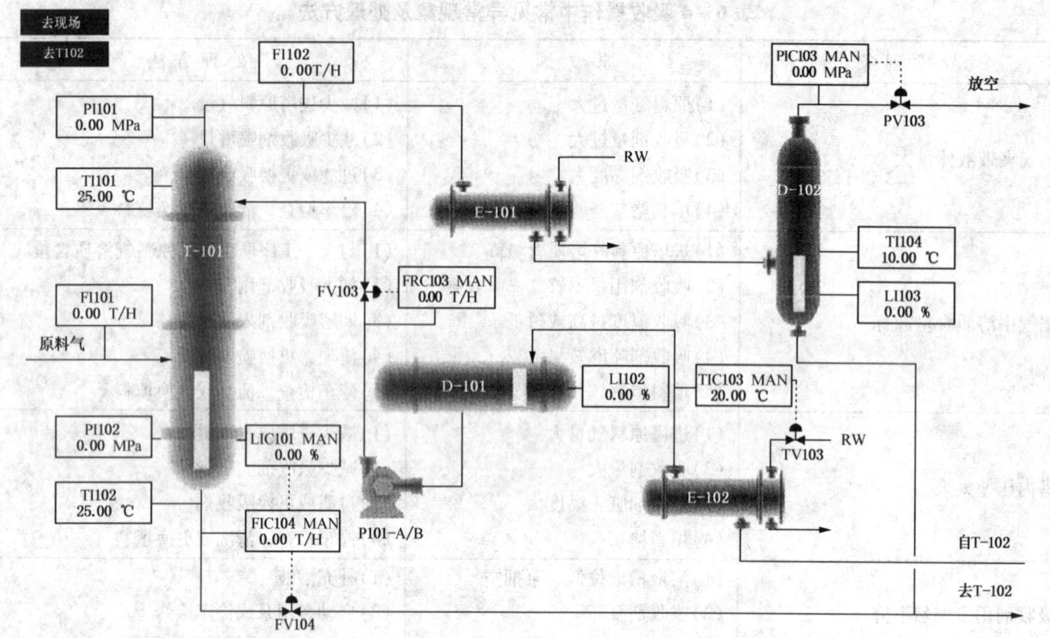

图 6-20　吸收系统 DCS 图

FIC104 通过调节塔釜富油采出量串级控制。

来自吸收塔顶部的贫气在尾气分离罐 D-102 中回收冷凝的 C_4、C_6 后，不凝气在 D-102 压力控制器 PIC103(1.2MPaG) 控制下排入放空总管进入大气。回收的冷凝液(C_4、C_6)与吸收塔釜排出的富油一起进入解吸塔 T-102。

预热后的富油进入解吸塔 T-102 进行解吸分离。塔顶气相出料(C_4:95%)经全冷器 E-104 换热降温至 40℃全部冷凝进入塔顶回流罐 D-103，其中一部分冷凝液由 P-102A/B 泵打回流至解吸塔顶部，回流量 8.0t/h，由 FIC106 控制，其他部分做为 C_4 产品在液位控制(LIC105)下由 P-102A/B 泵抽出。塔釜 C_6 油在液位控制(LIC104)下，经贫富油换热器 E-103 和盐水冷却器 E-102 降温至 5℃返回至 C_6 油储罐 D-101 再利用，返回温度由温度控制器 TIC103 通过调节 E-102 循环冷却水流量控制。

T-102 塔釜温度由 TIC104 和 FIC108 通过调节塔釜再沸器 E-105 的蒸汽流量串级控制，控制温度 102℃。塔顶压力由 PIC-105 通过调节塔顶冷凝器 E-104 的冷却水流量控制，另有一塔顶压力保护控制器 PIC-104，在塔顶有凝气压力高时通过调节 D-103 放空量降压。

因为塔顶 C_4 产品中含有部分 C_6 油及其他 C_6 油损失，所以，随着生产的进行，要定期观察 C_6 油储罐 D-101 的液位，补充新鲜 C_6 油。

6.7.2　本单元复杂控制方案说明

吸收解吸单元复杂控制回路主要是串级回路的使用，在吸收塔、解吸塔和产品罐中都使用了液位与流量串级回路。

串级回路：是在简单调节系统基础上发展起来的。在结构上，串级回路调节系统有两个闭合回路。主、副调节器串联，主调节器的输出为副调节器的给定值，系统通过副调节器的输出操纵调节阀动作，实现对主参数的定值调节。所以在串级回路调节系统中，主回路是定值调节系统，副回路是随动系统。

举例：在吸收塔 T101 中，为了保证液位的稳定，有一塔釜液位与塔釜出料组成的串级回路。液位调节器的输出同时是流量调节器的给定值，即流量调节器 FIC104 的 SP 值由液位调节器 LIC101 的输出 OP 值控制，LIC101. OP 的变化使 FIC104. SP 产生相应的变化。

该单元包括以下设备：

T－101：	吸收塔；	D－103：	解吸塔顶回流罐；
D－101：	C_6 油储罐；	E－103：	贫富油换热器；
D－102：	气液分离罐；	E－104：	解吸塔顶冷凝器；
E－101：	吸收塔顶冷凝器；	E－105：	解吸塔釜再沸器；
E－102：	循环油冷却器；	P－102A/B：	解吸塔顶回流、塔顶产品采出泵。
P－101A/B：	C_6 油供给泵；		
T－102：	解吸塔；		

6.7.3 吸收解吸单元操作规程

6.7.3.1 开车操作规程

装置的开工状态为吸收塔解吸塔系统均处于常温、常压下，各调节阀处于手动关闭状态，各手操阀处于关闭状态，氮气置换已完毕，公用工程已具备条件，可以直接进行氮气充压。

（1）氮气充压

① 确认：所有手阀处于关状态。

② 氮气充压：打开氮气充压阀，给吸收塔系统充压；

当吸收塔系统压力升至 1.0MPa(g)左右时，关闭 N_2 充压阀。

打开氮气充压阀，给解吸塔系统充压；

当吸收塔系统压力升至 0.5MPa(g)左右时，关闭 N_2 充压阀。

（2）进吸收油

① 确认：系统充压已结束；所有手阀处于关状态。

② 吸收塔系统进吸收油：

打开引油阀 V9 至开度 50% 左右，给 C_6 油储罐 D－101 充 C_6油至液位 70%；

打开 C_6 油泵 P－101A(或 B)的入口阀，启动 P－101A(或 B)；

打开 P－101A(或 B)出口阀，手动打开 FV103 阀至 30% 左右，给吸收塔 T－101 充液至 50%，充油过程中注意观察 D－101 液位，必要时给 D－101 补充新油。

③ 解吸塔系统进吸收油。

手动打开调节阀 FV104 开度至 50% 左右，给解吸塔 T－102 进吸收油至液位 50%；

给 T－102 进油时注意给 T－101 和 D－101 补充新油，以保证 D－101 和 T－101 的液位均不低于 50%。

（3）C_6 油冷循环

① 确认：储罐、吸收塔、解吸塔液位 50% 左右；吸收塔系统与解吸塔系统保持合适压差。

② 建立冷循环：

手动逐渐打开调节阀 LV104，向 D－101 倒油；

当向 D－101 倒油时，同时逐渐调整 FV104，以保持 T－102 液位在 50% 左右，将 LIC104 设定在 50% 设自动；

由 T－101 至 T－102 油循环时，手动调节 FV103 以保持 T－101 液位在 50% 左右，将 LIC101 设定在 50% 投自动；

手动调节 FV103，使 FRC103 保持在 13 .50T/h，投自动；冷循环 10 分钟。

（4）T－102 回流罐 D－103 灌 C_4

打开 V21 向 D－103 灌 C_4 至液位为 20%。

(5) C_6 油热循环

① 确认：冷循环过程已经结束；D－103 液位已建立。

② T－102 再沸器投用：

设定 TIC103 于5℃，投自动；

手动打开 PV105 至 70%；

手动控制 PIC105 于 0.5MPa，待回流稳定后再投自动；

手动打开 FV108 至 50%，开始给 T－102 加热。

③ 建立 T－102 回流：

随着 T－102 塔釜温度 TIC107 逐渐升高，C_6 油开始汽化，并在 E－104 中冷凝至回流罐 D－103；

当塔顶温度高于 50℃ 时，打开 P－102A/B 泵的入出口阀 VI25/27、VI26/28，打开 FV106 的前后阀，手动打开 FV106 至合适开度，维持塔顶温度高于 51℃；

当 TIC107 温度指示达到 102℃时，将 TIC107 设定在 102℃投自动，TIC107 和 FIC108 投串级；

热循环 10min。

(6) 进富气

① 确认：C_6 油热循环已经建立。

② 进富气：

逐渐打开富气进料阀 V1，开始富气进料；

随着 T－101 富气进料，塔压升高，手动调节 PIC103 使压力恒定在 1.2MPa(表)。当富气进料达到正常值后，设定 PIC103 于 1.2MPa(表)，投自动；

当吸收了 C_4 的富油进入解吸塔后，塔压将逐渐升高，手动调节 PIC105，维持 PIC105 在 0.5MPa(表)，稳定后投自动；

当 T－102 温度、压力控制稳定后，手动调节 FIC106 使回流量达到正常值 8.0t/h，投自动；

观察 D－103 液位，液位高于 50 时，打开 LIV105 的前后阀，手动调节 LIC105 维持液位在 50%，投自动；

将所有操作指标逐渐调整到正常状态。

6.7.3.2 正常操作规程

(1) 正常工况操作参数

吸收塔顶压力控制 PIC103：　1.20MPa(表)；

吸收油温度控制 TIC103：　5.0℃；

解吸塔顶压力控制 PIC105：　0.50MPa(表)；

解吸塔顶温度：　51.0℃；

解吸塔釜温度控制 TIC107：　102.0℃。

(2) 补充新油

因为塔顶 C_4 产品中含有部分 C_6 油及其他 C_6 油损失，所以随着生产的进行，要定期观察 C_6 油储罐 D－101 的液位，当液位低于 30% 时，打开阀 V9 补充新鲜的 C_6 油。

(3) D－102 排液

生产过程中贫气中的少量 C_4 和 C_6 组分积累于尾气分离罐 D－102 中，定期观察 D－102 的液位，当液位高于 70% 时，打开阀 V7 将凝液排放至解吸塔 T－102 中。

(4) T－102 塔压控制

正常情况下 T－102 的压力由 PIC－105 通过调节 E－104 的冷却水流量控制。生产过程中会有少量不凝气积累于回流罐 D－103 中，使解吸塔系统压力升高，这时 T－102 顶部压力超高保护控制器 PIC－104 会自动控制排放不凝气，维持压力不会超高。必要时可打手动打开 PV104 至开度 1% ~3% 来调节压力。

6.7.3.3 停车操作规程

(1) 停富气进料

① 关富气进料阀 V1，停富气进料；

② 富气进料中断后，T－101 塔压会降低，手动调节 PIC103，维持 T－101 压力 > 1.0MPa(表)；

③ 手动调节 PIC105 维持 T－102 塔压力在 0.20MPa(表)左右；

④ 维持 T－101→T－102→D－101 的 C_6 油循环。

(2) 停吸收塔系统

① 停 C_6 油进料：

停 C_6 油泵 P－101A/B；

关闭 P－101A/B 入出口阀；

FRC103 置手动，关 FV103 前后阀；

手动关 FV103 阀，停 T－101 油进料，此时应注意保持 T－101 的压力，压力低时可用 N_2 充压，否则 T－101 塔釜 C_6 油无法排出。

② 吸收塔系统泄油：

LIC101 和 FIC104 置手动，FV104 开度保持 50%，向 T－102 泄油；

当 LIC101 液位降至 0% 时，关闭 FV108；

打开 V7 阀，将 D－102 中的凝液排至 T－102 中；

当 D－102 液位指示降至 0% 时，关 V7 阀；

关 V4 阀，中断盐水停 E－101；

手动打开 PV103，吸收塔系统泄压至常压，关闭 PV103。

(3) 停解吸塔系统

① 停 C_4 产品出料。富气进料中断后，将 LIC105 置手动，关阀 LV105 及其前后阀。

② T－102 塔降温：

TIC107 和 FIC108 置手动，关闭 E－105 蒸汽阀 FV108，停再沸器 E－105；

停止 T－102 加热的同时，手动关闭 PIC105 和 PIC104，保持解吸系统的压力。

③ 停 T－102 回流：

再沸器停用温度下降至泡点以下后，油不再汽化，当 D－103 液位 LIC105 指示小于 10% 时，停回流泵 P－102A/B，关 P－102A/B 的出入口阀；

手动关闭 FV106 及其前后阀，停 T－102 回流；

打开 D－103 泄液阀 V19；

当 D－103 液位指示下降至 0% 时，关 V19 阀。

④ T－102 泄油：

手动置 LV104 于 50%，将 T－102 中的油倒入 D－101；

当 T－102 液位 LIC104 指示下降至 10% 时，关 LV104；

手动关闭 TV103，停 E－102.

打开 T－102 泄油阀 V18，T－102 液位 LIC104 下降至 0% 时，关 V18。

⑤ T－102 泄压：

手动打开 PV104 至开度 50%；开始 T－102 系统泄压；

当 T－102 系统压力降至常压时，关闭 PV104。

（4）吸收油储罐 D－101 排油

当停 T－101 吸收油进料后，D－101 液位必然上升，此时打开 D－101 排油阀 V10 排污油；直至 T－102 中油倒空，D－101 液位下降至 0%，关 V10。

6.7.4 事故设置一览表

（1）冷却水中断

主要现象：①冷却水流量为 0；②入口路各阀常开状态。

处理方法：

①停止进料，关 V1 阀。②手动关 PV103 保压。③手动关 FV104，停 T－102 进料。④手动关 LV105，停出产品。⑤手动关 FV103，停 T－101 回流。⑥手动关 FV106，停 T－102 回流。⑦关 LIC104 前后阀，保持液位。

（2）加热蒸汽中断

主要现象：①加热蒸汽管路各阀开度正常。②加热蒸汽入口流量为 0。③塔釜温度急剧下降。

处理方法：①停止进料，关 V1 阀。②停 T－102 回流。③停 D－103 产品出料。④停 T－102 进料。⑤关 PV103 保压。⑥关 LIC104 前后阀，保持液位。

（3）仪表风中断

主要现象：各调节阀全开或全关。

处理方法：①打开 FRC103 旁路阀 V3。②打开 FIC104 旁路阀 V5。③打开 PIC103 旁路阀 V6。④打开 TIC103 旁路阀 V8。⑤打开 LIC104 旁路阀 V12。⑥打开 FIC106 旁路阀 V13。⑦打开 PIC105 旁路阀 V14。⑧打开 PIC104 旁路阀 V15。⑨打开 LIC105 旁路阀 V16。⑩打开 FIC108 旁路阀 V17。

（4）停电

主要现象：①泵 P－101A/B 停。②泵 P－102A/B 停。

处理方法：①打开泄液阀 V10，保持 LI102 液位在 50%。②打开泄液阀 V19，保持 LI105 液位在 50%。③关小加热油流量，防止塔温上升过高。④停止进料，关 V1 阀。

（5）P－101A 泵坏

主要现象：①FRC103 流量降为 0。②塔顶 C_4 上升，温度上升，塔顶压上升。③釜液位下降。

处理方法：①停 P－101A（注：先关泵后阀，再关泵前阀）。②开启 P－101B，先开泵前阀，再开泵后阀。③由 FRC－103 调至正常值，并投自动。

（6）LIC104 调节阀卡

主要现象：①FI107 降至 0。②塔釜液位上升，并可能报警。

处理方法：①关 LIC104 前后阀 VI13、VI14。②开 LIC104 旁路阀 V12 至 60% 左右。③调整旁路阀 V12 开度，使液位保持 50%。

（7）换热器 E－105 结垢严重

主要现象：①调节阀 FIC108 开度增大。②加热蒸汽入口流量增大。③塔釜温度下降，塔顶温度也下降，塔釜 C_4 组成上升。

处理方法：①关闭富气进料阀 V1。②手动关闭产品出料阀 LIC102。③手动关闭再沸器后，清洗换热器 E－105。

6.7.5 仪表及报警一览表

仪表及报警一览表见表 6－5。

表 6-5 仪表及报警一览表。

位号	说明	类型	正常值	量程上限	量程下限	工程单位	高报值	低报值	高高报值	低低报值
AI101	回流罐 C_4 组分	AI	>95.0	100.0	0	%				
FI101	T-101 进料	AI	5.0	10.0	0.	T/H				
FI102	T-101 塔顶气量	AI	3.8	6.0	0	T/H				
FRC103	吸收油流量控制	PID	13.50	20.0	0	T/H	16.0	4.0		
FIC104	富油流量控制	PID	14.70	20.0	0	T/H	16.0	4.0		
FI105	T-102 进料	AI	14.70	20.0	0	T/H				
FIC106	回流量控制	PID	8.0	14.0	0	T/H	11.2	2.8		
FI107	T-101 塔底贫油采出	AI	13.41	20.0	0	T/H				
FIC108	加热蒸汽量控制	PID	2.963	6.0	0	T/H				
LIC101	吸收塔液位控制	PID	50	100	0	%	85	15		
LI102	D-101 液位	AI	60.0	100	0	%	85	15		
LI103	D-102 液位	AI	50.0	100	0	%	65	5		
LIC104	解吸塔釜液位控制	PID	50	100	0	%	85	15		
LIC105	回流罐液位控制	PID	50	100	0	%	85	15		
PI101	吸收塔顶压力显示	AI	1.22	20	0	MPa	1.7	0.3		
PI102	吸收塔塔底压力	AI	1.25	20	0	MPa				
PIC103	吸收塔顶压力控制	PID	1.2	20	0	MPa	1.7	0.3		
PIC104	解吸塔顶压力控制	PID	0.55	1.0	0	MPa				
PIC105	解吸塔顶压力控制	PID	0.50	1.0	0	MPa				
PI106	解吸塔底压力显示	AI	0.53	1.0	0	MPa				
TI101	吸收塔塔顶温度	AI	6	40	0	℃				
TI102	吸收塔塔底温度	AI	40	100	0	℃				
TIC103	循环油温度控制	PID	5.0	50	0	℃	10.0	2.5		
TI104	C_4 回收罐温度显示	AI	2.0	40	0	℃				
TI105	预热后温度显示	AI	80.0	150.0	0	℃				
TI106	吸收塔顶温度显示	AI	6.0	50	0	℃				
TIC107	解吸塔釜温度控制	PID	102.0	150.0	0	℃				
TI108	回流罐温度显示	AI	40.0	100	0	℃				

思　考　题

1. 吸收岗位的操作是在高压、低温的条件下进行的，为什么说这样的操作条件对吸收过程的进行有利？

2. 请从节能的角度对换热器 E－103 在本单元的作用做出评价？

3. 结合本单元的具体情况，说明串级控制的工作原理。

4. 操作时若发现富油无法进入解吸塔，会有哪些原因导致？应如何调整？

5. 假如本单元的操作已经平稳，这时吸收塔的进料富气温度突然升高，分析会导致什么现象？如果造成系统不稳定，吸收塔的塔顶压力上升（塔顶 C_4 增加），有几种手段将系统调节正常？

6. 请分析本流程的串级控制；如果请你来设计，还有哪些变量间可以通过串级调节控制？这样做的优点是什么？

7. C_6油储罐进料阀为一手操阀，有没有必要在此设一个调节阀，使进料操作自动化，为什么？

习　　题

1. 原料气各组分流量见习表 6－1。用 $n-C_{10}$ 作吸收剂，流量为 500kmol/h。原料气温度为 15℃；吸收剂温度为 32℃，塔压为 0.517MPa。设吸收塔有 3 个平衡级，试计算贫气和吸收液流量及组成。

习表 6－1　厚料气各组分流量

组　分	CH_4	C_2H_6	C_3H_8	$n-C_4H_{10}$	$n-C_5H_{12}$	合　计
流　量/(kmol/h)	1660	168	98	52	24	2000

2. 裂解气的组成见习表 6－2。以 C_4馏分作吸收剂，要求乙烯回收率为 99%。已知裂解气流量为 100kmol/h，操作压力为 4.052MPa，平均操作温度为 －14℃。试确定：

（1）最小液气比；

（2）当操作液气比为最小液气比的 1.5 倍时，所需的平衡级数；

（3）贫气流量及组成。

习表 6－2　裂解气各组分流量

组　分	H_2	CH_4	C_2H_4	C_2H_6	C_3H_6	$n-C_4H_{10}$	合　计
流量/(kmol/h)	0.1320	0.3718	0.3020	0.0970	0.0840	0.0132	1.0000

3. 对习题 2，不考虑塔顶与塔底温度差别，只考虑液气比的变化，用有效吸收因子法确定贫气中各组分的流量。

4. 设习题 2 中的吸收塔塔顶和塔底温度分别为 －24℃和 －4℃。试用有效吸收因子法确定贫气中各组分的流量。

5. 将习题 1 中所得的吸收液在 0.203MPa 压力下，用过量蒸汽汽提。汽提塔有 2 个平衡级，设平均操作温度为 110℃。吸收液/蒸汽 =10(mol)。试确定汽提所得的吸收剂的组成。

6. 在 24℃、2.02MPa 下，将含 70%（mol）甲烷、15%（mol）乙烷、10%（mol）丙烷和 5%（mol）正丁烷的气体，在绝热的板式塔中用烃油吸收。烃油含 1%（mol）正丁烷、99%

(mol)不挥发性烃油，进塔的温度和压力与进料气相同。所用液气比为3.5。进料气中的丙烷至少有70%(mol)被吸收。甲烷在烃油中的溶解度可以忽略，而其他的组分均形成理想溶液。估算所需的理论板数和尾气的组成。

7. 某厂采用丙酮吸收法处理来自脱乙烷塔顶的气体，其目的是要脱除其中所含的乙炔(要求乙炔含量少于10^{-5})。原料气的组成为乙烷12.6%(mol)、乙烯87.0%(mol)、乙炔0.4%(mol)。吸收拟在一个具有12块理论板的吸收塔中进行，吸收进行的条件为：$P=1.8\text{MPa}$，$T=-20℃$，操作的液气比为0.55。试计算：

(1) 乙炔、乙烯和乙烷的吸收率；

(2) 以100kmol/h进料气为基准的塔顶气体的量和组成。

符 号 说 明

英文字母：

A——吸收因子；

A_e——平均有效吸收因子；

A'_e——平均有效吸收因子；

c_0——解吸率；

D——扩散系数；

E——增强因子；

H——亨利常数；

Ha——八田数；

K——化学平衡常数；总传质系数；

k——气液平衡常数；

L——液相流率；kmol/h

l——吸收过程中的组分液相流率；kmol/h；

N——理论板数；

P——压力，Pa；

p——组分的分压，Pa；

S——解吸因子；

S_e——平均有效吸收因子；

S'_e——平均有效吸收因子；

T——温度，K；

v——吸收过程的组分气相流率，kmol/h；

V——吸收塔中气相流率，kmol/h；

x——液相摩尔分率；

y——气相摩尔分率；

Z——填料高度。

希腊字母：

γ——液相活度系数；

φ——相对吸收率。

上标：

L——液相；

s——饱和状态；

V——气相；

*——平衡状态。

下标：

A、B——组分；

V——气相；

L——液相主体；

m——最小状态。

7 吸 附

学习目的:

通过本章的学习，了解设备的结构；掌握吸附过程的工业应用并为吸收塔的正确操作、优化操作打下理论基础。

知识要求:

掌握吸附过程的原理；

掌握吸附工艺及其应用；

了解常用的吸附设备。

能力要求:

熟悉常用吸附剂，并能做出正确选择；

某些多孔性固体凭借其巨大的表面积，能够选择性地从流体混合物中凝聚一定组分，吸附过程就是利用固体颗粒的这种能力，借助于混合物中各组分在吸附剂上的吸附能力不同将其分离的过程。吸附过程是分离和纯化气体与液体混合物的重要化工操作之一。在化工、炼油、轻工、食品及环保等领域都有广泛的应用。

7.1 应用案例

（1）工业烟气中的 SO_2 的净化

吸附法对低浓度气体的净化能力很强，吸附分离不仅能脱除有害物质，并且可以回收有用物质使吸附剂得到再生，所以在环境污染治理工程中应用非常广泛。工业烟气中的 SO_2 是主要的大气污染物，低浓度 SO_2 除了用吸收法净化之外，也可采用吸附净化法，常用的吸附剂是活性炭。活性炭吸附 SO_2 在干燥无氧条件下主要是物理吸附，当有氧和水蒸气存在时会发生化学吸附。一般来说，活性炭吸附 SO_2 吸附容量为 40～140g/kg（活性炭）。

活性炭吸附 SO_2 工艺简单、运转方便、副反应少、可回收稀硫酸。但由于活性炭吸附容量有限，吸附设备较大，一次性设备投资高，吸附剂需要频繁再生。长期使用后，活性炭会有磨损，并因堵塞微孔丧失活性，因此，活性炭需定期更换。

（2）糖液脱色

在糖精钠、木糖醇等甜味剂生产中，结晶母液由于含有多种杂质而颜色较深，使结晶品不纯而带色。解决方法是在结晶母液中加入活性炭，混合搅拌一定时间后，再将活性炭过滤分离除去。由于活性炭的吸附作用，结晶母液中的杂质被吸附除去，经过处理的母液几乎可以达到无色透明的程度。

（3）移动床从甲烷和氢的混合物中提取乙烯

典型的移动床吸附分离流程如图 7－1 所示，吸附剂为活性炭。塔的结构使得固相可以连续、稳定地输入和输出，并且使气、固两相逆流接触良好，不致发生沟流或局部不均匀现象。进料气从塔的中部进入吸附段下部。其中较易被吸附的组分被自上而下的固体吸附剂所吸附，顶部产品只包含有难吸附组分。固体下降到精馏段，与自下而上的气流相遇，固体上较易挥发的组分被置换出去。因相吸附剂离开精馏段时，只剩下易被吸附的组分，起到增浓作用。再往下一段是解吸段，吸附质在此被蒸汽加热和吹扫。吹出的气体，部分作为塔底产品，部分上至精馏段作为回流，固体则下降至提升器底部，经气体提升至提升器顶部，然后循环回到塔顶。用来从甲烷、氢混合气体中提取乙烯的逆流移动床吸附分离过程的物料衡算和温度分布见图7-2所示。

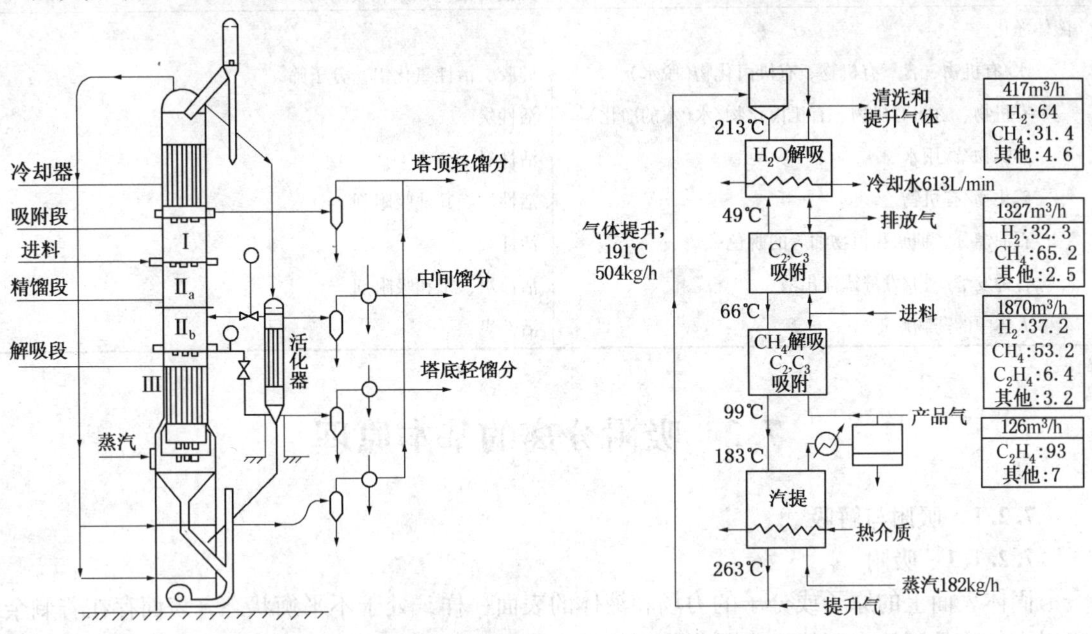

图7-1　移动床吸附分离流程　　图7-2　移动床吸附分离物料衡算

吸附过程在工业上应用广泛，表7-1列举了工业吸附分离应用实例。

表7-1　工业吸附分离应用实例

吸附过程	吸附剂
气体主体分离	
正构链烷烃/异构链烷烃、芳烃	分子筛
N_2/O_2	分子筛
O_2/N_2	碳分子筛
CO、CH_4、CO_2、N_2、Ar、NH_3/H_2	分子筛、活性炭
烃/排放气	活性炭
H_2O/乙醇	分子筛
色谱分析分离	无机或高聚物吸附剂
气体净化	
H_2O/含烯烃的裂解气、天然气、合成气、空气等	硅胶、活性氧化铝、分子筛
CO_2/C_2H_4、天然气等	分子筛
烃、卤代物、溶剂/排放气	活性炭、其他吸附剂
硫化物/天然气、H_2、液化石油气等	分子筛
SO_2/排放气	分子筛
汞蒸气/氯碱槽排放气	分子筛
室内空气中易挥发有机物	活性炭、Silicalite
异味气体/空气	Silicalite 等

续表

吸附过程	吸附剂
液体主体分离	
正构链烷/异构链烷、芳烃	分子筛
对二甲苯/间二甲苯、邻二甲苯	分子筛
果糖/葡萄糖	分子筛
色谱分析分离	无机高聚物，亲和吸附剂
液体净化	
水/有机物、含氧有机物、有机卤化物(脱水)	硅胶、活性氧化铝、分子筛
有机物、含氧有机物、有机卤化物/水(水的净化)	活性炭
异味物/饮用水	活性炭
硫化物/有机物	活性炭、其他吸附剂
石油馏分、糖浆和植物油等的脱色	活性炭
各种发酵产物/发酵罐流出液	活性炭，亲和吸附剂
人体中的药物解毒	活性炭

7.2　吸附分离的基本原理

7.2.1　吸附与解吸

7.2.1.1　吸附

固体表面上的原子或分子的力场和液体的表面一样，处于不平衡状态，表面存在着剩余吸引力，这是固体表面能产生吸附作用的根本原因。这种剩余的吸引力由于吸附了其他分子而有一定程度的减少，从而降低了表面能，故固体表面可以自动地吸附那些能够降低其表面能的物质。当流体与多孔性固体接触时，固体的表面对流体分子会产生吸附作用，其中多孔性固体物质称为吸附剂，而被吸附的物质称为吸附质。根据吸附剂表面与吸附质之间作用力的不同，吸附可分为物理吸附与化学吸附。

(1) 物理吸附

物理吸附是由于吸附剂与吸附质之间存在分子间力的作用所产生的吸附，也称范德华吸附。物理吸附时表面能降低，所以是一种放热过程。从分子运动论的观点来看，这些吸附于固体表面上的分子由于分子运动，也会从固体表面上脱离逸出，其本身并不发生任何化学变化。因此，物理吸附是可逆的，如当温度升高时，气体(或液体)分子的动能增加，吸附质分子将越来越多地从固体表面上逸出。物理吸附可以是单分子层吸附，也可以是多分子层吸附。物理吸附的特征可归纳为以下几点。

① 吸附质和吸附剂间不发生化学反应，一般在较低的温度下进行。

② 一般没有明显的选择性，对于各种物质来说，分子间力的大小有所不同，与吸附剂分子间力大的物质首先被吸附。

③ 物理吸附为放热过程，吸附过程所放出的热量称为该物质在此吸附剂表面上的吸附热。

④ 吸附剂与吸附质间的吸附力不强，当系统温度升高或流体中吸附质浓度(或分压)降低时，吸附质能很容易地从固体表面逸出，而不改变吸附质原来性状。

⑤ 吸附速率快，几乎不要活化能。

(2) 化学吸附

吸附质在固体颗粒表面发生化学反应。吸附质与吸附剂分子间的作用力是化学键力，这种化学键力比物理吸附的分子间力要大得多，其热效应亦远大于物理吸附热，吸附质与吸附剂结合比较牢固，一般是不可逆的，而且总是单分子层吸附。化学吸附的特征可归纳为如下几点。

① 有很强的选择性，仅能吸附参与化学反应的某些物质分子。

② 吸附速率较慢，需要一定的活化能，达到吸附平衡需要的时间长。

③ 升高温度可以提高吸附速率，宜在较高温度下进行。

实际应用中物理吸附与化学吸附之间不易严格区分。同一种物质在低温时可能进行物理吸附，温度升高到一定程度时就发生化学吸附，有时两种吸附会同时发生。这里主要介绍物理吸附过程。

7.2.1.2 解吸

当系统温度升高或流体中吸附质浓度(或分压)降低时，被吸附物质将从固体表面逸出，这就是解吸(或称脱附)，是吸附的逆过程。这种吸附－解吸的可逆现象在物理吸附中均存在。工业上利用这种现象，在处理混合物时，当吸附剂将吸附质吸附之后，改变操作条件，使吸附质解吸，同时吸附剂再生并回收吸附质，以达到分离混合物的目的。

再生方法有加热解吸再生、降压或真空解吸再生、溶剂萃取再生、置换再生、化学氧化再生等。

① 加热解吸再生。通过升高温度，使吸附质解吸，从而使吸附剂得到再生。几乎各种吸附剂都可用加热再生法恢复吸附能力。不同的吸附过程需要不同的温度，吸附作用越强，解吸时需加热的温度越高。

② 降压或真空解吸。气体吸附过程与压力有关，压力升高时，有利于吸附；压力降低时，解吸占优势。因此，通过降低操作压力可使吸附剂得到再生，若吸附在较高压力下进行，则降低压力可使被吸附的物质脱离吸附剂进行解吸；若吸附在常压下进行，可采用抽真空方法进行解吸。工业上利用这一特点采用变压吸附工艺，达到分离混合物及吸附剂再生的目的。

③ 置换再生。在气体吸附过程中，某些热敏性物质，在较高温度下易聚合或分解，可以用一种吸附能力较强的气体(解吸剂)将吸附质从吸附剂中置换与吹脱出来。再生时解吸剂流动方向与吸附时流体流动方向相反，即采用逆流吹脱的方式。这种再生方法需加一道工序，即解吸剂的再解吸，一般可采用加热解吸再生的方法，使吸附剂恢复吸附能力。

④ 溶剂萃取。选择合适的溶剂，使吸附质在该溶剂中溶解性能远大于吸附剂对吸附质的吸附作用，从而将吸附质溶解下来。

⑤ 化学氧化再生。具体方法很多，可分为湿式氧化法、电解氧化法及臭氧氧化法等几种。

⑥ 生物再生法。利用微生物将被吸附的有机物氧化分解，此法简单易行，基建投资少，成本低。

生产实际中，上述几种再生方法可以单独使用，也可几种方法同时使用。如活性炭吸附有机蒸气后，可用通入高温水蒸气再生，也可用加热和抽真空的方法再生；沸石分子筛吸附水分后，可用加热吹氮气的办法再生。

7.2.2 影响吸附的因素

影响吸附的因素有吸附剂的性质、吸附质的性质及操作条件等，只有了解影响吸附的因素，才能选择合适的吸附剂及适宜的操作条件，从而更好地完成吸附分离任务。

① 操作条件。低温操作有利于物理吸附，适当升高温度有利于化学吸附。温度对气相吸附的影响比对液相吸附的影响大。对于气体吸附，压力增加有利于吸附，压力降低有利于解吸。

② 吸附剂的性质。吸附剂的性质如孔隙率、孔径、粒度等影响比表面积，从而影响吸附效果。一般来说，吸附剂粒径越小或微孔越发达，其比表面积越大，吸附容量也越大。但在液相吸附过程中，对相对分子质量大的吸附质，微孔提供的表面积不起很大作用。

③ 吸附质的性质及其浓度。对于气相吸附，吸附质的临界直径、相对分子质量、沸点、饱和性等影响吸附量。若用同种活性炭做吸附剂，对于结构相似的有机物，相对分子质量和不饱和性越大，沸点越高，越易被吸附；对于液相吸附，吸附质的分子极性、相对分子质量、在溶剂中的溶解度等影响吸附量。相对分子质量越大，分子极性越强，溶解度越小，越易被吸附。吸附质浓度越高，吸附量越少。

④ 吸附剂的活性。吸附剂的活性是吸附剂吸附能力的标志，常以吸附剂上所吸附的吸附质量与所有吸附剂量之比的百分数来表示，其物理意义是单位吸附剂所能吸附的质量。

⑤ 接触时间。吸附操作时，应保证吸附质与吸附剂有一定的接触时间，使吸附接近平衡，充分利用吸附剂的吸附能力。但是延长接触时间需要靠增大吸附设备来实现，所以确定最佳接触时间，需要从经济方面综合考虑。

⑥ 附设备的性能。吸附器的性能也直接影响吸附效果。

7.2.3 吸附剂

7.2.3.1 吸附剂的基本特征

吸附剂是流体吸附分离过程得以实现的基础。如何选择合适的吸附剂是吸附操作中必须解决的首要问题。一切固体物质的表面，对于流体都具有吸附的作用。但合乎工业要求的吸附剂则应具备如下一些特征。

① 大的比表面积。流体在固体颗粒上的吸附多为物理吸附，由于这种吸附通常只发生在固体表面几个分子直径的厚度区域，单位面积固体表面所吸附的流体量非常小，因此，要求吸附剂必须有足够大的比表面积以弥补这一不足。吸附剂的有效表面积包括颗粒的外表面积和内表面积，而内表面积总是比外表面积大得多，只有具有高度疏松结构和巨大暴露表面的孔性物质，才能提供巨大的比表面积。微孔占的容积一般为0.15~0.9mL/g，微孔表面积占总面积的95%以上。常用吸附剂的比表面积如下。

硅胶：300~800m^2/g；活性氧化铝：100~400m^2/g；活性炭：500~1500m^2/g；分子筛：400~750m^2/g。

② 具有良好的选择性。在吸附过程中，要求吸附剂对吸附质有较大的吸附能力，而对于混合物中其他组分的吸附能力较小。例如，活性炭吸附二氧化硫（或氨）的能力远大于吸附空气的能力，故活性炭能从空气与二氧化硫（或氨）的混合气体中优先吸附二氧化硫（或氨），达到分离净化废气的目的。

③ 吸附容量大。吸附容量是指在一定温度、吸附质浓度下，单位质量（或单位体积）吸附剂所能吸附的最大值。吸附容量除与吸附剂表面积有关外，还与吸附剂的孔隙大小、孔径分布、分子极性及吸附剂分子上官能团性质等有关。吸附容量大，可降低处理单位质量流体

所需的吸附剂用量。

④ 具有良好的机械强度和均匀的颗粒尺寸。吸附剂的外形通常为球形和短柱形，也有无定形颗粒，工业用于固定床吸附的颗粒直径一般为1~10mm；如果颗粒太大或不均匀，可使流体通过床层时分布不均，易造成短路及流体返混现象，降低分离效率；如果颗粒小，则床层阻力大，过小时甚至会被流体带出，因此，吸附剂颗粒的大小应根据工艺的具体条件适当选择。同时吸附剂是在温度、湿度、压力等操作条件变化的情况下工作的，这就要求吸附剂有良好的机械强度和适应性，尤其是采用流化床吸附装置，吸附剂的磨损大，对机械强度的要求更高。

⑤ 有良好的热稳定性及化学稳定性。

⑥ 有良好的再生性能。吸附剂在吸附后需再生使用，再生效果的好坏往往是吸附分离技术能否使用的关键，要求吸附剂再生方法简单，再生活性稳定。

此外，还要求吸附剂的来源广泛，价格低廉。实际吸附过程中，很难找到一种吸附剂能同时满足上述所有要求，因而在选择吸附剂时要权衡多方面的因素。

7.2.3.2 常用的吸附剂

（1）活性炭

活性炭是炭质吸附剂的总称。几乎所有的有机物都可作为制造活性炭的原料，如各种品质的煤、重质石油馏分、木材、果壳等。将原料在隔绝空气的条件下加热至600℃左右，使其热分解，得到的残炭再在800℃以上高温下与空气、水蒸气或二氧化碳反应使其烧蚀，便生成多孔的活性炭。

活性炭具有非极性表面，为疏水和亲有机物的吸附剂。它具有性能稳定、抗腐蚀、吸附容量大和解吸容易等优点。经过多次循环操作，仍可保持原有的吸附性能。活性炭用于回收气体中的有机物质，脱除废水中的有机物，脱除水溶液中的色素等。活性炭可制成粉末状、球状、圆柱形或碳纤维等。活性炭的典型性质见表7－2。

表7－2 活性炭吸附剂的性质

物理性质	液相吸附用		气相吸附用
	木材基	煤基	
CCl_4 活性/%	40	50	60
碘值	700	950	1000
堆积密度/(kg/m^3)	250	500	500
灰分/%	7	8	8

炭分子筛(CMS)已经商业化。与活性炭相比，它有很窄的孔径分布。基于不同组分在该吸收剂上具有不同的内扩散速率，即使CMS对这些物质基本上没有选择性，仍能进行有效地分离。例如，CMS能有效地分高空气、回收N_2。

（2）沸石分子筛

沸石分子筛一般是用$M_{x/m}[(AlO_2)_x-(SiO_2)]\cdot 2H_2O$表示的含水硅酸盐，其中M为IA和IIA族金属元素，多数为钠与钙，m表示金属离子的价数。沸石分子筛具有Al－Si晶形结构，典型的几何形状如图7－3所示。可以看出，沸石分子筛由高度规则的

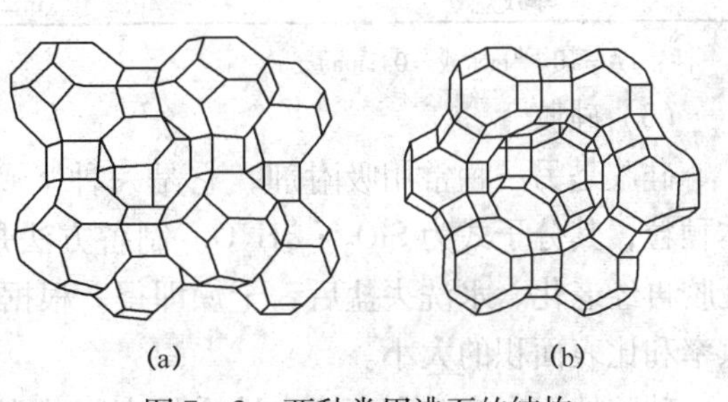

图7－3 两种常用沸石的结构

笼和孔构成。每一种分子筛都有特定的均一孔径，根据其原料配比、组成和制造方法不同，可以制成各种孔径和形状的分子筛。某些工业分子筛产品及物理性质见表 7-3。

表 7-3 工业分子筛产品

沸石类型	牌 号	阳 离 子	孔 径/nm	堆积密度/(kg/m^3)
A	3A	K	0.3	670~740
	4A	Na	0.4	660~720
	5A	Ca	0.5	670~720
X	13X	Na	0.8	610~710
丝光沸石	AW-300	Na^+混合		
小孔	Zeolon-300	阳离子	0.3~0.4	720~800
菱沸石	AW-300	混合阳离子	0.4~0.5	640~720

向制造分子筛的原料溶液中加入其他阳离子，例如，钠、钾、锂和钙，以利于最终吸附剂产品呈电中性，在后续操作中，这些阳离子也可被另外的阳离子所交换，新的阳离子使分子筛修饰改性。

沸石分子筛是强极性吸附剂，对极性分子如 H_2O、CO_2、H_2S 和其他类似物质有很强的亲和力，而与有机物的亲和力较弱。在对有机物之间的分离中，极性的大小是关键因素。根据分子筛微孔尺寸大小一致的特点，当微孔尺寸比某些物质的分子大而比其他物质分子小时，分子筛的筛分性能即起作用。从图 7-3 可看出，不同分子筛的微孔直径和吸附分子大小的范围。例如，LiA 分子筛(也称 3A 分子筛)可用于脱除空气中的水分，因水分子能进入沸石微孔，而 O_2 和 N_2 则不能。

有一种特殊的新型分子筛，几乎全部由 SiO_2 组成，实际上没有 Al 或其他阳离子。该分子筛吸附孔径大约为 6Å(0.6nm)，孔隙率 33%，其吸附特性见表 7-4。这类分子筛是疏水的，故称为疏水沸石，它们的分离特性更类似于活性炭。虽然它的价格比活性炭贵，但它有很高的热稳定性，其再生温度比活性炭高得多。当吸附剂表面被聚合物或其他难脱除物质所覆盖成为关键问题时，这一性质显得特别重要。此外，它还能在高温的气相中操作。

表 7-4 Si 分子筛吸附特性(室温下)

吸 附 质	动态直径/Å	吸附分子数(单位晶格)
H_2O	2.26	15.1
CH_3OH	3.8	38
正定烷	4.3	27.6
正己烷	4.3	10.9
苯	5.85	8.7
季戊烷	6.2	1.4

注：$1Å = 10^{-10}m$ (或 = 0.1nm)。

(3) 硅胶

硅胶是另一种常用吸附剂，它是一种坚硬的由无定形的 SiO_2 构成的具有多孔结构的固体颗粒，其分子式为 $SiO_2 \cdot nH_2O$。制备方法是：用硫酸处理硅酸钠水溶液生成凝胶，所得凝胶再经老化、水洗去盐后，干燥即得。根据制造过程条件的不同，可以控制微孔尺寸、空隙率和比表面积的大小。

硅胶处于高亲水和高疏水性质的中间状态，典型的物理性质见表 7-5。硅胶常用于各种气体的脱水，也可用于烃类的分离、废气净化(含有 SO_2、NO_x 等)、液体脱水等。它是一种较理想的干燥吸附剂，在温度25℃和相对湿度60%的空气流中，微孔硅胶吸附水的吸湿量为硅胶质量的24%。硅胶吸附水分时，放出大量吸附热。硅胶难于吸附非极性物质的蒸气，易于吸附极性物质，它的再生温度为150℃左右，也常用作特殊吸附剂或催化剂载体。

表7-5 硅胶吸附剂的性质

物理性质	指 标	吸附性质	吸附量/%(质量分数)
表面积/(m^2/g)	830	0.613kPa，25℃吸附水	11
密度/(kg/m^3)	720	2.33kPa，25℃吸附水	35
再生温度/℃	130~280	13.3kPa，-183℃吸附 O_2	22
孔隙率/%	50~55	33.3kPa，25℃吸附 CO_2	3
孔径/nm	1~40	33.3kPa，25℃吸附 $n-C_4$	7
孔容积/(cm^3/g)	0.42		

(4) 活性氧化铝

活性氧化铝又称活性矾土，其分子式是 $Al_2O_3 \cdot nH_2O$，用无机酸的铝盐反应生成氢氧化铝的溶胶，然后转变为凝胶，经灼烧脱水即成活性氧化铝，活性氧化铝表面的活性中心是羟基和路易斯酸中心，极性强，对水有很高的亲和作用，主要用于液体与气体的干燥。在一定的操作条件下，它的干燥精度非常高。而它的再生温度又比分子筛低得多。可用活性氧化铝干燥的部分工业气体包括Ar、He、H_2、氟里昂、氟氯烷等。它对有些无机物具有较好的吸附作用，故常用于碳氢化合物的脱硫以及含氟废气的净化等。另外，活性氧化铝还可用作催化剂载体。

活性氧化铝的物理性质见表7-6。

表7-6 硅胶吸附剂的性质

物理性质	指 标	物理性质	指 标
表面积/(m^2/g)	320	孔容积/(cm^3/g)	0.40
密度/(kg/m^3)	800	吸附性质	吸附量/%(质量分数)
再生温度/℃	150~315	0.613kPa，25℃吸附水	7
孔隙率/%	50	2.33kPa，25℃吸附水	16
孔径/nm	1~7.5	33.3kPa，25℃吸附 CO_2	2

(5) 其他吸附剂

近年来ICI Katalco公司推出“不可逆”吸附剂或称高反应性能吸附剂。该类吸附剂能在气相或液相中与多种组分进行激烈的化学反应。例如，烃类中的硫化氢实际上可完全脱除掉。由于吸附质和吸附剂进行的是不可逆反应，因此，不可能在使用现场再生，须返回生产厂家处理。显然，这类吸附剂仅仅适用于除去微量组分，例如，百万分之几的含量。吸附负荷过高，吸附剂更换过于频繁在经济上是不合理的。不可逆吸附剂的应用见表7-7。

表7-7 各种不可逆吸附剂脱除杂质一览表

含硫化合物	H_2S、COS、SO_2、有机硫化物	含氮化合物	NO_x、HCN、NH_3、有机氮化物
卤化物	HF、HCl、Cl_2、有机氯	不饱和烃类	烯烃、二烯烃、乙炔
有机金属化合物	AsH_3、$As(CH_3)_3$	供氧体	O_2、H_2O、甲醇、羰基化合物、有机酸
汞和汞化物	金属羰基化物		H_2、CO、CO_2

生物吸着剂是另一类反应吸附剂。它首先吸着诸如有机分子等物质，然后将它们氧化成CO_2、H_2O，若原始分子中除C、H和O外尚有其他原子，则也氧化成另外物质。实际上，在处理城市和工业废水的生化处理池中，生物质就可认为是生物吸着剂。这些生物质也能固定于多孔或高比表面的支撑体上，例如，木质或小球，然后用做反应吸附剂处理含有机物质的气体。

吸附树脂也是一类令人关注的吸附剂。用于从废气中脱除有机物质，例如，从空气流中脱除丙酮。这些树脂通常是苯乙烯－二乙烯苯的共聚物，并可引入其他官能团赋于树脂某些吸附特性，在这方面类似于离子交换树脂。大孔网状结构的树脂，其比表面积接近于无机吸附剂，是吸附性能优良的高分子聚合物吸附剂。

亲和吸附剂是具有极高选择性的吸附剂，用于从复杂的有机分子混合物中回收特殊的生物质或有机分子。该吸附剂的活性中心与吸附质分子几个中心进行可逆反应。之所以具有高选择性是因为吸附剂的活性中心与被吸附分子的活性点必须在几何上排成一条线。亲和吸附剂价格很贵，仅用于回收极昂贵的医药和生物质的情况。

7.2.4 吸附分离工艺

吸附分离工艺过程通常由两个主要部分构成：首先使流体与吸附剂接触，吸附质被吸附剂吸附后，与流体中不被吸附的组分分离，此过程为吸附操作；然后将吸附质从吸附剂中解吸，并使吸附剂重新获得吸附能力，这一过程称为吸附剂的再生操作。若吸附剂不需再生，这一过程改为吸附剂的更新。本节介绍工业常用的吸附分离工艺。

1. 固定床吸附

固定床吸附采用的是固定床吸附器。固定床吸附器多为圆柱形立式设备，吸附剂颗粒均匀地堆放在多孔支撑板上，成为固定吸附剂床层。流体自上而下或自下而上通过吸附剂床层进行吸附分离。固定床吸附操作再生时可用产品的一部分作为再生用气体，根据过程的具体情况，也可以用其他介质再生。例如，用活性炭去除空气中的有机溶剂蒸气时，常用水蒸气再生。再生气冷凝成液体再分离。

（1）工作原理

① 吸附过程。如图7－4所示，吸附质初始浓度为c_0的流体连续流经装有吸附剂床层。一段时间后，部分床层吸附剂达到吸附平衡，失去吸附能力，而部分床层则建立了浓度分布，即形成吸附波。随着时间的推移，吸附波向床层出口方向移动，并在某一时间t_i，床层出口端的流出物中出现吸附质。当时间达到t_b时，流出物中吸附质的浓度达到允许的最大浓度c_b，此点称为吸附质的穿透点，而达到穿透点的时间t_b称为透过时间，c_b为穿透点浓度；当吸附过程继续进行时，吸附波逐渐移动到床层出口；当时间为t_e时，床层吸附剂全部达到吸附平衡，吸附剂失去吸附能力，必须再生或进行更换。从t_i到t_e的时间周期与床层中吸附区或传质区的长度相对应，它与吸附过程的机理有关。

② 透过曲线。图7－4中的曲线称为吸附透过曲线，该曲线易于测定，因此常用来反映床层内吸附负荷曲线的形状，而且可以较准确地求出穿透点。影响透过曲线的因素很多，有吸附剂与吸附质的性质，有温度、压力、浓度、pH值、移动相流速、流速分布等参数，还有设备尺寸大小、吸附剂装填方法等。

（2）固定床吸附流程

① 双固定床流程。为使吸附操作连续进行，至少需要两个吸附器循环使用。如图7－5所示。A、B两个吸附器，A正进行吸附，B进行再生。当A达到穿透点时，B再生完毕，进入下一个周期，即B进行吸附，A进行再生，如此循环进行连续操作。

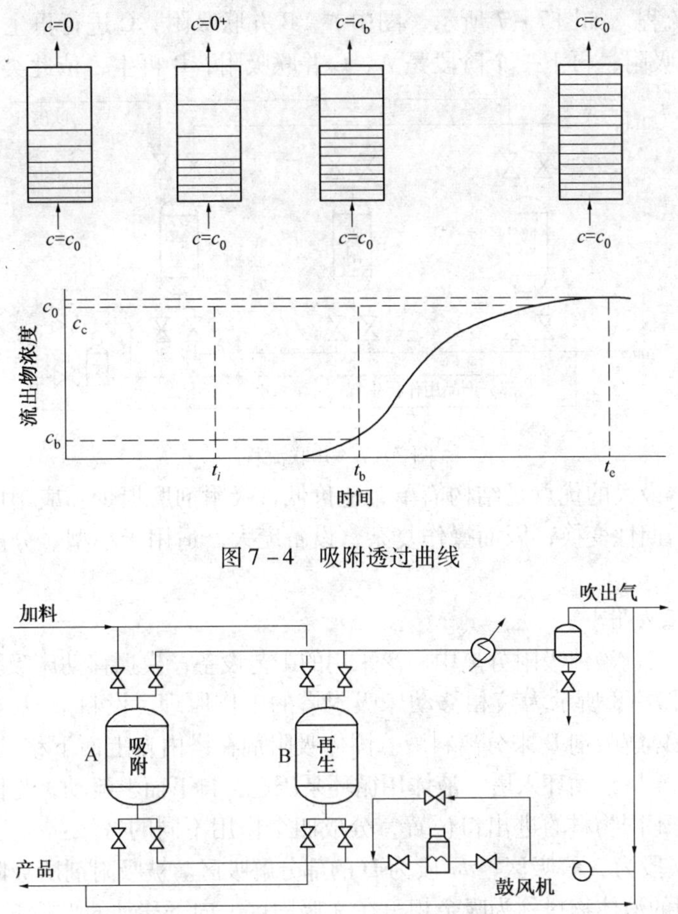

图 7－4　吸附透过曲线

图 7－5　双固定床吸附流程

② 串联流程。如果体系吸附速率较慢，采用上述的双固定床流程时，流体只在一个吸附器中进行吸附，达到穿透点时，很大一部分吸附剂未达到饱和，利用率较低。这种情况宜采用两个或两个以上吸附器串联使用，构成图 7－6 所示的串联流程，图示为两个吸附器串联使用的流程，流体先进入 A，再进入 B 进行吸附，C 进行再生，当从 B 流出的流体达到破点(穿透点)时，则 A 转入再生，C 转入吸附，此时流体先进入 B 再进入 C 进行吸附，如此循环往复。

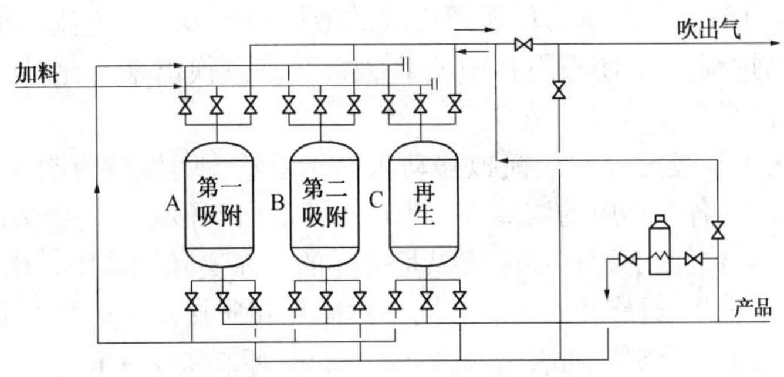

图 7－6　串联吸附流程

③ 并联流程。当处理的流体量很大时，往往需要很大的吸附器，此时可以采用几个吸

附器并联使用的流程，如图7－7所示，图中A、B并联吸附，C进行再生；下一个阶段是A再生，B、C并联吸附；再下一个阶段是A、C并联吸附，B再生，依此类推。

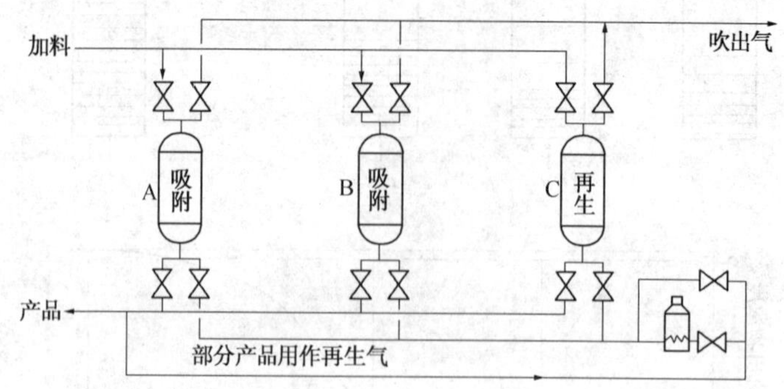

图7－7　并联流程

固定床吸附器最大的优点是结构简单，造价低，吸附剂磨损少，应用广泛。缺点是间歇操作，操作必须周期性变换，因而操作复杂，设备庞大。适用于小型、分散、间歇性的污染源治理。

2. 模拟移动床吸附

模拟移动床是目前液体吸附分离中广泛采用的工艺设备，模拟移动床吸附分离的基本原理与移动床相似。图7－8所示为液相移动床吸附塔的工作原理。设料液只含A、B两个组分，用固体吸附剂和液体解吸剂D来分离料液。固体吸附剂在塔内自上而下移动，至塔底出去后，经塔外提升器提升至塔顶循环入塔。液体用循环泵压送，自下而上流动，与固体吸附剂逆流接触。整个吸附塔按不同物料的进出口位置，分成四个作用不同的区域：*ab*段为A吸附区，*bc*段为B解吸区，*cd*段为A解吸区，*da*段为D的部分解吸区。被吸附剂所吸附的物料称为吸附相，塔内未被吸附的液体物料称为吸余相。在A吸附区，向下移动的吸附剂把进料A＋B液体中的A吸附，同时把吸附剂内已吸附的部分解吸剂D置换出来，在该区顶部将进料中的组分B和解吸剂D构成的吸余液B＋D部分循环，部分排出。在B解吸区，从此区顶部下降的含A＋B＋D的吸附剂，与从此区底部上升的含有A＋D的液体物料接触，因A比B有更强的吸附力，故B被解吸出来，下降的吸附剂中只含有A＋D。A解吸区的作用是将A全部从吸附剂表面解吸出来。解吸剂D自此区底部进入塔内，与本区顶部下降的含A＋D的吸附剂逆流接触，解吸剂D把A组分完全解吸出来，从该区顶部放出吸余液A＋D。

D部分解吸区的目的在于回收部分解吸剂D，从而减少解吸剂的循环量。从本区顶部下降的只含有D的吸附剂与从塔顶循环返回塔底的液体物料B＋D逆流接触，按吸附平衡关系，B组分被吸附剂吸附，而使吸附相中的D被部分地置换出来。此时吸附相只有B＋D，而从此区顶部出去的吸余相基本上是D。

图7－9所示为用于吸附分离的模拟移动床操作示意，固体吸附剂在床层内固定不动，而通过旋转阀的控制将各段相应的溶液进、出口连续地向上移动，这种情况与进出口位置不动，保持固体吸附剂自上而下地移动的结果是一样的。在实际操作中，塔上一般开24个等距离的口，同接于一个24通旋转阀上。在同一时间旋转阀接通4个口，其余均封闭。如图中6、12、18、24四个口分别接通吸余液B＋D出口、原料液A＋B进口、吸取液A＋D出口、解吸剂D进口，经一定时间后，旋转阀向前旋转，则出口又变为5、11、17、23，依此类推，当进出口升到1后又转回到24，循环操作。

模拟移动床的优点是处理量大、可连续操作，吸附剂用量少，仅为固定床的4%。但要

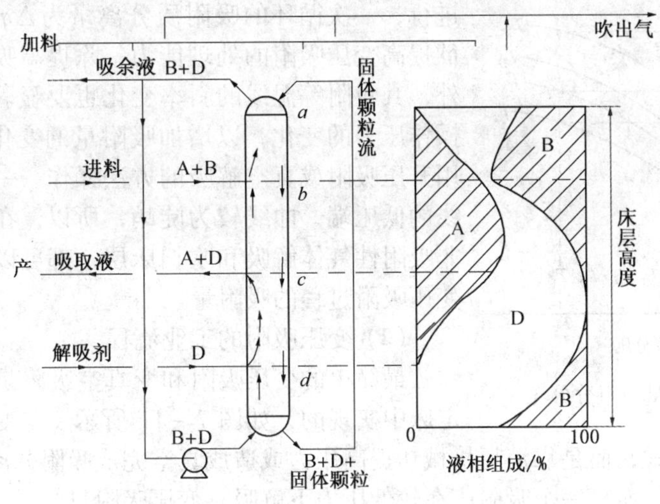

图 7-8　移动床吸附原理示意图

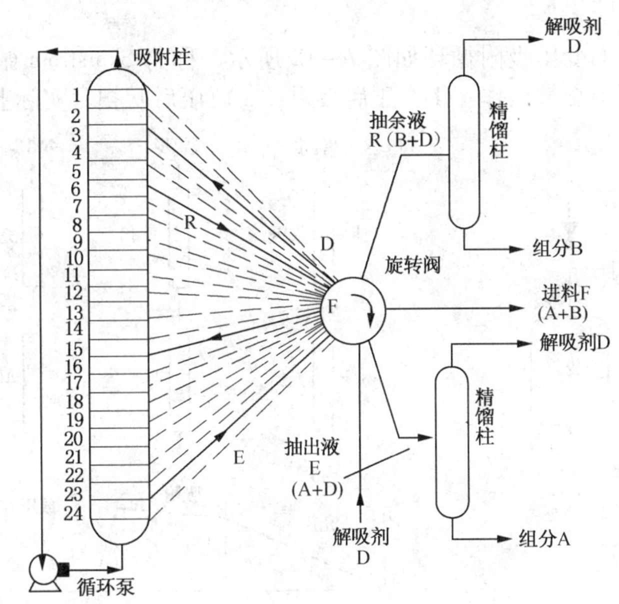

图 7-9　模拟移动床分离操作示意图

选择合适的解吸剂，对转换物流方向的旋转阀要求高。

3. 变压吸附

变压吸附分离过程也是一种循环过程。它是以压力为热力学参数，在等温条件下借吸附量随压力的变化特性而实现的吸附分离过程。

（1）操作原理

如图 7-10 所示，如果吸附和解吸过程中床层温度维持 T_1，在吸附压力和解吸压力下吸附质的分压分别为 P_A 和 P_B，则在 A、B 两点吸附量之差 $\Delta q = q_A - q_B$ 为每经加压吸附和减压解吸循环的吸附质的分离量。如果要使吸附和解吸过程吸附剂吸附量之差增加，可以同时采用减压和加热方法进行解吸再生，沿 AD 线两端的吸附容量差值 $\Delta q = q_A - q_D$，该情况为联合解吸。在实际的变压吸附分离操作中，吸附质的吸附热都较大。伴随吸附过程放热使床层升温，操作点由 A 移至 E。解吸过程吸热使床层降温，操作点为 F，故吸附循环沿 EF 线

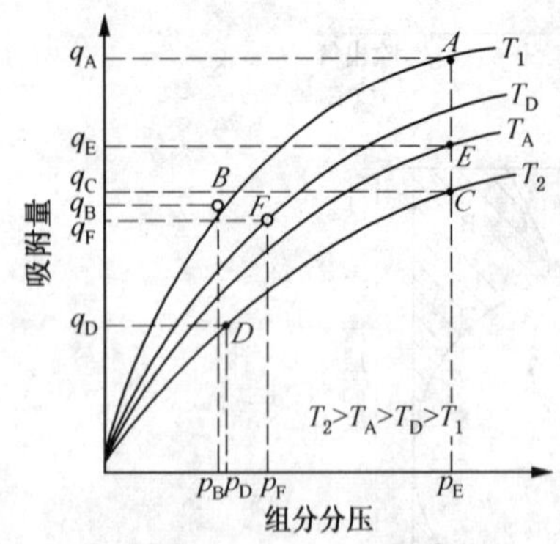

图 7-10　吸附量与组分分压

进行，一次循环的吸附质分离量为 $\Delta q = q_E - q_F$。因此，欲提高变压吸附的处理能力，除提高吸附剂的选择性之外，其吸附等温线的斜率变化也要显著，并尽可能加大操作压力的变化，以增加吸附量的变化值。为此，可采用升压吸附或真空解吸的方法操作。一般由于吸附等温线的低压端，曲线较为陡峭，所以，在真空下解吸或用非吸附性气体解吸和吹扫床层，都可以较大程度地提高变压吸附过程的吸附量。

（2）变压吸附的工业流程

最简单的变压吸附和变真空吸附是在两个并联的固定床中实现的，如图 7-11 所示。与变温吸附不同，它不用加热变温的方式，而是靠消耗机械功提高压力或造成真空完成吸附分离循环。一个吸附床在某压力下吸附，而另一个吸附床在较低压力下解吸。变压吸附只能用于气体吸附，因为压力的变化几乎不影响液体吸附平衡。变压吸附可用于空气干燥、气体脱除杂质和污染物以及气体的主体分离等。

具有两个固定床的变压吸附循环如图 7-12 所示，称为 Skarstrom 循环。每个床在两个等时间间隔的半循环中交替操作：①充压后吸附；②放压后吹扫。实际上分四个步骤进行。

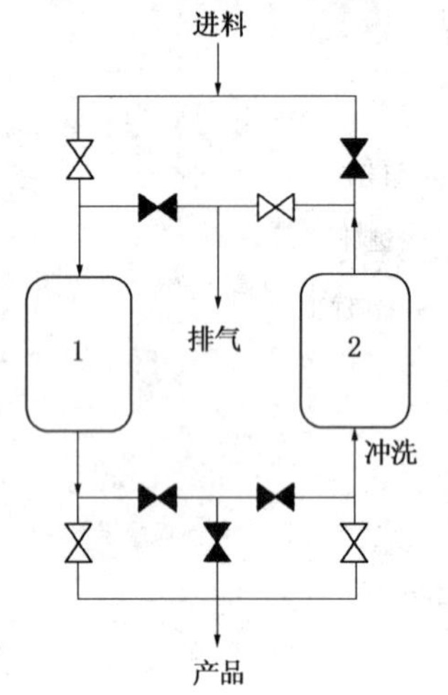

图 7-11　变压吸附循环

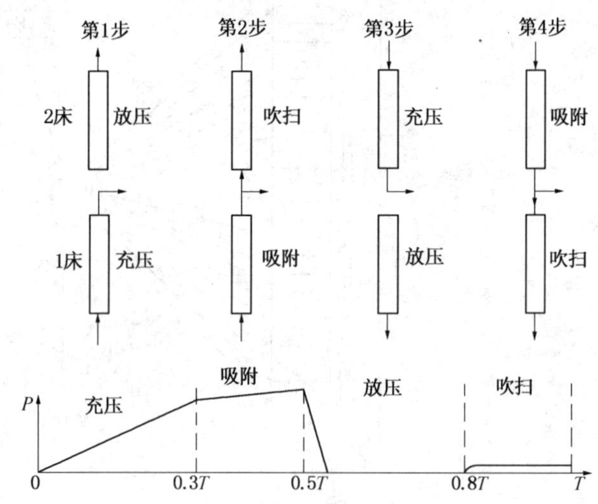

图 7-12　变压吸附的循环过程

原料气用于充压，流出产品气体的一部分用于吹扫。在图 7-12 中 1 床进行吸附，离开 1 床的部分气体返至 2 床吹扫用，吹扫方向与吸附方向相反。从图 7-12 可看出，吸附和吹扫阶段所用的时间小于整个循环时间的 50%。在变压吸附的很多工业应用中，这两步耗用的时间占整个循环中较大的百分数，因为充压和放压进行很快。所以变压吸附和真空吸附的循环周期是短的，一般是数秒至数分钟。因此，小的床层能达到相当高的生产能力。

在上述变压吸附基本循环方式的基础上已提出了很多改进，其目的是为了提高产品纯度、回收率、吸附剂的生产能力和能量的效率等。可归纳为以下几方面：①采用 3~4 台或多台吸附床；②增加均压阶段，吹扫结束后的床与吸附后的另一个床均压；③增加预处理或保护床，脱除影响分离任务的强吸附性杂质；④采用强吸附气体作为吹扫气；⑤缩短循环周期。过长的循环周期会引起床层在吸附阶段升温和在解吸阶段降温，这都是不希望的。图 7-13 和图 7-14 为四床 PSA 系统流程和操作。

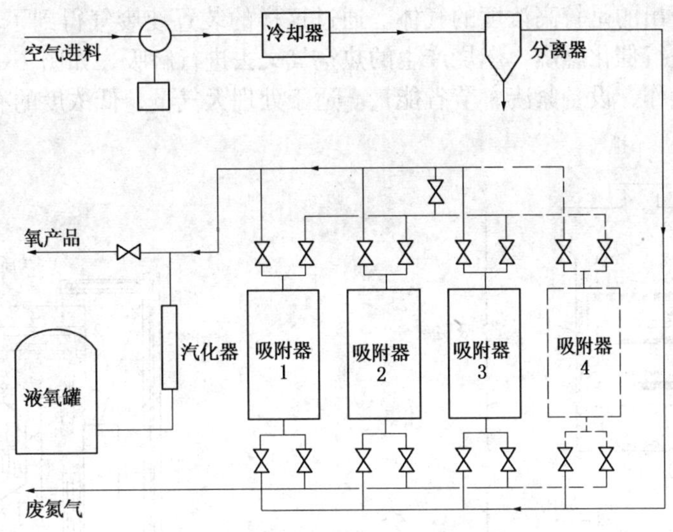

图 7－13　三床或四床 PSA 分离空气流程图

位号												
1	ADS			EQ1 ↑	CD ↑	EQ2 ↑	CD ↓	PUR ↓	EQ2 ↓	EQ1 ↓	R ↓	
2	CD ↓	PUR ↓	EQ2 ↓	EQ1 ↓	R ↓		ADS			EQ1 ↑	CD ↑	EQ2 ↑
3	EQ1 ↑	CD ↑	EQ2 ↑	CD ↓	PUR ↓	EQ2 ↓	EQ1 ↓	R ↓		ADS		
4	EQ1 ↓	R ↓		ADS			EQ1 ↑	CD ↑	EQ2 ↑	CD ↓	PUR ↓	EQ2 ↓

图 7－14 四床 PSA 单元循环操作图

EQ—均压；CD—并流或逆流降压；R—升压；↑—并流；↓—逆流；

ADS—吸附；PUR—清洗

变压吸附和变真空吸附分离受吸附平衡或吸附动力学的控制。这两种类型的控制在工业上都是重要的。例如，以沸石为吸附剂分离空气，吸附平衡是控制因素。氮比氧和氩吸附性能更强。从含氩 1% 的空气中能生产纯度大约 96% 的氧气。当使用炭分子筛作为吸附剂时，氧和氮的吸附等温线几乎相同，但是氧比氮的有效扩散系数大的得多，因此可生产出纯度 > 99% 的氧气产品。其工艺流程如图 7－13 所示，操作图如图 7－14 所示。

4. 其他吸附分离方法

（1）流化床吸附

流化床吸附器内的操作如图 7－15 所示，含有吸附质的流体以较高的速度通过床层，使吸附剂呈流态化。流体由吸附段下端进入，由下而上流动，净化后的流体由上部排出，吸附剂由上端进入，逐层下降，吸附了吸附质的吸附剂由下部排出进入再生段。在再生段，用加热吸附剂或用其他方法使吸附质解吸（图中使用的是气体置换与吹脱），再生后的吸附剂返回到吸附段循环使用。

流化床吸附的优点是能连续操作，处理能力大，设备紧凑。缺点是构造复杂，能耗高，吸附剂和容器磨损严重。图 7－16 所示为连续流化床吸附工艺流程。

（2）蜂窝转轮吸附

蜂窝转轮吸附器是利用纤维活性炭吸附、解吸速度快的特点，用一层波纹纸和一层平纸卷制成的。转轮以 0.05 ~ 0.1r/min 的速度缓慢转动，废气沿轴向通过。转轮的大部分供吸附用，一小部分供解吸用。吸附区内废气以 3m/s 的速度通过蜂窝通道，解吸区内反向通入热空气解吸，解吸出的是较高浓度的气体。通过这样的装置使废气得到了较大程度的浓缩，浓缩后的废气再进行催化燃烧，燃烧产生的热空气又去进行解吸，如图 7 - 17 所示。蜂窝转轮吸附器能连续操作，设备紧凑，节省能量。适于处理大气量、低浓度的有机废气。

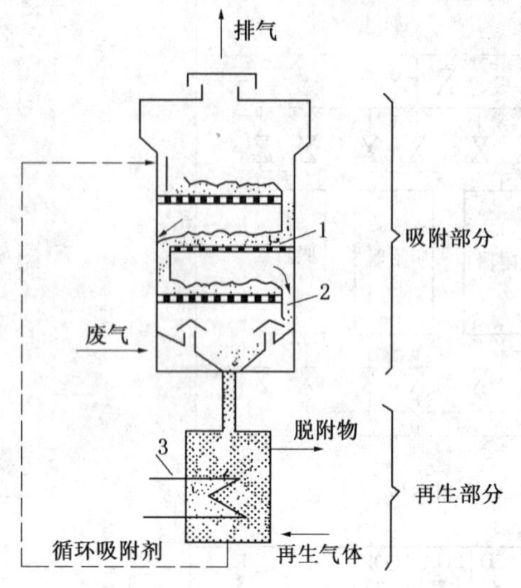

图 7 - 15　流化床吸附器

1—塔板；2—溢流堰；3—加热器

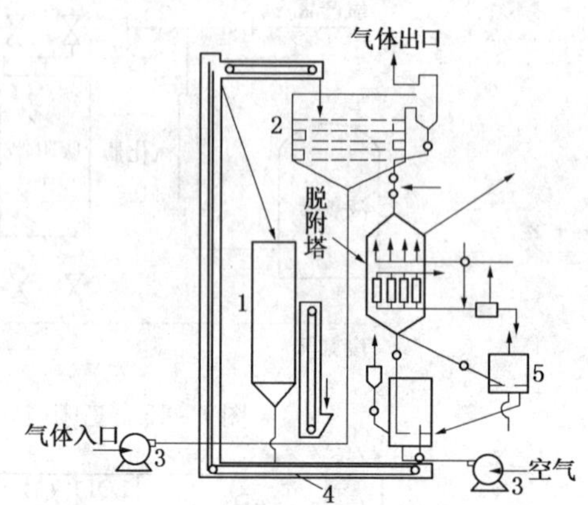

图 7 - 16　连续流化床吸附工艺流程

1—料斗；2—多层流化床吸附器；3—风机；4—皮带传送机；5—再生塔

(3) 回转床吸附

如图 7 - 18 所示，回转吸附器结构为回转床圆鼓上按径向以放射状分成若干吸附室，各室均装满吸附剂，吸附床层做成环状，通过回转连续进行吸附和解吸。吸附时，待净化废气从鼓外环室进入各吸附室，净化后的气体从鼓心引出。再生时，吹扫蒸汽自鼓心引入吸附室，将吸附质吹扫出去。回转床解决了吸附剂的磨损问题，且结构紧凑，使用方便，但各工作区之间的串气较难避免。

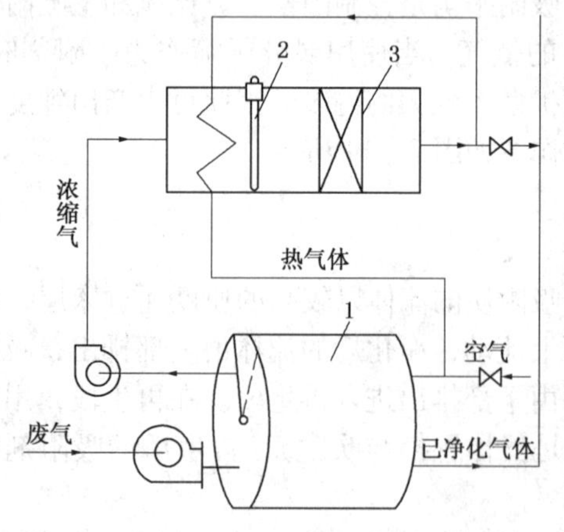

图 7 - 17　蜂窝转轮吸附流程

1—吸附转轮；2—电加热器；3—催化床层

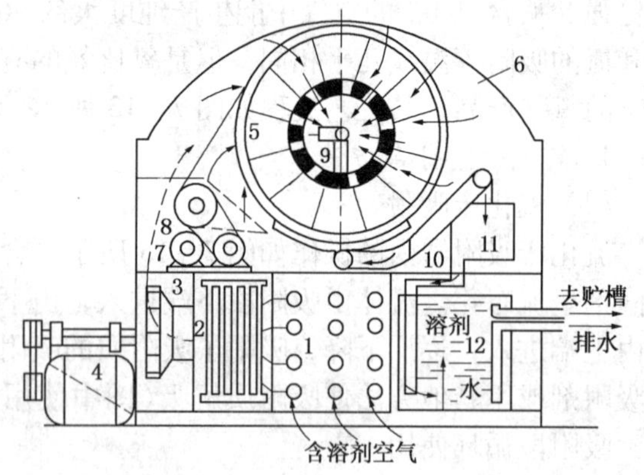

图 7 - 18　回转床吸附器

1—过滤器；2—冷却器；3—风机；4—电动机；5—吸附转筒；6—外壳；7—转筒电机；8—减速传动装置；9—水蒸气入口管；10—脱附器出口管；11—冷凝冷却器；12—分离器

(4) 参数泵

参数泵是利用两组分在流体相与吸附剂相分配不同的性质，循环变更热力学参数(如温度、压力等)，使组分交替地吸附、解吸，同时配合流体上下交替地同步运动，使两组分分别在吸附柱的两端浓集，从而实现两组分的分离。

如图7－19所示是以温度为变更参数的参数泵原理示意。吸附器内装有吸附剂，进料为含组分A、B的混合液，对于所选用的吸附剂，A为易吸附组分，B为难吸附组分。吸附器的顶端与底端各与一个泵(包括储槽)相连，吸附器外夹套与温度调节系统相连接。

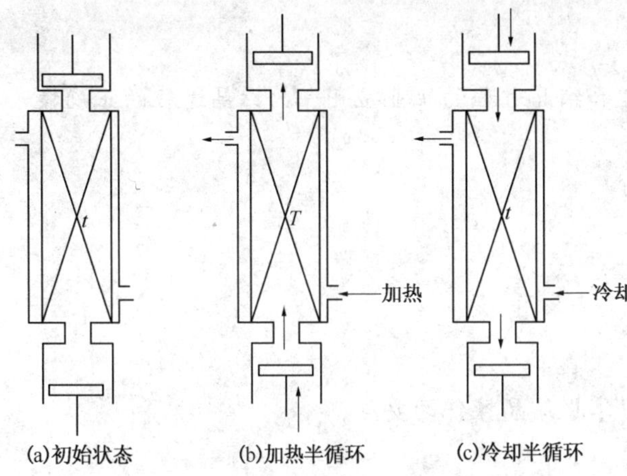

图7－19　参数泵工作原理示意图

参数泵每一循环分前、后两部分，即加热阶段和冷却阶段，吸附床温度分别为T、t，流动方向分别向上和向下。当循环开始时，如图7－19(a)，床层内两相在较低的温度t下平衡，流动相中吸附质A的浓度与底部储槽内溶液的浓度相同。第一个循环的加热阶段，如图7－19(b)，床层温度加热到T，流体由底部泵输送自下而上流动，A由吸附剂中向流体相转移，结果是从床层顶端流入到顶端储槽内的溶液中A的浓度比原来提高，而床层底端的溶液浓度仍为原底部储槽内的溶液浓度。

加热阶段终了，改变流体流动方向，同时改变床层温度为较低的温度t，开始进入冷却阶段，如图7－19(c)，流体由顶部泵输送由上而下流动。由于吸附剂在低温下的吸附容量大于它在高温下的吸附容量，因此，吸附质A由流体相向吸附剂中转移，吸附剂上A的浓度增加，相应地在流体相中A的浓度降低，这样从床层底端流入到底部储槽内的溶液中，A的浓度低于原来在此槽内的溶液浓度。

接着开始第二个循环，在加热阶段中，在较高床层温度的条件下，A由吸附剂中向流体相转移，这样从床层顶端流入到顶端储槽内的溶液A的浓度，要高于在第一个循环加热阶段中收集到的溶液的浓度，在冷却阶段中，溶液中A的浓度进一步降低。如此循环往复，组分A在顶部储槽内不断增浓，相应的组分B在底部储槽内不断增浓。

由于温度和流体流向的交替同步变化，使组分A流向柱顶，组分B流向柱底，如同一个泵推动它们分别作定向流动。参数泵的优点是可以达到很高的分离程度。参数泵目前尚处于实验研究阶段，理论研究已比较成熟，但在实际应用中还有许多技术上的困难。它比较适用于处理量较小和难分离的混合物的分离。

(5) 搅拌槽接触吸附

如图7－20所示，将料液与吸附剂加入搅拌槽中，通过搅拌使固体吸附剂悬浮与液体均匀接触，液体中的吸附质被吸附。为使液体与吸附剂充分接触，增大接触面积，要求使用细颗粒的吸附剂，通常粒径应小于1mm，同时要有良好的搅拌。这种操作主要应用于除去污水中的少量溶解性的大分子，如带色物质等。由于被吸附的吸附质多为大分子物质，解吸困难，故用过的吸附剂一般不再生而是弃去。搅拌槽接触吸附多为间歇操作，有时也可连续操作。

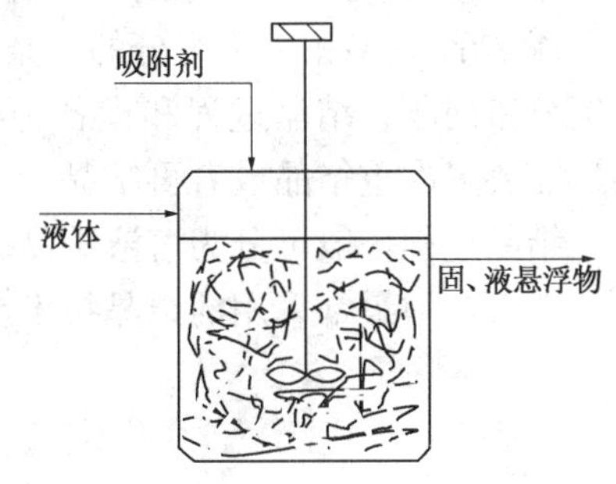

图7－20　搅拌槽接触吸附操作

8 结晶分离过程

学习目的：

通过本章的学习，掌握结晶原理和结晶过程的工业应用，为结晶过程的正确操作、优化操作打下理论基础。

知识要求：

掌握结晶过程的原理；

掌握结晶工艺及其应用；

了解常用的结晶设备。

能力要求：

通过结晶原理和结晶过程的学习掌握结晶操作的要点；

学会利用结晶方法分离混合物。

结晶是固体物质以晶体状态从蒸气、溶液或熔融物中析出的过程，在化学工业中常遇到的是从溶液或熔融物中结晶的过程。

结晶法可用于金属、各种盐类、石油化工产品和其他物质的分离，如盐、糖、化肥等大宗产品，以及医药、染料、精细化工品等高附加值的产品。在高新技术领域中，结晶操作的重要性也与日俱增，如生物技术中蛋白质的制造，催化剂行业中超细晶体的生产以及新材料工业中超纯物质的净化都离不开结晶技术。

相对于其他化工分离操作，结晶过程有以下特点：

① 能从杂质含量相当多的溶液或多组分的熔融混合物中，分离出高纯或超纯的晶体。结晶产品外观好，在包装、运输、储存或使用上都较方便。

② 对于许多难分离的混合物系，例如，同分异构体混合物、共沸物、热敏性物系等，使用其他分离方法难以奏效时，可以适用于结晶分离。

③ 结晶与精馏、吸收、吸附等分离方法相比，能耗低，又可在较低温度下进行，对设备材质要求较低，装置比较简单，操作相对安全。一般无有毒或无废气产生，有利于环境保护。

④ 结晶是多相、多组分的复杂传热传质过程，也涉及表面反应过程，尚有晶体粒度及粒度分布问题，结晶过程和设备种类繁多。对于混合物的完全分离，一次结晶往往是不够的，需要多次重结晶或者再结晶。

结晶过程一般可分为溶液结晶、熔融结晶、升华和沉淀四类，其中溶液结晶和熔融结晶是化学工业中最常采用的结晶技术。本章将讨论这两种结晶过程。

8.1 结晶的基本概念

8.1.1 晶体相关知识

1. 晶体的特性

晶体是化学组成均一、具有规则形状的固体，晶体结构是原子、离子或分子等质点在空间按一定规律排列的结果，所形成有规则的多面体外形称为结晶多面体。该多面体的表面称为晶面，棱边称为晶棱。

晶体具有以下性质：

① 自范性。晶体具有自发生长成为结晶多面体的可能性。理想情况下，晶体在长大时保持几何相似性，且相似多边形各顶点的连线相交于一中心点，此中心点即为结晶中心点，也即原始晶核的所在位置。

② 各向异性。晶体的几何特性及物理性质一般说来常随方向的不同而表现出数量上的差异。例如，除正方体晶型外，一般晶体各晶面的生长速度是不一样的。

③ 均匀性。晶体中每一宏观质点的物理性质和化学组成都相同，产品具有高纯度。

④ 晶体还具有几何形状和物理效应的对称性，具有最小内能以及在熔融过程中熔点保持不变等特性。

2. 晶系和晶习

构成晶体的微观质点在晶体所占有的空间中按一定的几何规律排列，各质点间有相互作用，它是晶体结构中的键。由于键的存在，质点得以维持在固定的平衡位置上，彼此保持一定距离，形成空间晶格，称为晶胞。晶体是由许多晶胞并排密集堆砌而成的，无论晶体是大是小，无论其外形是否残缺，其内部的晶胞和晶胞在空间重复再现的方式都是一样的。

晶体的分类是按照其对称性来考查的。晶体的对称要素有以下几种：

① 对称面。假如有一个平面能通过晶体的中心，将晶体分成两半，成为对称镜象，这个平面就称为对称面。

② 对称轴。假如有一条直线通过晶体的中心，使晶体绕直线旋转一定的角度，晶体的新位置能与旧位置完全重合，则这条直线就称为对称轴。

③ 对称中心。假如晶体中有一点，通过这点的任一直线都能被晶体的两个相对面截成两段相等的线段，这点就称为对称中心。

晶系是指在一定的环境中结晶的外部形态。对于不同物质，所属晶系可能不同。对于同一种物质，当所处的物理环境(如温度、压力等)改变时，晶系也可能变化。

对某一晶胞，选取 x、y、z 三个坐标轴作为晶轴，其长度记为 a、b、c，三个坐标面即为晶轴面，晶轴的交角称为晶轴角，分别记为 α、β、γ。根据 a、b、c、α、β、γ 这六个参数的组合，可将晶体分为七种晶系，即立方晶系(等轴晶系)、四方晶系、六方晶系、立交晶系、单斜晶系、三斜晶系和三方晶系(菱面体晶系)。各晶系的晶格空间结构如图 8－1 所示。实际结晶体形态可以是属于单一晶系，亦可能是二种晶系的过渡体，晶体形态比较复杂。

晶习是指在一定环境中晶体的外部形态，也称晶形或晶体形态。同一物质即使基本晶系不变，晶习也可能不同，如六棱柱晶可能是短粗形、细长形，也可能呈薄片状或多棱针状。

一般而言，生长速度较快的晶面对晶习影响不大，晶习主要取决于生长速度慢的晶面。溶剂和杂质对晶习有很大影响。不同溶剂与晶体晶面间的界面结构不同，从而引起不同的生长速度。杂质嵌入生长着的晶格后，立体化学结构发生变化，从而阻碍晶面的进一步生长，导致晶体呈现不同的晶习。

3. 晶体的标记

常用晶面指数(Miller 指数)来标记晶体。以七种晶系坐标系为基础，一个特定的晶面在三条晶轴上分别有三个截距，截距的倒数记为晶面指数。如果截距的倒数为分数，就转化为

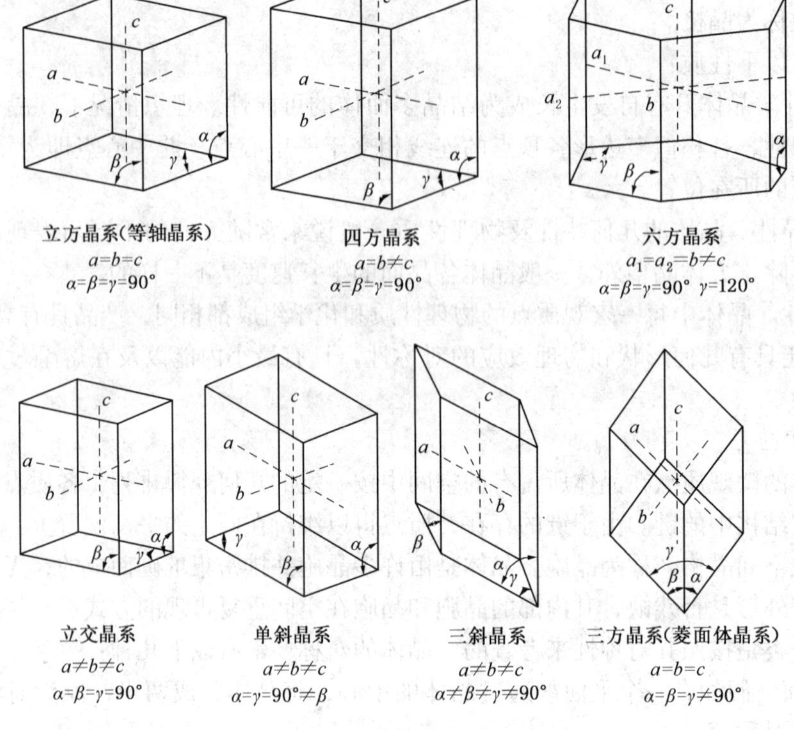

图8-1 常见晶系

互质整数。例如，有一斜方晶体，其平行于三条晶轴的边长分别为1.27mm、2.54mm和5.08mm，则晶轴长度的比为1∶2∶4。其前晶面与x轴相截而与y、z轴平行。取前晶面与x轴相交的截距为1个单位，则前晶面记为100。

4. 粒度

工业结晶产品的粒度范围是很大的，从纳米级到几个毫米，甚至更大。对于大粒子的行为可以用物理理论来解释，但随着粒子尺寸的减小，比表面积逐渐增大，化学作用的影响越来越显著，不但影响其外观，而且也影响着产品质量和加工性能。因此，对于固体粒子，除了要分析其化学组成外，还应对粒度和形状进行表征。

晶体的粒度可以用一长度来度量。对于一定形状的晶体粒子，可选择某长度为特征尺寸，该尺寸对应于体积形状因子k_v和面积形状因子k_a，于是晶体的体积和表面积可分别写成：

$$V_c = k_v L^3 \tag{8-1}$$

$$A_c = k_a L^2 \tag{8-2}$$

对于常见固体的几何形状，此特征尺寸接近于筛析确定的晶体粒度。如对立方晶体，$k_v=1$、$k_a=6$，边长为特征尺寸L，即$V_c=L^3$，$A_c=6L^2$。

晶体的粒度分布是产品的一个重要质量指标，它是指不同粒度的晶体质量(或粒子数目)与粒度的分布关系。将晶体样品经过筛析，由筛析数据标绘筛下(或筛上)累积质量分数与筛孔尺寸的关系曲线，并可引申为累积粒子数及粒数密度与粒度的关系曲线，以此表达晶体粒度分布。

8.1.2 结晶过程

溶质从溶液中结晶出来，要经历两个步骤：首先要产生称为晶核的微观晶粒作为结晶的核心，产生晶核的过程称为成核；其次是晶核长大成为宏观的晶体，该过程称为晶体生长。

以上两个阶段都必须有一个浓度差作为推动力，这个浓度差称为溶液的过饱和度。在结晶器中由溶液结晶出来的晶体与余留下来的溶液构成的混合物，称为晶浆。通常需要用搅拌器或其他方法将晶浆中的晶体悬浮在液相中，以促进结晶的进行，因此晶浆亦称悬浮体。晶浆去除了悬浮于其中的晶体后所余留的溶液称为母液。

熔融结晶是根据待分离物质之间的凝点不同而实现物质结晶分离的过程，推动力是过冷度。熔融结晶有不同的操作模式，一种是在冷却表面上沉析出结晶层固体；另一种是在熔融体中析出处于悬浮状态的晶体粒子。熔融结晶主要应用于有机物的分离提纯。

8.2 溶液结晶基础

8.2.1 溶解度与过饱和度

1. 溶解度

固体与其溶液之间的固、液平衡关系通常可用固体在溶剂中的溶解度表示。溶解度的单位常采用 100kg 溶剂中溶解的无水溶质质量来表示。文献中还有其他的单位，如 mol 溶质/L 溶液，mol 溶质/kg 溶剂及摩尔分数等。

物质的溶解度与其化学性质、溶剂的性质及温度有关。一定物质在一定溶剂中的溶解度是温度的函数，压力的影响可以忽略。因此，溶解度数据通常用溶解度对温度所标绘的曲线表示，称为溶解度曲线。

如图 8－2 所示，不同物质的溶解度随温度的变化不同。有些物质的溶解度随温度的升高而迅速增大，有的随温度升高以中等速度增加，有的则随温度升高只有微小的变化。这些物质在溶解过程中需要吸收热量，具有正溶解度特性。还有一些物质，其溶解度随温度升高而下降，它们在溶解过程中放出热量，具有逆溶解度特性。许多物质的溶解度曲线是连续的，但另有若干形成水合物晶体的物质，其溶解度曲线上有断折点，又称变态点。例如，在低于 32.4℃时，从硫酸钠水溶液中结晶出来的固体是 $Na_2SO_4 \cdot 10H_2O$，而在这个温度以上结晶出来的固体是无水 Na_2SO_4，这两种固相的溶解度曲线在 32.4℃处相交。一种物质可以有几个这样的变态点。

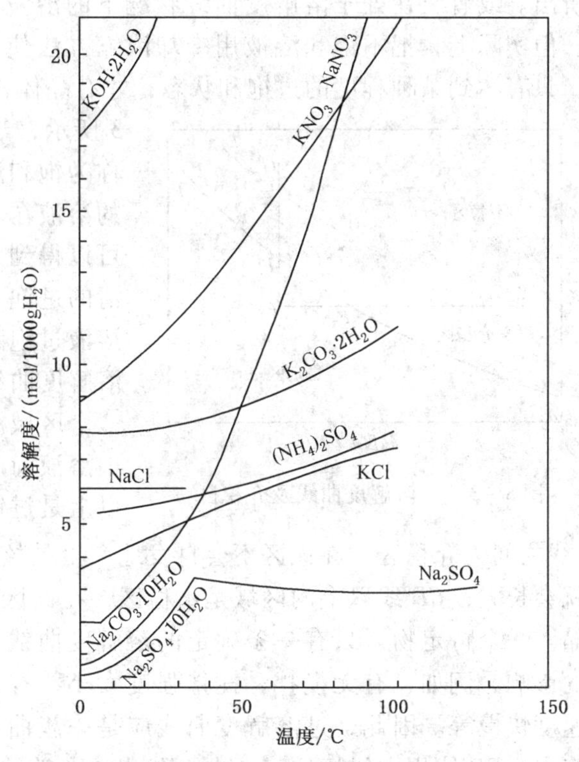

图 8－2 几种无机物在水中的溶解度曲线

不同的溶解度特征对于选择结晶工艺起决定性的作用。一般来说，对溶解度随温度变化敏感的物质选择变温结晶方法分离；对于溶解度随温度变化缓慢的物质，选择蒸发结晶工艺。

物质的溶解度数据可以在有关手册或专著中查得，也可以用下列两种经验式计算：

$$\ln x = \frac{a}{T} + b \tag{8-3}$$

$$\ln x = A + \frac{B}{T} + C\lg T \tag{8-4}$$

式中　　　　x——溶质浓度，摩尔分数；

T——溶液温度，K；

a、b 或 A、B、C——用实验溶解度数据回归的经验常数。

工业上的溶液极少为纯物质溶液，除温度外，结晶母液的 pH 值，可溶性杂质等可能改变溶解度，所以引用手册数据时需慎重，必要时应对实际物系进行测定。

如果在溶液中存在有两种溶质，则用 x 轴和 y 轴分别表示两溶质的浓度，其溶解度用等温线表示。若有三个或更多的溶质，可采用两维和三维图形描述溶解度。

2. 过饱和度

溶液的过饱和度决定了成核和晶体生长的推动力，影响结晶的速率，因此理解过饱和概念是很重要的。溶质在溶液中的浓度大于其结晶度是结晶操作的必要条件，但不是充分条件。理论上，在任一温度下，溶液浓度超过溶解度浓度曲线就应该有固体溶质析出。或者，在处于溶解度曲线状况下的溶液，只要温度降低，也会有固体溶质析出。但实际上，把不饱和溶液用冷却浓缩方法使其略呈过饱和状况，一般并无结晶析出。只有达到某种程度的过饱和状态，才有晶体析出。这就是过溶解度曲线。如图 8-3 所示，当溶液浓度恰好等于溶质的溶解度时，称为饱和溶液，用曲线 AB 表示。一个完全纯净的溶液在不受任何干扰的条件下缓慢冷却，就可以得到过饱和溶液。但超过一定限度后，澄清的过饱和溶液就会开始析出晶核，CD 线表示溶液过饱和且能自发产生晶核的曲线，称为过溶解度曲线。这两条曲线将浓度-温度图分为三个区域。AB 线以下的区域是稳定区，在此区中溶液尚未达到饱和，不可能产生晶核。AB 线以上是过饱和区，该区又分为两部分：AB 线和 CD 线之间为介稳区，在该区不会自发地产生晶核，但如果向溶液中加入晶种，这些晶种就会长大；CD 线以上的区域是不稳区，在此区域中，溶液能自发地产生晶核和进行结晶。一个特定物系只有一条确定的溶解度曲线，但过溶解度曲线的位置受到很多因素的影响。例如，有无搅拌、搅拌强度大小、有无晶种、晶种大小与加入量多少、冷却速度快慢等。因此，过溶解度曲线应是一簇曲线，其相对位置大致平行，为表示这一特点，CD 线用虚线标注。图中 E 代表一个欲结晶物系，分别使用冷却法、蒸发法和真空绝热蒸发法进行结晶，所经途径相应为 EFG、$EF'G'$和 $EF''G''$。

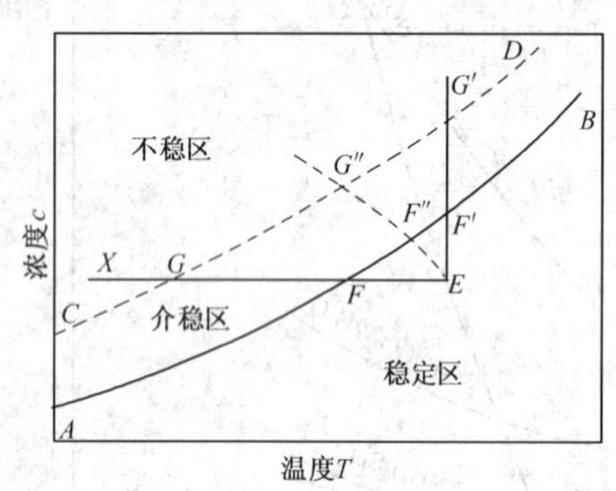

图 8-3　过溶解度曲线及介稳区

工业结晶过程要获得平均粒度大的结晶产品，应避免自发成核，只有尽量控制在介稳区内结晶才能达到这个目的。所以，只有按工业结晶条件得到的过溶解度曲线和介稳区宽度对结晶工艺设计非常重要。

过饱和度的测定，一般可应用平衡溶解度测定方法，即由浓度分析法关联溶液物理性质

（如折射率、电导率、熟度、相对密度等）的物理化学测试结果求取。目前在中间实验及生产控制中，常常应用准确的流量、温度等测试方法，并辅以化学分析，进行物料及热平衡计算，再对照产品粒度分析值来推算实际过饱和度，以此作为操作条件查定及设计的依据。

形成过饱和溶液的方法主要有：改变温度、蒸发溶剂、利用化学反应和改变溶剂组成等。由于大多数物质的溶解度随温度的降低而减小，因此，冷却法是最常用的形成过饱和度的方法，其次是蒸发溶剂法。

8.2.2 结晶动力学

1. 晶核形成和成核速率

在饱和溶液中新形成的结晶微粒称为晶核，是晶体生长必不可少的核心。晶核形成速率为单位时间内在单位体积晶浆或溶液中生成新粒子的数目。成核速率是决定晶体产品粒度分布的首要动力学因素。工业结晶过程要求有一定的成核速率，如果成核速率过高，将导致晶体产品细碎，粒度分布宽，产品质量下降。

工业生产中，产生晶核的方法一般有以下三种：

① 自然成核法。将溶液浓缩到较高的过饱和区，达到介稳区，一般过饱和度系数（溶液浓度与饱和浓度之比）达到 1.4 以上，晶核便自然析出。这种方法生成的晶核数目不易控制，且体系浓度较高，黏度大，流动性差，于结晶不利。目前工业上已经很少应用此方法。

② 干扰成核法。将溶液浓缩到介稳区，过饱和系数在 1.2～1.3 时突然施加一个干扰，如改变温度、改变真空度、施以搅拌等，晶核便析出。这种方法的优点是结晶快，晶粒整齐，缺点是仍然不易控制晶核的数目和大小。

③ 种子成核法。将溶液的过饱和度保持在介稳区较低的过饱和状态，投入一定大小和数量的晶种细粉，溶液中的过量溶质便在晶种表面上析出。这种方法生成的晶粒整齐，可以控制晶核数目和大小，在工业上广泛应用。

晶核形成模式大体分为两类：初级成核和二次成核。初级成核为无晶体存在下的成核，其中又分为初级均相成核和初级非均相成核；二次成核为有晶体存在下的成核，又分为流体剪应力成核、磨损成核和接触成核。

在工业结晶过程中，一般控制二次成核为晶核主要来源。只有在超微粒子制造中，才依靠初级成核过程爆发成核。晶核的大小粗估为纳米至数十微米的数量级。

（1）初级成核

① 初级均相成核。初级均相成核发生于无晶体或无任何外来微粒存在的条件下。为满足这一要求，结晶容器必须仔细清理，内壁磨光和密闭操作，避免大气中灰尘侵入引起非均相成核。

过饱和溶液是处于非平衡状态的溶液，从宏观上看，溶液的平均浓度是一个常数，但从微观看，溶液局部溶质的浓度波动是很大的。这种波动会使溶质单元（原子、分子或离子）在运动和相互碰撞中，可能迅速结合在一起，形成有序微区或线体。根据经典的成核理论，线体在溶液中通过累加机理形成，当线体增大到某种程度以后，形成晶胚。晶胚可能继续生长，也可能分解为线体和溶质单元。当晶胚达到某一粒度时，能与溶液建立起热力学平衡，进一步生长的自由能变化可忽略。此时的晶胚粒度称为临界粒度，而这种长大了的稳定的晶胚称为晶核。晶核所含溶质单元数一般为数百个。

成核速率随过饱和度和温度的增高而增大，随表面能（界面张力）的增加而减小。其中最主要的影响因素是过饱和度。例如，水在过饱和度大于1的任何状态下，只要有足够的结晶时间，均能自发成核，但仅仅当过饱和度达到4.0附近时才能瞬时成核，并且成核速率成指数增加，无法控制。

对于具有一般溶解度的物质，均相成核所需的很大的过饱和度是无法实现的。加之由于不溶杂质、结晶器壁、搅拌桨和挡板等物理因素的存在，均相成核在实际操作中是十分罕见的。

② 初级非均相成核。由于真实溶液常常包含大气中的灰尘或其他外来物质粒子，这些外来物质能在一定程度上降低成核的能量势垒，诱导晶核的生成，这类初级成核称为非均相成核。非均相成核一般在比均相成核低的过饱和度下发生。

在工业结晶的初级成核中，一般使用简单的经验关联式表达初级成核速率 B_p 与过饱和度上 ΔC 的关系，即：

$$B_p = k_p \Delta c^n \tag{8-5}$$

式中 k_p——初级成核速率常数；

n——成核指数，一般 >2。

k_p 和 n 的数值由具体系统的物理性质和流体力学条件而定。

相对于二次成核速率，初级成核速率大得多，而且对过饱和度变化非常敏感而难以控制，因此除超细粒子制造外，一般工业结晶过程要力图避免发生初级成核。

（2）二次成核

在已有晶体存在条件下形成晶核称为二次成核，这是绝大多数工业结晶器主要晶核来源。由于结晶产品要求具有指定的粒度分布指标，而二次成核速率是决定粒度分布的关键因素之一。因此，了解二次成核机理以及过程操作参数和结晶器结构参数对二次成核的影响是非常重要的。

① 二次成核机理。由于过饱和溶液中有晶体存在，这些母晶对成核现象有催化作用，因此，二次成核可在比自发成核更低的过饱和度下进行。二次成核机理比较复杂，尽管已作了大量研究工作，但对其机理和动力学的认识仍不十分清楚。

已提出几种理论解释二次成核，这些理论分为两类：一类理论认为二次核来源于母晶，其中又包括初始增殖、针状结晶增殖和接触成核；另一类认为二次核源于液相中的溶质，包括杂质浓度梯度成核和流体剪应力成核。

接触成核大概是最重要的二次核来源。二次核产生于晶体的磨损或来自尚未结晶的溶质吸附层。研究表明，在过饱和溶液中，晶体只要与固体物做能量很低的接触，就会产生大量的粒子，其粒度范围一般在1～10μm之间，甚至更大。接触成核的成核速率的级数较低，容易实现稳定操作的控制，因此，接触成核在工业结晶中被认为是获得晶核最好最简单的方法。

接触成核的方式大概有四种：①晶体与搅拌桨之间的碰撞；②在湍流运动作用下，晶体与结晶器内表面间的碰撞；③湍流运动造成的晶体和晶体之间的碰撞；④由于沉降速度不同而造成晶体与晶体之间的碰撞。其中晶体与搅拌桨之间的碰撞成核在结晶器中占首要地位。

影响二次成核的主要因素包括过饱和度、冷却速率、搅拌程度和设备材质等。

过饱和度是控制成核速率的关键参数。过饱和度对成核速率的影响有三方面：一方面，在过饱和度较高的情况下，吸附层比较厚，引起大量晶核的生成；另一方面，临界晶核粒度随过饱和度的增高而降低，因此晶核存活的概率是比较高的；第三方面，随着过饱和度的增高，晶体表面的粗糙程度也增加，导致晶核总数比较大。一般说来，成核速率随过饱和度的增加而增高，然而，与初级成核相比，其成核指数是比较低的。

温度在二次成核中的作用不十分清楚。研究表明，在固定过饱和度条件下，成核速率随温度升高而降低。这归因于在较高温度下，吸附层与晶体表面结合的速率比较快。由于吸附层的厚度减小，成核速率随温度升高也降低。也有少数有矛盾的结果，如硝酸钾系统的成核速率随温度的升高而降低，而氯化钾系统的成核速率随温度的升高而增高。成核级数对温度的变化不敏感。

搅拌溶液可使吸附层变薄而导致成核速率的降低。又有人发现，对于比较小的硫酸镁晶粒（1～10μm），成核速率随搅拌程度的加强而增加，对于较大晶粒，成核速率与搅拌程度无关。

接触材料的硬度和晶体的硬度对二次核生成的影响通常为：材料越硬，对成核速率的增加越有效。例如，钢质的搅拌叶轮与聚乙烯材质叶轮相比较，成核速率增加4～10倍。晶粒的硬度也影响成核性质，硬而光滑的晶体不太有效，有一定粗糙度的不规则晶体相对来说更有效。

晶核的生成量还与晶种的粒度密切相关。一般而言，晶种越小，越容易随流体流动的方式运动，与搅拌桨或结晶壁接触产生二次核的几率也就越小。因此，晶种越大，产生的二次核越多。

② 二次成核动力学。二次成核是一个很复杂的现象，目前还没有预测成核速率普遍适用的理论。在工业结晶中，接触成核是二次成核的主要来源，此时，成核速率是搅拌程度、悬浮液密度和过饱和度的函数，可表示为：

$$B_s = k_b M_T^j N^l \Delta c^b \tag{8-6}$$

式中　B_s——二次成核速率，数目/($m^3 \cdot s$)；

k_b——与温度相关的成核速率常数；

M_T——悬浮密度，kg/m^3溶液；

N——搅拌速度（转速或周边线速），l/s 或 m/s；

Δc——过饱和度。

指数 j、l 和 b 是受操作条件影响的常数。

二次成核动力学可通过测量介稳区宽度、诱导时间（产生过饱和度到新相形成所经历的时间）或成核计数法来确定。

与初级成核相比较，二次成核所需的过饱和度较低，所以在二次成核为主时，初级成核可忽略不计。结晶过程中，总成核速率 B° 即单位时间单位体积溶液中新生核数目可表达为：

$$B^\circ = k\Delta c^m \tag{8-7}$$

式中　k——总成核速率常数；

m——成核动力学指数。

2. 结晶生长

在过饱和溶液中有晶核形成或加入晶种后，以过饱和度为推动力，溶质分子或离子一层层排列上去而形成晶粒，这种晶核长大的现象称为晶体生长。晶核形成和晶体生长共同决定着结晶产品的最终粒度分布。此外，晶体生长环境和速度对产品的纯度和晶习也有巨大的影响。

关于晶体生长的理论和模型为数较多，但没有统一的说法，其中在工业结晶中应用最普遍的是扩散理论。该理论认为，晶体的生长过程由三步组成：

第一步为溶质扩散，即待结晶的溶质借扩散穿过靠近晶体表面的一个静止液层，从溶液中转移至晶体表面，推动力为浓度差；

第二步为表面反应，即到达晶体表面的溶质长入晶面，使晶体长大，同时放出结晶热；

第三步放出的结晶热借热传导回到溶液中。

一般地，可将晶体生长用式(8-8)表示。

$$G_M = k_G(c - c^*)^g \tag{8-8}$$

式中 G_M——晶体的质量生长速率；

k_G——晶体生长总系数；

$c-c^*$——过饱和度；

g——晶体生长指数。

8.3 熔融结晶基础

熔融结晶是根据待分离物质之间的凝点不同而实现物质结晶分离的过程。熔融结晶和溶液结晶同属于结晶过程，其基础理论是相同的，例如，固、液平衡性质，成核和晶体生长过程等。然而熔融结晶和溶液结晶之间也存在着重要的差异，见表8-1。

表8-1 熔融与溶液结晶过程的比较

项　目	溶液结晶过程	熔融结晶过程
原理	冷却或除去部分溶剂，使溶质从溶液中结晶出来	利用待分离组分凝点的不同，使其得以结晶分离
操作温度	取决于物系的溶解度特性	在结晶组分的熔点附近
推动力	过饱和度	过冷度
过程的主要控制因素	传质及结晶速率	传热、传质及结晶速率
目的	分离、纯化，产品晶粒化	分离、纯化
产品形态	呈一定分布的晶体颗粒	液体或固体
结晶器形式	釜式为主	釜式或塔式

根据熔融结晶的析出方式及结晶装置的类型，熔融结晶过程有以下基本操作模式：

① 悬浮结晶法。在具有搅拌的容器中或塔式设备中从熔融体中快速结晶析出晶体粒子，该粒子悬浮在熔融体之中，然后再经纯化、融化而作为产品排出，亦称填充床结晶法。

② 正常冷凝法。在冷却表面上从静止的或者熔融体滞流膜中徐徐沉析出结晶层，亦称逐步冷凝法或定向结晶法。

③ 区域熔炼法。使待纯化的固体材料或称锭材顺序局部加热，使熔融区从一端到另一端通过锭块，以完成材料的纯化或提高结晶度，以改善材料的物理性质。

第三种模式专门用于冶金材料的精制或高分子材料的加工，前两种模式主要用于有机物的分离和提纯。在这两种熔融结晶过程中，由结晶器或者结晶器的结晶区产生的粗晶，还需要经过净化器或结晶器的纯化区来移除多余的杂质而达到结晶的净化提纯。按照杂质存在的方式，移除的方法见表8-2。

表8-2 杂质存在方式及净化技术

杂质存在方式	杂质存在的部位	杂质的移除方法
母液的黏附	结晶表面物质粒子之间	洗涤、离心
宏观的夹杂	结晶表面和内部的包藏	挤压+洗涤
微观的夹杂	内部的包藏	发汗+再结晶
固体溶液	晶格点阵	发汗+再结晶

8.3.1 固液平衡

1. 二元物系

有机物系的固、液平衡关系比较复杂，三个重要的基本类型是：低共熔型物系、化合物形成型物系和固体溶液型物系。值得指出的是上述基本类型也适用于盐的水溶液，这说明熔融结晶和溶液结晶没有根本的区别。

① 低共熔型物系。图 8－4 是二元低共熔物系的典型相图。在系统中能形成具有最低结晶温度的“低共熔物”，它是 A 和 B 按一定比例混合的固体。点 A 是纯物质 A 的结晶固化温度，点 B 是纯物质 B 的结晶温度。液相线 AE 和 BE 表示 A 和 B 不同组成混合物系析出结晶的温度。在 AEB 曲线上方，A、B 混合物仅以液相存在。如果处于 X 点混合物沿垂线 XZ 冷却，则首先在 Y 点出现纯 B 组分结晶。进一步冷却，更多的 B 结晶出来。在冷却过程中，液相组成连续沿 BE 曲线变化，当冷却至 Z 点时，处于 C 点的固相是纯 B，而液相 L 则是 A 和 B 的混合物，固相与液相的质量比例服从杠杆规则。当冷却到 S 点时，组成为 E 的低共熔物与纯 B 同时固化。E 点称为低共熔点，具有相应组成的液相在此点全部以同样组成形成固体混合物。尽管对于特定物系，具有组成固定的低共熔物，但它不是化合物，而只是组分 A 和 B 简单的物理混合。位于 AE 曲线上方的混合物，其冷却情况与上述情况相似，其区别是开始结晶出的固体是纯 A，而不是纯 B。

② 固体溶液型物系。固体溶液是指由两个(或更多)组分，以分子级别掺合的混合物。图 8－5 是固体溶液物系的典型相图。

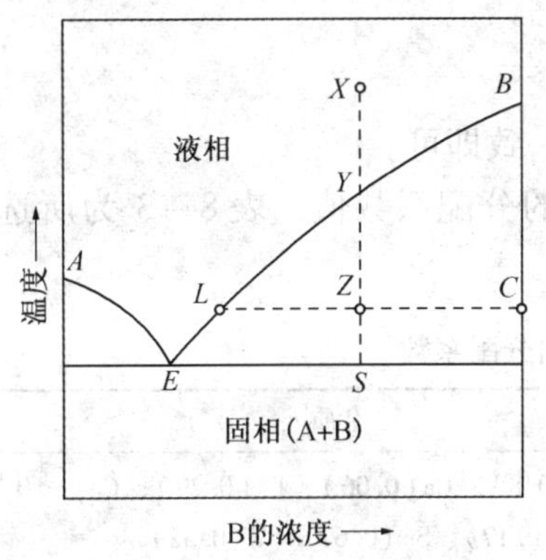

图 8－4　二元低共熔物系相图

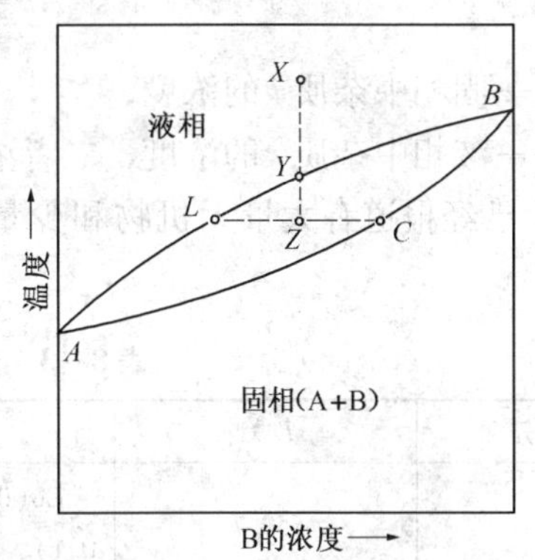

图 8－5　二元固体溶液型相图

图中 A 点与 B 点分别表示纯 A 和纯 B 的结晶温度。上曲线为液相线或凝点曲线，表示在冷却时，不同组分的 A 和 B 的混合物开始结晶的温度；下曲线为固相线或熔点曲线，指在加热情况下，A 和 B 混合物开始熔融的温度。X 点组成的混合液，冷却至 Y 点开始结晶。在 Z 点温度处，结晶出具有 C 组成的固相，液相组成相应变成 L，固、液相的相对质量比也符合杠杆规则。应该注意到，固相结晶物 C 不是纯物质而是固体溶液。由此可见，与低共熔物系相比较，固体溶液物系的分离不能是单级结晶，采用多级结晶方可奏效。

另一类相对来说不太普遍的固体溶液是形成最低共熔点的物系，该二组分液、固相图与形成最低共沸物的气、液平衡相图相仿。

固体也像液体一样有部分互溶的特点，因此，对于固体溶液也会出现更复杂的部分互熔的液、固相图。例如，包晶系统、低共熔系统以及具有低共熔点的包晶系统，这些相图的特征可参阅有关文献。

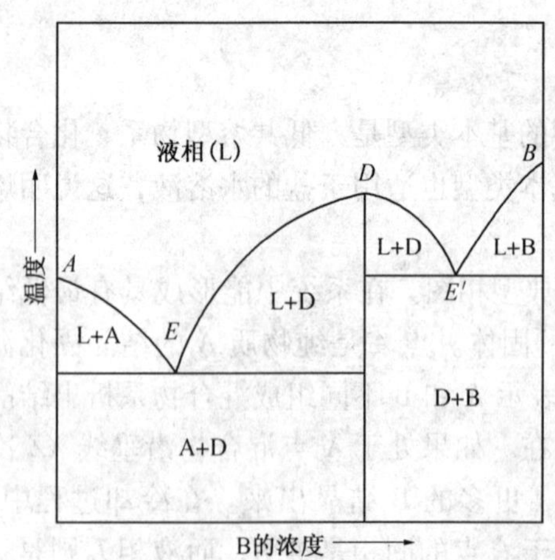

图 8-6　AB 生成 D 的二元相图
（D 具有同成分熔点）
L—液相；E、E'—低共熔点

③ 化合物形成型物系。类似于在水溶液中能形成水合物盐的情况，由溶质和溶剂构成的二组分物系，也可能生成一种或多种溶剂化化合物。如果此化合物能与组成相同的液相以一种稳定平衡关系共存，也就是说固相溶剂化化合物可熔化为同样组成的液相，其熔点即称为同成分熔点；反之，为异成分熔点。图 8-6 为这种类型的二元相图。

2. 多组分物系

若一个物系中含有三个甚至多个组分，则相平衡更加复杂，用相图表示也更加困难。有关文献详尽地介绍了多组分固、液相图和它们的应用。多组分固、液平衡的预测方法在有关文献中也有论述。

3. 分配系数

由于熔融结晶物系，特别是应用正常冷凝和区域熔融的物系通常仅含有 1% 甚至更少的杂质，相平衡常常用分配系数表示。分配系数定义为：

$$k_i = \frac{c_s}{c_l} \tag{8-9}$$

式中　c_s——固相中杂质 i 的浓度；

c_l——液相中杂质 i 的浓度，二者浓度单位一致即可。

文献中已经报道有大量无机物和少量有机物的分配系数值，表 8-3 为所选择的部分数据。

表 8-3　部分物质的分配系数

组　分	T/℃	杂质 k_i
Al	659.7	Co(0.14)、Cr(0.8)、Ca(0.06)、Fe(0.29)、Ca(<0.1)、La(<0.1)、Mn(1)、S_c(0.17)、Sm(0.67)、W(0.32)
Fe	1535	C(0.29)、O(0.022)、P(0.17)、S(0.04~0.06)
CaAs	1238	Cd(<0.2)、Cu(<0.002)、Fe(0.003)、Ge(0.018)
H_2O	0	D_2O(1.021)、HF(10^{-4})、NH_3(0.17)、NH_4F(0.02)
Sn	231.9	Ag(0.03)、Bi(0.5)、La(0.5)、Sb(1.5)、Zn(0.05)
蒽		蒽醌(0.005)、咔唑(>2.0)、芴(0.1)、菲(0.06)、并四苯(0.06)
萘		2-萘酚(1.85 和 2.3)
2-萘酚		萘(0.4)
苯酚		硝基苯胺(0.22)
芘		蒽(0.125)、1.2-苯并蒽(1.95)
环己烷		甲基环戊烷(0.6)
苯		环己烷(~0.15)
十六醇		十八醇(0.75)

对大多数杂质 $k_i < 1.0$，杂质可以从晶体中排出。若 $k_i \ll 1.0$，当达到平衡时杂质可基本上完全排除。

分配系数能与相图相联系。对于固体溶液型相图（见图 8-5），由图上可得到任意温度下的 k_i。设 A 为杂质，其分配系数等于同一温度下固相线上 A 的浓度与液相线上 A 的浓度之比，分配系数随组成而变。如果液相线和固相线是直线，则 k_i 是常数。仍以上述二元固体溶液相图为例，在纯 A 和 B 的附近区域中液相线和固相线变成直线，即分配系数变成常数。这是许多用分步凝固法获取超纯物质中假设 k 为常数的依据。对于图 8-4 所示的二元低共熔物系，固相为纯的组分，故 $k_i = 0$。然而，因存在杂质的包藏、洗涤不完全或其他非理想性等问题，表观分配系数大于 0。杂质浓度比较低的区域，不同杂质的分配系数一般是独立的。

8.3.2 熔融结晶动力学分析

1. 熔融结晶中动力学因素的影响

熔融结晶是从含有高浓度可结晶物质的混合物中结晶的过程，而在溶液结晶中溶剂是溶液的主要组分。熔融结晶可认为是含杂质的熔融物的部分冻结，其动力学过程受溶液结晶和旱纯固化共同支配。

熔融结晶包括以下各步：

① 待结晶组分从主体溶液向固-液界面传递，与此同时非结晶组分向反方向传递；

② 晶体生长，即分子嵌入晶格；

③ 固化热自界面向外传出。

其中的传质过程受流体流动的影响，表面嵌入过程受杂质含量的影响，而这些过程又都受温度控制，因为扩散系数和黏度都与温度有关。步骤①和③依赖于浓度和温度梯度，与主体相和固、液界面的条件有关，这些关系也依赖于过程的类型，即分层生长或悬浮生长。

（1）熔融结晶中的层生长和悬浮结晶

在层生长过程，固相沉积在被冷却的表面上，固化热通过固相连续移出。固相沉积速率正比于传热速率，传热速率又依赖于传热表面的冷却速率。如果系统采取搅拌来保持界面的稳定性，层生长过程线性生长速率可高达 7×10^{-6} m/s。这样高的生长速率仅仅通过固体晶体层移出热量即可实现。固化热没有通过液相传出，故不产生边界层温度梯度。为了避免杂质在界面处累积而导致不稳定生长，采用搅拌的方法分散杂质，使之返回到熔融的主体中去。

层生长的主要优势在于：

① 无结垢问题，因为所谓的垢层即是产品，其去除方式由设备操作方法决定；

② 晶体生长速率可控性好，通过调节冷壁温度控制结晶推动力；

③ 依靠重力作用，无固-液分离问题；

④ 容易对冷壁表面的晶体层进行后处理，如发汗、洗涤等，以进一步提高产品纯度；

⑤ 无晶浆悬浮液，操作方便。

层生长的局限性表现在：

① 冷壁面积（即传质面）有限，产量受限；

② 传热表面晶体产品层的不断加厚要求温差推动力要不断加大以保持相同的生长速率；

③ 需要另外加入热量以重新熔化冷壁表面上新附的晶体产品，不易实现连续操作。

④ 随产品带出的部分液体需要重新固化。

悬浮结晶在绝热下进行，类似于常规的溶剂结晶。热量从熔融体移出，使熔融物处于过冷状态，促进晶体生长。悬浮结晶过程的过饱和度应保持比较低，避免过度成核和产生过细的晶粒。其线性生长速率比层生长过程低1或2个数量级。为使固化热及时从液相移出，不产生形成不稳定界面的条件，控制较低的生长速率是必要的。又由于晶体通常悬浮在液体中，杂质穿过边界层的扩散是很慢的。一般说来，总希望得到比较大的晶体粒度，以便于后续固、液分离的顺利进行。但其不利因素是减少了可用于晶体生长的表面积，增加了结晶器的体积和停留时间。

悬浮结晶的主要优点在于：

① 传质过程推动力由化学势差、组分的物性差别和传质界面面积所决定，主要由小粒子构成的悬浮液可提供很大的传质界面；

② 无需进行固体产品的再熔化以清理设备；

③ 晶体生长速率适中，产品纯度高。

悬浮结晶的不足之处在于需要固、液分离以取出最终产品，设备中需要旋转部件，并有结垢问题。表8-4　列出了层生长和悬浮结晶过程的典型数据。

表8-4　层生长和悬浮结晶过程的比较

项　　目	层　生　长	悬 浮 结 晶
推动力	被冷却表面	过饱和度
线性生长速率/(m/s)	7×10^{-6}	10^{-7}
单位体积的表面积/(m^2/m^3)	80	2000
停留时间/s	1800	5000

(2) 熔融结晶中的传质和传热

熔融结晶中的传质和传热是很重要的，而且熔融结晶与溶液结晶相比传热问题通常要重要得多。其温度和浓度分布如图8-7所示。

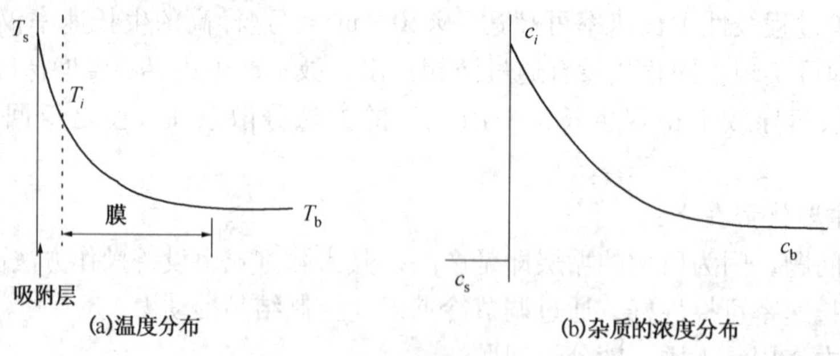

图8-7　熔融结晶的温度和浓度分布

由于固化潜热必须传出，所以固相温度一般稍高于液相温度。通常假设固相处于熔点状态。对于很慢的过程，例如，正常冷凝和区域熔融，过冷程度(T_s-T_b)可以仅有零点几度。

对生长晶体的传热分析，通过膜的传热表示为：

$$\frac{dq}{dt}=hA(T_i-T) \tag{8-10}$$

式中　A——晶体的面积；

h——膜传热系数，$h = \lambda/\delta_T$，其中 λ 为导热系数，δ_T 为虚拟的膜厚。

遗憾的是 δ_T 的数值未知，它并不等于传质过程的膜厚。T 也是未知的，因此该式难以使用。按惯例，传热速率用总传热系数表示，即：

$$\frac{dq}{dt} = UA(T_s - T) \tag{8-11}$$

式中 $\frac{dq}{dt}$——传热速率，J/s；

U——总传热系数，$J/(m^2 \cdot s \cdot K)$；

T_s——固体温度，取为熔点。

必须传出的能量是熔化潜热 ΔH，故：

$$\frac{dq}{dt} = \Delta H \frac{dm}{dt} \tag{8-12}$$

式中 m——沉积固体的质量，kg。

如果晶体生长速率受传热控制，则式(8-11)等于式(8-12)，得：

$$\frac{dm}{dt} = \frac{UA(T_s - T)}{\Delta H} \tag{8-13}$$

传热过程常是冷凝和区域熔融的控制步骤。在这些操作中杂质量很少，并且杂质的存在不影响结晶动力学。当杂质大量存在时，传质常受到限制。界于二者之间时，传热和传质必须同时考虑。

8.4 结晶过程与设备

8.4.1 溶液结晶类型和设备

结晶设备在化学工业中早就为人们所使用，第一代的结晶设备多属于间歇式结晶器，不控制过饱和度。由于此种结晶设备结疤沉积严重，能力小，劳动力消耗大。目前除小批量的生产仍有沿用外，多半已经淘汰。

随着结晶设备广泛地使用和大型化，现代结晶设备的特点除规模大，操作自动化外，都是连续式的，而且无一例外地要精确控制过饱和度的影响。为了控制合理的过饱和度，溶液必须循环，按照物质溶解度随温度变化的特性，基本上有以下类型：冷却结晶器、蒸发结晶器、真空结晶器、盐析结晶器和反应结晶器等，使用最广泛的是前三种。这些结晶器，按操作方式的不同、按结晶物质和产物的不同，按其结构的不同等，又可分为若干种结晶器。

8.4.1.1 冷却结晶

最简单的冷却结晶器是无搅拌的结晶釜。热的结晶母液置于釜中几小时甚至几天，自然冷却结晶，所得晶体纯度较差，容易发生结块现象。设备所占空间较大，单位体积单位时间内生产能力较低。由于这种结晶设备造价低，安装使用条件要求不高，目前在某些产量不大，对产品纯度及粒度要求不严格的情况下仍在应用。

(1) 间接换热冷却结晶

搅拌釜是最常用的间接换热冷却结晶器。釜内装有搅拌器，釜外有夹套，设备简单，操作方便。图 8-8 是内循环冷却结晶器，设备顶部呈圆锥形，用以减慢上升母液的流速，避免晶粒被废母液带出，设备的直筒部分为晶体生长区，内装导流筒，在其底部装有搅拌，使晶浆循环。结晶器内可安装换热构件。图 8-9 为外循环式冷却结晶器，通过浆液外部循环可使器内混合均匀和提高换热速率。该结晶器可以连续或间歇操作。

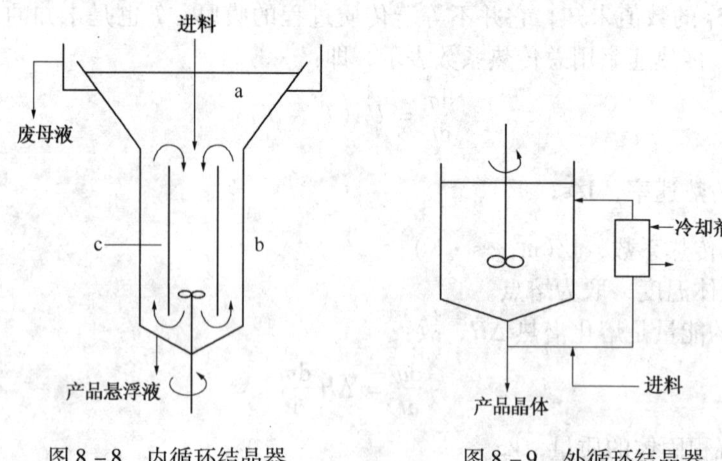

图 8－8 内循环结晶器

a—稳定区；b—生长区；c—导流筒

图 8－9 外循环结晶器

（2）直接接触冷却结晶

间接换热冷却结晶的缺点是冷却表面结垢，导致换热效率下降。直接接触冷却结晶避免了这一问题的发生。它的原理是依靠结晶母液与冷却介质直接混合致冷。以乙烯、氟里昂等惰性液体碳氢化合物为冷却介质，靠其蒸发汽化移出热量。应注意的是结晶产品不应被冷却介质污染，以及结晶母液中溶剂与冷却介质不互溶或者易于分离。也有用气体或固体和不沸腾的液体作为冷却介质的，通过相变或显热移走结晶热。目前在润滑油脱蜡，水脱盐及某些无机盐生产中采用这些方法。

8.4.1.2 蒸发结晶

依靠蒸发除去一部分溶剂的结晶过程称为蒸发结晶。它是使结晶母液在加压、常压或减压下加热蒸发浓缩而产生过饱和度。蒸发法结晶消耗的热能较多，加热面结垢问题也会使操作遇到困难，目前主要用于糖及盐类的工业生产。为了节约能量，糖的精制已使用了由多个蒸发结晶器组成的多效蒸发，操作压力逐效降低，以便重复利用二次蒸汽的热能。很多类型的自然循环及强制循环的蒸发结晶器已在工业中得到应用。溶液循环推动力可借助于泵、搅拌器或蒸汽鼓泡热虹吸作用产生。蒸发结晶也常在减压下进行，目的在于降低操作温度，减小热能损耗。图 8－10 为两种蒸发结晶器。

8.4.1.3 真空绝热冷却结晶

真空绝热冷却结晶是使溶剂在真空下绝热闪蒸，同时依靠浓缩与冷却两种效应来产生过饱和度。这是广泛使用的结晶方法。图 8－11 为带有导流筒及挡板的结晶器，简称 DTB 型结晶器。这种结晶器除可用于真空绝热冷却法之外，尚可用于蒸发法、直接接触冷却法以及反应结晶法等多种结晶操作。它的优点在于生产强度高，能产生粒度达 600～1200μm 的大粒结晶产品，已成为国际上连续结晶器的最主要形式之一。

DTB 型结晶器属于典型的晶浆内循环结晶器，由于设置了内导流筒及高效搅拌器，形成了内循环通道，内循环速率很高，可使晶浆质量密度保持至 30%～40%，并可明显地消除高饱和度区域，器内各处的过饱和度都比较均匀，而且较低，因而强化了结晶器的生产能力。DTB 型结晶器还设有外循环通道，用于消除过量的细晶以及产品粒度的淘析，保证了生产粒度分布范围较窄的结晶产品。

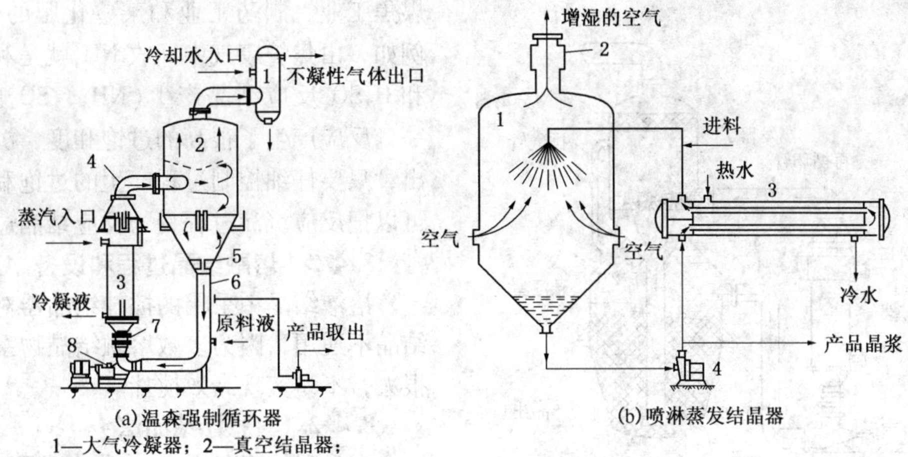

(a)温森强制循环器

1—大气冷凝器；2—真空结晶器；
3—换热器；4—返回管；5—漩涡破坏装置；
6—循环管；7—伸缩接头；8—循环泵

(b)喷淋蒸发结晶器

1—喷淋室；2—风扇；3—加热器；4—泵

图 8－10　蒸发结晶器

图 8－12 是 Oslo 流化床真空结晶器，它在工业上曾得到较广泛的应用，它的主要特点是过饱和度产生的区域与晶体生长区分别置于结晶器的两处，晶体在循环母液中流化悬浮，为晶体生长提供了较好的条件，可生产出粒度较大而均匀的晶体。该装置也可用于蒸发结晶。

由于真空结晶器的真空系统需要在 666～2000Pa 压力下操作，故此类结晶器相对复杂一些。真空结晶器通常用于大吨位生产。

8.4.1.4　盐析结晶

盐析结晶的特点是向待结晶的溶液中加入某些物质，它可较大程度地降低溶质在溶剂中的溶解度导致结晶。例如，向盐溶液中加入甲醇则盐的溶解度发生变化。如将甲醇加进盐的饱和水溶液中，经常引起盐的沉淀。

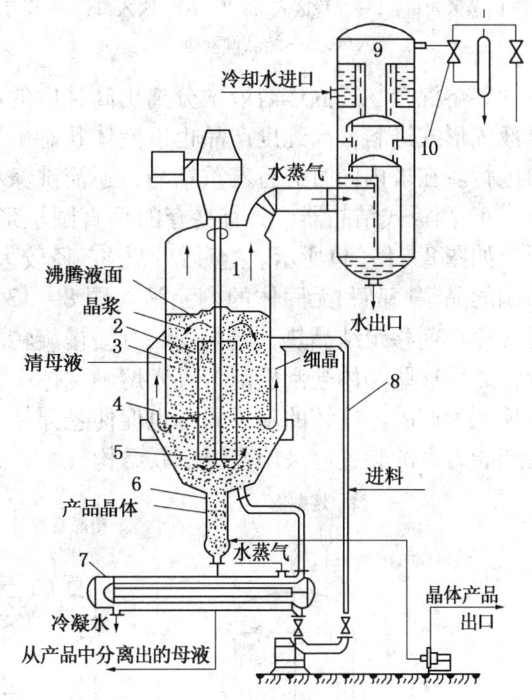

图 8－11　DTB 结晶器

1—结晶器；2—导流筒；3—环形挡板；4—沉降区；
5—搅拌桨；6—淘折腿；7—加热器；8—循环管；
9—大气冷凝器；10—喷射真空泵

结晶器可采用简单的搅拌釜，但需增加甲醇回收设备。甲醇的盐析作用可应用于 $A1_2(SO_4)_3$的结晶过程，并能降低晶浆的黏度。盐析结晶的另一个应用是将$(NH_4)_2SO_4$加到蛋白质溶液中，选择性地沉淀不同的蛋白质。工业上已使用 NaCl 加到饱和 NH_4Cl 溶液中，利用共同离子效应使母液中 NH_4Cl 尽可能多地结晶出来。

8.4.1.5　反应结晶

反应结晶是通过气体或液体之间进行化学反应而沉淀出固体产品的过程。该过程常用于

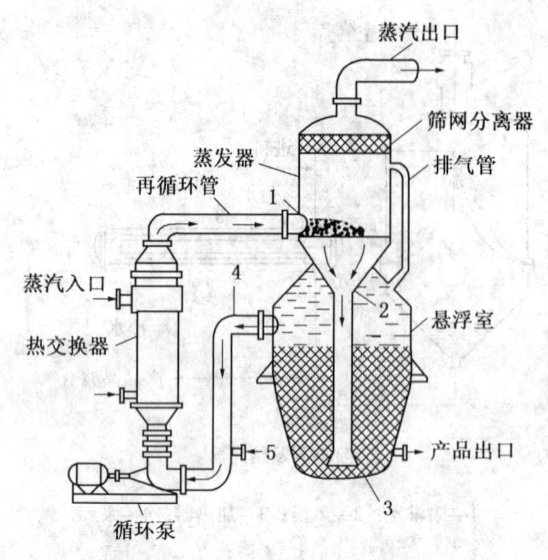

图 8－12　Oslo 流化床真空结晶器

1—闪蒸区入口；2—介稳区入口；3—床层区入口；4—循环流入口；5—结晶母液进料口

煤焦工业、制药工业和某些化肥的生产中。例如，由焦炉废气中回收 NH_3 就是利用 NH_3 和 H_2SO_4 反应结晶产生 $(NH_4)_2SO_4$ 的方法。一旦反应产生了很高的过饱和度，沉淀会析出，只要仔细控制过程产生的过饱和度，就可以把反应沉淀过程变为反应结晶过程。

8.4.2　熔融结晶过程和设备

溶液结晶中采用的搅拌结晶器对于熔融结晶不适用，因为多数熔融结晶物系密度都很大，不易实现高效搅拌。

8.4.2.1　悬浮结晶法

在悬浮熔融结晶中，晶体是不连续相，熔融液是连续相。有三种不同的设备和操作方法：单(多)级分离结晶、末端加料塔式结晶和中央加料塔式结晶。已经工业化的熔融结晶过程，大多应用塔式结晶器，实现了从低共熔混合物或固体溶液中分离出高纯度的产物，并避免经过多次重复的结晶。熔融物系以液体形式进料，高纯度产品也以液体状态由塔中输出，固液交换的传热传质过程全部在塔内进行。在塔内同时进行着重结晶，逆流洗涤和发汗过程，从而达到分离提纯的目的。

① 刮板式结晶器。具有夹套的垂直圆柱形容器是常规的单级结晶器，器中装有旋转刮板，如图 8－13(a)所示。这种结晶器直径较大，器内设置通风管和沉降区，分别用于排放黏稠的晶浆产品和无固体的剩余液。图 8－13(b)是水平管式刮板结晶器，器外设置夹套，通入冷却剂移走结晶热，器内安装有缓慢旋转的刮板。成核和晶体的初步生长均在器壁上进行，然后这些晶体被刮板刮下进入熔融主体中，在有足够的过冷度和停留时间的条件下，继续长大为产品。旋转的刮板同时也促使悬浮体缓和地混合。操作时物料在器内呈活塞流，对生产能力大的装置可采用多级串联结构。

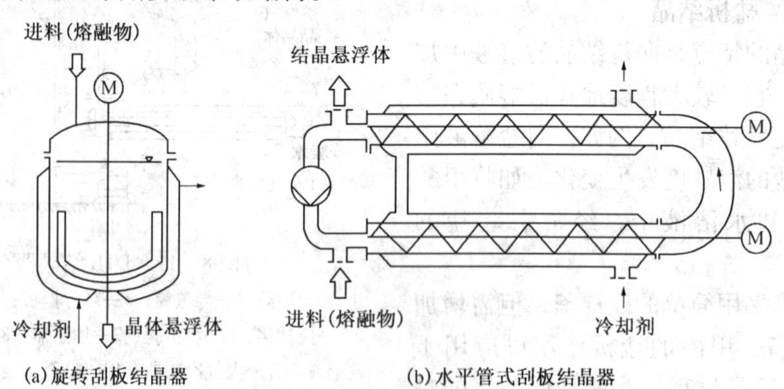

图 8－13　刮板结晶器

② 塔式结晶器。连续多级逆流分步结晶塔是根据精馏原理而开发成功的塔式结晶装置。在塔内用晶体和液体的逆流进行结晶提纯，比釜式结晶获得纯度更高的产品。该过程首先从内部或外部形成晶体相，而后运送晶体通过逆流的浓缩回流液。设备结构应保证可靠的固相运动以及高效率的加热和除热，实现高纯度和高产量。塔式结晶器可分为中央加料式和末端

加料式，它们在结构和性能上有差别。

中央加料塔式结晶器以熔融液体为原料，在塔内形成晶体。图 8－14(a)为其示意流程。在外观上与精馏塔相似。在塔底，晶体熔融产生具有较高熔点的产品，塔底的回流等价于精馏的回流。在结晶塔顶采出相当纯的低熔点产品，部分熔融体在冷却器冻凝后作为回流返回塔顶。从概念上讲，该流程很容易将二元混合物分离成两个相当纯的产品。

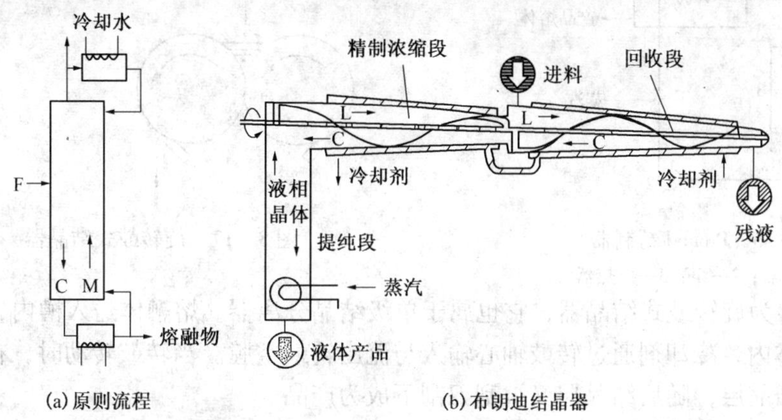

(a)原则流程　　(b)布朗迪结晶器

图 8－14　中央加料塔式结晶器

布朗迪塔是卧式中央加料塔，如图 8－14(b)所示。它对萘和对氯二苯的连续提纯已经实现商业化。液体进料在热的精制段和冷的回收段之间进塔。熔融物经过精制段和回收段器壁间接冷却，在器内形成晶体。结晶后的残液则从塔的最冷处出装置，螺旋输送器控制固体在塔中的输送。

末端加料塔式结晶器是菲利浦石油公司开发成功并已商业化的结晶装置，如图 8－15 所示。

熔融进料在刮板表面冷却器中析出晶体，然后进入塔顶。晶体在垂直塔中受到活塞产生的脉冲作用向下移动。在塔的上部，含杂质的母液经塔壁过滤器采出。在塔底加热器中，熔融的纯晶体除作为产品出料外，另有一部分作为洗涤母液向上流动进行传质。

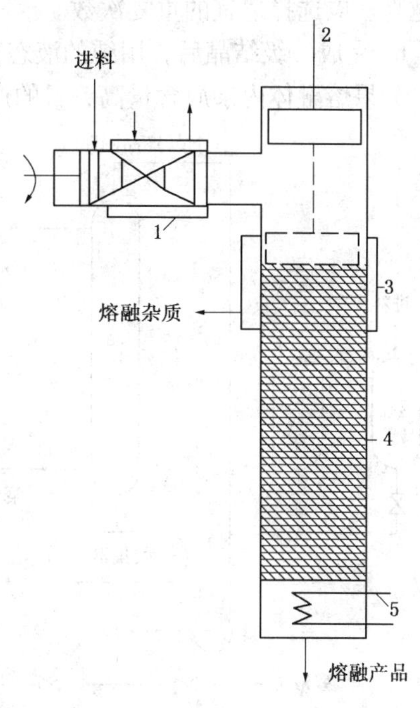

图 8－15　末端加料塔式结晶器

1—刮板表面冷却器；2—活塞；3—塔壁过滤器；4—结晶塔；5—加热器

8.4.2.2　逐步冻凝法

逐步冻凝或称正常冻凝是指熔融物缓慢而定向地固化，无论是低共熔物系或固体溶液物系，在缓慢凝固时，都会发生杂质从固体界面排至液相的趋势，通过重复的凝固和液体排除可产生很纯的晶体。

① 单级分离结晶器。图 8－16 为 Proabd 精制器示意图，所进行的结晶过程属于单级逐步冻凝结晶过程，也是间歇冷却过程。在结晶器内流动的熔融体在翅片换热管外表面上逐渐结晶析出，剩余母液中杂质含量不断增加，“当结晶操作完成后，停止通入冷却介质，改通加热介质，使晶体缓慢熔化，最

初熔化液中杂质含量高，待熔化液中所需组分的浓度达到要求后作为产品收集。

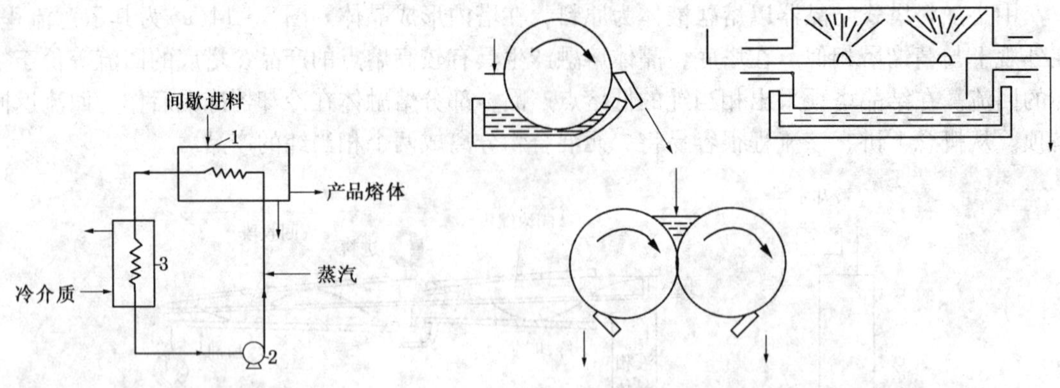

图 8－16 Proabd 精制器

1—结晶器；2—泵；3—换热器

图 8－17 旋转鼓式结晶器

图 8－17 为旋转鼓式结晶器，它也属于单级结晶分离器。熔融体送入槽内，空心转鼓部分浸入熔融体内，冷却剂通过转鼓轴心输入与流出转鼓空膛。当转鼓转动时，在转鼓冷却表面部分形成结晶层，随后结晶层又被刮刀刮下成为产品。

具有刮刀的热交换器式结晶器的基本结构是由带有夹套的圆柱形管构成的热交换器型的结晶器，在管内装配有刮刀，在结晶时管子以慢速转动，结晶器排出的母液中有细小的晶体，对后续分离要求很高。

② 多级结晶过程。多级结晶过程有两种操作模式：

a. 多次重复进行结晶、熔融、再结晶的重结晶操作，重复的次数越多，达到的产品纯度越高。应选择适宜的重复次数。

b. 完成一级结晶后，用纯的液态物质对晶体进行逆流洗涤，以达到晶体的纯化。

如果熔融体内杂质含量高，目的产物含量低，一般选用第一种操作模式。对于固体溶液的熔融物系的分离是必须考虑第一种操作模式的。对于熔融体内杂质含量低的物系适合采用第二种操作模式。在许多工业结晶中，实际上是将两种操作模式结合起来实施的。

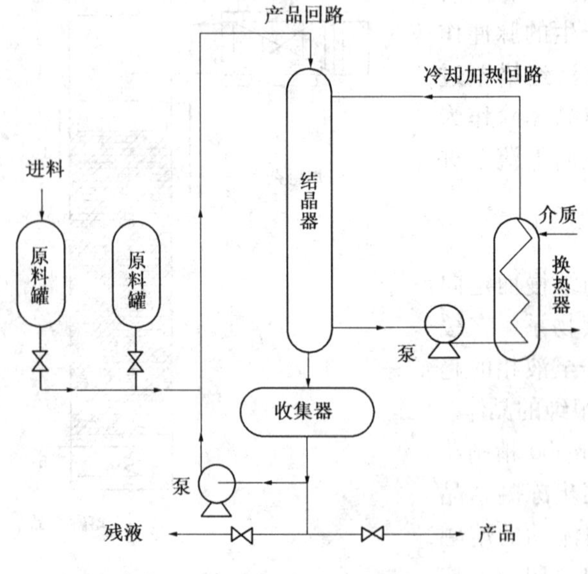

图 8－18 苏尔寿 MWB 结晶装置

图 8－18 为苏尔寿 MWB 结晶过程。它的主体设备是立式管式换热器结构的结晶器，结晶母液循环于管程，冷却介质或加热介质在壳程循环。结晶首先发生在冷却表面上，然后再发汗，再熔融，再结晶，重复操作，直至完成多级结晶过程。MWB 装置已经有效地用于有机混合物多规模的工业分离。例如，氯苯、硝基氯苯、脂肪酸的物质的结晶分离。

习　题

1. 有一连续操作的真空冷却结晶器，用来使醋酸钠溶液结晶，生产带3个结晶水的醋酸钠（$CH_3COONa \cdot 3H_2O$）。原料液为温度353K、质量分数为40%的醋酸钠水溶液，进料量为2000kg/h。已知操作压力（绝压）为2.64kPa，溶液的沸点为302K，质量比热容为3.50kJ/(kg·K)，结晶热为144kJ/kg，结晶操作结束时母液中溶质的含量为0.54kg/kg（水）。试求每小时的结晶产量。

2. 利用一冷却结晶器生产带有2个结晶水的碳酸钾（$K_2CO_3 \cdot 2H_2O$）结晶产品，原料液温度为350K，质量分数为59.8%的碳酸钾水溶液，处理量为1200kg/h，母液的含量为53%。试求结晶产品量。

3. 利用一冷却结晶器生产带有12个结晶水的磷酸钠（$Na_3PO_4 \cdot 12H_2O$）结晶产品，原料液为质量分数为25%的磷酸钠水溶液，所得母液的含量为13%，结晶过程汽化的水量为原料液量的5%，若要求结晶产品量为6000kg/h，试求每小时提供的原料液的量。

符号说明

英文字母：

A——晶体的面积，m^2；成核速率中的指前因子，数目/(cm^3·s)；用实验溶解度回归的经验常数；

a——用实验溶解度数据回归的经验常数；

B——用实验溶解度数据回归的经验常数；

B_0——成核速率，；

B_p——初级成核速率（经验式），数目/(cm^3·s)或数目/(L·h)；

B_s——二次成核速率，数目/(cm^3·s)或数目/(L·h)；

b——用实验溶解度数据回归的经验常数；

C——用实验溶解度数据回归的经验常数；

c——溶质的浓度，kg/kg溶剂；

c_i——熔融结晶中液相中杂质i的浓度；

c_s——熔融结晶中固相中杂质i的浓度；

c_p——溶液的比热容，J/(kg·℃)；

Δc——过饱和度；

c_1——原料溶液浓度，kg溶质/kg溶剂；

c_2——结晶最终溶液浓度，kg溶质/kg溶剂；

G——晶体的线性生长率，m/s或μm/s；

h——膜传热系数，W/(m^2·K)；

K_b——与温度相关的成核速率常数；

K_p——初级成核速率常数；

k——分配系数；

k_a——晶体的面积形状因子；

k_i——熔融结晶中的平衡常数；

k_v——晶体的体积形状因子；

L——晶体的特征尺寸，mm或μm；

M——溶液中溶质的相对分子质量，kg/mol；

M_T——悬浮密度，kg/m^3溶液；

N——搅拌速度（转速或周边线速），s^{-1}或m/s；晶体粒子数目；

n——成核指数；晶体粒数密度，数目/(μm·L)；

n_0——晶核的粒数密度，数目/(μm·L)；

n——L_1至L_2粒度范围中的平均数粒度，数目/(μm·L)；

Q——悬浮液体积流率，m^3/s；

Q_i——进入结晶器的体积流率；m^3/s或m^3/h；

q_c——结晶热，J/kg；

R——溶剂化合物与溶质的相对分子质量之比;气体常数,8.314J/(mol·K);

T——温度，K;

t——时间，s 或 h;

U——总传热系数，W/(m^2·K);

V——溶剂蒸发量，kg 溶剂/kg 原料液中溶剂；结晶器中清液体积，m^3;

V_c——晶体的体积，m^3;

W——原料液中溶剂量，kg 或 kg/h;

x——组分的浓度(摩尔分数);

Y——晶体收率，kg 或 kg/h。

上标:

g——晶体生长指数;

m——成核动力学指数。

下标:

A，B——组分;

in——进口;

i——组分；界面；杂质;

l——液相;

s——固相。

希腊字母:

δ——滞留层或停滞膜厚度，cm;

λ——融化潜热；溶剂的蒸发潜热，J/kg;

ρ_s——晶体密度，kg/cm^3或 kg/m^3;

τ——晶体的生长时间，s。

9 膜分离技术

学习目的：

通过本章的学习，了解膜组件的构成；熟练掌握膜分离技术的工业应用。

知识要求：

掌握膜分离过程的种类和工业应用范围；

理解浓差极化现象及对膜分离过程的影响；

了解膜分离技术的进展。

能力要求：

能利用膜分离技术的特点针对不同的混合物选择不同的膜分离方法；

能识别膜分离操作过程中的不正常现象。

膜分离过程可以定义为用天然的或合成的、具有选择透过性的薄膜，以化学位差或电位差为推动力，对双组分或多组分体系进行分离、分级、提纯或富集的过程。

膜分离技术自20世纪60年代问世后，其应用领域日趋拓宽。近年来，作为新型高效的单元操作，各种膜分离过程得到迅速发展。在化工、生物、医药、能源、环境、冶金等领域得到了日益广泛的应用。

9.1 膜分离技术工业应用案例

(1) 海水淡化及纯净水生产

海水淡化及纯净水生产主要是除去水中所含的无机盐，常用的方法有离子交换法、蒸馏法和膜法(反渗透、电渗析)等。膜法淡化技术有投资费用少、能耗低、占地面积少、建造周期短、易于自动控制、运行简单等优点，已成为水淡化的主要方法。

近年来，我国建设了大量的海水淡化工程和工业污水处理工程。图9-1是我国嵊泗1000t/d海水淡化三期工程一角。图9-2是太钢集团1700t/h污水处理回收装置。图9-3是二级反渗透海水淡化系统工艺流程。

图9-1 嵊泗1000t/d海水淡化三期工程

图9-2 太钢集团1700t/h污水处理回收装置

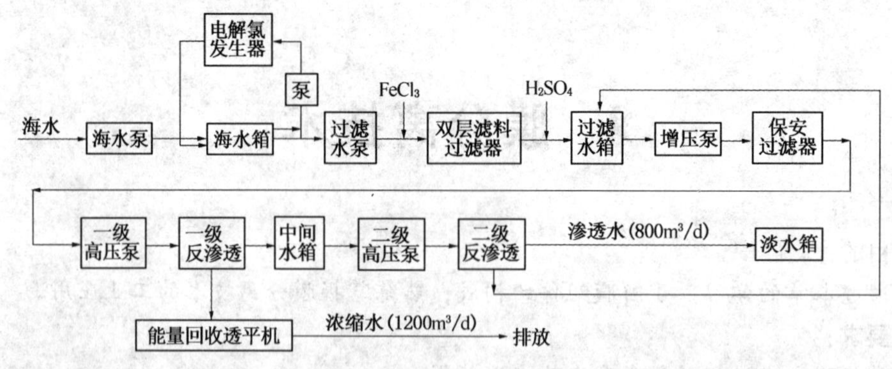

图 9-3　二级反渗透海水淡化系统工艺流程

(2) 乳清加工

乳清中的乳清蛋质、大豆低聚糖和盐类，排放到自然水体会造成污染，回收利用则变废为宝。在乳清蛋白的回收中，最为普遍采用的工艺是利用超滤对乳清进行浓缩分离，通过超滤分离可以获得蛋白质含量在 35% ~85% 的乳清蛋白粉。此外，引入超滤和反渗透组合技术，可以在浓缩乳清蛋白的同时，从膜的透过液中除掉乳糖和灰分等，乳清蛋白的质量明显提高。图 9-4 是用超滤对乳清进行浓缩分离工艺流程。

图 9-4　超滤对乳清进行浓缩分离工艺流程

(3) 膜集成技术深度处理石化污水循环使用工艺

膜集成技术在处理石化排放水方在我国西北某石化动力厂对其排放的污水进行了一年的连续试验考察，取得了较好的试验结果。

① CMF 工艺流程。连续微滤(CMF)的工作原理是以中空纤维微滤膜为中心的处理单元，配以特殊设计的管路、阀门、自清洗单元、加药单元和自控单元等，形成闭合回路连续操作系统。使处理液在一定压力下通过微滤膜过滤，达到物理分离的目标。CMF 工艺流程见图 9-5 所示。

该系统采用了一种新的外压中空纤维膜清洗工艺方法。在清洗过程中，反洗液由膜元件的滤过液出口进入到外压中空纤维膜内侧，由内向外进行反向渗透清洗；与此同时，在膜元件的原液入口端鼓入压缩空气，对中空纤维膜的外壁进行空气振荡和气泡擦洗，压缩空气在中空纤维膜的外壁与膜元件壳体之间的空间内上升，与反向渗透清洗共同作用，将膜表面的污染物冲下，随洗后的液体与空气从膜组件的排污口排出。

这种自清洗方法可以有效地对中空纤维微滤膜实现在线清洗，从而达到连续生产的目的。工作过程是通过给水泵将污水压入 CMF 膜元件中，经过调压阀调节系统内压力使产水量达到要求，但是压力不能超过 0.1MPa，污水经过膜组件得以净化，供反渗透进行进一步的净化处理。

② RO 工艺流程。反渗透(RO)的工作原理是含各种离子的水在加压(大于渗透压)状态下，高速流过 RO 膜表面，其中一部分水分子和极少量的离子通过膜，而另一部分水和大量的离子被截留，使水被淡化。工作过程是用动力将 CMF 所产净水注入到 RO 膜组件中去，再由增压泵进行加压，由调压阀调节压力，使所产水的产量达到要求为

止，所产净水用作生产循环用水，污水再回到传统工艺的调节池进行处理。RO 工艺流程图见图 9－6 所示。

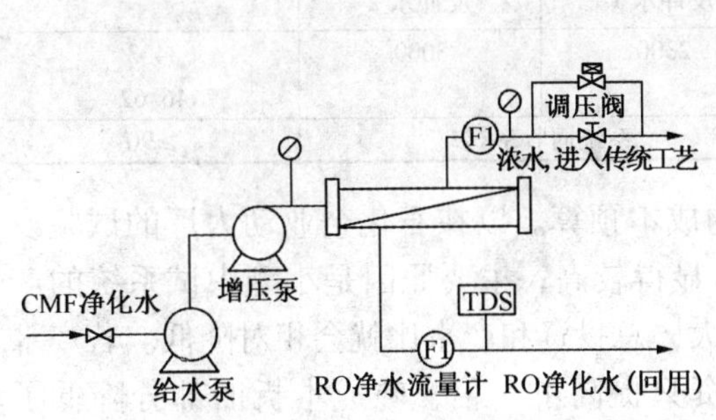

图 9－5　CMF 工艺流程

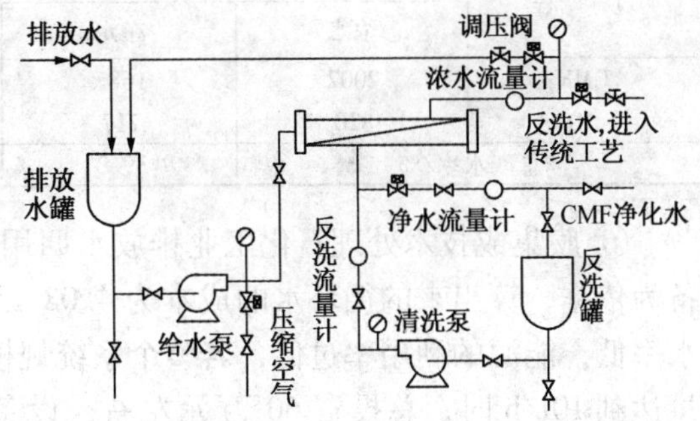

图 9－6　RO 工艺流程图

③ 膜集成技术的工艺流程。膜集成技术处理石化工业污水的工艺流程如图 9－7 所示。在工作状态下，排放水通过动力作用进入带有气体擦洗－反冲洗系统的中空纤维膜装置的 CMF 系统，反渗透系统脱 COD_{Cr} 和脱盐处理净化水最终进行循环使用。连续微滤反冲洗水悬浮物含量高，浊度大；反渗透浓水有机物含量较高，相对分子质量较小，不易凝聚，用微滤难以去除，因而把这些水再回到传统污水工艺处理。

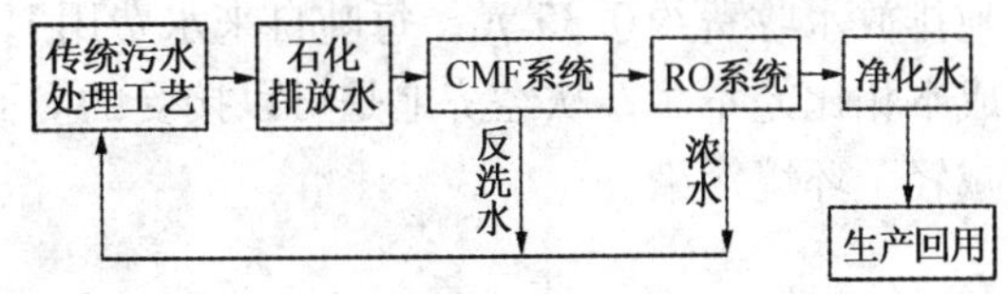

图 9－7　膜集成技术处理石化工业污水的工艺流程

④ 膜集成系统的操作条件。

CMF 的操作条件：

进水温度　　　　$<30℃$；

进水压力　　　　$<0.1MPa$；

出口水压力　　　$<0.1MPa$；

进口流量　　　　3500L/h；

反清洗空气流量　$6\sim8m^3/h$；

反冲洗 1 的压力　$0.05\sim0.06MP$；

反冲洗 2 的压力　0.09MPa；

RO 的操作条件：

进水温度　　　　$20\sim35℃$；

进水压力　　　　$\geqslant0.2MPa$；

操作压力　　　　$1.0\sim1.8MPa$；

出口流量　　　　720L/h。

⑤ 深度处理石化工业排放水的回收率。膜集成技术深度处理石化工业排放水的回收率情况见表 9－1。从表 9－1 可知，膜集成系统的总产水率 39.3%，显得较低，主要原因是中试的处理规模偏小，使 CMF 和 RO 单个装置产水率较低，若规模扩大，CMF 装置产水率达到 95%，RO 装置产水率达到 80%，其总的产水率可望达 76% 以上。由于 CMF 的反冲洗水和 RO 的浓水回到前面传统废水处理系统再处理，使整个系统的回收率可进一步提高。

表 9-1 膜集成系统处理石化污水工艺循环水的回收率

过　程	流　量/(L·h^{-1})				水产率/%
	浓水	净水	反冲水 1	反冲水 2	
CMF	2002	1687	2300	3000	84.3
RO	820	717			46.62
总产水率/%		39.3	系统回收率/%		≥90

⑥ 膜集成技术处理石化工业排放水回用水的成本预算。以在石化企业动力厂的试验设备为依据，算出来的循环水的成本为 4.08 元/t，显得较高；主要原因是小型中试系统的产水率低，能源的利用率过低，若整个系统规模扩大，总投资和产水比就会相对降低。若产水量达到 10t/h 时，总投资 60 万元左右，设备投资只提高了 3 倍，吨成本折旧部分降低了 70%。耗电量吨成本也有所降低，经测算后月用水每吨成本为 1.80 元，从经济角度考虑，每吨排放水收费约 0.35 元，每吨自来水费用 1.5~2.0 元，合计共 1.85~2.35 元/t。与回用水成本相比差不多，从经济上是可以接受的。而社会效益更是显著的，即节约了水资源，同时减轻了环境污染。

9.2 膜分离概述

尽管各种膜分离过程的机理并不相同，但它们都有一个共同的特征：借助于膜实现分离。常用的膜具有下述两个特性：

① 至少必须具有两个界面。通过这两个界面分别与被膜分开于膜两侧的流体物质相互接触。

② 膜应具有选择透过性，膜可以是完全透过性的，也可以是半透过性的。常见的膜分离过程如图 9-8 所示。原料混合物通过膜后被分离成一个截留物（浓缩物）和一个透过物。通常原料为混合物，截留物及透过物为液体或气体。膜可以是薄的无孔聚合物膜，也可以是多孔聚合物、陶瓷或金属材料的薄膜。

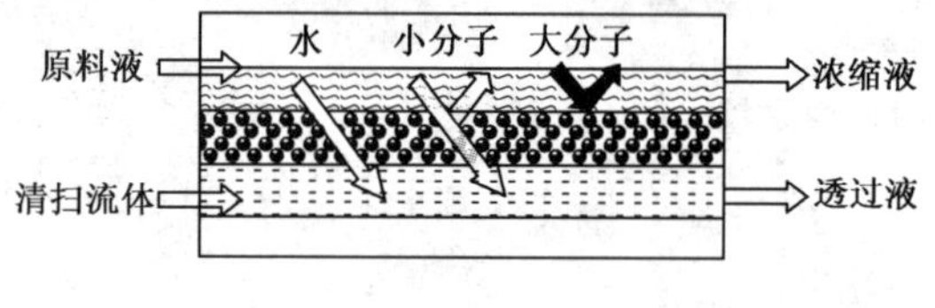

图 9-8　膜分离过程示意图

与常规分离过程相比，膜分离过程的特点是：

① 两个产品（指截留物和透过物）通常是互溶的；

② 多数膜分离过程无相变发生，能耗通常较低；

③ 膜分离过程可以实现分离与浓缩、分离与反应同时进行，大大提高了过程效率，但往往难以实现组分间的清晰分离；

④ 膜分离过程通常在温和条件下进行，适用于热敏物质的分离、浓缩与富集膜分离过程。不仅适用于有机物或无机物的分离，还适用于许多特殊溶液体系分离如共沸物或近沸物的分离。

膜的性能可以灵活调节，膜组件简单，可实现连续操作。缺点主要为膜的浓差极化和膜污染使膜寿命较短。

膜分离过程的推动力常有：压力差、电位差、浓度差和浓度差加化学反应等。表 9-2

对几种主要的膜分离过程作了简单描述。

表 9-2 膜分离的重要工业应用

膜过程	缩写	推动力	截留物	工业应用
反渗透	RO	压力差 1000～10000kPa	0.1～1nm 小分子溶质	海水或苦咸水脱盐，地表或地下水的处理，食品浓缩等
渗析	D	浓度差	>0.02μm 截留	从废硫酸中分离硫酸镍，血液透析等
电渗析	ED	电化学势	离子	电化学工厂的废水处理，半导体工业用超纯水的制备，海水淡化
微滤	MF	压力差 100kPa	0.02～10μm 粒子	药物灭菌，饮料的澄清，抗生素的纯化，由液体中分离动物细胞等
超滤	UF	压力差 100～1000kPa	1～20nm 大分子溶质	果汁的澄清，发酵液中疫苗和抗生素的回收等
渗透蒸发	PV	分压差	截留难溶或难挥发性组分	乙烯-水共沸物的脱水，有机溶剂脱水，从水中除去有机物
气体分离	GP	压力差 1000～10000kPa	截留难溶或难挥发性组分	从甲烷或其他烃类中分离 CO_2 或 H_2，合成气 H_2/CO 的调解，从空气中分离 N_2 和 O_2
液膜分离	LM	pH 值差	截留在液膜中的难溶解组分	从电化学工厂废水中回收镍，废水处理等

膜分离过程的经济性和有效性取决于膜及膜组件的特性及其结构、形式，这些特性可以归结为：①具有高渗透性和选择性；②良好的化学和机械加工的环境适应性；③性能稳定、抗污染和是否有较长的使用寿命；④膜件易于膜件加工制造；⑤能够承受较大的跨膜压差。

9.2.1 膜的分类

膜的种类和功能繁多，不可能用一种方法来明确分类。比较通用的有以下四种分类方法，见表 9-3。

表 9-3 膜的分类

按来源分	(1) 天然型(生物膜)：指天然物质改性或再生而制成的膜 (2) 合成型：分为无机膜、有机膜和无机-有机复合膜
按作用机理分类	(1) 吸附型膜：包括多孔膜、反应膜 (2) 扩散性膜：包括聚合物膜、金属膜、玻璃膜 (3) 离子交换膜：阴、阳离子树脂交换膜 (4) 反应性膜：包括液膜、膜催化、膜反应器
按结构分类	(1) 多孔膜：包括微孔膜，大孔膜 (2) 非多孔膜：包括无机膜、聚合物膜、结晶型膜 (3) 液膜：包括无固定支撑型(乳化液膜)、有固定支撑型(固定膜或支撑液膜)
按用途分类	(1) 气相系统用膜；(2) 气、液系统用膜；(3) 液、液系统用膜；(4) 气、固系统用膜；(5) 固、固系统用膜；(6) 液、固系统用膜

9.2.2 膜材料

膜材料应具有良好的成膜性、热稳定性、化学稳定性、耐酸、耐碱、耐微生物侵蚀和耐氧化性能。用于分离的膜的种类很多，其中以高分子材料的聚合物膜居多。用于制膜的高分子材料也很多，如各种纤维素酯、脂肪族和芳香族聚酚胺、聚砜、聚丙烯腈、聚四氟乙烯、硅橡胶等。

9.2.2.1 高分子膜材料

按照聚合物膜的结构与作用特点可将其分为致密膜、微孔膜、非对称膜、复合膜与离子交换膜五类。

① 致密膜 。致密膜又称均质膜是一种均匀致密的薄膜，物质主要是靠分子扩散通过这类膜。

② 微孔膜 。微孔膜内含有相互交联的孔道，这些孔道曲曲折折，膜孔大小分布范围宽，一般为0.02～10μm，膜厚50～250μm。对于小分子物质，微孔膜的渗透性高，但选择性低。然而，当原料混合物中一些物质的分子尺寸大于膜的平均孔径，而另一些分子小于膜的平均孔径时，则用微孔膜可以实现这两类分子的分离。另有一种核径迹微孔膜，它是以10～15μm的致密塑料薄膜为原料，先用反应堆产生的裂变碎片轰击，穿透薄膜而产生损伤的径迹，然后在一定温度下用化学试剂侵蚀而成一定尺寸的孔。核径迹膜的特点是孔直而短，孔径分布均匀，但开孔率低。

③ 非对称膜 。非对称膜的特点是膜的断面不对称，故称非对称膜。它由同种材料制成的表面活性层与支撑层两层组成。膜的分离作用主要取决于表面活性层。由于表面活性层很薄(通常仅0.1～1.5μm)，故对分离小分子物质而言，该膜层不但渗透性高，而且分离的选择性好。大孔支撑层呈多孔状，仅起支撑作用，其厚度一般为50～250μm，它决定了膜的机械强度。

④ 复合膜。复合膜是由在非对称膜表面加一层0.2～15μm的致密活性层构成。膜的分离作用亦取决于这层致密活性层。与非对称膜相比，复合膜的致密活性层可根据不同需要选择多种材料。

⑤ 离子交换膜 。离子交换膜是一种膜状的离子交换树脂，由基膜和活性基团构成。按膜中所含活性基团的种类可分为阳离子交换膜，阴离子交换膜和特殊离子交换膜。膜多为致密膜，厚度在200μm左右。

常用的聚合物膜列于表9－4中。

表9－4 常用的聚合物膜

材料	缩写	过程	材料	缩写	过程
醋酸纤维素	CA	MF、UF、RO、D、GP	聚丙烯－甲基丙烯基碘酸脂共聚物	—	D
三醋酸纤维素	CTA	MF、UF、RO、GP	聚砜	PS	MF、UF、D、GP
CA－CTA混合物	—	RO、D、GP	聚苯醚	PPO	UF、GP
混合纤维素脂	—	MF、D	聚碳酸酯	—	MF
硝酸纤维素	—	MF	聚醚	—	MF
再生纤维素	—	MF、UF、D	聚四氟乙烯	PTFE	MF
明胶	—	MF	聚偏氟乙烯	PVF2	UF、MF
芳香聚酰胺	—	MF、UF、RO、D	聚丙烯	PP	MF
聚酰亚胺	—	UF、RO、GP	聚电解质络合物	—	UF
聚苯并咪唑	PBI	RO	聚甲基丙烯酸甲酯	PMMA	UF、D
聚苯并咪唑酮	PBIL	RO	聚二甲基硅烷	PDMS	GP
聚丙烯	PAN	UF、D			

以上的聚合物膜通常在较低的温度下使用(最高不超过200℃)，而且要求待分离的原料流体不与膜发生化学作用。当在较高温度下或原料流体为化学活性混合物时，可以采用由无机材料制成的分离膜。

9.2.2.2 无机膜

无机膜多以金属及其氧化物、陶瓷、多孔玻璃等为原料，制成相应的金属膜、陶瓷膜、玻璃膜等。这类膜的特点是热、机械和化学稳定性好，使用寿命长，污染少且易于清洗，孔径分布均匀。其主要缺点是易破损、成型性差、造价高。无机膜可以分为致密膜和多孔膜两大类，致密膜主要有各类金属及其合金膜，如金属钯膜、金属银膜等；另一类致密膜则是氧化物膜，主要有三氧化二铝膜、二氧化铝膜等。多孔膜按孔径分为三类：粗孔膜(孔径大于50mm)、过渡孔膜(孔径介于2~50mm)、微孔膜(孔径小于2mm)。

无机膜的发展大大拓宽了膜分离的应用领域。目前，无机膜的增长速度远快于聚合物膜。此外，无机材料还可以和聚合物制成杂合膜，该类膜有时能综合无机膜与聚合物膜的优点而具有良好的性能。

9.2.3 膜的分离透过参数

通常用膜的截留率、透过通量、截留相对分子质量等参数，来表示膜的分离透过特性。不同的膜分离过程习惯上使用不同的参数以表示膜的分离透过特性。

(1) 截留率 R

定义：

$$R=\frac{c_1-c_2}{c_1}\times 100\% \qquad (9-1)$$

式中 c_1、c_2——料液主体和透过液中被分离物质的浓度。

(2) 透过速率(通量 J)

指单位时间、单位膜面积的透过物量，常用的单位为 kmol/(m^2·s)。由于操作过程中膜的压密、堵塞等多种原因，膜的透过速率将随时间而衰减。透过速率与时间的关系一般为：

$$J = J_0 t^m \qquad (9-2)$$

式中，J_0为操作初始时的透过速率；t 为操作时间；m 称为衰减指数。

(3) 截留相对分子质量

当分离溶液中的大分子物质时，截留物的相对分子质量在一定程度上反映膜孔的大小。但是，通常多孔膜的孔径大小不一，被截留物的相对分子质量将分布在某一范围内。所以，一般取截留率为90%的物质的相对分子质量称为膜的截留相对分子质量。

(4) 膜的浓差极化

在以非浓度差(如压力差、电位差等)为推动力的一些膜分离过程中，流动边界层内会出现浓度分布现象。如超滤和反渗透过程中，溶剂在压力推动下通过膜体，由于膜对溶质的透过有选择性，一些随溶剂流动又不能透过膜的溶质在膜前停滞下来，形成溶质的高浓区(图9-9 反渗透的浓差极化)，然后以浓差扩散的方式，返回液体主流。膜面出现高浓区，增加了溶液的渗透压，即降低了溶剂透过膜的推动力，但却增加了溶质渗漏的推动力。工作压力差越大，极化程度也越严重。超滤出现严重极化时，会在膜面产生凝胶层(图9-10 超滤的凝胶极化)，对溶剂流动产生附加阻力，限制了渗透速率的进步

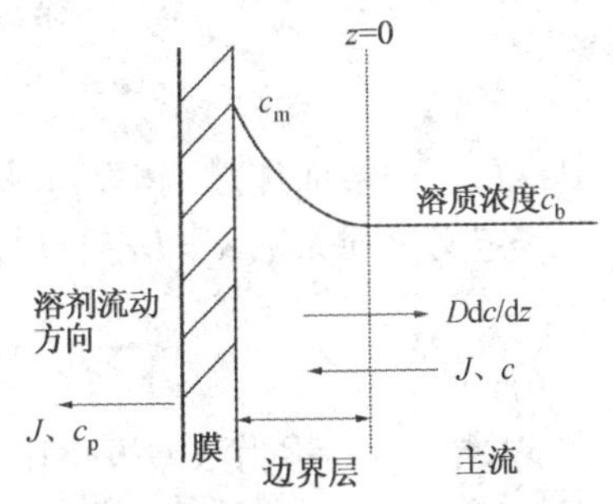

图9-9 反渗透的浓差极化

提高。反渗透出现严重极化时，由于溶质浓度过高，会导致沉淀析出。

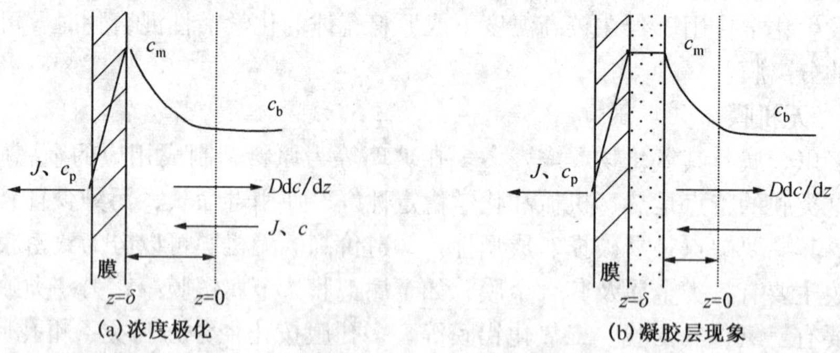

图 9－10　超滤过程的浓差极化和凝胶现象

假定超滤过程的透过率（单位 cm/s）为：

$$J_V = \frac{1}{A}\frac{dV}{dt} \tag{9-3}$$

式中　V——透过膜的溶液体积，cm^3；

A——膜面积，cm^2；

t——时间，s。

对如图 9－10(a)所示的浓差极化现象，根据物料衡算有：

$$J_V c_p = J_V c - D\frac{dc}{dz} \tag{9-4}$$

式中　J_V、c_p——从边界层透过膜的溶质通量，$mol/(cm^2 \cdot s)$；

J_V、c——对流传至进入边界层的溶质通量，$mol/(cm^2 \cdot s)$；

$D\frac{dc}{dz}$——从边界层向主体流扩散通量，$mol/(cm^2 \cdot s)$，其中 D 为扩散系数，cm^2/s。

根据边界条件：$z=0$，$c=c_b$；$z=\delta$，$c=c_m$，积分上式可得：

$$J_V = \frac{D}{\delta}\ln\left[\frac{c_m - c_p}{c_b - c_p}\right] \tag{9-5}$$

式中　c_b——溶液主体中的溶质浓度，mol/cm^2；

c_m——膜表面的溶质浓度，mol/cm^2；

δ——膜的边界层厚度，cm。

类似于式(9－5)，以摩尔分数表示，进行物料衡算并积分，浓差极化模型方程变为：

$$\ln\left[\frac{c_m - c_p}{c_b - c_p}\right] = \frac{J_m\delta}{cD} \tag{9-6}$$

式中　J_m——溶液透过流率，mol/cm^3。

若定义传质系数 $k=D/\delta$，单位 cm/s。则当 $x_p \ll x_b$ 和 x_m 时，上式可简化为：

$$\frac{x_m}{x_b} = \exp\left(\frac{J_m}{ck}\right) \tag{9-7}$$

式中，x_m/x_b 称为浓差极化比，其值越大，浓差极化现象越严重。

在超滤过程中，由于被截留的溶质大多为胶体或大分子溶质，这些物质在溶液中的扩散系数很小，溶质反向扩散通量较低，渗透速率远比溶质的反向扩散速率高。因此，超滤过程中的浓差极化比会很高。当大分子溶质或交替在膜表面上的浓度超过它在溶液中的溶解度时，大分子溶质在膜表面上的浓度便饱和而形成凝胶层，如图 9－10(b)所示，此时的浓度称凝胶浓度 c_g。

一旦当膜面上形成了凝胶层厚，膜表面上的凝胶层溶液浓度和主体溶液浓度间的差值达到了最大值。若再增加超滤压差，则凝胶层厚度增加而使凝胶层阻力增大，所增加的压力为增厚的凝胶层阻力所抵消，以致实际渗透速率没有明显增加。由此可知，一旦凝胶层形成后，渗透速率就与超滤压差无关，也即在此条件下，再提高超滤压差只增加凝胶层的厚度或阻力，而超滤通量不变。

电渗析过程是以电位差作推动力的，同样也存在浓差极化的现象。在电渗析中不论在阳离子交换膜(简称阳膜)、阴离子交换膜(简称阴膜)或溶液中，电流密度是一致的，在膜内和在电解质溶液中同样依靠阴阳离子的迁移来导电。但由于离子交换膜对离子具有选择透过性，阳离子在阳膜中具有最大的迁移数(在溶液导电过程中，该种离子所分担的份额)，在溶液中次之，在阴膜中最小，阴离子则相反。以阳离子透过阳膜为例，由电场引起的离子迁移通量在膜内比在溶液中大，因此，在膜前借浓差扩散来补足送往膜面的离子通量，这样便出现了离子的低浓区。在膜后借浓差扩散来分担送往液体主流的离子通量，因而出现了离子的高浓区，总的情况是淡化室两侧的膜面出现溶质的低浓区，在浓缩室两侧膜面出现溶质的高浓区(图 9－11 电渗析时的浓差极化)。低浓区导致膜面电阻的增大，严重时发生水的电离，不仅降低了电流效率，而且酸度变化还会引起其他不良影响；高浓区则导致沉淀析出，堵塞膜内通道。

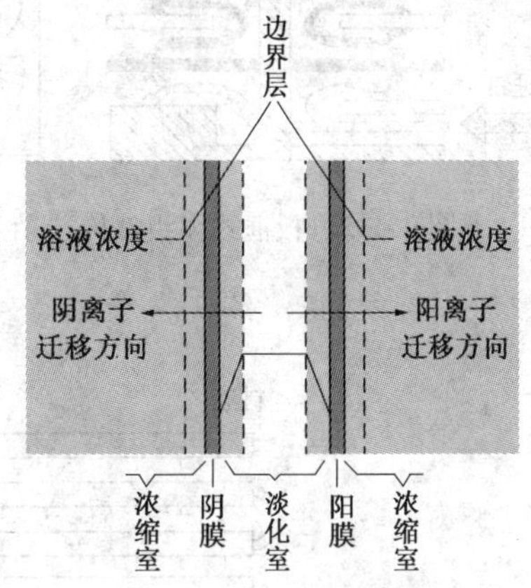

图 9－11 电渗析时的浓差极化

降低浓差极化以减少其不良影响的对策是：①合理的设计和操作，强化液体的湍动，以减小边界层厚度；②限制操作压力或电流，以免出现严重的极化现象。

9.2.4 膜组件

膜组件就是按照一定技术要求将膜及其支撑材料封装在一起的组合结构。目前各种膜分离过程主要应用以下几种类型的膜分离组件。

(1) 板框式膜组件

板框式膜组件使用平板式膜，这类膜器件的结构与常用的板框压滤机类似，图 9－12 是一种板框式膜器的部分示意图。膜组件内装有多孔支撑板，板的表面覆以固体膜。料液进入容器后沿膜表面逐层横向流过，穿过膜的渗透液在多孔板中流动并在板端部流出。浓缩液流经许多平板膜后流出容器。图 9－13 是紧螺栓式板框式反渗透膜组件。

(2) 管式膜组件

管式膜组件的结构类似管壳式换热器，其结构主要是把膜和多孔支撑体均制成管状，使两者装在一起，管状膜可以在管内侧，也可在管外侧。再将一定数量的这种膜管以一定方式联成一体而组成。管式膜组件的优点是原料液流动状态好，流速易控制，膜容易清洗和更换，能够处理含有悬浮物的、黏度高的，或者能够析出固体等易堵塞液体通道的料液。缺点是设备投资和操作费用高，单位体积的过滤面积较小。

管式膜组件有内压式和外压式两种，内压式管式膜组件的结构原理如图 9－14 所示。膜直接浇铸在多孔的不锈钢管或用玻璃钢纤维增强的塑料管内。加压料液从管内流过，透过膜的渗透液在管外侧被收集。对外压式膜组件，膜被浇铸在管外侧面，流体的流向与内压式相反。

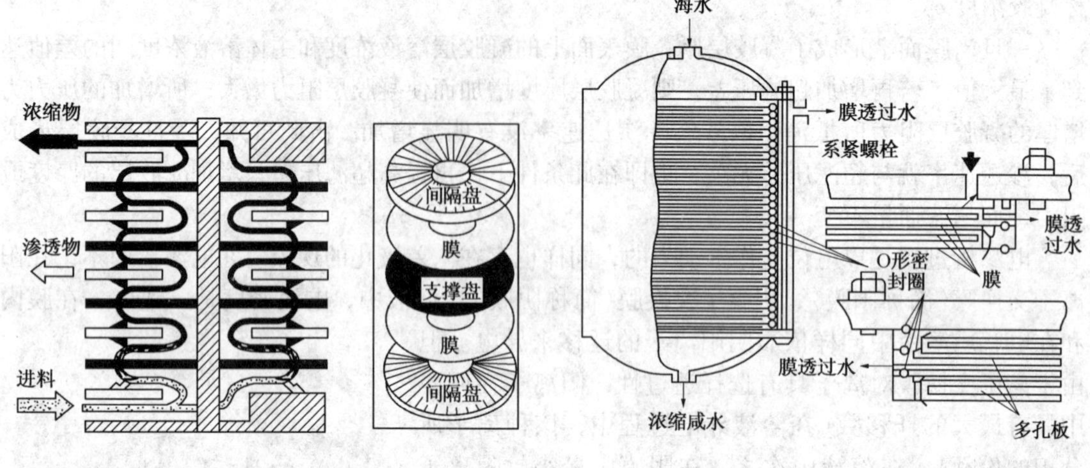

图9-12　板框式膜组件构造示意图　　　图9-13　紧螺栓式板框式反渗透膜组件

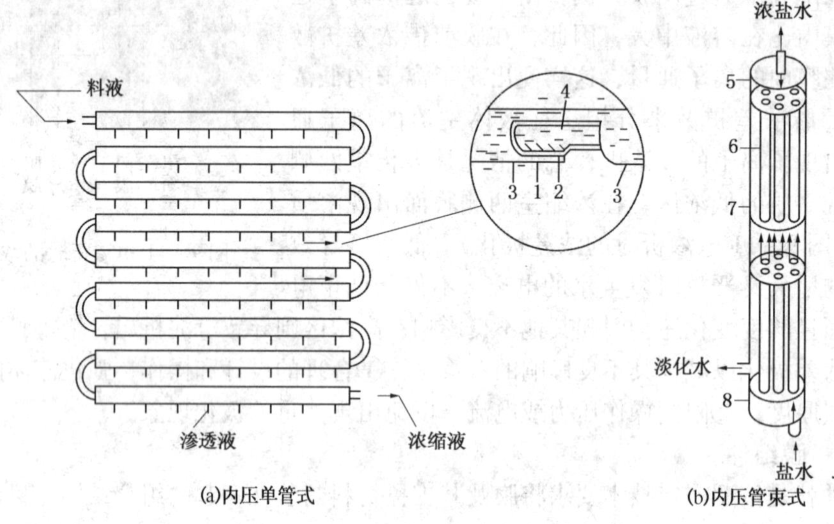

图9-14　管式膜组件(内压式)示意图

1—多孔管；2—浇铸膜；3—孔；4—料液；5，8—管端帽；6—管束；7—管壳

（3）螺旋卷式膜组件

螺旋卷式膜组件是目前应用最广的膜组件，其结构原理类似于螺旋板式换热器，如图9-15所示。在两张平板膜中间用支撑材料或间隔材料隔开，密封其中三个边，使之成为信封状的膜袋，膜袋口与一根多孔的渗透液收集管(中心管)连接，在膜袋外再叠合一层间隔材料，然后将膜袋和间隔材料一起缠绕在收集管上成为一卷，装入圆筒形压力容器内，就成了一个螺旋卷式膜组件。

螺旋卷式膜组件的优点是结构紧凑、单位体积内的有效膜面积大，透液量大，设备费用低。缺点是易堵塞，不易清洗，换膜困难，膜组件的制作工艺和技术复杂，不宜在高压下操作。

（4）中空纤维式膜组件

中空纤维式膜是一种极细的厚管壁空心管，其外径为50～200μm，内径为25～45μm。其特点是具有较高的强度，不需要支撑材料就可以承受很高的压力。中空纤维式膜组件的结构原理与管式膜组件类似，也分为内压式和外压式两种。一般外压式所能承受的压力更大一些，如图 9－16(a)所示，将大量的中空纤维式膜安装在一个管状容器内，两端头的密封采用环氧树脂固封。中空纤维式膜组件的最大特点是单位体积的膜组件所装填的膜面积大，最多可达 30000m^2/m^3。

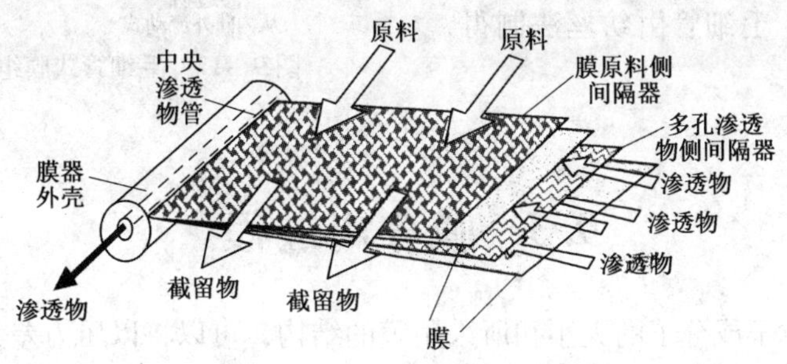

(a) 螺旋卷式膜组件内部结构示意图

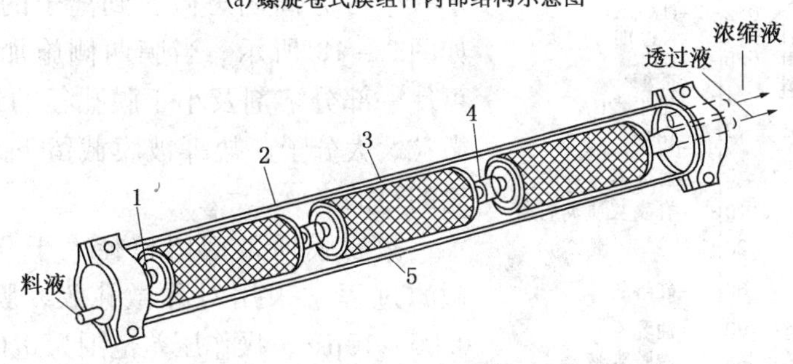

(b) 螺旋卷式膜组件示意图

图 9－15　螺旋卷式膜组件

(b)：1—端盖；2—密封圈；3—卷式膜组件；4—连接器；5—耐压容器

中空纤维式膜组件的优点是设备单位体积内的膜面积大，不需要支撑材料，寿命可长达 5 年，设备投资低。缺点是膜组件的制作技术复杂，管板制造也较困难，易堵塞，不易清洗。图 9－16(b)是工业品中空纤维膜。

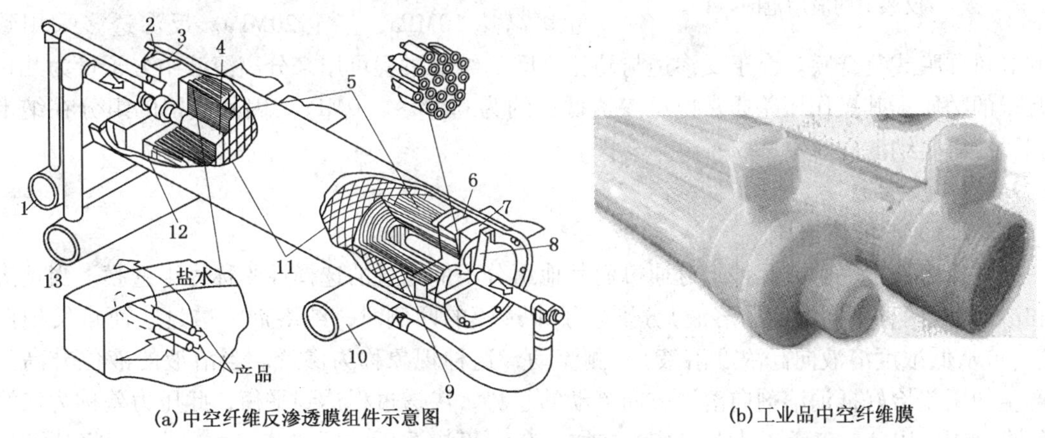

(a) 中空纤维反渗透膜组件示意图　　(b) 工业品中空纤维膜

图 9－16　工业品中空纤维膜组件

(a)：1—盐水收集管；2，6—O 型圈；3—料液端盖饭；4—进料管；5—中空纤维；7—多孔支撑板；8—产品端盖板；9—环氧树脂管板；10—产品收集器；11—网筛；12—壳体；13—料液总管

(5) 毛细管式

毛细管式膜组件由许多直径为0.5～1.5mm的毛细管组成，其结构如图9－17所示，料液从每根毛细管的中心通过，透过液从毛细管壁渗出，毛细管由纺丝法制得，无支撑。

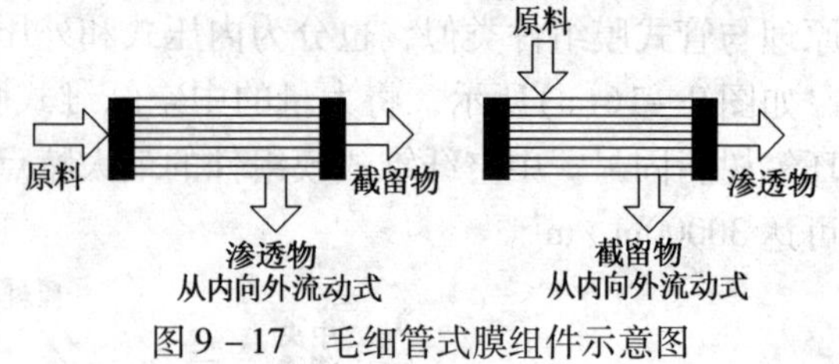

图9－17　毛细管式膜组件示意图

9.3　膜分离过程

根据被分离物粒子或分子的大小和所采用膜的结构，可以将以压力差为推动力的膜分离过程分为微滤、超滤、纳滤与反渗透，四者组成了一个可分离固态微粒到离子的四级分离过程，如图9－18所示。当膜两侧施加一定的压差时，可使一部分溶剂及小于膜孔径的组分透过膜，而微粒、大分子、盐等被膜截留下来，从而达到分离的目的。

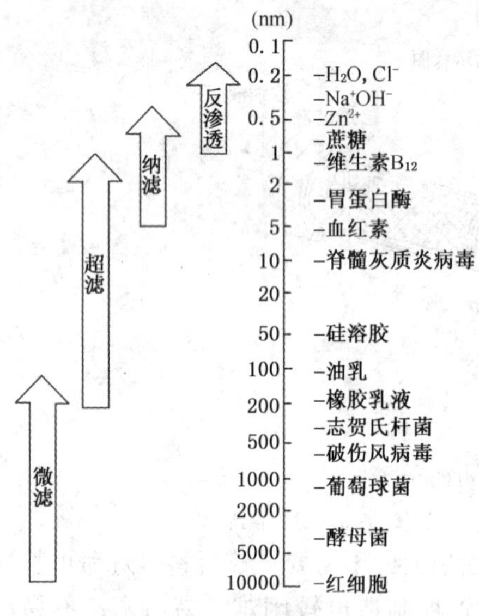

图9－18　微滤、超滤、纳滤和反渗透的应用范围

微滤膜通常截留粒径大于0.05μm的微粒。微滤过程常采用对称微孔膜，膜的孔径范围为0.05～10μm，操作压差范围为0.05～0.2MPa；超滤膜截留的是大分子或直径不大于0.2μm的微粒。溶液的渗透压一般可以忽略不计，操作压差范围大约在0.9～1.0MPa；反渗透常被用于截留溶液中的盐或其他小分子物质。反渗透过程中溶液的渗透压不能忽略，操作压差需要根据被处理溶液的溶质大小和浓度确定，通常在2MPa左右，也可高达10MPa，甚至20MPa。反渗透多采用致密的非对称膜或复合膜。介于反渗透与超滤之间的纳滤过程可用来分离溶液中分子量为几百至几千的物质，其操作压差通常比反渗透低，约为0.55～3.0MPa。因其截留的组分在纳米范围，故得名纳滤。

9.3.1　反渗透

9.3.1.1　溶液渗透压

能够让溶液中一种或几种组分通过而其他组分不能通过的选择性膜称为半透膜。当把溶剂和溶液(或两种不同浓度的溶液)分别置于半透膜的两侧时，纯溶剂将透过膜而自发地向溶液(或从低浓度溶液向高浓度溶液)一侧流动，这种现象称为渗透。当溶液的液位升高到所产生的压差恰好抵消溶剂向溶液方向流动的趋势，渗透过程达到平衡，此压力差称为该溶液的渗透压，以$\Delta\pi$表示。若在溶液侧施加一个大于渗透压的压差Δp时，则溶剂将从溶液侧向溶剂侧反向流动，此过程称为反渗透(Reverse Osmosis)，如图9－19所示。这样，可利用反渗透过程从溶液中获得纯溶剂。

反渗透过程中，溶液的渗透压是非常重要的数据，对于多组分体系的稀溶液可用扩展

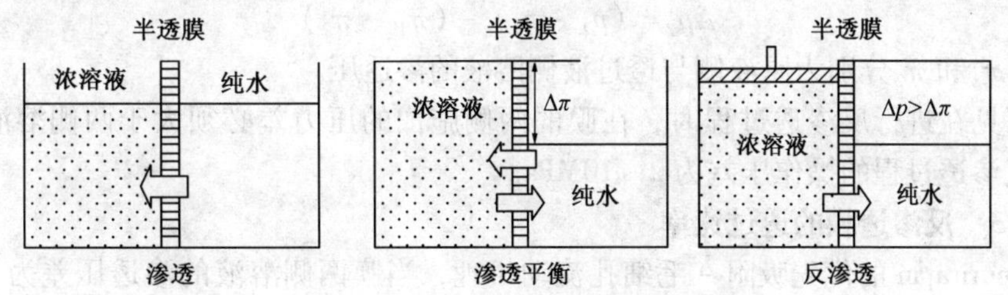

图9－19　渗透与反渗透示意图

的范特霍夫(Van't Hoff)渗透压公式计算溶液的渗透压。

$$\pi = RT\sum_{i=1}^{n} c_i \tag{9-8}$$

式中　c_i——溶质摩尔浓度；

　　n——溶液中的组分数。

实际应用中，常用以下简化方程计算：

$$\pi = B_i x_i \tag{9-9}$$

表9－5列出了某些溶质－水体系的 B 值。

表9－5　一些溶质－水体系的 B 值(25℃)

溶　质	$B\times10^{-3}$/MPa	溶　质	$B\times10^{-3}$/MPa	溶　质	$B\times10^{-3}$/MPa
尿素	0.135	$LiNO_3$	0.258	$Ca(NO_3)_2$	0.340
甘糖	0.141	KNO_3	0.237	$CaCl_2$	0.368
砂糖	0.142	KCl	0.251	$BaCl_2$	0.353
$CuSO_4$	0.141	K_2SO_4	0.306	$Mg(NO_3)_2$	0.356
$MgSO_4$	0.156	$NaNO_3$	0.247	$MgCl_2$	0.370
NH_4Cl	0.248	NaCl	0.255		
LiCl	0.258	Na_2SO_4	0.307		

9.3.1.2　反渗透的传质过程

反渗透过程大致可分为三步进行：①水从料液主体传递到膜的表面；②水从膜表面进入膜的分离层，并渗透过分离层；③从膜的分离层进入支撑体的孔道，然后流出膜。与此同时，少量的溶质也可以透过膜而进入透过液中，这一过程取决于膜的质量。

对于水透过膜过程的传质机理研究甚多，其中应用比较成功的有优先吸附－毛细孔流理论和溶解扩散模型。1960年，Sourirjan在Gibbs吸附方程基础上，提出了优先吸附－毛细孔流动机理，而后又按此机理发展为定量的表面力－孔流动模型。在图9－20中，溶剂是水，溶质为氯化钠，由于膜表面具有选择性吸水斥盐作用，水优先吸附在膜表面上，在压力的作用下优先吸附的水渗透通过膜孔，就形成了脱盐过程。

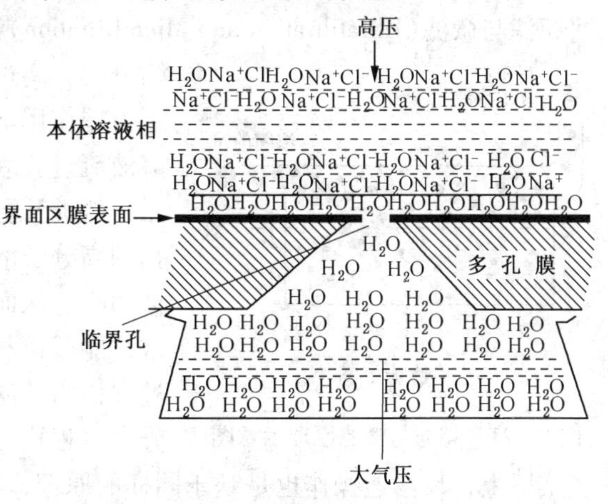

图9－20　优先吸附－毛细孔流模型

实际的反渗透过程的推动力为：

$$\Delta p = (p_2 - p_1) - (\pi_1 - \pi_2) \tag{9-10}$$

式中，π_1和π_2分别为原液侧与透过液侧溶液的渗透压。

由此可见在进行反渗透过程时，在膜的两侧施加的压力差必须大于两侧溶液的渗透压差。一般反渗透过程的操作压差为2~10MPa。

9.3.1.3 反渗透膜的透过速率

基于Sourirajan的优先吸附-毛细孔流动机理，当膜两侧溶液的渗透压差为$\Delta\pi$时，反渗透的推动力为($\Delta p-\Delta\pi$)。故溶剂和溶质透过速率可表示为：

$$J_V = \phi(\Delta p - \Delta\pi) \tag{9-11}$$

式中 J_V——溶剂或溶质通过速率，mol/($m^2\cdot s$)；

ϕ——溶质的透过系数，其值表示单位时间、单位膜表面在单位压差下的水透过量，mol/($m^2\cdot s\cdot Pa$)；

Δp——膜两侧的压力差，Pa；

$\Delta\pi$——溶液渗透压差，Pa。

与此同时，少量溶质也将由于膜两侧溶液的浓度差而扩散透过膜。溶质的透过速率与膜两侧溶液浓度差的关系为：

$$J_s = \frac{D_m k}{\delta}(c_R x_R - c_p x_p) \tag{9-12}$$

式中 c_R、c_p——膜两侧紧靠膜表面上的溶液浓度，mol/m^3；

x_R、x_p——膜两侧溶液中溶质的摩尔分率；

D_m——溶质在膜相中的扩散系数，m^2/s；

k——溶质在液相和膜相中的平衡常数；

δ——膜的有效厚度，m。

9.3.1.4 应用

反渗透膜主要应用领域有海水和苦咸水的淡化，纯水和超纯水制备，工业用水处理，饮用水净化，医药。化工和食品等工业料液处理和浓缩以及废水处理等。

9.3.2 超滤与微滤

9.3.2.1 基本原理

超滤与微滤(Ultrafiltration and Microfiltration)都是在压力差作用下根据膜孔径的大小进行筛分的分离过程，其基本原理如图9-21所示。在一定压力差作用下，当含有高分子溶质A和低分子B的混合溶液流过膜表面时，溶剂和小于膜孔的低分子溶质(如无机盐类)透过膜，作为透过液被收集起来，而大于膜孔的高分子溶质(如有机胶体等)则被截留，作为浓缩液被回收，从而达到溶液的净化、分离和浓缩的目的。通常，能截留相对分子质量为500~10^6之间分子的膜分离过程称为超滤；截留更大分子(通常称为分散粒子)的膜分离过程称为微滤。

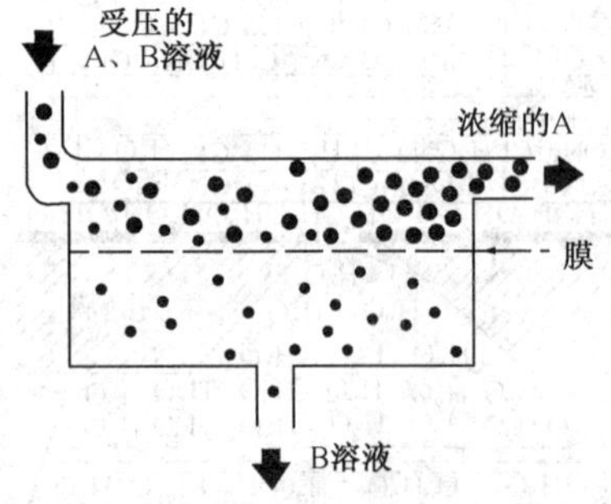

图9-21 超滤与微滤原理示意图

实际上，反渗透操作也是基于同样的原理，只不过截留的是分子更小的无机盐类，由于溶质的相对分子质量小，渗透压较高，因此，必须施加高压才能使溶剂通过。如前所述，反渗透操作压差为2~10MPa。而对于高分子溶液而言，即使溶液的浓度较高，但渗透压较低，操作也可在较低的压力下进行。通常，超滤操作的压差为0.3~1.0MPa，微滤操作的压差为0.1~0.3MPa。

9.3.2.2 超滤通量

超滤的透过速率仍可用式(9-11)表示。当大分子溶液浓度低、渗透压可以忽略时，超滤的透过速率与操作压力差成正比。

溶剂透过膜的通量为：

$$J_V = \phi \Delta p \tag{9-13}$$

溶质随溶剂透过膜的通量为

$$J_s = J_V c_p \tag{9-14}$$

9.3.2.3 影响渗透通量的因素

① 操作压差。压差是超滤过程的推动力，对渗透通量产生决定性的影响。图9-22为超滤压对通量的影响关系，大致划分成三个传质区，虚线表示区域的界面。在充分低的压差下，其通量与压差的关系呈线性；当操作压差提高到一定范围后，截留溶液中的溶质被膜浓缩，这时的透过速率受传质控制，通量不再随压差的增大而变。在两个传质区之间为过渡区，透过通量同时受操作压差及传质影响，部分受膜污染影响。从该图上还能反映出膜阻力、流速、温度、料液浓度等对通量的影响。进料浓度降低，温度升高以及流速增加均有利于通量的增加。

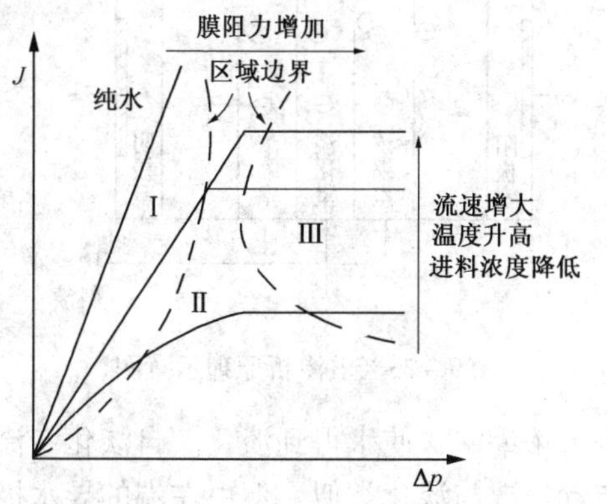

图9-22 超滤过程中的传质

Ⅰ—动力控制区；Ⅱ—过滤区；Ⅲ—传质控制区

② 料液流速。工业超滤多采用错流操作，料液与膜面平行流动。流速高，边界层厚度小，传质系数大，浓差极化减轻，膜面处的溶液浓度较低，有利于渗透通量的提高。但流速增加，料液流过膜器的压降增高，能耗增大。

③ 温度。温度高，料液黏度小，扩散系数大，传质系数高，有利于减轻浓差极化，提高渗透通量。

④ 截流液浓度。截流液浓度增加，黏度增大，浓度边界层增厚，容易形成凝胶，这些将导致渗透通量的降低。

9.3.2.4 超滤的应用

超滤主要适用于大分子溶液的分离与浓缩，广泛应用在食品、医药、工业废水处理、超纯水制备及生物技术工业，包括牛奶的浓缩、果汁的澄清、医药产品的除菌、电泳涂漆废水的处理、各种酶的提取等。微滤是所有膜过程中应用最普遍的一项技术，主要用于细菌、微粒的去除，广泛应用在食品和制药行业中饮料和制药产品的除菌和净化，半导体工业超纯水制备过程中颗粒的去除，生物技术领域发酵液中生物制品的浓缩与分离等。

9.3.3 电渗析

9.3.3.1 电渗析器的基本构造

电渗析是以电位差为推动力，在直流电作用下利用离子交换膜的选择透过性，把电解质从溶液中分离出来，从而实现溶液的淡化、精制或纯化目的。电渗析的功能主要取决于离子交换膜。阴离子交换膜简称阴膜，它的活性基团是铵基，电离后的固定离子基团带正电荷。

阳离子交换膜简称阳膜，它的活性基团通常是磺酸基，电离后的固定离子基团带负电荷。离子交换膜具有选择透过性是由于膜上的固定离子基团吸引膜外溶液中异种电荷离子，使它能在电位差或同时在浓度差的推动下透过膜体，同时排斥同种电荷的离子，拦阻它进入膜内。阳离子易于透过阳膜，阴离子易于透过阴膜。用于电渗析的离子交换膜要求膜的电阻低、选择性高，机械强度和化学稳定性好。离子交换膜也可在水溶液电解时用作电极隔膜，如电解食盐时使用阳离子交换膜，可直接制得高浓度的氢氧化钠溶液。

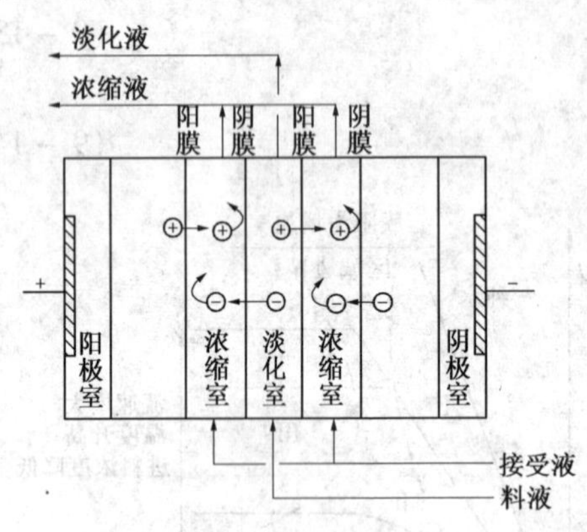

图 9－23　电渗析原理示意图

电渗析器多采用板框式。图 9－23 是板框式电渗析器组装时的排列方式。它的左右两端分别为阴、阳电极室，中间部分自左向右为很多个依次由阳膜、淡化室隔板（构成淡化室）、阴膜、浓缩室隔板（构成浓缩室）构成的组件，呈阴阳离子交换膜与相应的浓缩室和淡化室交替排列，用压紧部件将上述组件压紧，即构成电渗析器。要淡化的原水从右端的导水极水板进入，沿贯穿整个电渗析器诸膜对应的淡水通道流入各淡化室，然后并联流过淡化室。在淡化室中直流电场作用下水中的阴阳离子分别通过两侧的阴阳离子交换膜进入浓缩室，使水得到淡化。自淡化室流出的淡水汇总后由左端的导水极水板流出。浓水的流动情况与淡化类似，但由左端的导水极水板进入，沿浓水通道流动而后并联流过浓缩室，汇总后由右端导水极水板流出。隔板的厚度仅 1～2mm，内有隔网，起保持膜间距和扰动液流的作用。膜组的两端设电极室，室中置电极，并有电极水在电极旁流过。制造电极的材料有不锈钢、石墨、涂钌的钛等。

9.3.3.2　电渗析的分离原理

以氯化钠水溶液为例，在直流电场内，钠离子向阴极迁移，淡化室中的钠离子透过阳膜进入浓缩室。但浓缩室中的钠离子受阻于阴膜而留下。同时，氯离子向阳极迁移，淡化室中的氯离子透过阴膜进入浓缩室，但浓缩室中的氯离子受阻于阳膜而留下。因此，可从淡化室和浓缩室分别得到脱盐水和卤水。

9.3.3.3　浓差极化和极限电流密度

如同其他膜过程一样，电渗析过程的浓差极化现象十分严重。电渗析器运行时，在直流电场作用下，水中阴、阳离子分别通过阴膜和阳膜作定向移动，并各自传递一定的电荷。反离子在膜内的迁移数大于其溶液中的迁移数，因此，在膜两侧形成反离子的浓度边界层。这种浓差极化对电渗析过程产生极为不利的影响，主要表现在：

① 极化时淡化室附近的离子浓度比溶液的主体浓度低得多，将引起很高的极化电位。

② 当发生极化时，淡化室阳膜侧的水离解产生的 H^+ 透过阳膜进入浓缩室，使膜面处呈碱性，当溶液中存在 Ca^{2+}、Mg^{2+}、HCO_3^-等离子时，易在阳膜面上形成碳酸钙，或氢氧化镁沉淀。淡化室阴膜测水解产生的氢氧根离子透过阴膜进入浓缩室，则在浓缩室的阴膜侧易生成氢氧化镁和碳酸钙等沉淀。

③ 浓差极化使水离解，产生的 H^+ 与 OH^-代替反离子传递部分电流，使电流效率降低。

④ 由于浓差极化将引起溶液电阻、膜电阻以及膜电位增加，使所需操作电压增加，电耗增大，在电压一定的条件下，则电流密度将下降，使水的脱盐率下降或产水量降低。

此外，浓差极化引起溶液 pH 值的变化，将使离子膜受到腐蚀而影响其使用寿命。为避免极化的产生，可采用以下措施减轻浓差极化的影响：

① 严格控制操作电流，使其低于极限电流密度，提高淡化室两侧离子的传递速率。

② 定期清洗沉淀或采用防垢剂和倒换电极等措施来消除沉淀，或对水进行预处理，除去 Ca^{2+} 和 Mg^{2+}，防止沉淀的产生。

③ 提高温度以减小溶液黏度，减薄滞流层厚度。

④ 提高离子扩散系数，有利于减轻极化的影响，使电渗析有可能在较高的电流密度下操作。

9.3.3.4 电渗析器流程

为了减轻浓差极化的影响，在电渗析器的淡化室中电流密度不能很高，应低于极限电流密度，而水流则应保持较高的速度(一般隔室中水的流速为 5～15cm/s)，所以水流通过淡化室一次能够除去的离子量是有限的，因此，用电渗析器脱盐时应根据原水含盐量与脱盐要求采用不同的操作流程。对于含盐量很少和脱盐要求不高的情况，水流通过淡化室一次即可达到要求，否则盐水需通过淡化室多次才能达到要求。为此可采用以下的电渗析器结构和操作流程。

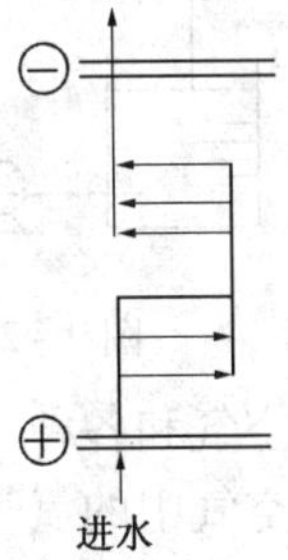

① 二段电渗析器 。如图 9－24 所示，含盐原水经淡化室淡化一次后，再串联流经另一组淡化室淡化，以提高脱盐率。

② 多台电渗析器串联连续操作 。图 9－25 是三台电渗析器串联脱盐工艺，依次经过第 1 台、第 2 台、第 3 台电渗析器中进一步脱盐，以期达到较高的脱盐率。

⊖

⊕

进水

图 9－24 二段电渗析

③ 循环式脱盐 。图 9－26 是间歇循环式脱盐流程，原水一次加入循环槽，用泵送入电渗析器进行脱盐，从电渗析流出的水回循环槽，然后再用泵送入电渗析器。如此原水每经电渗析器一次脱盐率提高一步，直到脱盐率达到要求为止。

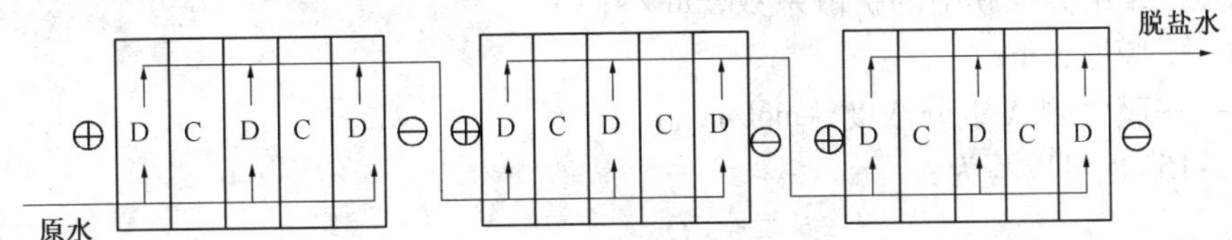

图 9－25 一次连续脱盐过程

C—浓缩室；D—脱盐室

循环式脱盐也可以连续操作，此时循环水的一部分作为淡化水连续导出，同时连续加入原水。

9.3.3.5 电渗析的应用

电渗析过程广泛应用在化工、医药、食品、电子、冶金等工业部门，包括原料与产品的分离精制和废水、废液处理，以除去有害杂质与回收有用的物质等。

① 水的纯化 。包括海水、苦咸水和普通自然水的纯化以制取饮用水、初级水(锅炉或医药用)和高纯水等。

② 有机物中酸的脱除或中和。有机物中的酸可以令其 H^+ 和酸根从脱盐室两侧的阳、阴膜渗析出来而除去。有机酸盐取代反应制有机酸，例如，柠檬酸盐可在两侧均为阳膜的转化室中使 Na^+ 从一侧渗出，而从另一侧渗入 H^+，即可得柠檬酸。

③ 利用离子的可渗性分离氨基酸。例如，从蛋白质中水解液和发酵液中分离氨基酸。

④ 废水处理 。用电渗析处理某些工业废水，既可使废水得到净化和重新使用，又可以回收其中有价值的物质。含有酸、碱、盐的各种废水均可以用电渗析法处理，以除去和回收其中的酸、碱盐。

9.3.4　气体膜分离

气体膜分离是利用有机膜对某些气体组分具有选择性渗透和扩散的特性，以达到气体分离和纯化的目的，其渗透机理如图 9－27 所示。气体分子在压力作用下，首先在膜的高压侧接触，然后是吸附、溶解、扩散、脱溶、逸出。通过非多孔膜的气体迁移是根据溶解－扩散的机理进行的。

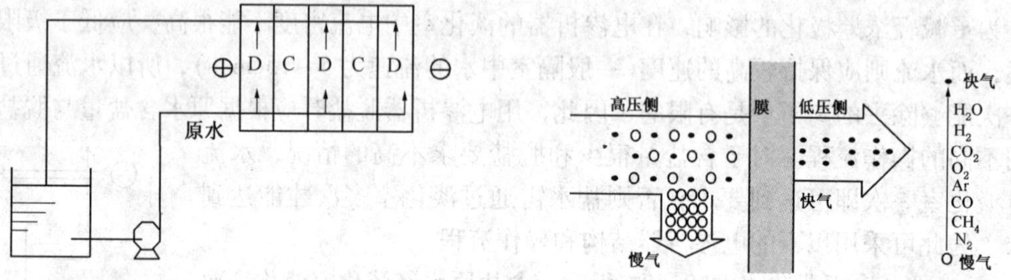

图 9－26　间歇循环脱盐流程　　　　图 9－27　气体膜分离过程

空气和各种气体在透过膜壁时具有不同的渗透速率。当压缩空气经过滤器进入分离器时，空气中的氧气、水蒸气及少量的二氧化碳快速渗透到膜的另一侧，而氮气透过膜的速率相对较慢而滞留在膜的左侧被富集，从而产生干燥的氮气。

透过组分 A 在膜中的扩散系数为：

$$J_A = \frac{D_A}{\delta}(c_{A1} - c_{A2}) \tag{9-15}$$

式中　D_A——A 组分在膜中的扩散系数，m^2/s；

δ——膜厚，m；

c_{A1}、c_{A2}——膜两侧 A 组分浓度，mol/m^3。

式(9－15)也可以写为：

$$J_A = \frac{Q_A}{\delta}(p_{A1} - p_{A2})$$

$$Q_A = \frac{D_A}{\delta} \tag{9-16}$$

式中　Q_A——组分 A 的渗透率，mol /(m · Pa · s)；

p_{A1}、p_{A2}——膜两侧 A 组分分压，Pa。

气体分离中常用分离系数 α 表示膜对组分透过的选择性，其定义为：

$$\alpha_{AB} = \frac{\left(\dfrac{y_A}{y_B}\right)_2}{\left(\dfrac{y_A}{y_B}\right)_1} \tag{9-17}$$

式中　y_A、y_B——A、B 两组分在气相中的摩尔分数；

下标 2、1——原料侧与透过侧。

气体膜分离的主要应用有：

① H_2的分离回收 。主要有合成氨尾气中 H_2的回收、炼油工业尾气中 H_2的回收等，是

当前气体分离应用最广的领域；

② 空气分离 。利用膜分离技术可以得到富氧空气和富氮空气，富氧空气可用于高温燃烧节能、家用医疗保健等方面；富氮空气可用于食品保鲜、惰性气氛保护等方面；

③ 气体脱湿 。如天然气脱湿、压缩空气脱湿、工业气体脱湿等。

9.3.5　液膜分离

液膜分离技术自1968年由Norman首先提出以来，便以其新颖独特的结构和高效的分离性能吸引了广泛的研究开发兴趣，并在冶金、医药、环保、原子能、石化、仿生化学等领域得到了一定的应用，具有较为乐观的应用前景。

9.3.5.1　液膜组成、结构和分类

液膜是很薄的一层液体，可以是水溶液，也可以是有机溶液。它能把两个互溶但组成不同的溶液隔开，并通过这层液膜的选择性渗透作用实现分离。

显然当被隔开的两个溶液是水溶液时，液膜应该是油型，而被隔开的两个溶液是有机溶液时，液膜则应该是水型。

（1）液膜组成

① 膜溶剂 。膜溶剂是成膜的基体物质，选择膜溶剂主要考虑膜的稳定性和对溶质的溶解性。

② 表面活性剂。表面活性剂又称界面活性剂，表面活性剂是创造液膜固定油水分界面的最重要组分，它直接影响膜的稳定性、渗透速度、分离效率和膜的复用。

③ 流动载体。流动载体的作用是使指定的溶质或离子进行选择性迁移，决定分离的选择性和通量。

④ 膜增强添加剂。膜增强添加剂的作用是使膜具有合适的稳定性，即要求液膜在分离操作过程中不过早破裂，以保证待分离溶质在内相中富集，而在破乳时又容易被破碎，便于内相与液膜的分离。

一般，液膜溶液中表面活性剂占1%～5%，流动载体占1%～5%，其余90%以上是膜溶剂。

（2）液膜的结构与分类

分离操作所用的液膜基本上可以分成两类，见图9－28。第一类：支撑液膜或固定化液膜。如果液体能润湿某种固体物料，它就在固体表面分布成膜。微孔材料制成的平板膜或中空纤维膜，浸入适当的有机溶剂中可以很容易地制成支撑液膜。聚四氟乙烯、聚丙烯制成的高度疏水性微孔膜，用以支撑有机液膜。滤纸、醋酸纤维素微孔膜和微孔陶瓷等亲水材料，可支撑水膜。由于膜相仅仅依靠表面张力和毛细管作用吸附在多孔膜的孔内，使用过程中容易流失，造成支撑液膜分离性能下降。解决办法之一是定期从反萃相一侧加入膜相溶液来补充。第二类：乳状液膜。乳状液膜能够比较容易地通过下述过程制备，首先将两个不互溶的相，如水和油充分混合，从而形成乳状液滴（液滴尺寸0.5～10μm），加入表面活性剂使乳滴稳定，由此得到水/油乳化液。将此乳液加入一个装有水溶液的大容器中从而形成水/油/水乳化液，此时油相构成液膜。

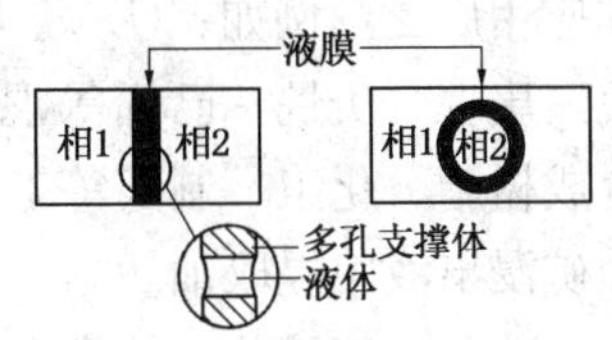

图9－28　两类液膜示意图

9.3.5.2　液膜分离过程

（1）乳状液膜

液膜分离过程主要包括制乳、传质（接触）、澄清、破乳等工序，见图9－29所示。首先用高速搅拌的方法将配制好的含有膜溶剂、表面活性剂、流动载体和其他增强添加剂的液膜溶液和待包封的内相试剂制成较稳定的油包水型或水包油型乳状液，再在适度搅拌下把它加料入液相中，形成油包水再水包油型(W/O/W)或水包油再油包水型(O/W/O)的较粗大的乳状液珠粒，其中间所夹的油层或水层即为液膜。料液中的待分离溶质便通过该液膜的选择性促进迁移通过膜进入到乳状液滴的内相中，经澄清实现乳状液与料液的分相，富集了待分离溶质的乳状液经破乳器破乳后回收内相浓缩液，分出的膜相成分可返回制乳器重新形成新鲜乳状液膜，循环使用。

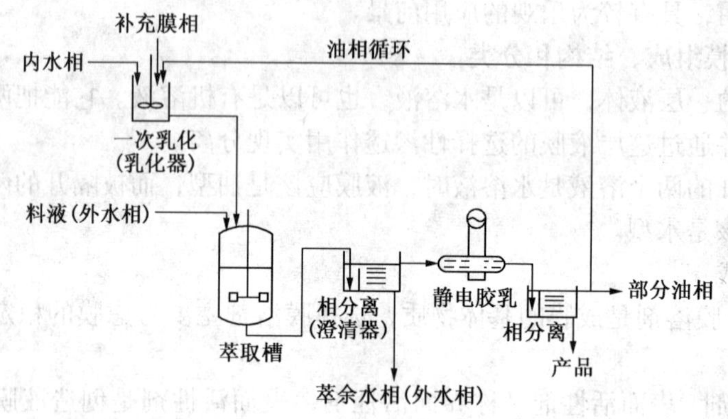

图 9-29 液膜分离的典型流程

将上述液膜分离过程与液-液萃取过程比较，不难看出，液膜分离过程中增加了制乳和破乳两步操作，其他步骤则与液-液萃取类似。

(2)支撑液膜

支撑液膜所用的支撑物有聚砜、聚四氟乙烯、聚丙烯和纤维系列的微孔膜，制成平膜、毛细管和中空纤维。微孔平面膜构成的支撑液膜分离装置采用板框式结构。微孔管状膜和中空纤维膜构成的膜分离装置，采用管壳式结构。

液膜分离技术由于其过程具有良好的选择性和定向性，分离效率很高，因此，它的研究和应用广泛。例如：① 烃类混合物的分离。这类工艺已成功地用于分离苯-正己烷、甲烷-庚烷、庚烷-己烯等混合体系；② 含酚废水处理。含酚废水产生于焦化、石油炼制、合成树脂、化工、制药等工厂。采用液膜分离技术处理含酚废水效率高、流程简单；③ 从铀矿浸出液中提取铀。

总之，液膜分离技术多数还处于实验室研究及中试阶段，新的应用领域尚待开发，可以预料，液膜分离技术将会越来越多地应用于湿法冶金、石油化工、医药、环境工程等行业。

习 题

1. 什么是膜分离？有哪几种常用的膜分离过程？
2. 膜分离有哪些特点？分离过程对膜有哪些基本要求？
3. 常用的膜分离器有哪些类型？
4. 反渗透的基本原理是什么？
5. 简述反渗透操作过程中的浓差极化现象及其产生的原因、危害和预防措施。
6. 超滤的分离机理是什么？简述超滤与反渗透的异同点。
7. 电渗析的分离机理是什么？阳膜、阴膜有什么特点？

8. 试分析比较扩散渗析、电渗析、反渗透、超滤、液膜分离等膜技术在废水处理方面的应用特点、应用范围、应用条件以及它们各自的优缺点和应用前景。

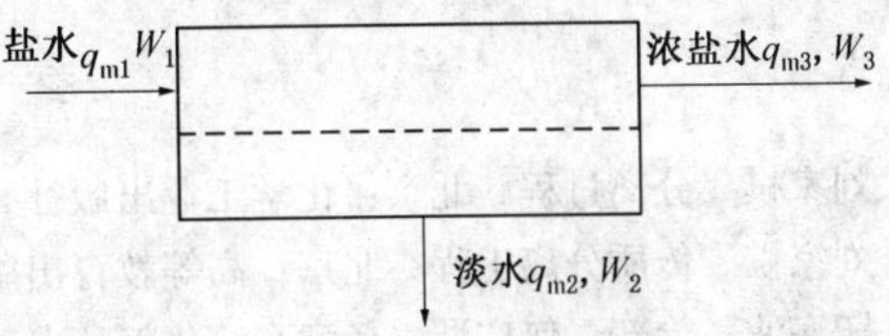

习图9-1　盐水的反渗透处理示意图

9. 用醋酸纤维膜连续地对盐水进行反渗透处理，见习图9-1。在操作温度为25℃、压差为10MPa下进行，处理量为10m^3/h；盐水密度为1022kg/m^3，含氯化钠3.5%。经处理后淡水含盐量为5μg/g，水的回收率为60%(以上浓度及回收率均以质量计)。膜的纯水透过系数$\phi = 9.7 \times 10^{-5}$kmol/($m^2$·s·MPa)。试求：淡水量、浓盐水的浓度及纯水在进出膜分离器两端的透过速率。

符号说明

英文字母：

A——渗透系数，kmol/(m^2·s·Pa)；膜面积，cm^2；

C——物质的浓度，kmol/或kg/m^3；

D——扩散系数，m^2/s；

U——电渗析总电压，V；

i——电流密度，A/cm^2；

J——渗透通量，kg/(cm^2·h)或kmol/(m^2·s)；

K——总传质系数，m/s或kg/(m·s)；

k——传质系数，m/s；

m——衰减系数、公配系数、平衡常数；

P——压力，Pa；

p——组分的分压，Pa；

Q——离子所负载的电量、气体组分通过膜的渗透率，Hm^3/(m·s·Pa)；

R——膜分离的截流率，气体常数；

T——温度，K；

t——时间；操作时间，h或s；

V——单位质量吸附剂处理的溶液体积，m^3/kg；

Z——距膜面的距离，cm；

x——透过气(液)摩尔分率；透过液摩尔分率；

y——透过气(液)摩尔分率；

希腊字母：

α——分离系数；

Δ——差值；

δ——膜的边界层厚度，m；

π——渗透压，Pa；

下标：

A——溶质，渗透组分；

F——原料液；

b——主体溶液中的溶质；

m——膜表面；

p——透过膜的溶质；

S——溶质；吸附剂固体相侧；

V——以体积为流量单位；

0——初给态；

1——原料侧；

2——透过侧。

上标：

m——Wilson方程中常数；

n——Wilson方程中常数。

参 考 文 献

1 刘家棋．分离过程．北京：化学工业出版社，2005

2 刘家棋．传质分离工程．北京：高等教育出版社，2005

3 靳海波，徐新，何广湘，杨索和．化工分离过程．北京：中国石化出版社，2008

4 陈洪钫，刘家棋．化工分离工程．北京：化学工业出版社，1995

5 郁浩然．化工分离工程．北京：中国石化出版社，1995

6 陈洪钫．基本有机化工分离过程．北京：化学工业出版社，1981

7 吴红．化工单元过程及操作．北京：化学工业出版社，2002

8 金克新，赵传钧，马沛生．天津：天津大学出版社，2002

9 蔡世干，王尔菲，李锐．北京：中国石化出版社，1993

10 赵杰民．基本有机化工工厂装备．北京：化学工业出版社，1991

11 袁一主编．化学工程师手册．北京：机械工业出版社，1999

12 刘家棋．分离过程与技术．天津：天津大学出版社，2001

13 伍钦，钟理，邹华生，曾朝霞．传质与分离工程．广州：华南理工大学，2005

14 中国石化集团上海工程有限公司．化工工艺设计手册(上册)．北京：化学工业出版社，2003

15 时钧等．化学工程手册(第二版)．北京：化学工业出版社，2003

16 沈绍传，姚克俭．绿色化学与绿色分离工程．林产化学与工业，2001(3)

17 天津大学物理化学教研室．物理化学．北京：高等教育出版社，1985

18 马沛生，常贺英，夏淑倩等．化工热力学．北京：化学工业出版社，2005

19 朱自强，徐汛．化工热力学．北京：化学工业出版社，1991

20 朱自强，姚善径，金彰礼．流体相平衡原理及其应用．杭州：浙江大学出版社，1990

21 小岛和夫著，傅良译．化工过程设计的相平衡．北京：化学工业出版社，1985

22 顾菌珍，叶于浦．相平衡和相图基础．北京：北京大学出版社，1991

23 李宽宏．膜分离过程及设备．重庆：重庆大学出版社，1989

24 刘茉娥等．膜分离技术．北京：化学工业出版社，1998

25 王湛编．膜分离技术基础．北京：化学工业出版社，2000

26 刘芙蓉，金盖丽，王黎．分离过程及系统模拟．北京：科学出版社，2001

27 叶振华．化工吸附分离过程．北京：中国石化出版社，1992

28 大矢晴彦著，张瑾译．分离的科学与技术．北京：中国轻工业出版社，1999

29 邓修，吴俊生．化工分离工程．北京：科学出版社，2000

30 宋华，陈颖．化工分离工程．哈尔滨：哈尔滨工业大学出版社，2003

31 李克永主编．化工机械手册．天津：天津大学出版社，1991

32 费维杨，王德华，伊晔东．化工分离技术的若干新进展．化学工程，30(1)：63~66

33 晋正茂，王维德．反应精馏及其研究进展．化学工业与工程技术，2006，27(3)：10~14

34 安兴才，赵柱，杨惠琳．膜集成技术深度处理石化行业排放水回用于生产的研究．膜科学与技术，2005，25(4)：66~70

35 Henley，E. J. and Seader，J. D，Equilibrium—Stage Separatlon Operation in Chemical Engineering，John Wiley & Sons，New York：1981

36 King C. J.，Separation Processes，2nd McGraw—Hill，New York：1980

37 Wankat，P. C.，Equilibrium—Stage Separations in Chemical Engineering，Elsevier：1988

38 Seader J D and Henley E J. Separation Process Pinciples. New York：John Wiley & Sons，1998

39 R Rautenbach 著，王乐夫译．膜工艺．北京：化学工业出版社，2001